Ulrich Müller

Anorganische Strukturchemie

Studienbücher   **Chemie**

Herausgegeben von
Prof. Dr. rer. nat Christoph Elschenbroich, Marburg
Prof. Dr. rer. nat. Dr. h.c. Friedrich Hensel, Marburg
Prof. Dr. phil. Henning Hopf, Braunschweig

Die Studienbücher der Reihe Chemie sollen in Form einzelner Bausteine grundlegende und weiterführende Themen aus allen Gebieten der Chemie umfassen. Sie streben nicht die Breite eines Lehrbuchs oder einer umfangreichen Monographie an, sondern sollen den Studierenden der Chemie – aber auch den bereits im Berufsleben stehenden Chemiker – kompetent in aktuelle und sich in rascher Entwicklung befindende Gebiete der Chemie einführen. Die Bücher sind zum Gebrauch neben der Vorlesung, aber auch anstelle von Vorlesungen geeignet. Es wird angestrebt, im Laufe der Zeit alle Bereiche der Chemie in derartigen Lehrbüchern vorzustellen. Die Reihe richtet sich auch an Studierende anderer Naturwissenschaften, die an einer exemplarischen Darstellung der Chemie interessiert sind.

www.viewegteubner.de

Ulrich Müller

Anorganische Strukturchemie

6., aktualisierte Auflage

STUDIUM

VIEWEG+
TEUBNER

Bibliografische Information der Deutschen Nationalbibliothek
Die Deutsche Nationalbibliothek verzeichnet diese Publikation in der
Deutschen Nationalbibliografie; detaillierte bibliografische Daten sind im Internet über
<http://dnb.d-nb.de> abrufbar.

Prof. Dr. rer. nat. Ulrich Müller
Geboren 1940 in Bogotá. Chemiestudium an der Technischen Hochschule Stuttgart und der
Purdue University in West Lafayette (Indiana, USA). Promotion 1966 in Stuttgart bei K. Dehnicke,
danach wissenschaftlicher Assistent an der Universität Karlsruhe bei H. Bärnighausen. 1972
Habilitation. Professor für Anorganische Chemie an der Universität Marburg von 1972 bis 1992
und von 1999 bis 2005, an der Universität Kassel von 1992 bis 1999. Von 1975 bis 1977 Gast-
professor an der Universität von Costa Rica, mehrere Kurzzeitdozenturen an verschiedenen
Universitäten in Mittel- und Südamerika.
Koautor von *Chemie – Das Basiswissen der Chemie* (mit C. Mortimer); Koautor von *Schwin-*
gungsspektroskopie (mit J. Weidlein und K. Dehnicke); Koautor und Mitherausgeber von *Interna-*
tional Tables for Crystallography, Band A1 (mit H. Wondratschek).

Dieses Buch wurde 1992 mit dem Literaturpreis des Fonds der Chemischen Industrie ausgezeichnet.

Zahlreiche Abbildungen wurden mit den Programmen ATOMS von E. Dowty und DIAMOND von K.
Brandenburg erstellt.

Die englische Übersetzung „Inorganic Structural Chemistry, 2nd ed." ist erschienen bei J. Wiley
& Sons, Chichester – New York – Brisbane – Toronto – Singapore, 2006

1. Auflage 1991
6., aktualisierte Auflage 2008

Alle Rechte vorbehalten
© Vieweg+Teubner | GWV Fachverlage GmbH, Wiesbaden 2008

Lektorat: Ulrich Sandten | Kerstin Hoffmann

Vieweg+Teubner ist Teil der Fachverlagsgruppe Springer Science+Business Media.
www.viewegteubner.de

Umschlaggestaltung: KünkelLopka Medienentwicklung, Heidelberg
Druck und buchbinderische Verarbeitung: Strauss Offsetdruck, Mörlenbach
Gedruckt auf säurefreiem und chlorfrei gebleichtem Papier.

ISBN 978-3-8348-0626-0

Vorwort

Angesichts des immer mehr anwachsenden Kenntnisstands auf allen naturwissenschaftlichen Gebieten erscheint es unumgänglich, die Wissensvermittlung auf generelle Prinzipien und Gesetzmäßigkeiten zu konzentrieren und Einzeldaten auf wichtige Beispiele zu beschränken. Ein Lehrbuch soll einen angemessenen, dem Studierenden zumutbaren Umfang haben, ohne wesentliche Aspekte eines Fachgebiets zu vernachlässigen, es soll traditionelles Grundwissen ebenso wie moderne Entwicklungen berücksichtigen. Diese Einführung macht den Versuch, die Anorganische Strukturchemie in diesem Sinne darzubieten. Dabei sind Kompromisse unvermeidbar, manche Teilgebiete werden kürzer, andere vielleicht auch länger geraten sein, als es dem einen oder anderen Fachkollegen angemessen erscheinen mag.

Chemiker denken überwiegend in anschaulichen Modellen, sie wollen Strukturen und Bindungen „sehen". Die moderne Bindungstheorie hat sich ihren Platz in der Chemie erobert, sie wird in Kapitel 10 gewürdigt; mit ihren aufwendigen Rechnungen entspricht sie aber mehr der Denkweise des Physikers. Für den Alltagsgebrauch des Chemikers sind einfache Modelle, so wie sie in den Kapiteln 8, 9 und 13 behandelt werden, nützlicher: „Der Bauer, der zu Lebzeiten ernten will, kann nicht auf die ab-initio-Theorie des Wetters warten. Chemiker, wie Bauern, glauben an Regeln, verstehen aber diese listig nach Bedarf zu deuten" (H.G. von Schnering [127]).

Das Buch richtet sich in erster Linie an fortgeschrittene Studenten der Chemie. Chemische Grundkenntnisse zum Atombau, zur chemischen Bindung und zu strukturellen Aspekten werden vorausgesetzt. Teile des Textes gehen auf eine Vorlesung über Anorganische Kristallchemie von Prof. Dr. H. Bärnighausen an der Universität Karlsruhe zurück. Ihm danke ich für die Genehmigung, seine Vorlesung zu verwerten sowie für viele Anregungen. Für Diskussionen und Anregungen danke ich auch den Herren Prof. Dr. D. Babel, Prof. Dr. K. Dehnicke, Prof. Dr. C. Elschenbroich, Prof. Dr. D. Reinen und Prof. Dr. G. Weiser. Herrn Prof. Dr. T. Fässler danke ich für die Überlassung von Bildern zur Elektronen-Lokalisierungs-Funktion und für die Durchsicht des zugehörigen Textabschnitts. Frau Prof. Dr. S. Schlecht danke ich für die Überlassung von Bildern und für die Durchsicht des Kapitels über Nanostrukturen.

In der vorliegenden 6. Auflage wurde der Text der erst vor zwei Jahren erschienenen 5. Auflage weitgehend unverändert gelassen. In der 5. Auflage waren viele neue Erkenntnisse berücksichtigt worden, zum Beispiel neu entdeckte

Hochdruck-Modifikationen der Elemente. Weitere wurden in den vergangenen zwei Jahren entdeckt (nicht weniger als fünf beim Natrium). Sie fanden Eingang in die Statistik der Elementstrukturen auf Seite 228. Außerdem wurden einige Korrekturen und kleine Ergänzungen angebracht.

Seit 1996 gibt es keine einheitliche deutsche Rechtschreibung mehr. Die neu eingeführten Regeln wurden vielfach nicht akzeptiert, unter anderem wegen der sinnentstellenden Getrenntschreibungen, wie in folgendem Satz (aus einem Artikel über die Imprägnierung von Textilien): „Durch Zusatzstoffe wird erreicht, dass die Kleidung nach dem ersten Tropfen Wasser abstoßend wirkt". Manche Verlage und Autoren wenden die neuen Regeln an, andere wenden sie gar nicht an, wieder andere teilweise, mit verlagseigenen Varianten, die von Verlag zu Verlag oder auch von Buch zu Buch verschieden sind. Der „Rat für deutsche Rechtschreibung" hat 2006 die Rücknahme bestimmter Neuregelungen empfohlen und in anderen Fällen der Variantenschreibung zugestimmt, d. h. alte und neue Schreibweise werden beide akzeptiert, was der einheitlichen Rechtschreibung nicht förderlich ist. Für den Schulunterricht hat die deutsche Kultusministerkonferenz die Empfehlungen des Rats für verbindlich erklärt und festgestellt, daß damit „der gröbste Unsinn der Rechtschreibreform von 1996 behoben sei". Regelungen, die nur grober oder leichter Unsinn sind, wurden beibehalten. Die allgemeine Akzeptanz der Rechtschreibreform ist damit immer noch nicht gegeben. Solange das orthographische Durcheinander anhält und es keine allgemein akzeptierten Rechtschreibregeln gibt, gilt für dieses Buch die bis 1996 bewährte Rechtschreibung.

Ulrich Müller   Marburg, Juni 2008

Inhaltsverzeichnis

1   **Einleitung** **9**

2   **Beschreibung chemischer Strukturen** **11**
    2.1   Koordinationszahl und Koordinationspolyeder 13
    2.2   Die Beschreibung von Kristallstrukturen 18
    2.3   Atomkoordinaten 21
    2.4   Isotypie 23
    2.5   Übungsaufgaben 24

3   **Symmetrie** **26**
    3.1   Symmetrieoperationen und Symmetrieelemente 26
    3.2   Die Punktgruppen 32
    3.3   Raumgruppen und Raumgruppentypen 38
    3.4   Punktlagen 41
    3.5   Kristallklassen und Kristallsysteme 42
    3.6   Aperiodische Kristalle 44
    3.7   Fehlgeordnete Kristalle 47
    3.8   Übungsaufgaben 49

4   **Polymorphie, Phasenumwandlungen** **51**
    4.1   Thermodynamische Stabilität 51
    4.2   Kinetische Stabilität 52
    4.3   Polymorphie 52
    4.4   Phasenumwandlungen 54
    4.5   Phasendiagramme 57
    4.6   Übungsaufgaben 63

5   **Chemische Bindung und Gitterenergie** **64**
    5.1   Chemische Bindung und Struktur 64
    5.2   Die Gitterenergie 66
    5.3   Übungsaufgaben 72

6   **Die effektive Größe von Atomen** **73**
    6.1   Van-der-Waals-Radien 74
    6.2   Atomradien in Metallen 75
    6.3   Kovalenzradien 76
    6.4   Ionenradien 77
    6.5   Übungsaufgaben 81

7 Ionenverbindungen **82**
  7.1 Radienquotienten 82
  7.2 Ternäre Ionenverbindungen 87
  7.3 Verbindungen mit komplexen Ionen 88
  7.4 Die Regeln von Pauling und Baur 90
  7.5 Übungsaufgaben 95

8 Molekülstrukturen I: Verbindungen der Hauptgruppenelemente 97
  8.1 Valenzelektronenpaar-Abstoßung 98
  8.2 Strukturen bei fünf Valenzelektronenpaaren 109
  8.3 Übungsaufgaben 111

9 Molekülstrukturen II:
  Verbindungen der Nebengruppenelemente **112**
  9.1 Ligandenfeldtheorie 112
  9.2 Koordinationspolyeder bei Nebengruppenelementen 122
  9.3 Isomerie 124
  9.4 Übungsaufgaben 127

10 Molekülorbital-Theorie und chemische Bindung in Festkörpern 128
  10.1 Molekülorbitale 128
  10.2 Hybridisierung 130
  10.3 Die Elektronen-Lokalisierungs-Funktion 133
  10.4 Bändertheorie. Die lineare Kette aus Wasserstoffatomen 134
  10.5 Die Peierls-Verzerrung 139
  10.6 Kristall-Orbital-Überlappungspopulation (COOP) 144
  10.7 Bindungen in zwei und drei Dimensionen 148
  10.8 Bindung in Metallen 151
  10.9 Übungsaufgaben 152

11 Die Elementstrukturen der Nichtmetalle **153**
  11.1 Wasserstoff und Halogene 153
  11.2 Chalkogene 155
  11.3 Elemente der fünften Hauptgruppe 160
  11.4 Elemente der fünften und sechsten Hauptgruppe unter Druck . 164
  11.5 Kohlenstoff 168
  11.6 Bor 173

12 Diamantartige Strukturen **175**
12.1 Kubischer und hexagonaler Diamant 175
12.2 Binäre diamantartige Verbindungen 176
12.3 Diamantartige Verbindungen unter Druck 178
12.4 Polynäre diamantartige Verbindungen 183
12.5 Aufgeweitete Diamantstrukturen. SiO_2-Strukturen 184
12.6 Übungsaufgaben 189

13 Polyanionische und polykationische Verbindungen.
   Zintl-Phasen **190**
13.1 Die verallgemeinerte $(8 - N)$-Regel 190
13.2 Polyanionische Verbindungen, Zintl-Phasen 193
13.3 Polykationische Verbindungen 204
13.4 Clusterverbindungen 205
13.5 Übungsaufgaben 221

14 Kugelpackungen. Metallstrukturen **222**
14.1 Dichteste Kugelpackungen 222
14.2 Die kubisch-innenzentrierte Kugelpackung 227
14.3 Andere Metallstrukturen 228
14.4 Übungsaufgaben 230

15 Das Prinzip der Kugelpackungen bei Verbindungen **231**
15.1 Geordnete und ungeordnete Legierungen 231
15.2 Dichteste Kugelpackungen bei Verbindungen 233
15.3 Der CsCl-Typ 235
15.4 Hume-Rothery-Phasen 237
15.5 Laves-Phasen 239
15.6 Übungsaufgaben 242

16 Verknüpfte Polyeder **243**
16.1 Eckenverknüpfte Oktaeder 246
16.2 Kantenverknüpfte Oktaeder 253
16.3 Flächenverknüpfte Oktaeder 256
16.4 Oktaeder mit gemeinsamen Ecken und Kanten 257
16.5 Oktaeder mit gemeinsamen Kanten und Flächen 261
16.6 Verknüpfte trigonale Prismen 263

16.7 Eckenverknüpfte Tetraeder. Silicate 263
16.8 Kantenverknüpfte Tetraeder 275
16.9 Übungsaufgaben 276

17 Kugelpackungen mit besetzten Lücken **277**
17.1 Die Lücken in dichtesten Kugelpackungen 277
17.2 Einlagerungsverbindungen 283
17.3 Strukturtypen mit besetzten Oktaederlücken 285
17.4 Perowskite 295
17.5 Besetzung von Tetraederlücken 299
17.6 Spinelle 303
17.7 Übungsaufgaben 307

18 Symmetrie als Ordnungsprinzip für Kristallstrukturen **308**
18.1 Kristallographische Gruppe-Untergruppe-Beziehungen 308
18.2 Das Symmetrieprinzip in der Kristallchemie 311
18.3 Verwandtschaften durch Gruppe-Untergruppe-Beziehungen . . 312
18.4 Symmetriebeziehungen bei Phasenumwandlungen 321
18.5 Übungsaufgaben 326

19 Physikalische Eigenschaften von Festkörpern **328**
19.1 Mechanische Eigenschaften 328
19.2 Piezo- und ferroelektrische Eigenschaften 330
19.3 Magnetische Eigenschaften 336

20 Nanostrukturen **349**

21 Sprachliche und andere Verirrungen **356**

Literatur **361**

Lösungen zu den Übungsaufgaben **374**

Sachverzeichnis **379**

1 Einleitung

Die Lehre vom räumlichen Aufbau chemischer Verbindungen nennen wir *Strukturchemie* oder *Stereochemie*, wobei der letztere Terminus mehr im Zusammenhang mit dem Aufbau von Molekülen verwendet wird. Die Strukturchemie befaßt sich mit der Ermittlung und Beschreibung der Anordnung, welche die Atome einer Verbindung relativ zueinander im Raum einnehmen, mit der Erklärung der Ursachen, die zu dieser Anordnung führen, und mit den Eigenschaften, die sich daraus ergeben. Dazu gehört auch die systematische Ordnung der aufgefundenen Strukturtypen und das Aufzeigen von Verwandtschaften unter ihnen.

Sowohl in theoretischer wie in praktischer Hinsicht ist die Strukturchemie ein essentieller Bestandteil der modernen Chemie. Erst die Kenntnis über den Aufbau der beteiligten Stoffe ermöglicht ein Verständnis für die Vorgänge während einer chemischen Reaktion und gestattet es, gezielte Versuche zur Synthese neuer Verbindungen zu machen. Nur mit Kenntnis ihrer Struktur lassen sich die chemischen und physikalischen Eigenschaften einer Substanz deuten. Wie groß der Einfluß der Struktur auf die Eigenschaften eines Stoffes sein kann, illustriert der Vergleich von Graphit und Diamant, die beide nur aus Kohlenstoff bestehen und sich trotzdem physikalisch und chemisch wesentlich voneinander unterscheiden.

Die wichtigste experimentelle Aufgabe der Strukturchemie ist die *Strukturaufklärung*. Sie wird vor allem durch Röntgenbeugung an Einkristallen durchgeführt, außerdem durch Röntgenbeugung an Kristallpulvern und durch Neutronenbeugung an Einkristallen und Pulvern. Die Strukturaufklärung ist der analytische Aspekt der Strukturchemie; sie führt in erster Linie zu statischen Modellen. Die Ermittlung der räumlichen Lageveränderung von Atomen während einer chemischen Reaktion ist experimentell viel schlechter zugänglich. Dieser strukturchemische Aspekt wird in der Molekülchemie unter der Bezeichnung *Reaktionsmechanismen* diskutiert. Die *Topotaxie* befaßt sich mit chemischen Reaktionsabläufen in Festkörpern, bei denen zwischen der Orientierung von Edukten und Produkten ein struktureller Zusammenhang besteht. Solche strukturdynamischen Aspekte sind nicht Gegenstand dieses Buches, ebensowenig wie die experimentellen Methoden, um Festkörper herzustellen, um Kristalle zu züchten oder um Strukturen aufzuklären.

Kristalle zeichnen sich durch die regelmäßige, periodische Ordnung ihrer Bestandteile aus. Wenn wir im folgenden dieser Ordnung viel Aufmerksamkeit widmen, so mag der falsche Eindruck entstehen, die Ordnung sei perfekt. Tatsächlich weist ein realer Kristall viele Baufehler auf, und zwar um so mehr, je höher die Temperatur ist. Atome können fehlen oder falsch plaziert sein, es können Versetzungen und anderes mehr auftreten. Die Baufehler können erheblichen Einfluß auf die physikalischen Eigenschaften haben und deshalb für technische Anwendungen bedeutsam sein.

2 Beschreibung chemischer Strukturen

Wenn wir Angaben zur Struktur einer chemischen Verbindung machen wollen, so müssen wir die räumliche Verteilung der Atome in geeigneter Weise beschreiben. Dies kann zunächst einmal mit Hilfe der chemischen Nomenklatur geschehen, welche zumindest für Moleküle einigermaßen ausgefeilt ist. Für Festkörperstrukturen gibt es keine systematische Nomenklatur, mit der sich strukturelle Gegebenheiten erfassen lassen. Man behilft sich mit der Angabe von *Strukturtypen*, etwa in folgender Art: „Magnesiumfluorid kristallisiert im Rutil-Typ", womit für MgF_2 eine Verteilung von Mg- und F-Atomen zum Ausdruck gebracht wird, die derjenigen von Ti- und O-Atomen im Rutil entspricht. Jeder Strukturtyp wird durch einen willkürlich gewählten Vertreter bezeichnet. Wie man strukturelle Gegebenheiten in Formeln zum Ausdruck bringen kann, wird in Abschnitt 2.1 erläutert.

Hilfreich sind bildliche Darstellungen. Zu diesen gehört auch die vielbenutzte Valenzstrichformel, mit der sich in prägnanter Weise wesentliche Strukturmerkmale eines Moleküls wiedergeben lassen. Genauer und noch anschaulicher ist eine maßstabsgetreue, perspektivische Abbildung, in welcher die Atome als Kugeln oder — falls man auch die vorhandene thermische Schwingung zum Ausdruck bringen will — als Ellipsoide gezeichnet werden. Die Kugeln oder Ellipsoide werden zur besseren Übersichtlichkeit kleiner gezeichnet, als es der effektiven Größe der Atome entspricht, kovalente Bindungen werden als Stäbe dargestellt. Die Größe von Schwingungsellipsoiden wird so gewählt, daß sie die zeitlich gemittelte Aufenthaltswahrscheinlichkeit des Atoms anzeigen (meist 50 % Wahrscheinlichkeit, den Atommittelpunkt innerhalb des Ellipsoids anzutreffen; vgl. Abb. 2.1b). Bei komplizierteren Strukturen kann das perspektivische Bild mit Hilfe eines stereoskopischen Bildpaares übersichtlicher gestaltet werden (siehe z. B. Abb. 7.5, S. 87). Durch unterschiedliche Arten der Zeichnung können unterschiedliche Aspekte einer Struktur hervorgehoben werden (Abb. 2.1).

Quantitative Angaben werden mit Zahlenwerten für interatomare Abstände und Winkel gemacht. Unter dem interatomaren Abstand versteht man den Abstand zwischen den Kernen von zwei Atomen in ihren mittleren Lagen (Gleichgewichtslage der thermischen Schwingung). Experimentell werden interatomare Abstände hauptsächlich durch Röntgenbeugung an Einkristallen ermittelt. Daneben ist die Neutronenbeugung an Kristallen und, bei kleineren Molekülen, die Elektronenbeugung und die Mikrowellenspektroskopie an Gasen

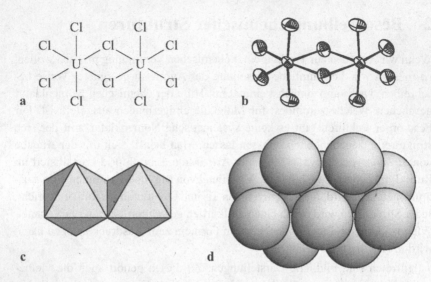

Abb. 2.1: Bildliche Darstellungsformen für ein Molekül $(UCl_5)_2$. **a** Valenzstrichformel. **b** Perspektivisches Bild mit Ellipsoiden der thermischen Schwingung (67 % Aufenthaltswahrscheinlichkeit bei 22 °C). **c** Koordinationspolyeder. **d** Hervorhebung des Platzbedarfs der Chloratome. Alle Bilder sind im gleichen Maßstab gezeichnet

von Bedeutung. Da Röntgenstrahlen an den Elektronen der Atome gebeugt werden, wird bei der Röntgenbeugung nicht die Lage der Atomkerne, sondern die Lage der Schwerpunkte der negativen Ladung der atomaren Elektronenhüllen ermittelt. Diese stimmen jedoch fast exakt mit den Lagen der Atomkerne überein, ausgenommen bei kovalent gebundenen Wasserstoffatomen. Zur Bestimmung der genauen Lage von Wasserstoffatomen ist die Neutronenbeugung auch noch aus einem weiteren Grund die zuverlässigere Methode: Röntgenstrahlen werden an den zahlreichen Elektronen schwerer Atome in wesentlich stärkerem Maße gebeugt, so daß sich H-Atome neben schweren Atomen nur ungenau lokalisieren lassen; für Neutronen, die mit den Atomkernen in Wechselwirkung treten, gilt dies nicht (weil Neutronen an H-Atomkernen in stärkerem Maße als an D-Atomkernen inkohärent gestreut werden, wird die Neutronenbeugung mit deuterierten Verbindungen durchgeführt).

2.1 Koordinationszahl und Koordinationspolyeder

Die Koordinationszahl (K.Z.) und das Koordinationspolyeder dienen zur Charakterisierung der unmittelbaren Umgebung eines Atoms. Mit der *Koordinationszahl* bezeichnen wir die Anzahl der „koordinierten Atome"; darunter verstehen wir die nächsten Nachbaratome. Bei vielen Verbindungen hat man keine Schwierigkeiten, für jedes Atom seine Koordinationszahl anzugeben. Es ist aber keineswegs immer eindeutig, bis zu welcher Grenze ein Nachbaratom als „nächster Nachbar" gelten soll. Im metallischen Antimon hat zum Beispiel jedes Sb-Atom drei Nachbaratome in einer Entfernung von 291 pm und drei weitere, deren Abstand von 336 pm nur 15 % größer ist. In diesem Fall kann man sich mit der Zahlenangabe 3 + 3 für die Koordinationszahl behelfen, wobei die erste Zahl die Anzahl der Nachbaratome in der kürzeren Entfernung angibt.

In komplizierteren Fällen ist es wenig informativ, die nächste Umgebung um ein Atom mit einer einfachen Zahlenangabe zu bezeichnen. Man kann jedoch Angaben folgender Art machen: im weißen Zinn hat ein Atom vier Nachbaratome im Abstand von 302 pm, zwei in 318 pm und vier in 377 pm. Es hat mehrere Vorschläge gegeben, eine gemittelte oder „effektive" Koordinationszahl („e.c.n." oder „ECoN" = effective coordination number) anzugeben, indem über die Anzahl aller umgebenden Atome summiert wird, die Atome jedoch nicht als ganze Atome gewertet werden, sondern „gewichtet" werden, indem sie jeweils mit einer Zahl zwischen 0 und 1 eingehen; diese Zahl liegt um so näher bei Null, je weiter das betreffende Atom entfernt ist. Sehr häufig findet man eine Lücke bei der Verteilung der Abstände; setzen wir den kürzesten Abstand zu einem Nachbaratom gleich 1, dann sind weitere Nachbaratome oft im Abstandsbereich zwischen 1 und 1,3 anzutreffen, dann folgt als Lücke ein Abstandsbereich, innerhalb dessen sich keine Atome finden. Nach einem Vorschlag von G. BRUNNER und D. SCHWARZENBACH erhält ein Atom im Abstand 1 das Gewicht 1, das erste Atom jenseits der Lücke das Gewicht 0 und alle dazwischenliegenden Atome gehen mit einem Gewicht ein, das durch lineare Interpolation aus dem Abstand errechnet wird:

$$\text{e.c.n.} = \sum_i (d_g - d_i)/(d_g - d_1)$$

d_1 = Abstand zum nächstgelegenen Atom
d_g = Abstand zum Atom nach der Lücke
d_i = Abstand zum i-ten Atom im Bereich von d_1 bis d_g

Beispiel Antimon: mit $3 \times d_1 = 291$, $3 \times d_i = 336$ und $d_g = 391$ pm ergibt sich e.c.n. = 4,65. Das Verfahren hilft nicht weiter, wenn keine klare Lücke erkennbar ist. Mathematisch eindeutig ist das Verfahren der Wirkungsbereiche (VORONOI-Polyeder, WIGNER-SEITZ-Zelle). Unter dem Wirkungsbereich versteht man das Polyeder, das aus den mittelsenkrechten Ebenen auf alle Verbindungslinien vom Zentralatom zu den umgebenden Atomen gebildet wird. Jedem umgebenden Atom ist so eine Ebene zugeordnet, deren Fläche als Maß für die Gewichtung dient; der größten Fläche wird ein Beitrag von 1 zur Koordinationszahl zugeordnet. Eine weitere Formel ist:

$$ECoN = \sum_i \exp[1 - (d_i/d_1)^n]$$

$n = 5$ oder 6

d_i = Abstand zum i-ten Atom

d_1 = kürzester Abstand oder d_1 = fiktiver Bezugsabstand

Mit ihr ergibt sich zum Beispiel für weißes Zinn ECoN = 6,5, für Antimon ECoN = 4,7.

Auch die Bindungsbeziehung zwischen den benachbarten Atomen ist zu bedenken. So beträgt zum Beispiel die Koordinationszahl eines Chloratoms im CCl_4-Molekül 1, wenn man als nächstes Nachbaratom nur das kovalent gebundene C-Atom gelten läßt, jedoch 4 (1 C + 3 Cl), wenn alle Atome „in Berührung" gezählt werden. Bei Molekülverbindungen wird man geneigt sein, nur kovalent gebundene Atome als koordinierte Atome zu zählen. Bei Ionenkristallen aus einatomigen Ionen werden üblicherweise nur die nächsten Anionen um ein Kation und die nächsten Kationen um ein Anion gezählt, auch wenn Anionen mit Anionen oder Kationen mit Kationen in Kontakt sind. Nach dieser Zählweise hat ein I^--Ion im LiI (NaCl-Typ) die Koordinationszahl 6; sie beträgt dagegen 18, wenn man die 12 I^--Ionen mitzählt, mit denen es ebenfalls in Kontakt ist. In Zweifelsfällen sollte man genau angeben, wie die Koordinationsangabe gemeint ist.

Denkt man sich die Mittelpunkte der koordinierten Atome durch Linien verbunden, so kommt man zum *Koordinationspolyeder*. Für jede Koordinationszahl gibt es typische Koordinationspolyeder (Abb. 2.2). Manche der verschiedenen Koordinationspolyeder für eine bestimmte Koordinationszahl unterscheiden sich nur wenig voneinander, auch wenn dies auf den ersten Blick nicht immer ersichtlich ist; durch geringe Verrückungen der Atome kann eines in das andere überführt werden. Durch relativ kleine Bewegungen von vier koordinierten Atomen kann zum Beispiel eine trigonale Bipyramide in eine tetragonale Pyramide verwandelt werden (Abb. 8.2, S. 111).

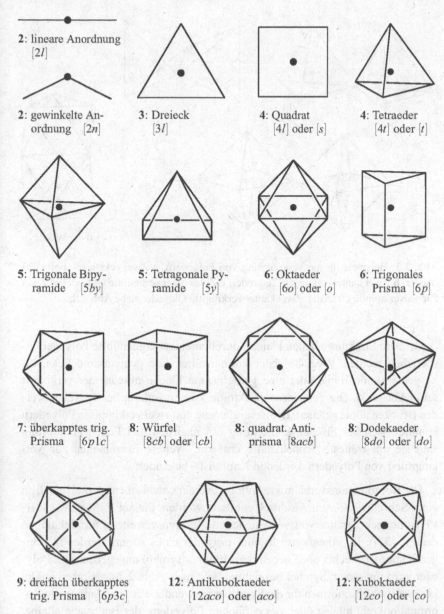

2: lineare Anordnung [2*l*]

2: gewinkelte Anordnung [2*n*]

3: Dreieck [3*l*]

4: Quadrat [4*l*] oder [*s*]

4: Tetraeder [4*t*] oder [*t*]

5: Trigonale Bipyramide [5*by*]

5: Tetragonale Pyramide [5*y*]

6: Oktaeder [6*o*] oder [*o*]

6: Trigonales Prisma [6*p*]

7: überkapptes trig. Prisma [6*p*1*c*]

8: Würfel [8*cb*] oder [*cb*]

8: quadrat. Antiprisma [8*acb*]

8: Dodekaeder [8*do*] oder [*do*]

9: dreifach überkapptes trig. Prisma [6*p*3*c*]

12: Antikuboktaeder [12*aco*] oder [*aco*]

12: Kuboktaeder [12*co*] oder [*co*]

Abb. 2.2: Die wichtigsten Koordinationspolyeder und ihre Symbole; zur Bedeutung der Symbole siehe Seite 17

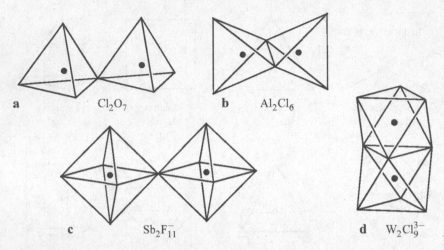

a Cl_2O_7 b Al_2Cl_6

c $Sb_2F_{11}^-$ d $W_2Cl_9^{3-}$

Abb. 2.3: Beispiele für die Verknüpfung von Polyedern. **a** Zwei eckenverknüpfte Tetraeder. **b** Zwei kantenverknüpfte Tetraeder. **c** Zwei eckenverknüpfte Oktaeder. **d** Zwei flächenverknüpfte Oktaeder. Zwei kantenverknüpfte Oktaeder siehe Abb. 2.1

Größere Struktureinheiten können durch aneinandergeknüpfte Polyeder beschrieben werden. Zwei Polyeder können über eine gemeinsame Ecke, eine gemeinsame Kante oder eine gemeinsame Fläche miteinander verknüpft sein (Abb. 2.3). Die gemeinsamen Atome zweier verknüpfter Polyeder werden Brückenatome genannt. Die Zentralatome von zwei verknüpften Polyedern kommen sich bei Flächenverknüpfung am nächsten, bei Eckenverknüpfung sind sie am weitesten voneinander entfernt. Weitere Einzelheiten zur Verknüpfung von Polyedern werden in Kapitel 16 behandelt.

Die Koordinationsverhältnisse können in einer chemischen Formel mit Hilfe einer Schreibweise zum Ausdruck gebracht werden, die auf F. MACHATSCHKI zurückgeht (später von verschiedenen Autoren erweitert; Empfehlungen dazu s. [37]). Koordinationszahl und -polyeder eines Atoms werden in eckigen Klammern rechts oben neben dem Elementsymbol angegeben. Das Polyeder wird mit einem Symbol bezeichnet, wie es in Abb. 2.2 angegeben ist. Es können auch Kurzformen für die Symbole verwendet werden, nämlich die Koordinationszahl alleine oder, bei einfachen Polyedern, der Buchstabe alleine, zum Beispiel t für Tetraeder, wobei auch die eckigen Klammern weggelassen werden können. Beispiele:

$$Na^{[6o]}Cl^{[6o]} \quad \text{oder} \quad Na^{[6]}Cl^{[6]} \quad \text{oder} \quad Na^oCl^o$$
$$Ca^{[8cb]}F_2^{[4t]} \quad \text{oder} \quad Ca^{[8]}F_2^{[4]} \quad \text{oder} \quad Ca^{cb}F_2^t$$

Für kompliziertere Fälle gibt es eine erweiterte Schreibweise, bei der die Koordination eines Atoms in der Art $A^{[m,n;p]}$ angegeben wird. Für m, n und p sind die Polyedersymbole zu setzen, und zwar für die Polyeder, die von den Atomen B, C... aufgespannt werden, in der Reihenfolge wie in der chemischen Formel $A_aB_bC_c$. Das Symbol nach dem Semikolon bezieht sich auf die Koordination des Atoms A mit A-Atomen. Beispiel Perowskit:

$$Ca^{[,12co]}Ti^{[,6o]}O_3^{[4l,2l;8p]} \qquad \text{(vgl. Abb. 17.10, S. 295)}$$

Ca ist nicht direkt von Ti umgeben, aber von 12 O-Atomen in einem Kuboktaeder; Ti ist nicht direkt von Ca umgeben, aber von 6 O-Atomen in einem Oktaeder; O ist planar (quadratisch) von vier Ca-, linear von 2 Ti- und prismatisch von 8 O-Atomen umgeben.

Außer den in Abb. 2.2 aufgeführten Polyedersymbolen können nach Bedarf weitere Symbole konstruiert werden. Die Buchstaben haben folgende Bedeutung:

l	collinear	t	tetraedrisch	do	dodekaedrisch
	oder coplanar	s	quadratisch	co	kuboktaedrisch
n	nicht collinear	o	oktaedrisch	i	ikosaedrisch
	oder coplanar	p	prismatisch	c	überkappt
y	pyramidal	cb	kubisch	a	anti-
by	bipyramidal	FK	Frank-Kasper-Polyeder (Abb. 15.5)		

Beispiele: $[3n]$ = drei nicht mit dem Zentralatom koplanare Atome wie im NH_3; $[12p]$ = hexagonales Prisma. Werden einsame Elektronenpaare als Polyederecken mitgezählt, kann eine Bezeichnung folgender Art verwendet werden: $[\psi - 4t]$ (gleichbedeutend mit $[3n]$), $[\psi - 6o]$ (gleichbedeutend mit $[5y]$), $[2\psi - 6o]$ (gleichbedeutend mit $[4l]$).

Sind die Koordinationspolyeder zu Ketten, Schichten oder einem Raumnetz verknüpft, so kann dies durch das vorgestellte Symbol $\frac{1}{\infty}$, $\frac{2}{\infty}$ bzw. $\frac{3}{\infty}$ zum Ausdruck gebracht werden. Beispiele:

$$\frac{3}{\infty}Na^{[6]}Cl^{[6]} \qquad \frac{3}{\infty}Ti^{[o]}O_2^{[3l]} \qquad \frac{2}{\infty}C^{[3l]} \text{ (Graphit)}$$

Um die Existenz individueller, endlicher Baugruppen hervorzuheben, kann analog ein $\frac{0}{\infty}$ vorangestellt werden. Zur weitergehenden Spezifikation ihrer

Struktur können die folgenden, voranzustellenden Symbole verwendet werden, die jedoch nur selten gebraucht werden:

Kettenfragment $\{f\}$ oder $\wedge$
Ring $\{r\}$ oder $\bigcirc$
Käfig $\{k\}$ oder $\varoslash$

Beispiele: $Na_2 \wedge S_3$; $\{k\}P_4$; $Na_3 \bigcirc [P_3 O_9]$.

Soll auch die Packung der Atome in der Formel bezeichnet werden, so kann man den betreffenden Formelteil in eckige Klammern setzen und danach in spitzen Klammern $<>$ eine Angabe dazu machen, zum Beispiel $Ti^o[CaO_3]<c>$. Das c sagt aus, daß die Ca- und die O-Atome gemeinsam eine kubisch-dichteste Kugelpackung bilden (Kugelpackungen werden in den Kapiteln 14 und 17 eingehend behandelt). Einige Symbole dieser Art sind (Symbole für weitere Packungen siehe bei [40, 173]):

Tc oder c	kubisch-dichteste Kugelpackung
Th oder h	hexagonal-dichteste Kugelpackung
Ts	Stapelfolge AA... von hexagonalen Schichten
Qs	Stapelfolge AA... von quadratischen Schichten
Qf	Stapelfolge AB... von quadratischen Schichten

T (triangular) steht für hexagonale Schichten, Q für Schichten mit quadratisch-periodischem Muster. Die Packung Qs ergibt ein kubisch-primitives Gitter (Abb. 2.4), Qf ein kubisch-innenzentriertes Netzwerk (vgl. Abb. 14.3, S. 227). Die Symbole werden zuweilen auch ohne die Spitzen Klammern hochgesetzt hinter die eckigen Klammern geschrieben, zum Beispiel $Ti[CaO_3]^c$.

Eine andere Schreibweise ist die nach P. NIGGLI, bei welcher in der chemischen Formel die Indexzahlen der koordinierten Atome als Brüche angegeben werden. Die Formel $TiO_{6/3}$ bedeutet zum Beispiel: jedes Titanatom ist von 6 O-Atomen umgeben, die ihrerseits je an 3 Ti-Atome koordiniert sind. Weiteres Beispiel: $NbOCl_3 = NbO_{2/2}Cl_{2/2}Cl_{2/1}$ mit Koordinationszahl 6 für das Niobatom ($= 2 + 2 + 2 =$ Summe der Zähler), Koordinationszahl 2 für das O-Atom und Koordinationszahlen 2 und 1 für die zwei verschiedenen Sorten von Cl-Atomen (Abb. 16.11, S. 257).

2.2   Die Beschreibung von Kristallstrukturen

In einem Kristall sind Atome in dreidimensional-periodisch geordneter Weise zu einem größeren Verband zusammengepackt. Die räumliche Anordnung

Abb. 2.4: Kubisch-
primitives Kristallgit-
ter. Eine Elementar-
zelle ist hervorgeho-
ben

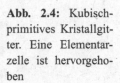

der Atome nennen wir die *Kristallstruktur*. Denken wir uns die sich periodisch wiederholenden Atome einer Sorte in drei Raumrichtungen zu einem dreidimensionalen Gitter verbunden, so kommen wir zum *Kristallgitter*. Das Kristallgitter repräsentiert eine dreidimensionale Anordnung von Punkten; alle Punkte des Gitters sind völlig gleichartig und haben die gleiche Umgebung. Man kann sich das Kristallgitter aufgebaut denken, indem ein kleines Parallelepiped* dreidimensional beliebig oft lückenlos aneinandergereiht wird (Abb. 2.4). Das Parallelepiped nennen wir *Elementarzelle*.

Die Elementarzelle können wir uns durch drei *Basisvektoren* aufgespannt denken, die wir mit **a**, **b** und **c** bezeichnen. Das Kristallgitter ist definiert als die Gesamtheit der Linearkombinationen $t = u\mathbf{a} + v\mathbf{b} + w\mathbf{c}$ mit u, v, w beliebig ganzzahlig positiv oder negativ. Das Kristallgitter ist also eine rein geometrische Konstruktion, und die Begriffe ‚Kristallgitter‘ und ‚Kristallstruktur‘ sollten nicht verwechselt werden. Jeder beliebige Vektor **t** ist ein *Translationsvektor*. Durch Translation, d. h. durch parallele Verschiebung der Gesamtstruktur um **t**, kommt die Struktur mit sich zur Deckung; der Kristall hat Translationssymmetrie (näheres dazu in Abschn. 3.1). Die Längen a, b und c der Basisvektoren sowie die Winkel α, β und γ zwischen ihnen sind die *Gitterparameter* (oder Gitterkonstanten; α zwischen **b** und **c** usw.). Es ist nicht von vornherein eindeutig, wie die Elementarzelle für eine gegebene Kristallstruktur zu wählen ist. Dies wird in Abb. 2.5 an einem zweidimensionalen Beispiel illustriert. Um Einheitlichkeit bei der Beschreibung von Kristallstrukturen zu erzielen, hat man sich in der Kristallographie auf bestimmte Konventionen zur Wahl der Elementarzelle geeinigt:

---

*Parallelepiped = Raumkörper, der von sechs Flächen begrenzt wird, die paarweise parallel zueinander sind.

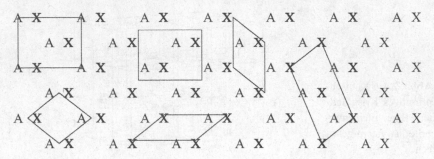

Abb. 2.5: Periodische, zweidimensionale Anordnung von A- und X-Atomen. Durch wiederholtes Aneinanderreihen von irgendeiner der eingezeichneten Elementarzellen kann das gesamte Muster erzeugt werden.

1. Die Elementarzelle soll die Symmetrie des Kristalls erkennen lassen, d. h. die Basisvektoren sollen parallel zu vorhandenen Symmetrieachsen oder senkrecht zu Symmetrieebenen verlaufen.

2. Der Ursprung der Zelle ist in einen geometrisch ausgezeichneten Punkt zu legen, vorrangig in ein Symmetriezentrum.

3. Die Basisvektoren sollen möglichst kurz sein. Das bedeutet zugleich: das Zellvolumen soll möglichst klein sein, und die Winkel zwischen den Basisvektoren sollen möglichst nahe bei 90° liegen.

4. Soweit die Winkel zwischen den Basisvektoren von 90° abweichen, sollen sie entweder alle größer oder alle kleiner als 90° sein (vorzugsweise > 90°).

Eine Elementarzelle mit dem kleinstmöglichen Volumen nennt man eine *primitive* Zelle. Aus Gründen der Symmetrie gemäß Regel 1 wählt man im Widerspruch zu Regel 3 nicht immer eine primitive Zelle, sondern eine *zentrierte* Zelle, die *zweifach*, *dreifach* oder *vierfach primitiv* ist, deren Volumen also um den genannten Faktor größer ist. Die

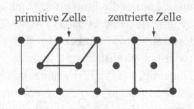

primitive Zelle　　　zentrierte Zelle

in Betracht kommenden zentrierten Zellen sind in Abb. 2.6 gezeigt.

Außer den genannten Konventionen zur Zellenwahl gibt es noch weitere Standardisierungsregeln, nach denen eine genormte Beschreibung von Kristall-

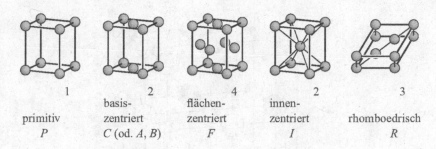

	1	2	4	2	3
	primitiv	basis-zentriert	flächen-zentriert	innen-zentriert	rhomboedrisch
	P	C (od. A, B)	F	I	R

Abb. 2.6: Zentrierte Elementarzellen und ihre Symbole. Die Zahlen geben an, wievielfach primitiv die jeweilige Zelle ist.

strukturen erfolgen soll [38]. Deren Einhaltung soll die Erfassung des Datenmaterials einheitlicher und für Datenbanken geeignet machen. Allerdings wird gegen diese Regeln häufig verstoßen, und zwar nicht nur aus Nachlässigkeit oder Unkenntnis der Regeln, sondern häufig aus guten sachlichen Gründen, zum Beispiel wenn Verwandtschaften verschiedener Strukturen verdeutlicht werden sollen.

Die Angabe der Gitterparameter und der Lage aller in der Elementarzelle enthaltenen Atome reicht dazu aus, alle wesentlichen Merkmale einer Kristallstruktur zu charakterisieren. In einer Elementarzelle kann nur eine ganzzahlige Menge von Atomen enthalten sein. Bei der Angabe des Zellinhalts bezieht man sich auf die chemische Formel, d. h. man gibt an, wie viele „Formeleinheiten" in der Elementarzelle enthalten sind; diese Zahl wird meist mit Z bezeichnet. Wie die Atome abzuzählen sind, zeigt Abb. 2.7.

2.3 Atomkoordinaten

Die Lage von jedem Atom in der Elementarzelle wird durch einen Satz von *Atomkoordinaten* bezeichnet, d. h. durch drei Koordinaten x, y und z. Diese beziehen sich auf ein Koordinatensystem, das von den drei Basisvektoren der Elementarzelle festgelegt wird. Als Einheit auf jeder der Koordinatenachsen dient die jeweilige Länge des zugehörigen Basisvektors. Die Werte x, y und z für jedes in der Elementarzelle befindliche Atom liegen dadurch zwischen 0 und < 1. Es handelt sich *nicht* um ein kartesisches Koordinatensystem; die Koordinatenachsen können zueinander schiefwinklig und die Einheiten auf den

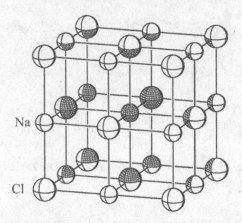

Abb. 2.7: Abzählung des Inhalts einer Elementarzelle am Beispiel der flächenzentrierten Elementarzelle von NaCl: 8 Cl^--Ionen in 8 Ecken, von denen jedes jeweils zu 8 angrenzenden Zellen gehört, ergibt $8/8 = 1$; 6 Cl^--Ionen auf 6 Flächenmitten, die je zu zwei angrenzenden Zellen gehören, ergibt $6/2 = 3$. 12 Na^+-Ionen auf den Kantenmitten, die je zu 4 Zellen gehören, ergibt $12/4 = 3$; 1 Na^+-Ion in der Würfelmitte, das der Zelle alleine angehört. Gesamtzählung: 4 Cl^-- und 4 Na^+-Ionen oder vier Formeleinheiten NaCl ($Z = 4$).

Achsen können unterschiedlich lang sein. Die Addition oder Subtraktion einer *ganzen* Zahl zu einem Koordinatenwert führt zu einer gleichwertigen Atomlage in einer anderen Elementarzelle. Das Koordinatentripel $x = 1{,}27$, $y = 0{,}52$ und $z = -0{,}10$ bezeichnet zum Beispiel ein Atom in einer Zelle, die der Ursprungszelle benachbart ist, und zwar in Richtung $+\mathbf{a}$ und $-\mathbf{c}$; dieses Atom ist äquivalent zum Atom in $x = 0{,}27$, $y = 0{,}52$ und $z = 0{,}90$ in der Ursprungszelle.

Es ist üblich, immer nur die Atomkoordinaten für Atome in einer *asymmetrischen Einheit* anzugeben. Atome, die sich daraus durch Symmetrieoperationen „erzeugen" lassen, werden nicht aufgeführt. Welche Symmetrieoperationen zu berücksichtigen sind, folgt aus der Angabe der Raumgruppe (siehe Abschnitt 3.3). Sind Gitterparameter, Raumgruppe und Atomkoordinaten bekannt, so lassen sich daraus alle Strukturdetails entnehmen. Insbesondere können alle interatomaren Abstände und Winkel berechnet werden.

Formel zur Berechnung des Abstandes d zwischen zwei Atomen aus den Gitterparametern und den Atomkoordinaten:

$$d = \sqrt{(a\Delta x)^2 + (b\Delta y)^2 + (c\Delta z)^2 + 2bc\Delta y\Delta z\cos\alpha + 2ac\Delta x\Delta z\cos\beta + 2ab\Delta x\Delta y\cos\gamma}$$

Dabei sind $\Delta x = x_2 - x_1$, $\Delta y = y_2 - y_1$ und $\Delta z = z_2 - z_1$ die Differenzen der Koordinaten der beiden Atome. Der Bindungswinkel ω am Atom 2 in einer Gruppe von drei Atomen 1, 2 und 3 läßt sich aus den drei Abständen d_{12}, d_{23} und d_{13} zwischen ihnen nach dem Kosinussatz berechnen:

$$\cos \omega = -\sqrt{\frac{d_{13}^2 - d_{12}^2 - d_{23}^2}{2 d_{12} d_{23}}}$$

Zur Angabe von Atomkoordinaten, interatomaren Abständen usw. gehört auch die Angabe der zugehörigen Standardabweichungen, mit denen die Präzision ihrer experimentellen Bestimmung zum Ausdruck gebracht wird. Die häufig benutzte Schreibweise in der Art „$d = 235,1(4)$ pm" besagt für die letzte Stelle des Zahlenwertes eine Standardabweichung von 4 Einheiten, d. h. in unserem Beispiel beträgt sie 0,4 pm. Die Standardabweichung ist ein Begriff aus der Statistik. Wenn zu einem Zahlenwert eine Standardabweichung von σ angegeben wird, so beträgt die Wahrscheinlichkeit, daß der wahre Zahlenwert innerhalb der Grenzen $\pm\sigma$ vom angegebenen Wert liegt, 68,3 %. Die Wahrscheinlichkeit, innerhalb von $\pm 2\sigma$ zu liegen, beträgt 95,4 %, innerhalb von $\pm 3\sigma$ 99,7 %. Die Standardabweichung ist kein zuverlässiges Maß für die Genauigkeit eines Zahlenwertes, da sie nur statistische aber keine systematischen Meßfehler berücksichtigt.

2.4 Isotypie

Die Kristallstrukturen von zwei Verbindungen sind *isotyp*, wenn sie das gleiche Bauprinzip und die gleiche Symmetrie besitzen. Man kann sich die eine aus der anderen entstanden denken, indem die Atome eines Elements durch Atome eines anderen Elements ausgetauscht werden, unter Beibehaltung der Positionen in der Kristallstruktur. Die Absolutwerte für die Gitterabmessungen und die interatomaren Abstände dürfen sich unterscheiden, bei den Atomkoordinaten sind *geringe* Variationen erlaubt. Die Winkel zwischen den kristallographischen Achsen und die relativen Gitterabmessungen (Achsenverhältnisse) müssen ähnlich sein. Bei zwei isotypen Strukturen gibt es eine Eins-zueins-Beziehung aller Atomlagen bei übereinstimmenden geometrischen Gegebenheiten. Sind zusätzlich die chemischen Bindungsverhältnisse ähnlich, dann sind die Strukturen darüberhinaus auch *kristallchemisch isotyp*.

Zwei Strukturen sind *homöotyp*, wenn sie ähnlich sind, aber die vorstehenden Bedingungen für die Isotypie nicht erfüllen, weil ihre Symmetrie nicht übereinstimmt, weil äquivalente Atome derselben Sorte in der einen Struktur in der anderen Struktur von mehreren verschiedenen Atomsorten eingenommen werden (Substitutionsderivate) oder weil sich die geometrischen Eigenschaften unterscheiden (verschiedene Achsenverhältnisse, Winkel oder Atomkoordinaten). Beispiel für Substitutionsderivate: C (Diamant) – ZnS (Zinkblende) – Cu_3SbS_4 (Famatinit). Die Verwandtschaft zwischen homöotypen Strukturen läßt sich besonders gut mit Hilfe von Symmetriebeziehungen herausarbeiten (vgl. Kapitel 18).

Haben zwei Ionenverbindungen den gleichen Strukturtyp, aber so, daß die Kationenplätze der einen Verbindung von den Anionen der anderen eingenommen werden und umgekehrt („Vertauschen von Anionen und Kationen"), so werden sie zuweilen als „Antitypen" bezeichnet. Beispiel: im Li_2O nehmen die Li^+-Ionen die gleichen Positionen wie die F^--Ionen im CaF_2 ein, die O^{2-}-Ionen die gleichen Positionen wie die Ca^{2+}-Ionen; Li_2O kristallisiert im „anti-CaF_2-Typ".

2.5 Übungsaufgaben

2.1 Berechnen Sie effektive Koordinationszahlen (e.c.n.) mit der Formel auf Seite 13 für:

(a) Tellur, $4 \times d_1 = 283$ pm, $2 \times d_2 = 349$ pm, $d_g = 444$ pm;

(b) Gallium, $1 \times d_1 = 247$ pm, $2 \times d_2 = 270$ pm, $2 \times d_3 = 274$ pm, $2 \times d_4 = 279$ pm, $d_g = 398$ pm;

(c) Wolfram, $8 \times d_1 = 274,1$ pm, $6 \times d_2 = 316,5$ pm, $d_g = 447,6$ pm.

2.2 Ergänzen Sie die folgenden Formeln durch Angaben zur Koordination der Atome:

(a) $FeTiO_3$, Fe und Ti oktaedrisch, O koordiniert durch 2 Fe und 2 Ti in nichtlinearer Anordnung;

(b) $CdCl_2$, Cd oktaedrisch, Cl trigonal-nichtplanar;

(c) MoS_2, Mo trigonal-prismatisch, S trigonal-nichtplanar;

(d) Cu_2O, Cu linear, O tetraedrisch;

(e) PtS, Pt quadratisch, S tetraedrisch;

(f) $MgCu_2$, Mg FRANK-KASPER-Polyeder mit K.Z. 16, Cu ikosaedrisch;

(g) $Al_2Mg_3Si_3O_{12}$, Al oktaedrisch, Mg dodekaedrisch, Si tetraedrisch;

(h) UCl_3, U dreifach überkappt trigonal-prismatisch, Cl trigonal-nichtplanar.

2.3 Geben Sie die Symbole zur Bezeichnung der Art der Zentrierung der Elementarzellen an für: CaC_2 (Abb. 7.6, stark umrandete Zelle), K_2PtCl_6 (Abb. 7.7), Cristobalit (Abb. 12.9), $AuCu_3$ (Abb. 15.1), K_2NiF_4 (Abb. 16.4), Perowskit (Abb. 17.10).

2.4 Wie viele Formeleinheiten kommen auf die Elementarzellen von:

CsCl (Abb. 7.1), ZnS (Abb. 7.1), TiO_2 (Rutil, Abb. 7.4), $ThSi_2$ (Abb. 13.1), ReO_3 (Abb. 16.5), α-$ZnCl_2$ (Abb. 17.14)?

2.5 Wie lang ist die I–I Bindung in festem Iod? Gitterparameter: $a = 714$, $b = 469$, $c = 978$ pm, $\alpha = \beta = \gamma = 90°$. Atomkoordinaten: $x = 0,0$, $y = 0,1543$, $z = 0,1174$; Ein symmetrisch äquivalentes Atom befindet sich in $-x$, $-y$, $-z$.

2.6 Berechnen Sie die Bindungslängen und den Bindungswinkel am mittleren Atom des I_3^--Ions in RbI_3. Gitterparameter: $a = 1091$, $b = 1060$, $c = 665,5$ pm, $\alpha = \beta = \gamma = 90°$. Atomkoordinaten: I(1), $x = 0,1581$, $y = 0,25$, $z = 0,3509$; I(2), $x = 0,3772$, $y = 0,25$, $z = 0,5461$; I(3), $x = 0,5753$, $y = 0,25$, $z = 0,7348$.

Bei den folgenden Aufgaben müssen eventuell die Lagen symmetrieäquivalenter Atome (aufgrund der Raumgruppensymmetrie) berücksichtigt werden; sie sind als Koordinatentripel angegeben, die aus der Ausgangsposition x,y,z zu berechnen sind. Um die Lagen benachbarter (gebundener) Atome zu erhalten, müssen gegebenenfalls einige Atomlagen in benachbarte Elementarzellen verlegt werden.

2.7 MnF_2 kristallisiert im Rutiltyp mit $a = b = 487,3$ pm und $c = 331,0$ pm. Atomkoordinaten: Mn in $x = y = z = 0$; F in $x = y = 0,3050$, $z = 0,0$. Symmetrieäquivalente Positionen: $-x, -x, 0$; $0,5-x, 0,5+x, 0,5$; $0,5+x, 0,5-x, 0,5$. Berechnen Sie die beiden verschiedenen Mn–F-Bindungslängen (< 250 pm) und den F–Mn–F-Bindungswinkel bezüglich zweier F-Atome, welche die gleichen x- und y-Koordinaten haben und deren z-Koordinaten sich um 1,0 unterscheiden.

2.8 $WOBr_4$ kristallisiert tetragonal, $a = b = 900,2$ pm, $c = 393,5$ pm, $\alpha = \beta = \gamma = 90°$. Berechnen Sie die W–Br-, W=O- und W$\cdots$O-Bindungslänge und den O=W–Br-Bindungswinkel. Zeichnen Sie maßstabsgetreue Projektionen auf die ab- und die ac-Ebene (1 oder 2 cm pro 100 pm) im Bereich bis zu 300 pm von der z-Achse von $z = -0,5$ bis $z = 1,6$. Zeichnen Sie Atome als Kreise und Bindungen als dicke Linien (Bindungen = Atomkontakte < 300 pm). Welches ist das Koordinationspolyeder des W-Atoms? Symmetrieäquivalente Positionen: $-x, -y, z$; $-y, x, z$; $y, -x, z$.

Atomkoordinaten:	x	y	z
W	0,0	0,0	0,0779
O	0,0	0,0	0,529
Br	0,2603	0,0693	0,0

2.9 Berechnen Sie die Zr–O-Bindungslängen in Baddeleyit (ZrO_2), wobei nur interatomare Abstände unter 300 pm zählen. Welche ist die Koordinationszahl des Zr? Gitterparameter: $a = 514,5$, $b = 520,7$, $c = 531,1$ pm, $\beta = 99,23°$, $\alpha = \gamma = 90°$; symmetrieäquivalente Positionen: $-x, -y, -z$; $x, 0,5-y, 0,5+z$; $-x, 0,5+y, 0,5-z$.

Atomkoordinaten:	x	y	z
Zr	0,2758	0,0411	0,2082
O(1)	0,0703	0,3359	0,3406
O(2)	0,5577	0,2549	0,0211

3 Symmetrie

Das wesentlichste Merkmal für jeden Kristall ist seine Symmetrie. Diese dient uns nicht nur zur Beschreibung der Struktur, sondern mit ihr hängen auch die Eigenschaften des Feststoffes zusammen. So kann zum Beispiel der piezoelektrische Effekt bei Quarzkristallen nur auftreten, weil Quarz die geeignete Symmetrie dafür hat; dieser Effekt wird dazu genutzt, Quarz als Taktgeber für Uhren und elektronische Geräte einzusetzen. Die Kenntnis der Kristallsymmetrie spielt außerdem bei der Kristallstrukturanalyse eine zentrale Rolle.

Um die Symmetrie in straffer Form zu bezeichnen, verwendet man Symmetriesymbole. Zwei Arten von Symbolen finden Verwendung: die *Schoenflies-Symbole* und die *Hermann-Mauguin-Symbole*, auch *Internationale Symbole* genannt. Die Schoenflies-Symbole sind die historisch älteren. Sie sind weiterhin sehr beliebt zur Bezeichnung der Symmetrie von Molekülen und in der Spektroskopie. Weil sie sich jedoch weniger gut eignen, um die Symmetrie von Kristallen zu beschreiben, finden sie in der Kristallographie kaum Verwendung. Wir werden uns deshalb vor allem mit den Hermann-Mauguin-Symbolen befassen. Daneben gibt es noch Bildsymbole, welche in Abbildungen verwendet werden.

3.1 Symmetrieoperationen und Symmetrieelemente

Durch eine Symmetrieoperation (Deckoperation) wird ein Körper räumlich in eine neue Lage gebracht, die sich von der Ausgangslage nicht unterscheiden läßt. Mathematisch ausgedrückt handelt es sich um eine *Abbildung*, die einen Gegenstand unverzerrt auf sich selbst abbildet. Eine Abbildung ist eine Vorschrift, die jedem Punkt im Raum genau einen Bildpunkt zuordnet. ,Auf sich selbst abgebildet' bedeutet nicht, daß jeder einzelne Punkt genau auf sich selbst abgebildet wird, sondern daß dem Gesamtgegenstand nach der Abbildung nicht anzusehen ist, ob eine Abbildung stattgefunden hat oder nicht.

Eine Abbildung wird nach Wahl eines Koordinatensystems durch folgendes Gleichungssystem ausgedrückt:

$$\left.\begin{array}{ccl} \tilde{x} & = & W_{11}x + W_{12}y + W_{13}z + w_1 \\ \tilde{y} & = & W_{21}x + W_{22}y + W_{23}z + w_2 \\ \tilde{z} & = & W_{31}x + W_{32}y + W_{33}z + w_3 \end{array}\right\} \qquad (3.1)$$

(x, y, z Koordinaten des Ausgangspunktes; $\tilde{x}, \tilde{y}, \tilde{z}$ Koordinaten des Bildpunktes)

Eine Symmetrieoperation läßt sich beliebig oft wiederholen. Das Symmetrieelement ist ein Punkt, eine Gerade oder eine Ebene, die bei Ausführung der Symmetrieoperation in ihrer räumlichen Lage erhalten bleibt. Man unterscheidet folgende Symmetrieoperationen:

1. Translation (genauer: Symmetrie-Translation). Parallele Verschiebung in einer definierten Richtung um einen definierten Betrag. Zu jeder Translation gehört ein *Translationsvektor*. Beispiel:

Genaugenommen ist die Symmetrie-Translation nur bei einem unendlich großen Gegenstand möglich. Ein Ideal-Kristall ist unendlich groß und hat Translationssymmetrie in drei Dimensionen. Zu ihrer Erfassung benötigt man drei nicht koplanare Translationsvektoren **a**, **b** und **c**. Ein echter Kristall kann als endlicher Ausschnitt aus einem Ideal-Kristall aufgefaßt werden; man kann so die realen Verhältnisse ausgezeichnet beschreiben.

Als Vektoren **a**, **b** und **c** dienen uns die drei Basisvektoren, die auch zur Festlegung der Elementarzelle dienen (Abschnitt 2.2). Jeder beliebige Translationsvektor **t** im Kristall kann als Vektorsumme von drei Basisvektoren dargestellt werden: $\mathbf{t} = u\mathbf{a} + v\mathbf{b} + w\mathbf{c}$ mit u, v, w ganzzahlig positiv oder negativ.

Die Translationssymmetrie ist die wichtigste Symmetrieeigenschaft eines Kristalls. Im Hermann-Mauguin-Symbol wird die dreidimensionale Translationssymmetrie durch einen Großbuchstaben zum Ausdruck gebracht, der erkennen läßt, ob wir es mit einem primitiven oder zentrierten Kristallgitter zu tun haben (vgl. Abb. 2.6, S. 21):

P = primitiv
A, B oder C = basiszentriert in der **bc**-, **ac**- bzw. **ab**-Ebene
F = flächenzentriert
I = innenzentriert (= raumzentriert)
R = rhomboedrisch

2. Rotation. Drehung um eine Achse um einen Winkel von $360/N$ Grad. Das Symmetrieelement ist die N-zählige *Drehachse*. Die Zähligkeit N muß eine ganze Zahl sein; nach N-maliger Ausführung der Symmetrieoperation kommt der Körper wieder in seine Ausgangslage. Jeder Körper verfügt über beliebig viele Achsen mit $N = 1$, da jede beliebige Drehung um 360° den Körper in seine ursprüngliche Lage zurückbringt. Mit dem Symbol für die einzählige Drehung bezeichnet man Objekte, die abgesehen von Translationssymmetrie keine Symmetrie besitzen. Bei rotationssymmetrischen Objekten ist die Zähligkeit $N = \infty$. Das Hermann-Mauguin-Symbol für eine N-zählige Drehung ist die Zahl N; im Schoenflies-Symbol steht C_N (vgl. Abb. 3.1):

	Hermann-Mauguin-Symbol	Schoen-flies-Symbol	Bildsymbol	
einzählige Drehachse	1	C_1	keines	
zweizählige Drehachse	2	C_2	◖	Achse senkrecht zur Papierebene
			← →	Achse parallel zur Papierebene
dreizählige Drehachse	3	C_3	▲	
vierzählige Drehachse	4	C_4	◆	
sechszählige Drehachse	6	C_6	⬢	

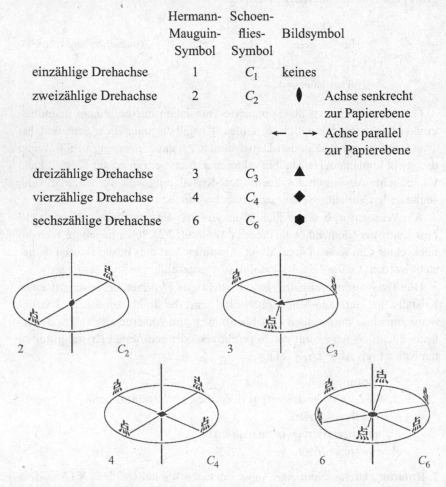

Abb. 3.1: Beispiele für Drehachsen. Links jeweils das Hermann-Mauguin-, rechts das Schoenflies-Symbol. 点 = Punkt, chinesisch gesprochen diǎn, japanisch hoschi

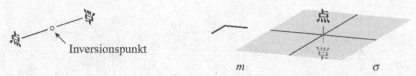

Inversionspunkt

m σ

Abb. 3.2: Beispiele für ein Inversionszentrum und für eine Spiegelebene

3. Spiegelung. Symmetrieelement ist eine *Spiegelebene* (Abb. 3.2).

Hermann-Mauguin-Symbol: *m*. Schoenflies-Symbol: σ (nur für eine Einzelebene).

Bildsymbole:

Spiegelebene senkrecht
zur Papierebene

Spiegelebene parallel zur Papierebene

4. Inversion. „Spiegelung" durch einen Punkt (Abb. 3.2). Dieser Punkt ist das Symmetrieelement und wird *Inversionspunkt, Inversionszentrum* oder *Symmetriezentrum* genannt.

Hermann-Mauguin-Symbol: $\overline{1}$ („eins quer"). Schoenflies-Symbol: *i*.
Bildsymbol: o

5. Drehinversion. Das Symmetrieelement ist die *Inversionsachse*. Es handelt sich um eine *gekoppelte* Symmetrieoperation, bei der zwei Lageveränderungen auszuführen sind: man denke sich die Ausführung einer Rotation um $360/N$ Grad, unmittelbar gefolgt von einer Inversion an einem Punkt, der auf der Achse liegt (Abb. 3.3):

Hermann-Mauguin-Symbol	Bildsymbol	
$\overline{1}$	o	identisch mit Inversionspunkt
$\overline{2} = m$		identisch mit Spiegelebene senkrecht zur Achse
$\overline{3}$	▲	
$\overline{4}$	◆	
$\overline{5}$	⬠	
$\overline{6}$	⬣	

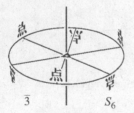 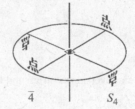 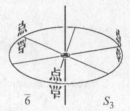

$\overline{3}$ $\quad S_6 \qquad \overline{4} \quad S_4 \qquad \overline{6} \quad S_3$

Abb. 3.3: Beispiele für Inversionsachsen. Als Drehspiegelachsen aufgefaßt, haben sie die Zähligkeiten, die mit den Schoenflies-Symbolen S_N bezeichnet sind

Wenn N geradzahlig ist, enthält die Inversionsachse automatisch eine Drehachse mit der halben Zähligkeit. Wenn N ungerade ist, ist automatisch ein Inversionszentrum vorhanden. Dieser Sachverhalt kommt in den Bildsymbolen zum Ausdruck. Wenn N gerade, aber nicht durch 4 teilbar ist, ist automatisch eine Spiegelebene senkrecht zur Achse vorhanden.

Bei einer **Drehspiegelung** ist die Rotation mit einer Spiegelung an einer Ebene senkrecht zur Achse gekoppelt. Die Drehspiegelung bezeichnet exakt den gleichen Sachverhalt wie die Drehinversion. Drehspiegelung und Drehinversion unterscheiden sich jedoch in den Zähligkeiten, ausgenommen wenn N durch 4 teilbar ist (Abb. 3.3). In der Hermann-Mauguin-Notation werden nur Inversionsachsen, in der Schoenflies-Notation nur Drehspiegelachsen verwendet, letztere mit dem Symbol S_N.

6. Schraubung. Das Symmetrieelement ist die *Schraubenachse*. Sie kann nur auftreten, wenn in Achsrichtung Translationssymmetrie vorhanden ist. Die Schraubenachse entsteht, wenn eine Drehung um $360/N$ Grad mit einer Verschiebung längs der Achse gekoppelt wird. Das Hermann-Mauguin-Symbol ist N_M, wobei N die Drehkomponente bezeichnet und der Bruch M/N die Verschiebungskomponente als Bruchteil des Translationsvektors angibt (Verschiebungskomponente nach Rechtsdrehung). Manche Schraubenachsen sind rechts- oder linkshändig. In Abb. 3.4 sind die Schraubenachsen, die in Kristallen auftreten können, dargestellt. Einzelne polymere Moleküle können auch nichtkristallographische Schraubenachsen haben, wie zum Beispiel 10_3 beim polymeren Schwefel.

7. Gleitspiegelung. Das Symmetrieelement ist die *Gleitspiegelebene*, die nur auftreten kann, wenn parallel zur Ebene Translationssymmetrie vorhanden ist. Jedesmal, wenn eine Spiegelung an der Ebene ausgeführt wird, erfolgt sofort

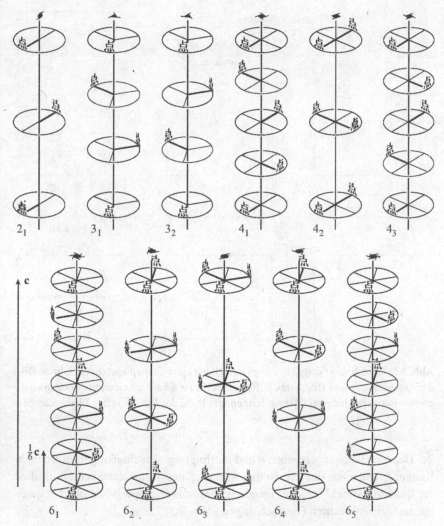

Abb. 3.4: Schraubenachsen und ihre Bildsymbole. Die Achsen 3_1, 4_1, 6_1 und 6_2 sind Rechtsschrauben, 3_2, 4_3, 6_5 und 6_4 sind die entsprechenden Linksschrauben.

anschließend eine Verschiebung parallel zur Ebene. Das Hermann-Mauguin-Symbol ist a, b, c, n, d oder e, wobei der Buchstabe die Gleitrichtung in bezug auf die Elementarzelle angibt. a, b und c bedeuten Verschiebung in Richtung parallel zum Basisvektor **a**, **b** bzw. **c**, und zwar um den Betrag $\frac{1}{2}a$, $\frac{1}{2}b$ bzw.

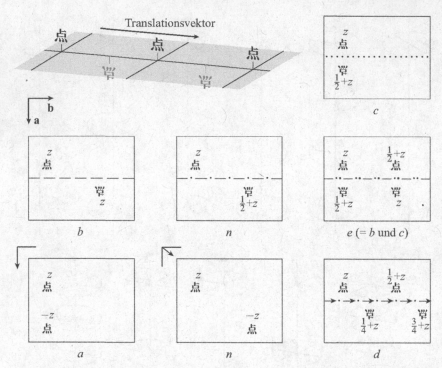

Abb. 3.5: Oben links: Perspektivische Darstellung einer Gleitspiegelebene. Übrige Bilder: Bezeichnung und Bildsymbole für senkrecht zu **a** bzw. **c** orientierte Gleitspiegelebenen mit verschiedenen Gleitrichtungen. z = Höhe des Punkts in der Elementarzelle

$\frac{1}{2}c$. Bei den Gleitspiegelebenen n und d erfolgt die Verschiebung in diagonaler Richtung, und zwar um den Betrag $\frac{1}{2}$ bzw. $\frac{1}{4}$ des Translationsvektors in dieser Richtung. e steht für zwei ineinanderliegende Gleitspiegelebenen mit zwei zueinander senkrechten Gleitrichtungen (Abb. 3.5).

3.2 Die Punktgruppen

Ein Körper kann gleichzeitig mehrere Symmetrieelemente haben. Dabei ist aber nicht jede beliebige Kombination möglich. Wenn zum Beispiel nur eine Spiegelebene vorhanden ist, so kann sie nie schräg zu einer Drehachse orientiert sein (die Achse muß entweder senkrecht zur Ebene oder in ihr liegen). Mögliche Kombinationen von Symmetrieoperationen *ohne Translationen* nennt man *Punktgruppen*. Die Bezeichnung bringt zum Ausdruck, daß nur solche Kombinationen möglich sind, bei denen es einen ausgezeichneten Punkt (oder eine ausgezeichnete Achse oder Ebene) gibt, durch welche alle Symmetrieelemente verlaufen. Punktgruppen erfüllen streng die Bedingungen für eine Gruppe im Sinne der Gruppentheorie aus der Mathematik; die Elemente, aus denen die Gruppe besteht (die Gruppenelemente), sind die Symmetrieoperationen (nicht die Symmetrieelemente).

Bei der Kombination von zwei Symmetrieoperationen kann sich automatisch eine dritte Symmetrieoperation ergeben. Zum Beispiel resultiert bei der Kombination einer zweizähligen Drehung mit einer Spiegelung an einer Spiegelebene senkrecht zur Drehachse automatisch ein Inversionszentrum an der Stelle, an der die Achse die Ebene durchstößt. Es ist gleichgültig, welche zwei dieser drei Symmetrieoperationen (2, *m* oder $\bar{1}$) kombiniert werden, es resultiert immer die dritte (Abb. 3.6).

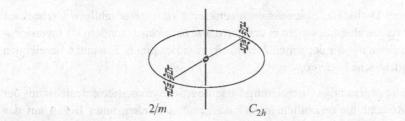

$$2/m \qquad\qquad C_{2h}$$

Abb. 3.6: Aus der Kombination einer zweizähligen Drehung mit einer Spiegelung an einer Ebene senkrecht zur Drehachse resultiert eine Inversion

Hermann-Mauguin-Punktgruppensymbole

Im Punktgruppensymbol werden die vorhandenen Symmetrieelemente nach bestimmten Regeln aufgezählt, so daß ihre gegenseitige Orientierung erkennbar ist. Im *vollständigen Hermann-Mauguin-Symbol* werden alle Symmetrieelemente bis auf wenige Ausnahmen aufgezählt. Wegen ihrer strafferen Form werden aber meistens nur die *gekürzten Hermann-Mauguin-Symbole* benutzt, bei welchen Symmetrieachsen, die sich automatisch aus bereits genannten Symmetrieelementen ergeben, ungenannt bleiben; vorhandene Symmetrieebenen werden genannt. Es gelten folgende **Regeln:**

1. Die Orientierung der vorhandenen Symmetrieelemente wird auf ein Koordinatensystem *xyz* bezogen. Wenn sich eine Symmetrieachse durch eine höhere Zähligkeit als die übrigen auszeichnet („Hauptachse") oder wenn nur eine Symmetrieachse vorhanden ist, so wird sie als z-Achse gewählt.

2. Ein Inversionszentrum wird nur angegeben, wenn es das einzige vorhandene Symmetrieelement ist. Das Symbol ist dann $\overline{1}$. In anderen Fällen erkennt man die An- oder Abwesenheit eines Inversionszentrums folgendermaßen: es ist dann und nur dann anwesend, wenn eine Inversionsachse mit ungerader Zähligkeit ($\overline{N}$, N ungeradzahlig) oder wenn eine Drehachse mit gerader Zähligkeit und eine dazu senkrechte Spiegelebene (N/m, N geradzahlig) vorhanden ist.

3. Ein Symmetrieelement, das mehrfach vorkommt, weil es von einer anderen Symmetrieoperation vervielfacht wird, wird nur einmal genannt.

4. Eine Spiegelebene, die senkrecht zu einer Symmetrieachse orientiert ist, wird durch einen Bruchstrich bezeichnet, zum Beispiel $\frac{2}{m}$ oder $2/m$ („zwei über m") = Spiegelebene senkrecht zu einer zweizähligen Drehachse. Spiegelebenen senkrecht zu ungeradzahligen Drehachsen werden allerdings nicht in der Form $3/m$ bezeichnet, sondern als Inversionsachsen mit der doppelten Zähligkeit, zum Beispiel $\overline{6}$. $3/m$ und $\overline{6}$ bezeichnen identische Sachverhalte.

5. Die gegenseitige Orientierung verschiedener Symmetrieelemente ist aus der Reihenfolge ersichtlich, in der sie genannt werden, unter Bezug auf das Koordinatensystem. Wenn die Symmetrieachsen höchster Zähligkeit zweizählige Achsen sind, gilt die Reihenfolge x–y–z, d. h. es wird zuerst angegeben, welches Symmetrieelement in Richtung x ausgerichtet ist usw. Die Bezugsrichtung („Blickrichtung") für eine Spiegelebene ist dabei die Richtung *senkrecht* zur Ebene.

Wenn eine höherzählige Achse vorhanden ist, wird sie zuerst genannt; da diese vereinbarungsgemäß in der z-Achse liegt, gilt eine andere Reihenfolge, nämlich z–x–d. Das in Richtung x ausgerichtete Symmetrieelement kommt auch noch in weiteren Richtungen vor, weil es durch die höherzählige Achse vervielfacht wird; die Richtung zwischen der x-Richtung und der nächsten zu ihr symmetrieäquivalenten Richtung ist die mit d bezeichnete. Siehe Beispiele in Abb. 3.7.

6. Kubische Punktgruppen haben vier dreizählige Achsen (3 oder $\overline{3}$), die untereinander Winkel von 109,47° bilden. Sie entsprechen den Richtungen der

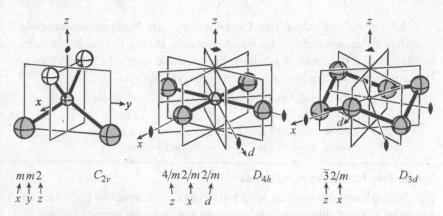

$mm2$ C_{2v} $4/m\,2/m\,2/m$ D_{4h} $\bar{3}\,2/m$ D_{3d}

$x\ y\ z$ $z\ \ x\ \ d$ $z\ \ x$

Abb. 3.7: Beispiele für drei Punktgruppen. Die Buchstaben unter den Hermann-Mauguin-Symbolen geben an, auf welche Richtungen sich die Symmetrieelemente beziehen

vier Raumdiagonalen eines Würfels (Richtungen **x+y+z**, **−x+y−z**, **−x−y+z** und **x−y−z**, vektoriell addiert). In Richtung **x**, **y** und **z** verlaufen Achsen 4, $\bar{4}$ oder 2, senkrecht dazu können Spiegelebenen vorhanden sein. In den sechs Richtungen **x+y**, **x−y**, **x+z**, ... können zweizählige Achsen und senkrecht dazu Spiegelebenen vorkommen. Die Reihenfolge der Bezugsrichtungen im Hermann-Mauguin-Symbol ist **z**, **x+y+z**, **x+y**. Daß eine kubische Punktgruppe vorliegt, erkennt man an der 3 in der *zweiten Position* des Symbols (Richtung **x+y+z**). Siehe Abb. 3.8.

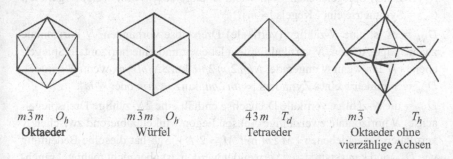

$m\bar{3}m$ O_h $m\bar{3}m$ O_h $\bar{4}3m$ T_d $m\bar{3}$ T_h

Oktaeder   Würfel   Tetraeder   Oktaeder ohne
                                                  vierzählige Achsen

Abb. 3.8: Beispiele für drei kubische Punktgruppen.

Abb. 3.8 und 3.9 geben eine Übersicht über die Punktgruppensymbole, illustriert an geometrischen Figuren. Neben den kurzen Hermann-Mauguin-Symbolen sind dort auch die Schoenflies-Symbole angegeben. Vollständige Hermann-Mauguin-Symbole zu einigen Punktgruppen sind:

kurz	vollständig	kurz	vollständig
mmm	$2/m\,2/m\,2/m$	$\bar{3}m$	$\bar{3}\,2/m$
$4/mmm$	$4/m\,2/m\,2/m$	$m\bar{3}m$	$4/m\,\bar{3}\,2/m$
$6/mmm$	$6/m\,2/m\,2/m$	$m\bar{3}$	$2/m\,\bar{3}$

Schoenflies-Punktgruppensymbole

Das Bezugskoordinatensystem wird mit vertikaler Hauptachse (z-Achse) angenommen. Schoenflies-Symbole sind sehr kompakt, sie bezeichnen nur ein Minimum der vorhandenen Symmetrieelemente, und zwar auf folgende Art (die entsprechenden Hermann-Mauguin-Symbole sind in eckigen Klammern angegeben):

C_i = ein Inversionszentrum ist einziges Symmetrieelement [$\bar{1}$].

C_s = eine Spiegelebene ist einziges Symmetrieelement [m].

C_N = eine N-zählige Drehachse ist einziges Symmetrieelement [N].

C_{Ni} (N ungerade) = es ist eine N-zählige Drehachse und ein Inversionszentrum vorhanden [$\bar{N}$]. Identisch mit S_M mit $M = 2 \cdot N$.

D_N = senkrecht zu einer N-zähligen Drehachse sind N zweizählige Drehachsen vorhanden [$N2$ wenn N ungerade; $N22$ wenn N gerade].

C_{Nh} = es ist eine N-zählige (vertikale) Drehachse und eine horizontale Spiegelebene vorhanden [N/m].

C_{Nv} = eine N-zählige (vertikale) Drehachse befindet sich in der Schnittlinie von N vertikalen Spiegelebenen [Nm wenn N ungerade; Nmm wenn N gerade].

$C_{\infty v}$ = Symmetrie eines Kegels [∞m].

D_{Nh} = es ist eine N-zählige (vertikale) Drehachse vorhanden, N horizontale zweizählige Achsen, N vertikale Spiegelebenen und eine horizontale Spiegelebene [$\bar{N}2/m$ wenn N ungerade; $N/m\,2/m\,2/m$, kurz N/mmm, wenn N gerade].

$D_{\infty h}$ = Symmetrie eines Zylinders [$\infty/m\,2/m$, kurz ∞/mm oder $\overline{\infty}m$].

D_{Nd} = die N-zählige vertikale Drehachse enthält eine $2N$-zählige Drehspiegelachse, N horizontale zweizählige Achsen liegen winkelhalbierend zwischen N vertikalen Spiegelebenen [$\bar{M}2m$ mit $M = 2 \cdot N$]. S_{Mv} hat dieselbe Bedeutung wie D_{Nd} und kann stattdessen verwendet werden, ist aber nicht mehr gebräuchlich.

Pyramiden ohne
Spiegelebenen

Pyramiden mit
Spiegelebenen

Prismen und
planare Objekte
ohne vertikale
Spiegelebenen

Objekte mit
zweizähligen
Achsen ohne
Spiegelebenen

Prismen,
planare Objekte,
Bipyramiden
mit Spiegelebenen

Objekte mit
Inversionsachsen

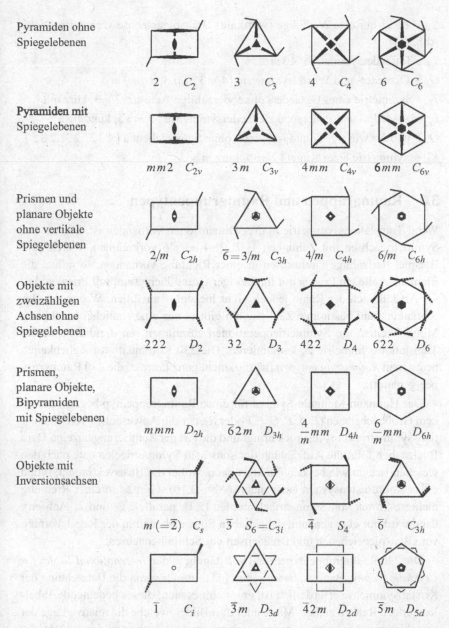

Abb. 3.9: Symmetrische geometrische Figuren und ihre Punktgruppensymbole; links jeweils das kurze Hermann-Mauguin-Symbol, rechts das Schoenflies-Symbol

S_N = es ist nur eine N-zählige (vertikale) Drehspiegelachse vorhanden (siehe Abb. 3.3).

T_d = Tetraedersymmetrie $[\,\overline{4}\,3\,m\,]$.

O_h = Oktaeder- und Würfelsymmetrie $[\,4/m\,\overline{3}\,2/m$, kurz $m\,\overline{3}\,m\,]$.

T_h = Symmetrie eines Oktaeders ohne vierzählige Achsen $[\,2/m\,\overline{3}$, kurz $m\,\overline{3}\,]$.

I_h = Ikosaeder- und Pentagondodekaedersymmetrie $[\,2/m\,\overline{3}\,\overline{5}$, kurz $m\,\overline{3}\,\overline{5}\,]$.

O, T und I = wie O_h, T_h und I_h, jedoch ohne Spiegelebenen $[\,4\,3\,2;\ 2\,3;\ 2\,3\,5\,]$.

K_h = Symmetrie einer Kugel $[\,2/m\,\overline{\infty}$, kurz $m\,\overline{\infty}\,]$.

3.3 Raumgruppen und Raumgruppentypen

Wenn Translationssymmetrie in drei Dimensionen vorhanden ist, können nur Symmetrieachsen mit Zähligkeit 1, 2, 3, 4 oder 6 vorkommen. Wären zum Beispiel fünfzählige Drehachsen in einer Richtung vorhanden, so müßte die Elementarzelle ein Prisma mit fünfeckiger Grundfläche sein; mit Prismen dieser Art läßt sich der Raum jedoch nicht lückenlos ausfüllen. Wegen der Beschränkung auf bestimmte Zähligkeiten gibt es nur eine endliche Anzahl von Möglichkeiten, um Symmetrieoperationen zusammen mit dreidimensionaler Translationssymmetrie zu kombinieren. Die 230 Kombinationsmöglichkeiten nennt man *Raumgruppentypen* (häufig, nicht ganz korrekt, die 230 Raumgruppen genannt).

Das Hermann-Mauguin-Symbol für einen Raumgruppentyp beginnt mit einem Großbuchstaben (*P, A, B, C, F, I* oder *R*), der die Anwesenheit von Translationssymmetrie zum Ausdruck bringt und die Art der Zentrierung anzeigt. Dem Buchstaben folgt die Aufzählung der sonstigen Symmetrieelemente nach den gleichen Regeln wie bei den Punktgruppen, wobei die Basisvektoren **a**, **b** und **c** das Koordinatensystem aufspannen (Abb. 3.10). Gibt es in einer Richtung mehrere Sorten von Symmetrieelementen (z. B. parallele 2- und 2_1-Achsen), dann wird nur eine genannt; dabei haben Spiegelebenen in der Regel Vorrang vor Gleitspiegelebenen und Drehachsen vor Schraubenachsen.

Die 230 Raumgruppentypen sind vollständig in den *International Tables for Crystallography*, Band A, beschrieben [53]. Immer wenn die Betrachtung der Kristallsymmetrie erforderlich ist, empfiehlt es sich, dieses bedeutende Tabellenwerk zu Rate zu ziehen. Man findet dort Bilder, welche die relative Lage der verschiedenen Symmetrieelemente zeigen, sowie Angaben zu den verschiedenen Punktlagen (s. nächster Abschnitt).

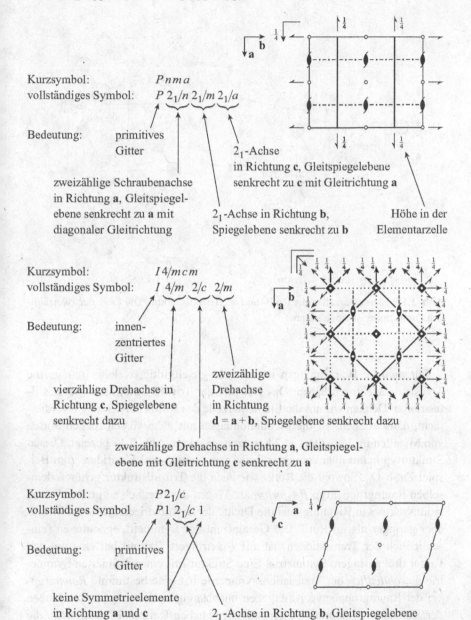

Kurzsymbol: *P n m a*
vollständiges Symbol: $P\,2_1/n\ 2_1/m\ 2_1/a$

Bedeutung: primitives
               Gitter

2_1-Achse
in Richtung **c**, Gleitspiegelebene
senkrecht zu **c** mit Gleitrichtung **a**

zweizählige Schraubenachse
in Richtung **a**, Gleitspiegelebene senkrecht zu **a** mit
diagonaler Gleitrichtung

2_1-Achse in Richtung **b**,   Höhe in der
Spiegelebene senkrecht zu **b**   Elementarzelle

Kurzsymbol: *I 4/m c m*
vollständiges Symbol: $I\ 4/m\ \ 2/c\ \ 2/m$

Bedeutung: innen-
               zentriertes
               Gitter

zweizählige
Drehachse
in Richtung
$d = a + b$, Spiegelebene senkrecht dazu

vierzählige Drehachse in
Richtung **c**, Spiegelebene
senkrecht dazu

zweizählige Drehachse in Richtung **a**, Gleitspiegelebene mit Gleitrichtung **c** senkrecht zu **a**

Kurzsymbol: $P\,2_1/c$
vollständiges Symbol $P\,1\ 2_1/c\ 1$

Bedeutung: primitives
               Gitter

keine Symmetrieelemente
in Richtung **a** und **c**

2_1-Achse in Richtung **b**, Gleitspiegelebene
senkrecht zu **b** mit Gleitrichtung **c**

Abb. 3.10: Beispiele für Raumgruppensymbole und ihre Bedeutung

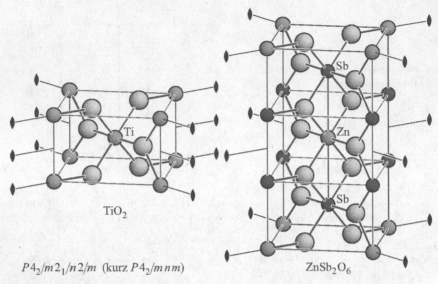

$P4_2/m2_1/n2/m$ (kurz $P4_2/mnm$) $ZnSb_2O_6$

Abb. 3.11: Elementarzellen der Rutil- und der Trirutilstruktur. Die Lage der zweizähligen Drehachsen ist eingezeichnet

Für manche Betrachtungen ist es nicht gleichgültig, welche Beträge die Translationsvektoren haben. Das Beispiel der Trirutil-Struktur möge dies illustrieren. Denken wir uns die Elementarzelle des Rutils in Richtung **c** verdreifacht, dann können wir die Metallatomlagen mit zwei verschiedenen Sorten von Metallen im Verhältnis 1:2 besetzen, so wie in Abb. 3.11 gezeigt. Diesen Strukturtyp kennt man von einer Reihe von Oxiden und Fluoriden, zum Beispiel $ZnSb_2O_6$. Sowohl die Rutil- wie auch die Trirutilstruktur gehören demselben Raumgruppentyp $P4_2/mnm$ an. Wegen des dreifach so großen Translationsvektors in Richtung **c** ist die Dichte der Symmetrieelemente im Trirutil aber geringer als im Rutil. Die Gesamtzahl der Symmetrieoperationen (einschließlich der Translationen) ist auf $\frac{1}{3}$ verringert; Trirutil hat eine um den Faktor drei geringere Symmetrie. Eine Struktur mit einer definierten Symmetrie *einschließlich* der Translationssymmetrie hat eine bestimmte *Raumgruppe*; der Raumgruppentyp ist dagegen unabhängig von den speziellen Maßen der Translationsvektoren. Dementsprechend haben Rutil und Trirutil *nicht* die gleiche Raumgruppe. Obwohl Raumgruppe und Raumgruppentyp zu unterscheiden sind, werden für beide die gleichen Symbole verwendet. Dies bereitet jedoch keine Schwierigkeiten, weil die Angabe einer Raumgruppe immer nur zur Bezeichnung der Symmetrie einer speziellen Struktur dient, und dazu gehört immer ein Translationengitter mit festliegenden Maßen.

3.4 Punktlagen

Befindet sich ein Atom auf einem Symmetriezentrum, auf einer Drehachse oder auf einer Spiegelebene, so nimmt es eine *spezielle Punktlage* ein. Wird die betreffende Symmetrieoperation ausgeführt, so wird das Atom auf sich selbst abgebildet. Jeder andere Ort ist eine *allgemeine Punktlage*. Einer speziellen Punktlage kommt eine definierte *Punktlagensymmetrie* zu (englisch: site symmetry), die höher ist als 1. Die Punktlagensymmetrie einer allgemeinen Punktlage ist immer 1.

In Kristallen findet man häufig Moleküle oder Ionen auf speziellen Punktlagen. Dabei gilt: die Punktlagensymmetrie kann nicht höher sein als die Symmetrie des freien Moleküls oder Ions. Ein oktaedrisches Ion wie $SbCl_6^-$ kann sich zum Beispiel auf einer Punktlage der Symmetrie 4 befinden, wenn sich sein Sb-Atom und zwei *trans*-ständige Cl-Atome auf der vierzähligen Achse befinden; ein Wassermolekül kann dagegen nicht auf einer vierzähligen Achse untergebracht werden.

Die Punktlagen in Kristallen werden auch Wyckoff-Lagen genannt. Sie sind für jeden Raumgruppentyp in *International Tables for Crystallography*, Band A, in folgender Art tabelliert (Beispiel Raumgruppentyp Nr. 87, $I\,4/m$):

Multiplizität, Wyckoff-Buchstabe, Punktlagensymmetrie		Koordinaten $(0,0,0)+ \qquad (\tfrac{1}{2},\tfrac{1}{2},\tfrac{1}{2})+$			
16 i	1	(1) x,y,z	(2) $\bar{x},\bar{y},z$	(3) $\bar{y},x,z$	(4) $y,\bar{x},z$
		(5) $\bar{x},\bar{y},\bar{z}$	(6) $x,y,\bar{z}$	(7) $y,\bar{x},\bar{z}$	(8) $\bar{y},x,\bar{z}$
8 h	m	$x,y,0$	$\bar{x},\bar{y},0$	$\bar{y},x,0$	$y,\bar{x},0$
8 g	2	$0,\tfrac{1}{2},z$	$\tfrac{1}{2},0,z$	$0,\tfrac{1}{2},\bar{z}$	$\tfrac{1}{2},0,\bar{z}$
8 f	$\bar{1}$	$\tfrac{1}{4},\tfrac{1}{4},\tfrac{1}{4}$	$\tfrac{3}{4},\tfrac{3}{4},\tfrac{1}{4}$	$\tfrac{3}{4},\tfrac{1}{4},\tfrac{1}{4}$	$\tfrac{1}{4},\tfrac{3}{4},\tfrac{1}{4}$
4 e	4	$0,0,z$	$0,0,\bar{z}$		
4 d	$\bar{4}$	$0,\tfrac{1}{2},\tfrac{1}{4}$	$\tfrac{1}{2},0,\tfrac{1}{4}$		
4 c	$2/m$	$0,\tfrac{1}{2},0$	$\tfrac{1}{2},0,0$		
2 b	$4/m$	$0,0,\tfrac{1}{2}$			
2 a	$4/m$	$0,0,0$			

Wie in der Kristallographie üblich, werden dabei minus-Zeichen über die Symbole gesetzt; $\bar{x}$ bedeutet also $-x$. Die Koordinatentripel bedeuten: Zum Punkt mit den Koordinaten x, y, z sind folgende Punkte symmetrieäquivalent: $-x, -y, z$; $-y, x, z$; $y, -x, z$ usw., außerdem alle Punkte mit $+(\frac{1}{2}, \frac{1}{2}, \frac{1}{2})$, also $\frac{1}{2}+x, \frac{1}{2}+y, \frac{1}{2}+z$; $\frac{1}{2}-x, \frac{1}{2}-y, \frac{1}{2}+z$; $\frac{1}{2}-y, \frac{1}{2}+x, \frac{1}{2}+z$ usw.
Die Koordinatentripel sind nichts anderes als eine Kurzschreibweise für Abbildungsvorschriften gemäß Gleichung (3.1).

Das *Wyckoff-Symbol* ist eine Kurzbezeichnung; es besteht aus einer Ziffer mit folgendem Buchstaben, zum Beispiel $8f$. Die Ziffer 8 zeigt die Multiplizität an; das ist die Zahl der symmetrieäquivalenten Punkte in der Elementarzelle. Das f ist eine alphabetische Bezeichnung ($a, b, c, \ldots$) gemäß der Reihenfolge der Aufzählung der Punktlagen; a steht immer für die höchstsymmetrische Punktlage.

Ein *(kristallographisches Punkt-) Orbit* ist die Menge aller zu einem Punkt symmetrieäquivalenten Punkte. Das Orbit kann durch das Koordinatentripel eines beliebigen seiner Punkte bezeichnet werden. Wenn die Koordinaten eines Punktes durch die Symmetrie fixiert sind, zum Beispiel $0, \frac{1}{2}, \frac{1}{4}$, dann ist das Orbit mit der Punktlage identisch. Wenn es dagegen eine oder mehrere freie Variablen gibt, zum Beispiel z in $0, \frac{1}{2}, z$, dann umfaßt die Punktlage unendlich viele Orbits. Die Punkte $0, \frac{1}{2}, 0{,}2478$ und $0, \frac{1}{2}, 0{,}3629$ bezeichnen zum Beispiel zwei *verschiedene* Orbits, die beide *derselben* Punktlage $8g$ der Raumgruppe $I\,4/m$ angehören. Zu jedem dieser Punkte gehört ein Orbit aus unendlich vielen Punkten (man lasse sich nicht durch die Einzahlform der Wörter ‚Punktlage', ‚Wyckoff position' oder ‚Orbit' irritieren).

3.5 Kristallklassen und Kristallsysteme

Ein gut ausgebildeter Kristall läßt äußerlich durch seine Begrenzungsflächen eine bestimmte Symmetrie erkennen, die unmittelbar mit der Symmetrie der zugehörigen Raumgruppe zusammenhängt. Makroskopisch kann ein Kristall wegen seiner endlichen Ausdehnung keine Translationssymmetrie besitzen. Wegen der Bedingungen beim Kristallwachstum hat er außerdem fast nie eine perfekte Symmetrie. Die Idealsymmetrie des Kristalls spiegelt sich aber in dem Bündel der Normalen seiner Flächen wider. Diese Symmetrie entspricht derjenigen Punktgruppe, die sich aus seiner Raumgruppe ergibt, wenn die Translationssymmetrie weggelassen wird, Drehachsen an Stelle von Schraubenachsen und Spiegelebenen an Stelle von Gleitspiegelebenen treten. Die 230 Raumgruppentypen lassen sich so 32 Punktgruppen zuordnen, die man *Kristallklassen* nennt. Beispiele:

Raumgruppentyp		Kristallklasse	
vollständiges		vollständiges	
Symbol	Kurzsymbol	Symbol	Kurzsymbol
$P12_1/c1$	$P2_1/c$	$12/m1$	$2/m$
$C2/m2/c2_1/m$	$Cmcm$	$2/m2/m2/m$	mmm
$P4/m2_1/n2/c$	$P4/mnc$	$4/m2/m2/m$	$4/mmm$
$P6_3/m2/m2/c$	$P6_3/mmc$	$6/m2/m2/m$	$6/mmm$
$F4_1/d\overline{3}2/m$	$Fd\overline{3}m$	$4/m\overline{3}2/m$	$m\overline{3}m$

allgemein: am Raumgruppensymbol entfällt das *P, A, B, C, F, I* oder *R*, die tiefgestellten Zahlen entfallen und *m* steht statt *a, b, c, d, e* oder *n*

Zu jeder Raumgruppe gehört ein spezielles Koordinatensystem, das von den Basisvektoren **a**, **b** und **c** aufgespannt wird. Je nach Raumgruppe bestehen zwischen den Basisvektoren bestimmte Beziehungen, nach denen eine Einteilung in sieben *Kristallsysteme* möglich ist. Jede Kristallklasse kann gemäß Tab. 3.1 einem dieser Kristallsysteme zugeordnet werden. Für die Zugehörigkeit eines Kristalls zu einem bestimmten Kristallsystem ist seine Symmetrie, also seine Raumgruppe maßgeblich. Die Metrik der Elementarzelle alleine ist nicht hinreichend (z. B. kann ein Kristall monoklin sein, auch wenn $\alpha = \beta = \gamma = 90°$).

Tabelle 3.1: Die 32 Kristallklassen und ihre Zugehörigkeit zu den Kristallsystemen

Kristallsystem (Kürzel)	Kristallklassen	Metrik der Elementarzelle
triklin (a)	$1; \overline{1}$	$a \neq b \neq c; \alpha \neq \beta \neq \gamma \neq 90°$
monoklin (m)	$2; m; 2/m$	$a \neq b \neq c; \alpha = \gamma = 90°, \beta \neq 90°$ (oder $\alpha = \beta = 90°, \gamma \neq 90°$)
orthorhombisch (o)	$222; mm2; mmm$	$a \neq b \neq c; \alpha = \beta = \gamma = 90°$
tetragonal (t)	$4; \overline{4}; 4/m; 422; 4mm;$ $\overline{4}2m; 4/mmm$	$a = b \neq c; \alpha = \beta = \gamma = 90°$
trigonal (h)	$3; \overline{3}; 32; 3m; \overline{3}m$	$a = b \neq c; \alpha = \beta = 90°, \gamma = 120°$
hexagonal (h)	$6; \overline{6}; 6/m; 622; 6mm;$ $\overline{6}2m; 6/mmm$	$a = b \neq c; \alpha = \beta = 90°, \gamma = 120°$
kubisch (c)	$23; m\overline{3}; 432; \overline{4}3m; m\overline{3}m$	$a = b = c; \alpha = \beta = \gamma = 90°$

3.6 Aperiodische Kristalle

Normalerweise sind Festkörper kristallin, d. h. sie haben einen dreidimensional-periodisch geordneten Aufbau mit dreidimensionaler Translationssymmetrie. Dies ist aber nicht immer so. Aperiodische Kristalle haben zwar eine Fernordnung, aber keine dreidimensionale Translationssymmetrie. Sie können formal (mathematisch) mit translationssymmetrischen Gittern im vier- oder fünfdimensionalen „Raum" erfaßt werden, und die Symmetrie entspricht einer vier- oder fünfdimensionalen *Superraumgruppe*. Die zusätzlichen Dimensionen sind keine Dimensionen im echten Raum, sondern so ähnlich zu verstehen wie die vierte Dimension in der Raumzeit. In der Raumzeit wird die örtliche Lage eines Körpers durch drei Raumkoordinaten x, y, z bezeichnet; die Koordinate t in der vierten Dimension ist der Zeitpunkt, zu dem sich der Körper am Ort x, y, z befindet.

Man unterscheidet drei Sorten von aperiodischen Kristallen:

1. Inkommensurabel modulierte Strukturen;

2. Inkommensurable Kompositkristalle;

3. Quasikristalle.

Inkommensurabel modulierte Strukturen können mit einer dreidimensional-periodischen, gemittelten Struktur beschrieben werden (Approximante genannt), bei der die wahren Atomlagen jedoch aus den translatorisch gleichwertigen Lagen ausgelenkt sind. Die Auslenkungen können durch eine oder mehrere Modulationsfunktionen erfaßt werden. Ein Beispiel bietet die Modifikation des Iods, die bei einem Druck zwischen 23 und 28 Gigapascal auftritt (Iod-V). Die dreidimensionale Approximante ist eine flächenzentrierte Struktur in der orthorhombischen Raumgruppe $F\,mmm$ (vgl. Abb. 11.1 rechts oben, S. 154). In der inkommensurabel modulierten Struktur sind die Atome parallel zu **b** ausgelenkt und folgen einer Sinuswelle längs **c** (Abb. 11.1 rechts unten). Deren Wellenlänge ist *inkommensurabel* zu c, d. h. sie steht in keinem rationalen Zahlenverhältnis zum Gitterparameter c. Die Wellenlänge ist vom Druck abhängig; bei 24,6 GPa beträgt sie $3,89\,c$. In diesem Fall erfolgt die Beschreibung durch die dreidimensionale Raumgruppe $F\,mmm$, der als vierte Dimension eine Achse hinzugefügt wird, deren Translationsperiode $3,89\,c$ lang ist. Die erhaltene vierdimensionale Superraumgruppe erhält das Symbol $F\,mmm(00q_3)0s0$ mit $q_3 = 0,257 = 1/3,89$.

Eine der ältesten bekannten Strukturen dieser Art ist die von γ-Na_2CO_3. Bei hohen Temperaturen kristallisiert Natriumcarbonat hexagonal (α-Na_2CO_3). Es enthält Carbonationen, die senkrecht zur hexagonalen c-Achse ausgerichtet sind. Beim abkühlen unter 481 °C neigt sich die c-Achse etwas gegen die ab-Ebene, wobei die hexagonale Symmetrie verloren geht; die Symmetrie ist jetzt monoklin (β-Na_2CO_3, Raumgruppe $C2/m$). Bei Temperaturen zwischen -103°C und 332°C tritt γ-Na_2CO_3 auf, das im Mittel immer noch wie β-Na_2CO_3 aufgebaut ist; die Atome sind jedoch nicht mehr in gerader Linie längs c angeordnet, sondern folgen einer Sinuswelle. Das Symbol für die Superraumgruppe ist in diesem Fall $C2/m(q_10q_3)0s$, wobei q_1 und q_3 die Kehrwerte der Wellenlänge der Modulationswelle als Vielfache der Gitterparameter a und c sind; die Werte sind druck- und temperaturabhängig. Unterhalb von -103°C wird die Modulationswelle kommensurabel mit einer Wellenlänge von $6a + 3c$, und die Struktur kann wieder mit einer dreidimensionalen Raumgruppe und entsprechend vergrößerter Elementarzelle beschrieben werden.

Bei der Röntgenbeugung geben sich modulierte Strukturen durch das Auftreten von Satellitenreflexen zu erkennen. Zwischen den intensiven Hauptreflexen, aus denen sich die Struktur der Approximante ableiten läßt, treten schwächere Reflexe auf, die nicht in das regelmäßige Muster der Hauptreflexe passen.

Inkommensurable Kompositkristalle kann man als zwei ineinandergestellte periodische Strukturen auffassen, deren Periodizität jedoch nicht zusammenpaßt. Ein Beispiel bietet die Verbindung $(LaS)_{1,14}TaS_2$. Sie besteht aus abwechselnd gestapelten Schichten der Zusammensetzung LaS und TaS_2, wobei in der Stapelrichtung periodische Ordnung herrscht. Parallel zu den Schichten paßt die Translationsperiode der Schichten in einer Richtung zusammen, in der anderen Richtung betragen die Translationsvektoren jedoch 581 pm in der LaS-Schicht und 329 pm in der TaS_2-Schicht (Abb. 3.12). Aus dem Zahlenverhältnis $581/329 = 1,766$ ergibt sich die chemische Zusammensetzung: $(LaS)_{2/1,766}TaS_2$ (die Zahl der La-Atome in einem Schichtstück der Länge 581 pm ist doppelt so groß wie die der Ta-Atome auf 329 pm).

Quasikristalle zeichnen sich durch das Auftreten von nichtkristallographischen Symmetrieoperationen aus. Am häufigsten sind axiale Quasikristalle, bei denen eine zehnzählige Drehachse vorkommt. Außerdem gibt es solche mit einer fünf-, acht- oder zwölfzähligen Drehachse sowie Quasikristalle mit ikosaedrischer Symmetrie. Axiale Quasikristalle sind in Achsenrichtung periodisch geordnet und können mit fünfdimensionalen Superraumgruppen beschrieben

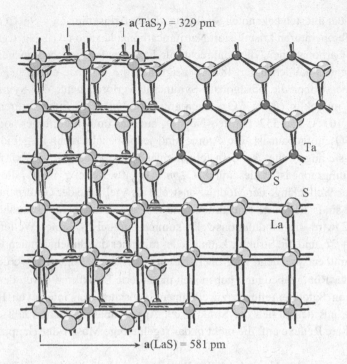

Abb. 3.12: $(LaS)_{1,14}TaS_2$: Schichten der Zusammensetzung LaS und TaS_2 sind abwechselnd in Blickrichtung gestapelt; rechts ist je nur eine der Schichten gezeigt

werden. Alle bisher gefundenen Quasikristalle sind Legierungen; überwiegend bestehen sie aus ein bis drei Übergangsmetallen und meistens noch einem Hauptgruppenelement (vorwiegend Mg, Al, Si oder Te), zum Beispiel Mn_4Si, $V_{15}Ni_{10}Si$, $Cu_4Ir_3Al_{13}$ oder Ta_8Te_5. Im dreidimensionalen Raum kann man ihre Struktur als nichtperiodische Pflasterung beschreiben, wobei mindestens zwei Sorten von Pflastersteinen benötigt werden, um den Raum lückenlos auszufüllen. Die bekannteste Pflasterung ist die PENROSE-Pflasterung; sie hat fünfzählige Drehsymmetrie und besteht aus zwei Sorten von rautenförmigen Pflastersteinen mit den Rautenwinkeln 72°/108° und 36°/144° (Abb. 3.13).

Das Röntgenbeugungsdiagramm eines Quasikristalls weist die nichtkristallographische Symmetrie auf. Außerdem nimmt die Zahl der beobachtbaren Reflexe immer mehr zu, je intensiver die Röntgenstrahlung oder je länger die Dauer der Belichtung ist (so ähnlich, wie die Zahl der sichtbaren Sterne am Himmel um so größer wird, je leistungsfähiger das Teleskop ist).

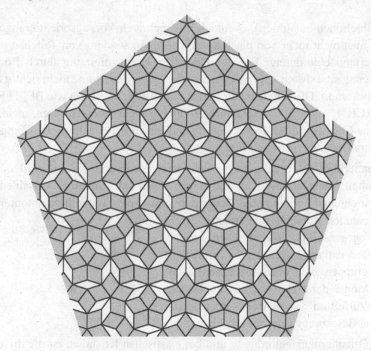

Abb. 3.13: PENROSE-Pflasterung mit fünfzähliger Symmetrie aus zwei Sorten von rautenförmigen Pflastersteinen

3.7 Fehlgeordnete Kristalle

Zwischen dem Zustand höchster Ordnung in einem Kristall mit Translationssymmetrie in drei Dimensionen und der ungeordneten Verteilung von Bausteinen in einer Flüssigkeit gibt es verschiedenerlei Zwischenzustände. Dem flüssigen Zustand am nächsten stehen die *Flüssigkristalle*. Sie verhalten sich makroskopisch wie Flüssigkeiten, die Moleküle sind beweglich, aber es gibt eine gewisse kristallähnliche Ordnung.

In *plastischen Kristallen* rotieren alle oder ein Teil der Moleküle um ihre Schwerpunkte. Typischerweise treten plastische Kristalle bei annähernd kugelförmigen Molekülen auf, zum Beispiel bei Hexafluoriden wie MoF_6 oder bei weißem Phosphor in einem Temperaturbereich unmittelbar unterhalb des Schmelzpunktes. Solche Kristalle sind oft sehr weich und leicht verformbar.

Wenn die Rotation der Teilchen etwas behindert ist, d. h. wenn Moleküle oder Ionen um ihren Schwerpunkt mit großen Amplituden kreisförmig schwingen (Librationen ausführen), eventuell mit mehreren Vorzugsorientierungen, spricht man nicht mehr von plastischen Kristallen, sondern von Teilchen mit Orientierungsfehlordnung. Bei der Kristallstrukturbestimmung durch Röntgenbeugung sind sie ein Ärgernis, da man die Lagen der Atome nicht richtig zu fassen bekommt. Diese Erscheinung trifft man häufig bei Ionen wie BF_4^-, PF_6^- oder $N(CH_3)_4^+$ an. Um die Strukturbestimmung nicht zu erschweren, meiden erfahrene Chemiker diese Ionen deshalb und setzen lieber schwerere, weniger symmetrische oder sperrigere Ionen ein.

Orientierungsfehlordnung liegt auch dann vor, wenn ein Molekül oder Molekülteil, ohne auffällig zu schwingen, zwei oder mehrere verschiedene Ausrichtungen im Kristall statistisch einnimmt. Tetraethylammonium-Ionen nehmen zum Beispiel häufig zwei um 90° gegenseitig verdrehte Orientierungen ein, so daß die Lagen der C-Atome der Methylgruppen zwar übereinstimmen, aber die C-Atome der CH_2-Gruppen im Mittel einen Würfel um das N-Atom aufspannen, mit zwei Besetzungswahrscheinlichkeiten.

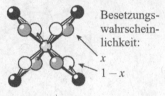

Besetzungs-
wahrschein-
lichkeit:
x
$1 - x$

$N(C_2H_5)_4^+$-Ion

Bei Orientierungsfehlordnung und bei plastischen Kristallen ist die dreidimensionale Translationssymmetrie noch vorhanden, sofern man für die von Elementarzelle zu Elementarzelle verschieden orientierten Moleküle eine mittlere partielle Besetzung der Atomlagen annimmt („Split"-Lagen).

Bei Kristallen mit *Stapelfehlordnung* ist die Translationssymmetrie dagegen in einer Richtung nicht mehr vorhanden. Das sind Kristalle, die aus Schichten aufgebaut sind, die ohne periodische Ordnung gestapelt sind. In der Stapelrichtung gibt es in der Regel einige wenige Lagen, die eingenommen werden können, diese kommen aber mit statistischer Häufigkeit vor. Haben wir zum Beispiel in einer dichtesten Kugelpackung zwei Schichten in den Lagen *A* und *B* und tritt als nächste (dritte) wieder die Lage *A* mit 100 % Wahrscheinlichkeit auf, dann ergibt sich eine hexagonal-dichteste Kugelpackung (vgl. Abb. 14.1, S. 223). Wenn die Wahrscheinlichkeit jedoch nur 90 % beträgt und mit 10 % Wahrscheinlichkeit die Schichtlage *C* folgt, dann ergibt sich eine Stapelfehlordnung. Die Packung entspricht dann noch zu 90 % einer hexagonal-dichtesten Kugelpackung, aber im Mittel tritt alle zehn Schichten ein Stapelfehler auf:

$$...{}_A B_A B_A B_A B^C B^C B^C B_A B_A B_A B_A B_A B_A B_A B^C B^C B^C B^C B...$$

Bei metallischem Cobalt tritt diese Erscheinung auf, ebenso bei Schichtsilicaten und bei Halogeniden mit Schichtenstruktur wie CdI_2 oder BiI_3. Bei der Röntgenbeugung gibt sich die Stapelfehlordnung durch das Auftreten von diffusen Streifen zu erkennen (durchgehende Linien im Beugungsdiagramm).

Wenn die Stapelfehler nur selten vorkommen (z. B. im Mittel nur alle 10^5 Schichten), dann ergibt sich ein polysynthetischer Zwillingskristall (Abb. 18.4, S. 324). Zwischen Stapelfehlordnung und polysynthetischen Zwillingen gibt es fließende Übergänge, je nach Häufigkeit der Stapelfehler.

Bei der Stapelfehlordnung ist die fehlende periodische Ordnung auf eine Dimension beschränkt, es liegt eine *eindimensionale Fehlordnung* vor. Wenn nur wenige verschiedene Schichtlagen vorkommen und man diese alle in eine Schicht projiziert, so ergibt sich eine *gemittelte Struktur*. Deren Symmetrie kann mit einer Raumgruppe beschrieben werden, allerdings nur mit partiell besetzten Atomlagen. Die tatsächliche Symmetrie ist nur auf die Symmetrie der einzelnen Schicht beschränkt. Die Schicht ist ein dreidimensionales Objekt, sie hat aber nur in zwei Dimensionen Translationssymmetrie. Ihre Symmetrie wird durch eine *Schichtgruppe* erfaßt; es gibt 80 Schichtgruppentypen.

Stäbchenförmige polymere Moleküle, die im Kristall statistisch gegenseitig parallel verschoben sind, ergeben eine zweidimensionale Fehlordnung. Translationssymmetrie gibt es dann nur noch in der Molekülrichtung, aber nicht quer dazu. Die Symmetriegruppe eines dreidimensionalen Objekts mit eindimensionaler Translationssymmetrie ist eine *Balkengruppe*. Schichtgruppen und Balkengruppen sind *subperiodische Gruppen*. Sie sind im einzelnen in *International Tables for Crystallography*, Band E, tabelliert [54].

Strukturen mit Fehlordnung werden auch Ordnungs-Unordnungs- oder OD-Strukturen genannt (OD = order-disorder).

Wenn es in einem Festkörper gar keine Translationssymmetrie oder aperiodische Ordnung gibt, dann ist er *amorph*. Gläser sind amorphe Stoffe, die sich wie hochviskose Flüssigkeiten verhalten; mit steigender Temperatur nimmt die Viskosität ab, d. h. sie erweichen allmählich.

3.8 Übungsaufgaben

3.1 Geben Sie die Hermann-Mauguin-Symbole für die folgenden Moleküle oder Ionen an: H_2O, $HCCl_3$, BF_3 (planar-dreieckig), XeF_4 (planar-quadratisch), $ClSF_5$, SF_6, *cis*-$SbF_4Cl_2^-$, *trans*-N_2F_2, $B(OH)_3$ (planar), $Co(NO_2)_6^{3-}$.

3.2 Bilder der folgenden Moleküle oder Ionen finden sich auf S. 196 bis 198 und 216. Geben Sie ihre Hermann-Mauguin-Symbole an.

Si_4^{6-}, As_4S_4, P_4S_3, Sn_5^{2-}, As_4^{6-}, As_4^{4-}, P_6^{6-}, As_7^{3-}, P_{11}^{3-}, Sn_9^{4-}, Bi_8^{2+}.

3.3 Welche Hermann-Mauguin-Symbole gehören zu den verknüpften Polyedergruppen, die in Abb. 16.1 (S. 244) abgebildet sind?

3.4 Welche Symmetrieelemente sind in der HgO-Kette (S. 27) vorhanden? Wird ihre Symmetrie durch eine Punkt-, Balken-, Schicht- oder Raumgruppe erfaßt?

3.5 Stellen Sie fest, welche Symmetrieelemente in den Strukturen folgender Verbindungen vorhanden sind. Leiten Sie die Hermann-Mauguin-Symbole der zugehörigen Raumgruppen her (es ist zweckmäßig, wenn Sie *International Tables for Crystallography*, Bd. A, zu Hilfe nehmen).

Wolframbronzen M_xWO_3 (Abb. 16.6, S. 252); CaC_2 (Abb. 7.6, stark umrandete Zelle, S. 89); CaB_6 (Abb. 13.14, S. 215).

3.6 Nennen Sie die Kristallklassen und -systeme zu folgenden Raumgruppen:
(a) $P2_1/b2_1/c2_1/a$; (b) $I4_1/amd$; (c) $R\overline{3}2/m$; (d) $C2/c$; (e) $P6_3/m$; (f) $P6_322$; (g) $P2_12_12_1$; (h) $Fdd2$; (i) $Fm\overline{3}m$.

3.7 Rutil (TiO_2, Abb. 3.11) kristallisiert in der Raumgruppe $P4_2/mnm$ (Nr. 136 in *International Tables for Crystallography*, Bd. A). Die Atomkoordinaten sind: Ti, 0, 0, 0; O, 0,303, 0,303, 0. Welche Punktlagen besetzen die Atome? Welche Punktlagensymmetrie haben die Atome? Wieviel Atome befinden sich in einer Elementarzelle?

3.8 Welche Punktgruppe hat die PENROSE-Pflasterung (Abb. 3.13), wenn sie aus einer Schicht von Pflastersteinen besteht? Welche ist die Punktgruppe, wenn zwei Schichten aufeinandergestapelt sind, wobei die Mittelpunkte genau übereinanderliegen und die zweite Schicht um 180° gegen die erste verdreht ist?

4 Polymorphie, Phasenumwandlungen

4.1 Thermodynamische Stabilität

Wenn die freie Reaktionsenthalpie ΔG für die Umwandlung der Struktur einer Verbindung in eine beliebige andere Struktur positiv ist, so ist die Struktur *thermodynamisch stabil*. Weil ΔG von der Temperatur T, der Umwandlungsenthalpie ΔH und der Umwandlungsentropie ΔS abhängt und ΔH und ΔS ihrerseits druck- und temperaturabhängig sind, kann eine Struktur nur innerhalb eines bestimmten Druck- und Temperaturbereichs stabil sein. Durch Variation von Druck und/oder Temperatur wird ΔG irgendwann bezüglich einer anderen Struktur negativ, es kommt zur Phasenumwandlung. Dies kann eine Phasenumwandlung von einer festen in eine andere feste Modifikation sein, oder es kann eine Umwandlung in einen anderen Aggregatzustand sein.

Aufgrund der thermodynamischen Beziehungen

$$\Delta G = \Delta H - T\Delta S \quad \text{und} \quad \Delta H = \Delta U + p\Delta V \tag{4.1}$$

kann man folgende Regeln zur Temperatur- und Druckabhängigkeit für thermodynamisch stabile Strukturen angeben:

1. Je höher die Temperatur T ist, desto mehr werden Strukturen mit geringerer Ordnung begünstigt, weil deren Bildung mit einer positiven Umwandlungsentropie ΔS verbunden ist und der Wert von ΔG dann in erster Linie vom Glied $T\Delta S$ abhängt. Zum Beispiel kennt man bei Hexahalogeniden wie MoF_6 im festen Zustand zwei Modifikationen, eine mit definiert orientierten Molekülen und eine, bei der die Moleküle um ihren Schwerpunkt im Kristall rotieren. Da bei der letzteren Modifikation die Ordnung geringer ist, ist sie diejenige, die bei der höheren Temperatur thermodynamisch stabil ist. Noch geringer ist die Ordnung im flüssigen Zustand, und am geringsten ist sie im Gas. Temperaturerhöhung führt daher zum Schmelzen und schließlich zum Verdampfen der Substanz.

2. Erhöhung des Druckes p begünstigt Strukturen mit geringerer Volumenbeanspruchung, d. h. solche mit höherer Dichte, weil ihre Bildung mit einer Volumenabnahme (negatives ΔV) verbunden ist und somit ΔH einen negativeren Wert annimmt. Bei sehr hohen Drücken ist zum Beispiel Diamant (Dichte 3,51 g cm^{-3}) stabiler als Graphit (Dichte 2,26 g cm^{-3}).

4.2 Kinetische Stabilität

Eine thermodynamisch nicht stabile Struktur kann existieren, wenn ihre Umwandlung in eine andere Struktur mit vernachlässigbar geringer Geschwindigkeit abläuft; wir nennen sie dann metastabil, inert oder *kinetisch stabil*. Da die Geschwindigkeitskonstante k gemäß der ARRHENIUS-Gleichung von der Aktivierungsenergie E_a und der Temperatur abhängt,

$$k = k_0 e^{-E_a/RT},$$

liegt kinetische Stabilität dann vor, wenn sich aus einem großen Verhältnis E_a/RT eine vernachlässigbar kleine Geschwindigkeitskonstante k ergibt. Bei hinreichend tiefen Temperaturen kann jede Struktur kinetisch stabilisiert werden. Weil es nicht frei von Willkür ist, unterhalb welcher Grenze die Umwandlungsgeschwindigkeit als vernachlässigbar angesehen werden kann, ist die kinetische Stabilität kein exakt definierter Begriff.

Typische Vertreter für metastabile Substanzen sind Gläser. Sie weisen wie kristalline Feststoffe eine makroskopische Formstabilität auf, sind aber aus der Sicht ihrer Struktur und mancher ihrer physikalischen Eigenschaften als Flüssigkeiten mit sehr hoher Viskosität aufzufassen. Bei ihnen ist die Umwandlung in eine thermodynamisch stabilere Struktur nur durch umfangreiche Atomwanderungen zu erreichen, die Atombeweglichkeit ist jedoch durch eine Vernetzung der Atome stark behindert.

Die Strukturen und Eigenschaften zahlreicher bei Normalbedingungen thermodynamisch instabiler Substanzen sind nur deshalb bekannt, weil sie bei Normalbedingungen metastabil sind und deshalb gut untersucht werden können.

4.3 Polymorphie

Bei Molekülen kennen wir die Erscheinung der *Isomerie*, worunter wir das Auftreten von unterschiedlich aufgebauten Molekülen bei gleicher Gesamtzusammensetzung verstehen. Die entsprechende Erscheinung bei kristallinen Stoffen wird *Polymorphie* genannt. Die zugehörigen verschiedenen Strukturen sind die *Modifikationen* oder *polymorphen Formen*. Die Modifikationen unterscheiden sich nicht nur in ihrem räumlichen Aufbau, sondern auch in ihren physikalischen und chemischen Eigenschaften. Die strukturellen Unterschiede können von kleinen Variationen in der Orientierung von Molekülen oder Ionen bis zu einem völlig anderen Bauprinzip reichen. Die verschiedenen Modifikationen einer Verbindung werden häufig mit griechischen Kleinbuchstaben α,

β, ... bezeichnet, zum Beispiel α-Schwefel, β-Schwefel. Manchmal erfolgt die Unterscheidung durch römische Ziffern, zum Beispiel Eis-I, Eis-II, ..., oder durch Zusätze wie HT, LT, HP, LP für Hoch- und Tieftemperaturformen bzw. Hoch- und Niederdruckformen. Bei Mineralien haben die polymorphen Formen häufig Trivialnamen; für SiO_2 zum Beispiel α-Quarz, β-Quarz, Tridymit, Cristobalit, Moganit, Coesit, Keatit und Stishovit.

Systematischer (aber nicht immer eindeutig) ist die Bezeichnung durch Pearson-Symbole, die von der IUPAC (Internationale Union für reine und angewandte Chemie) empfohlen wird. Ein Pearson-Symbol besteht aus einem Kleinbuchstaben, der das Kristallsystem bezeichnet (vgl. die Kürzel in Tab. 3.1, S. 43), einem Großbuchstaben zur Bezeichnung der Art der Zentrierung des Gitters (vgl. Abb. 2.6, S. 21) und der Zahl der Atome in der Elementarzelle. Beispiel: Schwefel-oF128, orthorhombisch, flächenzentriert, 128 Atome in der Elementarzelle (α-Schwefel).

Polytypen sind polymorphe Formen, deren Strukturen sich nur durch eine unterschiedliche Stapelfolge von gleichartigen Schichten unterscheiden.

Welche polymorphe Form einer Verbindung sich bildet, hängt von den Herstellungs- und Kristallisationsbedingungen ab: Syntheseverfahren, Temperatur, Druck, Kristallisation aus der Schmelze, aus einer Lösung oder aus der Gasphase, Art des Lösungsmittels, Abkühlungs- oder Aufheizgeschwindigkeit, Anwesenheit von Kristallisationskeimen sind einige der Einflußgrößen.

Bei der Kristallisation von Verbindungen, die in mehreren Modifikationen auftreten, entsteht in manchen Fällen zunächst eine Modifikation, die unter den gegebenen Bedingungen metastabil ist und die sich danach erst in die stabilere Form umwandelt (OSTWALDsche Stufenregel). Selen bietet ein Beispiel: wenn elementares Selen durch eine chemische Reaktion in Lösung entsteht, scheidet es sich in einer roten Modifikation aus, die aus Se_8-Molekülen aufgebaut ist; diese wandelt sich sehr langsam in die stabile, graue Form um, die aus polymeren Kettenmolekülen besteht. Kaliumnitrat ist ein anderes Beispiel: bei Raumtemperatur ist β-KNO_3, oberhalb von $128\,^\circ C$ ist α-KNO_3 stabil. Aus wäßriger Lösung kristallisiert bei Raumtemperatur zunächst α-KNO_3, das sich dann nach kurzem Stehen oder bei geringster mechanischer Beanspruchung in β-KNO_3 umwandelt.

Maßgeblich dafür, welche Modifikation zunächst kristallisiert, ist die Keimbildungsarbeit, die ihrerseits von der Oberflächenenergie abhängt. Je geringer die Oberflächenenergie, desto geringer ist in der Regel die Keimbildungsarbeit. Diejenige Modifikation mit der geringsten Keimbildungsarbeit kristallisiert zu-

erst. Weil die Oberflächenenergie empfindlich von der Adsorption von Fremd-
partikeln abhängt, können Fremdstoffe die Reihenfolge der Kristallisation der
polymorphen Formen beeinflussen.

4.4 Phasenumwandlungen

Definition: Eine Phasenumwandlung ist ein Vorgang, bei dem sich irgendeine Eigenschaft eines Stoffes diskontinuierlich (sprunghaft) ändert.

Eigenschaften, die sich sprunghaft ändern, können zum Beispiel sein: Volumen, spezifische Wärme, Elastizität, Kompressibilität, Viskosität, Farbe, elektrische Leitfähigkeit, Magnetismus, Löslichkeit, Symmetrie. Phasenumwandlungen sind in der Regel mit einer Strukturänderung verbunden. Bei Phasenumwandlungen im festen Zustand tritt also meistens ein Wechsel von einer zu
einer anderen Modifikation auf.

Ist eine Modifikation bei jeder Temperatur und jedem Druck thermodynamisch instabil, dann verläuft ihre Umwandlung in eine andere Modifikation
irreversibel; man nennt das eine *monotrope* Phasenumwandlung. *Enantiotrope*
Phasenumwandlungen sind reversibel. Die nachfolgenden Betrachtungen gelten für enantiotrope Phasenumwandlungen, die durch Änderung der Temperatur oder des Druckes in Gang gesetzt werden. Der Umwandlungspunkt ist die
Temperatur oder der Druck, an dem Gleichgewicht herrscht, $\Delta G = 0$.

Für reversible Prozesse sind die ersten Ableitungen der freien Enthalpie $G =
U + pV - TS$ nach der Temperatur und dem Druck:

$$\frac{\partial G}{\partial T} = -S \quad \text{und} \quad \frac{\partial G}{\partial p} = V$$

Wenn eine dieser Größen eine sprunghafte Änderung erfährt, d. h. wenn $\Delta S \neq 0$
oder $\Delta V \neq 0$, spricht man nach EHRENFEST von einer **Phasenumwandlung erster Ordnung**. Dabei wird Energie als Umwandlungsenthalpie (latente
Wärme) $\Delta H = T\Delta S$ mit der Umgebung ausgetauscht.

Phasenumwandlungen erster Ordnung zeigen die Erscheinung der *Hysterese*, d. h. der Ablauf der Umwandlung hinkt der verursachenden Tempera-
tur- oder Druckänderung hinterher. Beim Erreichen des Umwandlungspunktes
passiert gar nichts; unter Gleichgewichtsbedingungen findet die Umwandlung
nicht statt. Erst nachdem der Umwandlungspunkt überschritten ist, also unter
Ungleichgewichtsbedingungen, kommt die Umwandlung eventuell in Gang.
Dazu ist die Bildung von Keimen notwendig, die dann auf Kosten der alten Phase wachsen. Wie schnell die Umwandlung stattfindet, hängt von der

Bildungs- und Wachstumsgeschwindigkeit der Keime ab. Keime bilden sich vorzugsweise an Fehlstellen im Kristall, weshalb die Umwandlungsgeschwindigkeit stark von der Reinheit und der Vorgeschichte einer Probe abhängen kann. Die Phasenumwandlung kann extrem langsam ablaufen.

Bei einer **Phasenumwandlungen zweiter Ordnung** ändern sich Volumen und Entropie ohne Sprung, aber wenigstens eine der zweiten Ableitungen von G ändert sich sprunghaft:

$$\frac{\partial^2 G}{\partial T^2} = -\frac{\partial S}{\partial T} = -\frac{1}{T}\frac{\partial H}{\partial T} = -\frac{C_p}{T} \quad \text{oder} \quad \frac{\partial^2 G}{\partial p^2} = \frac{\partial V}{\partial p} = V\kappa_T \quad \text{oder} \quad \frac{\partial^2 G}{\partial p\partial T} = \alpha V$$

C_p ist die spezifische Wärme bei konstantem Druck; κ_T ist die Kompressibilität bei konstanter Temperatur; α ist der thermische Ausdehnungskoeffizient. Strukturänderungen verlaufen kontinuierlich. Es gibt keine Hysterese und es treten keine metastabilen Phasen auf. Eine Umwandlung, die fast nach der zweiten Ordnung verläuft (sehr kleiner Volumen- und Entropiesprung), wird auch „schwach erster Ordnung" genannt.

In der neueren Literatur erfolgt die Festlegung der Ordnung einer Phasenumwandlung weniger nach den EHRENFEST-Kriterien, sondern danach, ob die strukturelle Änderung kontinuierlich (2. Ordnung) oder diskontinuierlich (1. Ordnung) abläuft.

Bei Phasenumwandlungen im festen Zustand unterscheidet man nach BUERGER:

1. **Rekonstruktive Phasenumwandlungen**: Chemische Bindungen werden aufgebrochen und neu geknüpft, es erfolgt ein Umbau der Struktur mit erheblichen Atombewegungen. Solche Umwandlungen verlaufen immer nach der ersten Ordnung.
2. **Displazive Phasenumwandlungen**: Die Atome werden nur ein wenig verrückt, es werden allenfalls intermolekulare Bindungen (z. B. Wasserstoffbrücken) gelöst und neu geknüpft, aber keine primären chemischen Bindungen. Die Umwandlungen können, müssen aber nicht, nach der zweiten Ordnung verlaufen.
3. **Ordnungs-Unordnungs-Umwandlungen**: Verschiedene Atome, die gleiche Atomlagen statistisch besetzen, ordnen sich aus oder umgekehrt. Häufig handelt es sich um eine Umwandlung zweiter Ordnung.

Ein Beispiel für eine kontinuierliche Strukturänderung ist die Phasenumwandlung zweiter Ordnung von Calciumchlorid (Abb. 4.1). Bei höheren Temperaturen ist es tetragonal (Rutil-Typ). Beim Abkühlen setzt bei 217 °C eine zu-

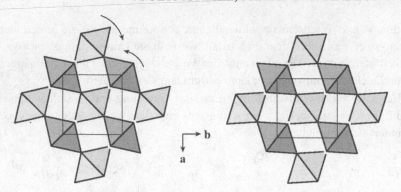

CaCl$_2$, $> 217\,^{\circ}$C (Rutil-Typ), $P4_2/mnm$ CaCl$_2$, $17\,^{\circ}$C, $Pnnm$

$a = 637{,}9$ pm, $c = 419{,}3$ pm bei $247\,^{\circ}$C $a = 625{,}9$ pm, $b = 644{,}4$ pm, $c = 417{,}0$ pm

Abb. 4.1: Verdrehung der Koordinationsoktaeder bei der Phasenumwandlung zweiter Ordnung bei CaCl$_2$

nehmende Verdrehung der Koordinationsoktaeder ein. Sowie nur die leichteste Verdrehung stattgefunden hat, kann die Symmetrie nicht mehr tetragonal sein; bei $217\,^{\circ}$C verringert sich die Symmetrie, die Symmetrie wird „gebrochen", und sie ändert sich sprunghaft. Verringerte Symmetrie heißt, die Raumgruppe *Pnnm* der Tieftemperaturmodifikation hat weniger Symmetrieoperationen als die Raumgruppe $P4_2/mnm$ des Rutil-Typs; *Pnnm* ist eine orthorhombische Untergruppe von $P4_2/mnm$. Phasenumwandlungen zweiter Ordnung können nur auftreten, wenn es zwischen den beteiligten Raumgruppen eine Gruppe-Untergruppe-Beziehung gibt. Näheres dazu wird in Kapitel 18 ausgeführt. Im Bereich der niedrigersymmetrischen Phase zieht sich die Strukturänderung (Verdrehung der Oktaeder) über einen größeren Temperaturbereich hin.

Zur Erfassung der Veränderungen bei einer Phasenumwandlung zweiter Ordnung ist der *Ordnungsparameter* nützlich. Als Ordnungsparameter eignen sich bestimmte Größen, die sich in der niedrigersymmetrischen Struktur kontinuierlich verändern und bei der *kritischen Temperatur* T_C (oder dem kritischen Druck) den Wert Null annehmen. T_C ist die Temperatur, bei der die Phasenumwandlung einsetzt und der Symmetriebruch eintritt. Beim CaCl$_2$ eignet sich als Ordnungsparameter zum Beispiel der Drehwinkel der Oktaeder oder das (vom Drehwinkel abhängige) Verhältnis $\eta = (b - a)/(b + a)$ der Gitterparameter. Nach der LANDAU-Theorie ändert sich der Ordnungsparameter unterhalb von T_C nach einer Potenzfunktion des Temperaturunterschieds $T_C - T$:

$$\eta = A \left(\frac{T_C - T}{T_C} \right)^{\beta}$$

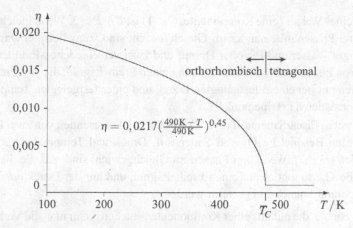

Abb. 4.2: Verlauf des Ordnungsparameters $\eta = (b-a)/(b+a)$ bei der Phasenumwandlung von $CaCl_2$ in Abhängigkeit der Temperatur

Dabei ist A eine Konstante und β ist der *kritische Exponent*, der einen Wert von 0,3 bis 0,5 annimmt. Werte um $\beta = 0,5$ werden beobachtet, wenn eine langreichweitige Wechselwirkung zwischen den Teilchen besteht; bei kurzer Reichweite (z. B. bei magnetischen Wechselwirkungen) liegt er bei $\beta \approx 0,33$. Wie der typische parabolische Kurvenverlauf in Abb. 4.2 zeigt, ändert sich der Ordnungsparameter besonders stark in der Nähe der kritischen Temperatur.

Bei temperaturgetriebenen Phasenumwandlungen zweiter Ordnung hat die Hochtemperaturphase in der Regel die höhere Symmetrie. Bei druckgetriebenen Phasenumwandlungen gibt es keine entsprechende Regel.

4.5 Phasendiagramme

Für Phasen, die sich miteinander im Gleichgewicht befinden, gilt das GIBBSsche Phasengesetz:

$$F + P = C + 2$$

Dabei ist F die Anzahl der Freiheitsgrade, d. h. der frei wählbaren Zustandsgrößen wie Druck und Temperatur, P ist die Anzahl der Phasen und C ist die Anzahl der Komponenten. Als Komponenten sind voneinander unabhängige, reine Stoffe (Elemente oder Verbindungen) zu verstehen, aus denen die übrigen im System eventuell auftretenden Verbindungen entstehen können. Beispiele:

1. Für reines Wasser (eine Komponente, $C = 1$) ist $F + P = 3$. Wenn gleichzeitig drei Phasen miteinander im Gleichgewicht sind, zum Beispiel Dampf, flüssiges Wasser und Eis oder Dampf und zwei verschiedene Modifikationen von Eis, so ist $F = 0$; es gibt dann keinen Freiheitsgrad, die drei Phasen können nur bei einem festgelegten Druck und einer festgelegten Temperatur koexistieren („Tripelpunkt").

2. Im System Eisen/Sauerstoff ($C = 2$) können bei Anwesenheit von zwei Phasen, zum Beispiel Fe_3O_4 und Sauerstoff, Druck und Temperatur variiert werden ($F = 2$). Wenn drei Phasen im Gleichgewicht sind, z.B. Fe, Fe_2O_3 und Fe_3O_4, so gibt es nur einen Freiheitsgrad, und nur der Druck *oder* die Temperatur können frei gewählt werden.

Für Systeme, die nur aus einer Komponente bestehen, kann man die Verhältnisse in einem Phasendiagramm darstellen, in dem Temperatur und Druck auf-

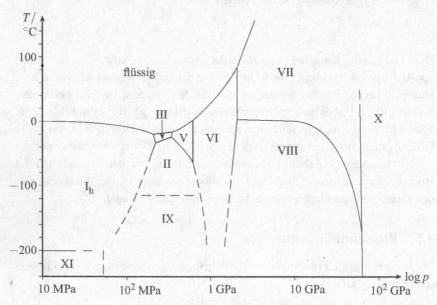

Abb. 4.3: Phasendiagramm für H_2O. Gestrichelte Kurven sind nicht experimentell gesichert. Zusätzliche metastabile Phasen sind Eis I_c im Tieftemperaturbereich von Eis I_h; Eis IV und Eis XII im Bereich von Eis V. Nicht gezeigt: Bereich mit gasförmigem H_2O unterhalb von 22 MPa. Die Kurve flüssig/Eis VII reicht bis zu einem Tripelpunkt bei 43 GPa und 1370 °C; an diesem Tripelpunkt trifft sie wahrscheinlich die Trennlinie Eis VII / Eis X, und von dort steigt der Schmelzpunkt bis ca. 2150 °C bei 90 GPa

getragen sind. Abb. 4.3 zeigt das Phasendiagramm für Wasser, in dem die Existenzbereiche für flüssiges Wasser und zehn verschiedene Eis-Modifikationen zu erkennen sind, die mit römischen Zahlen bezeichnet werden. Innerhalb der einzelnen Felder ist jeweils nur die dort bezeichnete Phase stabil, Druck und Temperatur können aber unabhängig voneinander variiert werden (2 Freiheitsgrade). Entlang der Grenzlinien koexistieren jeweils zwei Phasen, wobei entweder der Druck oder die Temperatur variierbar ist, die andere dieser Zustandsgrößen jedoch den Wert haben muß, den das Diagramm anzeigt (ein Freiheitsgrad). An Tripelpunkten gibt es keinen Freiheitsgrad, Druck und Temperatur liegen fest, aber drei Phasen existieren gleichzeitig.

In Phasendiagrammen für Systeme aus zwei Komponenten wird die Zusammensetzung gegen eine der Zustandsvariablen Druck oder Temperatur aufgetragen, während die andere Zustandsvariable einen konstanten Wert hat. Am häufigsten sind Auftragungen der Zusammensetzung gegen die Temperatur bei Atmosphärendruck. Solche Phasendiagramme unterscheiden sich je nachdem, ob die Komponenten miteinander feste Lösungen bilden oder nicht oder ob sie miteinander Verbindungen bilden.

Abb. 4.4 zeigt das Phasendiagramm für das System Antimon/Bismut, die miteinander Mischkristalle (feste Lösungen) bilden. Antimon und Bismut kristallisieren isotyp, und die Atomlagen können in beliebigem Mengenverhältnis von Sb- oder Bi-Atomen eingenommen werden. Im oberen Teil des Diagramms liegt der Existenzbereich der flüssigen Phase, d. h. einer flüssigen Lösung aus

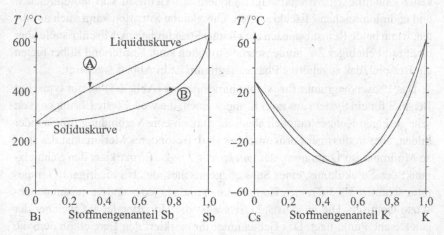

Abb. 4.4: Phasendiagramme Antimon/Bismut und Kalium/Cäsium bei Normaldruck

Antimon und Bismut. Im unteren Teil liegt der Existenzbereich der Mischkristalle. Im Bereich dazwischen existieren Flüssigkeit und Feststoff nebeneinander. Er wird nach oben von der *Liquiduskurve*, nach unten von der *Soliduskurve* begrenzt. Bei gegebener Temperatur haben Flüssigkeit und Feststoff, die miteinander im Gleichgewicht stehen, unterschiedliche Zusammensetzung; sie läßt sich im Diagramm jeweils am Schnittpunkt ablesen, den die Horizontale für die fragliche Temperatur mit der Solidus- bzw. Liquiduskurve bildet. Beim Abkühlen einer Sb/Bi-Schmelze mit der Zusammensetzung und Temperatur gemäß Punkt A in Abb. 4.4 beginnt die Kristallisation von Mischkristallen der Zusammensetzung B, wenn die durch den horizontalen Pfeil markierte Temperatur erreicht ist. Die Mischkristalle enthalten mehr Antimon als die Schmelze.

Das Phasendiagramm Kalium/Cäsium ist ein Beispiel für ein System mit Mischkristallbildung und einem Temperaturminimum (Abb. 4.4). Die rechte und die linke Hälfte des Diagramms entsprechen jeweils dem Diagramm Antimon/Bismut. Das Minimum ist ein ausgezeichneter Punkt, bei dem die Zusammensetzung von Schmelze und Feststoff übereinstimmen. Der ausgezeichnete Punkt kann auch in einem Temperaturmaximum liegen.

Begrenzte Mischkristallbildung tritt dann auf, wenn die beiden Komponenten unterschiedliche Strukturen haben, wie zum Beispiel Indium und Cadmium. Mischkristalle aus viel Indium und wenig Cadmium haben die Struktur des Indiums, solche aus wenig Indium und viel Cadmium diejenige des Cadmiums. Bei mittleren Zusammensetzungen gibt es eine *Mischungslücke*, d. h. keine einheitlichen Mischkristalle, sondern ein Gemisch von indiumreichen und cadmiumreichen Mischkristallen. Die gleiche Situation kann auch auftreten, wenn beide Reinsubstanzen die gleiche Struktur haben, Mischkristalle aber nicht mit beliebiger Zusammensetzung möglich sind. Kupfer und Silber bieten ein Beispiel, das zugehörige Phasendiagramm ist in Abb. 4.5 gezeigt.

Das Phasendiagramm für Aluminium/Silicium (Abb. 4.5) ist ein typisches Beispiel für ein System aus zwei Komponenten, die weder feste Lösungen (von sehr geringen Konzentrationen abgesehen) noch eine Verbindung miteinander bilden, aber in flüssiger Form mischbar sind. Besonderes Merkmal ist das spitze Minimum im Diagramm, der *eutektische Punkt*. Er markiert den Schmelzpunkt des Eutektikums, eines Substanzgemisches, das bei niedrigerer Temperatur schmilzt als die reinen Komponenten und als jedes anders zusammengesetzte Gemisch. Die *eutektische Gerade* ist die Horizontale, auf welcher der eutektische Punkt liegt. Das Gebiet unter ihr markiert den Bereich, in dem die Komponenten beide in fester Form, also in zwei Phasen, vorliegen.

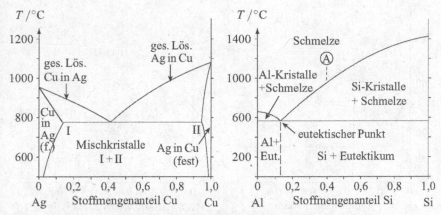

Abb. 4.5: Phasendiagramme für die Systeme Silber/Kupfer (Mischkristallbildung mit Mischungslücke) und Aluminium/Silicium (Bildung eines Eutektikums)

Der Punkt A in Abb. 4.5 kennzeichnet ein flüssiges Gemisch aus Aluminium und Silicium mit einem Stoffmengenanteil von 40 % Si und einer Temperatur von 1200 °C. Abkühlung der Flüssigkeit entspricht einer Abwärtsbewegung im Diagramm (gestrichelte Linie). Beim Erreichen der Liquiduskurve beginnt reines Silicium zu kristallisieren. Die Zusammensetzung der Flüssigkeit ändert sich, ihr Anteil an Aluminium nimmt zu; das entspricht einer Wanderung nach links im Diagramm. Dort liegt die Temperatur für das Auskristallisieren von Silicium niedriger. In dem Maße, wie sich Silicium ausscheidet, nimmt die Kristallisationstemperatur für weiteres Silicium immer mehr ab, und zwar so lange, bis der eutektische Punkt erreicht ist, bei dem Aluminium und Silicium beide erstarren. Die Erstarrungstemperatur des Siliciums ändert sich fortlaufend; man spricht von einem *inkongruenten* Erstarren.

Komplizierter werden die Verhältnisse, wenn die beiden Komponenten Verbindungen miteinander bilden. In Abb. 4.6 ist das Phasendiagramm eines Systems gezeigt, bei dem die beiden Komponenten, Magnesium und Calcium, eine Verbindung miteinander bilden, $CaMg_2$. In der Mitte des Diagramms, entsprechend der Zusammensetzung $CaMg_2$, taucht ein Maximum auf, das den Schmelzpunkt der Verbindung $CaMg_2$ markiert. Links davon kommt ein Eutektikum vor, gebildet aus den beiden Komponenten Mg und $CaMg_2$. Rechts finden wir ein zweites Eutektikum aus Ca und $CaMg_2$. Sowohl die linke als auch die rechte Hälfte des Phasendiagramms von Abb. 4.6 entsprechen jeweils dem Phasendiagramm eines einfachen eutektischen Systems wie in Abb. 4.5.

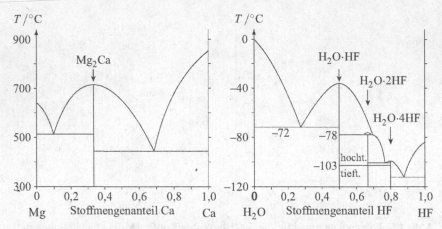

6: Phasendiagramme für die Systeme Calcium/Magnesium und H_2O/HF: Bildung einer bzw. dreier Verbindungen

Noch komplizierter ist das Phasendiagramm für das System H_2O/HF, bei dem die Bildung der drei Verbindungen, $H_2O \cdot HF$, $H_2O \cdot 2\,HF$ und $H_2O \cdot 4\,HF$ beobachtet wird. In diesen Verbindungen sind Teilchen H_3O^+, HF und F^- über Wasserstoffbrücken miteinander verknüpft. Für zwei der Verbindungen finden wir Maxima im Phasendiagramm (Abb. 4.6), ähnlich wie für die Verbindung $CaMg_2$. Es gibt aber kein Maximum bei der Zusammensetzung $H_2O \cdot 2\,HF$ und auch kein Eutektikum zwischen $H_2O \cdot 2\,HF$ und $H_2O \cdot HF$; wir erkennen nur einen Knick im *peritektischen Punkt* in der Liquiduskurve. Das erwartete Maximum ist „verdeckt" (punktierte Linie). Die Horizontale durch den Knickpunkt nennt man *peritektische Gerade*. Während die Feststoffe der Zusammensetzung $H_2O \cdot HF$ und $H_2O \cdot 4\,HF$ kongruent schmelzen, d. h. je eine definierte, sich nicht ändernde Schmelztemperatur haben (den Maxima im Diagramm entsprechend), schmilzt der Feststoff der Zusammensetzung $H_2O \cdot 2\,HF$ inkongruent; er zerfällt bei $-78\,°C$ zu einer HF-reicheren Flüssigkeit und festem $H_2O \cdot HF$. Die Verbindung $H_2O \cdot 2\,HF$ wandelt sich bei $-103\,°C$ von einer „Hochtemperatur-" in eine Tieftemperaturmodifikation um; dies kommt im Diagramm durch die horizontale Gerade bei dieser Temperatur zum Ausdruck.

Phasendiagramme geben wertvolle Information darüber, welche Verbindungen in einem Stoffsystem entstehen können. Diese Verbindungen können dann gezielt hergestellt und untersucht werden. Zur experimentellen Ermittlung eines Phasendiagramms bedient man sich vor allem der folgenden Methoden. Bei der *Differenzthermoanalyse* (DTA) wird eine Probe gegebener Zusammensetzung gleichzeitig mit einer thermisch indifferenten Referenzsubstanz langsam aufgeheizt oder abgekühlt, und die Temperaturen beider Substanzen werden laufend gemessen. Wenn in der Probe eine Phasenumwandlung eintritt, wird die Umwandlungsenthalpie freigesetzt oder aufgenommen und zwischen Probe und Referenzsubstanz tritt eine Temperaturdifferenz auf, welche die Phasenumwandlung anzeigt. Bei der *röntgenographischen Phasenuntersuchung* wird ein Röntgenbeugungsdiagramm kontinuierlich aufgezeichnet, während die Probe aufgeheizt oder abgekühlt wird; beim Auftreten einer Phasenumwandlung ändert sich das Beugungsdiagramm.

4.6 Übungsaufgaben

4.1 Die Dichten einiger SiO_2-Modifikationen sind: α-Quarz 2,65 $g\,cm^{-3}$, β-Quarz 2,53 $g\,cm^{-3}$, β-Tridymit 2,27 $g\,cm^{-3}$, β-Cristobalit 2,33 $g\,cm^{-3}$, SiO_2-Glas 2,20 $g\,cm^{-3}$. Sollte es möglich sein, durch Anwendung von Druck β-Cristobalit in eine der anderen Modifikationen umzuwandeln?

4.2 Quarzglas bildet sich, wenn geschmolzenes SiO_2 schnell abgekühlt wird. Es kristallisiert langsam. Wird die Kristallisationsgeschwindigkeit bei Zimmertemperatur oder bei 1000 °C größer sein?

4.3 BeF_2 hat wie Quarz eine polymere Struktur, bei der F-Atome tetraedrisch koordinierte Be-Atome verknüpfen; BF_3 ist monomer. Welches der beiden wird eher dazu neigen, ein Glas zu bilden, wenn es aus der flüssigen Phase abgekühlt wird?

4.4 Ist die Umwandlung α-$KNO_3 \rightarrow \beta$-KNO_3 (vgl. S. 53) ein Phasenübergang erster oder zweiter Ordnung?

4.5 CaO wandelt sich bei einem Druck von 65 GPa vom NaCl- zum CsCl-Typ um. (Bilder in Abb. 7.1, S. 83). Welcher Art ist die Umwandlung?

4.6 Schmilzt Eis bei $-10\,°C$ wenn darauf Druck ausgeübt wird? Wenn ja, gefriert es dann wieder, wenn der Druck weiter erhöht wird? Welche Modifikation müßte sich dann bilden?

4.7 Kann man Wasser bei $+40$ °C zum gefrieren bringen? Wenn ja, welche Eis-Modifikation sollte sich dann bilden?

4.8 Was geschieht wenn eine Lösung von HF und Wasser, die einen Stoffmengenanteil von 40 % HF enthält, von 0 °C auf $-100\,°C$ abgekühlt wird?

4.9 Wie aus Abb. 12.11 hervorgeht, wandelt sich β-Quarz beim Aufheizen bei 870 °C in β-Tridymit und dann bei 1470 °C in β-Cristobalit um. Sollte es möglich sein, eine direkte Umwandlung β-Quarz $\rightleftharpoons \beta$-Cristobalit zu erreichen, wenn die Temperatur bei hohem Druck variiert wird?

5 Chemische Bindung und Gitterenergie

5.1 Chemische Bindung und Struktur

Welche räumliche Anordnung von Atomen zu einer stabilen oder metastabilen Struktur führt, hängt entscheidend von der Verteilung ihrer Elektronen ab.

Bei Edelgasen ist die Elektronenkonfiguration des einzelnen Atoms bei Normalbedingungen bereits thermodynamisch stabil. Nur durch Zusammenpacken der Atome zur Flüssigkeit und zum Festkörper kann noch ein geringer Betrag von VAN-DER-WAALS-Energie freigesetzt werden. Weil die Kondensations- und Kristallisationsenthalpie so gering ist, wird ΔG bereits bei relativ niedrigen Temperaturen vom Entropieglied $T\Delta S$ beherrscht, die Schmelz- und Siedepunkte liegen dementsprechend niedrig.

Bei allen anderen Elementen entspricht die Elektronenkonfiguration eines einzelnen Atoms bei Normalbedingungen nicht einem thermodynamisch stabilen Zustand; nur bei sehr hohen Temperaturen treten im Dampfzustand Einzelatome auf. Bei gewöhnlichen Temperaturen kommen erst durch die Verknüpfung von Atomen stabile Strukturen zustande.

Die Elektronen in einem Verband von Atomen können, genauso wie in einem einzelnen Atom, nur bestimmte Energiezustände einnehmen. Diese werden mathematisch durch die Eigenwerte der Wellenfunktionen ψ erfaßt. Die Wellenfunktionen ergeben sich theoretisch als Lösungen der SCHRÖDINGER-Gleichung für das *Gesamtsystem aller beteiligten Atome*. Obwohl ihre exakte mathematische Lösung unüberwindliche Schwierigkeiten bereitet, weiß man über die Wellenfunktionen und damit über die Verteilung der Elektronen Bescheid. Die Kenntnisse stützen sich sowohl auf die mittlerweile recht zuverlässigen Näherungsrechnungen als auch auf experimentelle Befunde; wir befassen uns damit im Kapitel 10. Vorerst begnügen wir uns mit dem vereinfachenden Schema zweier Grenzfälle für die chemische Bindung, nämlich der ionischen und der kovalenten Bindung. Dabei lassen wir auch kontinuierliche Übergänge zwischen diesen Grenzfällen sowie das Auftreten beider Bindungstypen nebeneinander zu. Zusätzlich sind gegebenenfalls auch noch die schwächeren Ion-Dipol-, Dipol-Dipol- und Dispersionswechselwirkungen zu berücksichtigen.

Die (lokalisierte) Kovalente Bindung zeichnet sich durch ihre geringe Reichweite aus, die meist nur von einem Atom zum nächsten reicht, hier aber eine starke Bindung ist. Um ein Atom stellt sich eine Nahordnung ein, die einerseits von den festen interatomaren Bindungen und andererseits von der gegenseitigen Abstoßung der Valenzelektronen und vom Platzbedarf der gebundenen Atome abhängt.* Beim Verknüpfen von Atomen zu größeren Baueinheiten kann die Nahordnung zu einem über größere Entfernungen geordneten Verband führen, so ähnlich, wie sich die Nahordnung um einen Ziegelstein zu einer Fernordnung in einem Mauerwerk fortsetzt.

In einem niedermolekularen Molekül oder Molekülion wird eine begrenzte Anzahl von Atomen durch kovalente Bindungen zusammengehalten. Die kovalenten Kräfte im Inneren des Moleküls sind erheblich stärker als alle nach außen wirkenden Kräfte. Bei der Betrachtung von Molekülstrukturen begeht man deshalb nur einen geringen Fehler, wenn man so tut, als käme das Molekül alleine vor und hätte keine Umgebung. Nach aller Erfahrung und im Einklang mit Untersuchungen von KITAIGORODSKY und mit Kraftfeldberechnungen hat das Zusammenpacken von Molekülen zu einem Kristallverband nur einen sehr geringen Einfluß auf die Bindungslängen und -winkel im Molekül; nur Konformationswinkel werden in bestimmten Fällen stärker beeinflußt. Viele Eigenschaften einer molekularen Verbindung können von der Molekülstruktur her erklärt werden.

Dies gilt nicht ohne weiteres für makromolekulare Stoffe, bei denen ein Molekül aus einer fast unbegrenzten Anzahl von Atomen besteht. Die Wechselwirkungen mit umgebenden Molekülen können in diesem Fall nicht mehr vernachlässigt werden. Bei einer Substanz, die aus fadenförmigen Makromolekülen besteht, ist es für die physikalischen Eigenschaften zum Beispiel nicht gleichgültig, ob die Moleküle zu einem kristallinen Verband geordnet sind oder ob sie ohne Ordnung miteinander verknäuelt sind.

Bei kristallinen makromolekularen Substanzen unterscheiden wir je nach der Art des Verbandes der kovalent miteinander verknüpften Atome zwischen Kettenstrukturen, Schichtenstrukturen und Raumnetzstrukturen. Die Ketten oder Schichten können elektrisch ungeladene Moleküle sein, zwischen denen nur VAN-DER-WAALS-Kräfte herrschen, oder sie können Polyanionen oder

---

*Die häufig der kovalenten Bindung zugeschriebene Eigenschaft, *gerichtet* zu sein, ist nicht als die *Ursache* für die sich ergebenden Strukturen anzusehen. Das Bild der von vornherein ausgerichteten Bindungen rührt von Modellbetrachtungen her, bei denen die Hybridisierung von Atomorbitalen als *mathematisches* Hilfsmittel benutzt wurde. Die Umrechnung der Atomorbitale auf Hybridorbitale wurde vorab vorgenommen, obwohl sie erst nachträglich durch die Linearkombination mit den Orbitalen der Bindungspartner einen Sinn erhält. Dadurch wurde zuweilen der falsche Eindruck erweckt, die Hybridisierung sei ein echter Prozeß, welcher vor der Bindungsbildung ablaufe und die Stereochemie festlege.

Polykationen sein, die durch zwischen ihnen eingelagerte Gegenionen zusammengehalten werden. Auch Raumnetze können elektrisch geladen sein, die Gegenionen sind dann in Hohlräume des Raumnetzes eingelagert. Die Struktur von Kette, Schicht oder Raumnetz wird in erster Linie von den kovalenten Bindungen und der damit zusammenhängenden Nahordnung um die einzelnen Atome beherrscht.

Im Gegensatz dazu werden die Kristallstrukturen von ionischen Verbindungen aus niedermolekularen Ionen überwiegend davon bestimmt, wie die Ionen am besten raumerfüllend gepackt werden können, und zwar nach dem Prinzip, Kationen um Anionen, Anionen um Kationen. Maßgeblich sind geometrische Faktoren wie die relative Größe der Ionen und die Gestalt von Molekülionen. Näheres hierzu wird in Kapitel 7 ausgeführt.

5.2 Die Gitterenergie

Definition: Die Gitterenergie ist diejenige Energie, die freigesetzt wird, wenn ein Mol einer kristallinen Verbindung bei der Temperatur 0 Kelvin aus ihren anfangs unendlich weit voneinander entfernen Bausteinen zusammengesetzt wird.

Als Bausteine sind dabei zu verstehen:

- bei niedermolekularen Verbindungen: die Moleküle

- bei Ionenverbindungen: die Ionen

- bei Metallen: die Atome

- bei reinen Elementen, soweit sie nicht wie H_2, N_2, S_8 usw. unter die molekularen Verbindungen fallen: die Atome

Bei Verbindungen, die sich nicht eindeutig einer der genannten Stoffklassen zuordnen lassen, hat die Angabe einer Gitterenergie nur dann einen Sinn, wenn die Art der Bausteine definiert wird. Soll man bei SiO_2 einen Aufbau aus Si- und O-Atomen oder aus Si^{4+}- und O^{2-}-Ionen zugrundelegen? Sofern in der Literatur für polare Verbindungen wie SiO_2 Angaben zur Gitterenergie gemacht werden, bezieht man sich in der Regel auf einen Aufbau aus Ionen. Beim Umgang mit Werten, die unter dieser Annahme berechnet wurden, ist größte Zurückhaltung geboten, da die nicht berücksichtigten kovalenten Bindungsanteile von erheblicher Bedeutung sind. Selbst bei einem Aufbau aus Ionen sind die Verhältnisse nicht immer klar: soll man Na_2SO_4 aus Na^+- und SO_4^{2-}- oder aus Na^+-, S^{6+}- und O^{2-}-Ionen aufbauen?

Die Gitterenergie von molekularen Verbindungen

Bei einer molekularen Verbindung entspricht die Gitterenergie E der Sublimationsenergie bei 0 K. Diese ist nicht direkt meßbar, sie ergibt sich aber aus der Sublimationsenthalpie bei der Temperatur T plus der Wärmeenergie, die zum Aufheizen von 0 K bis zu dieser Temperatur benötigt wird, minus RT. RT ist der erforderliche Energiebetrag, um ein Mol Gas bei der Temperatur T auf einen unendlich kleinen Druck zu entspannen. Da sich die genannten Energiebeträge im Prinzip messen lassen, kann die Gitterenergie in diesem Fall experimentell bestimmt werden. Allerdings ist die Messung außerordentlich aufwendig und mit allerlei Unsicherheiten behaftet.

Folgende, zwischen den Molekülen wirksame Kräfte tragen zur Gitterenergie eines aus Molekülen aufgebauten Kristalls bei:

1. Die stets anziehend wirkende Dispersionskraft (LONDON-Kraft).

2. Die Abstoßung zwischen Atomen, deren Elektronenhüllen einander zu nahe kommen.

3. Bei Molekülen mit polaren Bindungen, d.h. bei Molekülen mit einem Dipol- oder Multipolcharakter, die elektrostatische Wechselwirkung zwischen den Dipolen oder Multipolen.

4. Die auch am absoluten Temperaturnullpunkt stets vorhandene Nullpunktsenergie.

Die Nullpunktsenergie ergibt sich aus der Quantentheorie, nach der die Atome auch beim absoluten Nullpunkt noch Schwingungen ausführen. Für einen DEBYEschen Festkörper (das ist ein homogener Körper aus N gleichen Teilchen) beträgt die Nullpunktsenergie

$$E_0 = N\frac{9}{8}h\nu_{max}$$

wobei ν_{max} die Frequenz des höchsten besetzten Schwingungszustands im Kristall ist. Bei Molekülen mit einer sehr geringen Masse und bei solchen, die über Wasserstoffbrücken zusammengehalten werden, hat die Nullpunktsenergie einen erheblichen Beitrag. Bei H_2 und He macht sie sogar den überwiegenden Anteil der Gitterenergie aus; bei H_2O beträgt ihr Anteil ca. 30 %, bei

N_2, O_2 und CO sind es etwa 10 %. Bei größeren Molekülen ist der Anteil der Nullpunktsenergie nur noch sehr gering.

Die Dispersionskraft zwischen zwei Atomen führt zur Dispersionsenergie E_D, die näherungsweise proportional zu r^{-6} ist, wenn r der Abstand zwischen den Atomen ist:

$$E_D = -\frac{C}{r^6}$$

Die Dispersionsenergie zwischen zwei Molekülen ist näherungsweise gleich der Summe der Beiträge von den Atomen des einen Moleküls zu denen des anderen Moleküls.

Für die Abstoßungsenergie E_A zwischen zwei Atomen, die sich zu nahe kommen, wird meistens eine Exponentialfunktion angesetzt:

$$E_A = B\exp(-\alpha r)$$

Eine andere, ebenso geeignete Näherungsformel ist:

$$E_A = B'r^{-n}$$

mit $n = 5$ bis $n = 12$ (BORNscher Abstoßungsexponent).

Bei Molekülen mit geringer Polarität, zum Beispiel bei Kohlenwasserstoffen, ist der elektrostatische Beitrag gering. Moleküle mit stark polaren Bindungen wirken als Dipole oder Multipole, die sich gegenseitig beeinflussen. Zum Beispiel sind Metallhalogenidmoleküle wie WF_6 oder WCl_6 Multipole, bei denen die Halogenatome eine negative Partialladung $-q$ tragen und auf das Metallatom eine positive Ladung $+6q$ kommt; der zwischen null und eins liegende Betrag der Partialladung q ist allerdings nicht sicher bekannt. Obwohl sich die Kraftwirkung eines Multipols nur auf nahe gelegene Moleküle nennenswert auswirkt, kann sie erheblich zur Gitterenergie beitragen. Die elektrostatische oder Coulomb-Energie E_C zwischen zwei Atomen, die die Ladung q_i und q_j tragen, ist:

$$E_C = \frac{1}{4\pi\varepsilon_0}\frac{q_i q_j e^2}{r} \tag{5.1}$$

q_i, q_j in Einheiten der Elementarladung $e = 1,6022 \cdot 10^{-19}$ C, ε_0 = elektrische Feldkonstante $= 8,854 \cdot 10^{-12}$ $C^2J^{-1}m^{-1}$.

Insgesamt läßt sich die Gitterenergie E somit wie folgt näherungsweise berechnen:

$$\begin{aligned} E &= N_A\sum(E_D + E_A + E_C + E_0) \\ &= N_A\sum_{i,j}\left[-C_{ij}r_{ij}^{-6} + B_{ij}\exp(-\alpha_{ij}r_{ij}) + \frac{q_i q_j e^2}{4\pi\varepsilon_0 r_{ij}} + \frac{9}{8}hv_{max}\right] \end{aligned} \tag{5.2}$$

Durch die Wahl der Vorzeichen ergibt sich ein negativer Zahlenwert für die Gitterenergie, entsprechend der Definition als freiwerdende Energie bei der Bildung des Kristalls. Mit dem Index i werden die Atome *eines* Moleküls durchgezählt, mit dem Index j werden *sämtliche* Atome aller übrigen Moleküle im Kristall gezählt. Es wird so die Wechselwirkungsenergie von einem Molekül zu allen anderen Molekülen berechnet. Durch Multiplikation mit der AVOGADRO-Zahl N_A ergibt sich dann die Gitterenergie pro Mol. r_{ij} ist der Abstand zwischen den Atomen i und j, q_i und q_j sind ihre Partialladungen in Einheiten der Elementarladung und B_{ij}, α_{ij} und C_{ij} sind experimentell zu bestimmende Parameter, die dahingehend optimiert werden, daß sie die gemessene Sublimationsenthalpie bei 300 K richtig wiedergeben. Da der Beitrag der einzelnen Glieder in Gleichung (5.2) immer geringer wird, je größer r_{ij} ist, genügt es, alle Atome bis zu einer Obergrenze für r_{ij} zu berücksichtigen. Die Summation läßt sich dann mit einem Rechner relativ schnell durchführen.

Werte für die Partialladungen der Atome können aus quantenchemischen Rechnungen, aus den molekularen Dipolmomenten oder aus Rotations-Schwingungsspektren abgeleitet werden, sie sind aber häufig nicht oder nur unzureichend bekannt. Wenn der Anteil der Coulomb-Energie deshalb nicht sicher berechnet werden kann, ist eine zuverlässige Berechnung der Gitterenergie nicht möglich.

Parameter B_{ij}, α_{ij} und C_{ij} für leichtere Atome findet man zum Beispiel bei [71]. Einige sich damit ergebende Potentialfunktionen sind in Abb. 5.1 gezeigt. Die Minima der Kurven geben den interatomaren Gleichgewichtsabstand an, der sich zwischen *zwei einzelnen* Atomen einstellt. Im Kristall resultieren kleinere interatomare Abstände, weil ein Molekül mehrere Atome enthält und somit mehrere Atom-Atom-Anziehungskräfte zwischen zwei Molekülen herrschen und weil weitere Moleküle in der Umgebung ebenfalls anziehende Kräfte ausüben. Die anziehenden Kräfte zusammen werden VAN-DER-WAALS-Kräfte genannt.

Allgemein ist die Gitterenergie eines Molekülkristalls um so größer, je größer die Moleküle, je schwerer ihre Atome und je stärker polar ihre Bindungen sind. Typische Werte sind: Argon 7,7 kJ/mol; Krypton 11,1 kJ/mol; organische Verbindungen 50 bis 150 kJ/mol.

Die Gitterenergie von Ionenverbindungen

Weil bei einem Molekül die Summe der Partialladungen aller Atome null ergibt, gleichen sich abstoßende und anziehende elektrostatische Kräfte zwi-

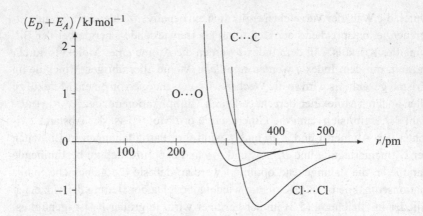

Abb. 5.1: Potentialfunktionen für die Wechselwirkungsenergie aufgrund der Abstoßungs- und Dispersionskräfte zwischen zwei Atomen als Funktion ihres Abstands

schen zwei Molekülen einigermaßen aus. Nur die ungleichmäßige Verteilung der Ladung bewirkt einen gewissen Beitrag zum elektrostatischen Anteil der Gitterenergie. Die Partialladungen in einem aus mehreren Atomen bestehenden Ion addieren sich dagegen nicht auf Null, sondern auf den Wert der Ionenladung. Zwischen Ionen herrschen deshalb starke elektrostatische Wechselwirkungen, deren Beitrag den Hauptanteil der Gitterenergie ausmacht. Dies wird an den Zahlenwerten für Natriumchlorid deutlich:

$$N_A \sum q_i q_j e^2 / (4\pi\varepsilon_0 r_{ij}) = -867 \qquad \text{Coulomb-Energie}$$
$$N_A \sum B_{ij} \exp(-\alpha_{ij} r_{ij}) = 92 \qquad \text{Abstoßungsenergie}$$
$$-N_A \sum C_{ij} r_{ij}^{-6} = -18 \qquad \text{Dispersionsenergie}$$
$$2N_A \tfrac{9}{8} h\nu_{max} = 6 \qquad \text{Nullpunktsenergie}$$
$$E = \overline{-787} \text{ kJ/mol}$$

Die Berechnung der Gitterenergie kann nach Gleichung (5.2) erfolgen, indem für die Ladungen q die Werte der Ionenladungen eingesetzt werden. Die Ionenkristalle aus einatomigen Ionen wie Na^+ oder Cl^- haben einen einfachen und symmetrischen Aufbau, den man sich für die Summation gemäß Gleichung (5.2) zunutze machen kann. Dies sei am Beispiel der NaCl-Struktur erläutert. Bezeichnen wir den kürzesten Abstand Na^+—Cl^- im Kristall mit R, so können wir alle Ionenabstände als Vielfache von R angeben. Welche Vielfache vorkommen, ergibt eine einfache geometrische Überlegung anhand des Strukturmodells von NaCl (vgl. Abb. 7.1, S. 83). Für ein einzelnes Na^+-Ion im Inneren des Kristalls ist die Coulomb-Energie dann:

$$E_C = \frac{1}{4\pi\varepsilon_0} \sum_j \frac{q_1 q_j e^2}{r_{1j}}$$

$$= \frac{e^2}{4\pi\varepsilon_0 R} \left(-6 + \frac{12}{\sqrt{2}} - \frac{8}{\sqrt{3}} + \frac{6}{2} - \frac{24}{\sqrt{5}} + \cdots \right) \tag{5.3}$$

Die einzelnen Terme in der Klammer ergeben sich wie folgt:

1. -6, weil das Na^+-Ion von 6 Cl^--Ionen mit Ladung -1 im Abstand $r = R$ in erster Sphäre umgeben ist.

2. $+12/\sqrt{2}$, weil das Na^+-Ion von 12 Na^+-Ionen mit Ladung $+1$ im Abstand $R\sqrt{2}$ in zweiter Sphäre umgeben ist.

3. $-8/\sqrt{3}$, weil sich in dritter Sphäre 8 Cl^--Ionen im Abstand $R\sqrt{3}$ befinden.

Bei Ausdehnung der Reihe in der Klammer auf unendlich viele Glieder summiert sie sich auf den Zahlenwert $-A = -1,74756$. Wir können also kurz schreiben:

$$E_C = -\frac{e^2}{4\pi\varepsilon_0 R} A \tag{5.4}$$

Die Größe A wird MADELUNG-Konstante genannt. Wie der Vergleich von Gleichung (5.1) mit Gleichung (5.4) zeigt, wird beim Zusammenfügen der Ionen zur Kristallstruktur mehr Energie freigesetzt als bei der Bildung einzelner Ionenpaare (bei gleichen interionischen Abständen $r = R$; tatsächlich ist im einzelnen Ionenpaar $r < R$, der Energiegewinn entspricht also nicht ganz dem Faktor A).

Für höher geladene Ionen können wir dieselbe Konstante A verwenden, sofern der Strukturtyp derselbe ist:

$$E_C = -|q_1||q_2| \frac{e^2}{4\pi\varepsilon_0 R} A$$

$|q_1|$ und $|q_2|$ sind dabei die Absolutwerte der Ionenladungen in Einheiten der Elementarladung. Die MADELUNG-Konstante ist von den Ionenladungen und den Gitterabmessungen unabhängig, sie gilt aber nur für einen bestimmten Strukturtyp. Tabelle 5.1 führt einige Werte für einfachere Strukturtypen auf.

Mit Hilfe der MADELUNG-Konstanten erfaßt man nur den Coulombschen Anteil der Gitterenergie sofern die Beträge der Ladungen q_1 und q_2 bekannt sind. Eine exakte Trennung von positiven und negativen Ladungen auf die einzelnen Ionen ist nur für die Halogenide der Alkalimetalle einigermaßen erfüllt. Wenn kovalente Bindungsanteile vorhanden sind, müssen Partialladungen angenommen werden, deren Beträge im allgemeinen nicht bekannt sind. Absolutwerte für den Coulombschen Anteil der Gitterenergie lassen sich dann nicht berechnen (die Ladungen können jedoch quantenmechanisch berechnet werden). Da man für ZnS, TiO_2, $CdCl_2$ und CdI_2 unterschiedliche Polaritäten annehmen muß, geben die in Tabelle 5.1 angegebenen Werte nicht den Gang der Gitterenergien wieder. Trotzdem sind MADELUNG-Konstanten nützliche Größen, denn man kann mit ihrer Hilfe abschätzen, welcher Strukturtyp für eine Verbindung energetisch bevorzugt sein sollte, wenn die Coulomb-Energie ausschlaggebend ist.

Tabelle 5.1: MADELUNG-Konstanten für einige Strukturtypen

Strukturtyp	A	Strukturtyp	A
CsCl	1,76267	CaF_2	5,03879
NaCl	1,74756	TiO_2 (Rutil)	4,816
ZnS (Wurtzit)	1,64132	$CaCl_2$	4,730
ZnS (Zinkblende)	1,63805	$CdCl_2$	4,489
		CdI_2	4,383

5.3 Übungsaufgaben

5.1 Leiten Sie die ersten vier Terme der Reihe zur Berechnung der MADELUNG-Konstante für CsCl ab (Abb. 7.1).

5.2 Berechnen Sie den Coulomb-Anteil der Gitterenergie für:

(a) CsCl, $R = 356$ pm;

(b) CaF_2, $R = 236$ pm;

(c) BaO (NaCl-Typ), $R = 276$ pm.

6 Die effektive Größe von Atomen

Nach der Wellenmechanik fällt die Elektronendichte eines Atoms mit zunehmender Entfernung vom Atommittelpunkt asymptotisch gegen Null ab. Ein Atom hat somit keine definierte Größe. Wenn zwei Atome einander näherkommen, so werden in zunehmendem Maße Kräfte zwischen ihnen wirksam.

Anziehend wirken:

• Die stets vorhandene Dispersionskraft (LONDON-Anziehung).

• Elektronische Wechselwirkungen unter Ausbildung bindender Molekülorbitale (Orbitalenergie) und die elektrostatische Anziehung zwischen Atomkernen und Elektronen. Diese beiden Beiträge machen zusammen die Bindungskräfte kovalenter Bindungen aus.

• Die elektrostatischen Kräfte zwischen Ionen oder Atomen mit entgegengesetzter Ladung oder Partialladung.

Abstoßend wirken:

• Die elektrostatischen Kräfte zwischen Ionen oder Atomen mit Ladung oder Partialladung des gleichen Vorzeichens.

• Die elektrostatische Abstoßung zwischen den Atomkernen.

• Die gegenseitige elektrostatische Abstoßung der Elektronen und die PAULI-Abstoßung zwischen Elektronen mit gleichem Spin. Die PAULI-Abstoßung hat den Hauptanteil an der Abstoßung. Sie beruht darauf, daß zwei Elektronen mit gleichem Spin nicht den gleichen Aufenthaltsraum einnehmen können; sie kann nur quantenmechanisch erklärt werden und entzieht sich einfachen Modellvorstellungen.

Die genannten Kräfte sind verschieden stark wirksam und verändern sich in unterschiedlichem Maße als Funktion des interatomaren Abstands. Die zuletztgenannte Abstoßungskraft hat bei kurzen Abständen bei weitem die größte Wirkung, ihre Reichweite ist jedoch gering; in etwas größeren Entfernungen überwiegen die übrigen Kräfte. Wenn die anziehenden und die abstoßenden Kräfte den gleichen Betrag haben, stellt sich ein Gleichgewichtszustand ein, bei dem die Atome einen bestimmten Abstand voneinander haben. Dieser Abstand entspricht dem Minimum einer Kurve, welche die potentielle Energie als Funktion des Abstands wiedergibt (Potentialkurve, Abb. 5.1).

Der sich immer einstellende Gleichgewichtsabstand zwischen zwei Atomen vermittelt den Eindruck, als seien die Atome Kugeln mit einer bestimmten

Größe. Erfahrungsgemäß kann man für viele Zwecke Atome tatsächlich so behandeln, als wären sie mehr oder weniger starre Kugeln.

Weil die Anziehungskräfte zwischen den Atomen je nach der Art der Bindung verschieden sind, muß man einem Atom je nach Bindung unterschiedliche Werte für den Kugelradius zuordnen. Nach aller Erfahrung hat der Radius der Atome eines Elements einen einigermaßen konstanten Wert für ein und dieselbe Bindungsart. Man unterscheidet den VAN-DER-WAALS-Radius, den Radius in Metallen, mehrere Ionenradien je nach Ionenladung sowie je einen Kovalenzradius für Einfach-, Doppel- und Dreifachbindung. Die Werte variieren dann noch in Abhängigkeit der Koordinationszahl; je größer sie ist, desto größer ist der Radius.

6.1 Van-der-Waals-Radien

In einer kristallinen Verbindung, die aus Molekülen aufgebaut ist, sind die Moleküle im allgemeinen so dicht gepackt, wie es ohne Unterschreitung der VAN-DER-WAALS-Radien möglich ist. Die kürzesten üblicherweise beobachteten Abstände zwischen Atomen des gleichen Elements aus benachbarten Molekülen dienen zur Berechnung des VAN-DER-WAALS-Radius für das betreffende Element. Einige Werte sind in Tabelle 6.1 zusammengestellt. Bei einer genaueren Betrachtung erweisen sich kovalent gebundene Atome als nicht

Tabelle 6.1: Van-der-Waals-Radien /pm

H 120	sphärische Näherung [74, 76]			He 140
C 170	N 155	O 152	F 147	Ne 154
Si 210	P 180	S 180	Cl 175	Ar 188
Ge	As 185	Se 190	Br 185	Kr 202
Sn	Sb 200	Te 206	I 198	Xe 216

abgeplattete, an C gebundene Atome [75]

	r_1	r_2		r_1	r_2		r_1	r_2
N	160	160	O	154	154	F	130	138
			S	160	203	Cl	158	178
			Se	170	215	Br	154	184
H	101	126				I	176	213

exakt kugelförmig. So ist ein Halogenatom, das an ein C-Atom gebunden ist, etwas abgeplattet, d. h. sein VAN-DER-WAALS-Radius ist in der Richtung der Verlängerung der C–Halogen-Bindung etwas kleiner als senkrecht zur Bindung (vgl. Tab 6.1). Ist, wie in Metallhalogeniden, die kovalente Bindung polarer, so ist die Abweichung von der Kugelform geringer. Einen Einfluß kann auch von den Bindungsverhältnisse herrühren; Kohlenstoffatome haben zum Beispiel in Acetylenen einen etwas größeren Radius als sonst.

Unterschreitungen der tabellierten VAN-DER-WAALS-Radien treten auf, wenn es zwischen den Molekülen besondere anziehende Kräfte gibt. Bei solvatisierten Ionen können die Abstände zwischen Ion und Atomen des Lösungsmittelmoleküls zum Beispiel nicht mit Hilfe der VAN-DER-WAALS-Radien berechnet werden.

6.2 Atomradien in Metallen

In Metallen wird der Zusammenhalt der Atome davon bestimmt, in welchem Maße die Besetzung von bindenden Bereichen in den elektronischen Energiebändern gegenüber antibindenden Bereichen überwiegt (Abschnitt 10.8). Bei den links im Periodensystem stehenden Metallen sind relativ wenig Valenzelektronen verfügbar, die Zahl der besetzten, bindenden Energiezustände ist dementsprechend klein. Bei Metallen, die im rechten Teil des Periodensystems stehen, ist die Zahl der Valenzelektronen groß, sie müssen zum Teil antibindende Zustände einnehmen. In beiden Fällen resultiert eine weniger starke metallische Bindung. Sind zahlreiche bindende, aber kaum antibindende Zustände besetzt, so ist die Bindungskraft zwischen den Metallatomen besonders groß. Dies trifft für die Metalle im mittleren Bereich des d-Blocks zu. Bei den Metallen beobachtet man deshalb abnehmende Atomradien von den Alkalimetallen bis in den Bereich der sechsten bis achten Nebengruppe des Periodensystems, danach nehmen die Radien wieder zu. Diesem Gang ist die generelle Tendenz zu abnehmenden Atomgrößen überlagert, die in allen Perioden vom Alkalimetall bis zum Edelgas wegen der zunehmenden Kernladung zu beobachten ist (Tab. 6.2). Bei intermetallischen Verbindungen ist das Verhältnis der Gesamtzahl der verfügbaren Valenzelektronen zur Zahl der Atome (die „Valenzelektronenkonzentration") ein ausschlaggebender Faktor für die effektive Atomgröße.

Tabelle 6.2: Atomradien in Metallen /pm. Alle Zahlen beziehen sich auf die Koordinationszahl 12, ausgenommen bei den Alkalimetallen (K.Z. 8), Ga (K.Z. 1+6), Sn (K.Z. 4+2), Pa (K.Z. 10), U und den Transuranen

Li	Be												
152	112												
Na	Mg											Al	
186	160											143	
K	Ca	Sc	Ti	V	Cr	Mn	Fe	Co	Ni	Cu	Zn	Ga	
230	197	162	146	134	128	137	126	125	125	128	134	135	
Rb	Sr	Y	Zr	Nb	Mo	Tc	Ru	Rh	Pd	Ag	Cd	In	Sn
247	215	180	160	146	139	135	134	134	137	144	151	167	154
Cs	Ba	La	Hf	Ta	W	Re	Os	Ir	Pt	Au	Hg	Tl	Pb
267	222	187	158	146	139	137	135	136	139	144	151	171	175

Ce	Pr	Nd	Pm	Sm	Eu	Gd	Tb	Dy	Ho	Er	Tm	Yb	Lu
182	182	182	181	180	204	179	178	177	176	175	174	193	174
Th	Pa	U	Np	Pu	Am	Cm	Bk	Cf	Es	Fm	Md	No	Lr
180	161	156	155	159	173	174	170	169					

6.3 Kovalenzradien

Kovalenzradien werden aus den beobachteten Abständen zwischen aneinandergebundenen Atomen des gleichen Elements ermittelt. So beträgt der C–C-Abstand im Diamant und in Alkanen 154 pm; die Hälfte davon, 77 pm, ist dann der Kovalenzradius für eine Einfachbindung an einem C-Atom der Koordinationszahl 4 (sp^3-C-Atom). Analog berechnet man Kovalenzradien für Cl (100 pm) aus dem Abstand im Cl_2-Molekül, für O (73 pm) aus dem O–O-Abstand in H_2O_2 und für Si (118 pm) aus dem Abstand im elementaren Silicium. Addiert man die Kovalenzradien für C und Cl, so erhält man $77 + 100 = 177$ pm; dieser Wert stimmt recht gut mit den gemessenen Abständen in C–Cl-Verbindungen überein. Addiert man die Kovalenzradien für Si und O, $118 + 73 = 191$ pm, so stimmt der erhaltene Wert jedoch nur sehr schlecht mit den beobachteten Abständen im SiO_2 überein (158 bis 162 pm). Generell muß man feststellen: je stärker polar eine Bindung ist, desto mehr weicht ihre Länge nach niedrigeren Werten von der Summe der Kovalenzradien ab. Um dem Rechnung zu tragen, kann man nach SHOMAKER und STEVENSON folgende Korrektur anbringen:

$$d(AX) = r(A) + r(X) - c|x(A) - x(X)|$$

$d(AX)$ = Bindungslänge, $r(A)$ und $r(X)$ = Kovalenzradien der Atome A und X, $x(A)$ und $x(X)$ Elektronegativitäten von A und X.

Der Korrekturparameter c hängt von den beteiligten Atomen ab und liegt zwischen 2 und 9 pm. Für C–X-Bindungen ist keine Korrektur notwendig wenn X ein Element der 5., 6. oder 7. Hauptgruppe ist, ausgenommen N, O und F. Die Bindungspolarität äußert sich auch in einer Abhängigkeit der Bindungslängen von der Oxidationszahl; so sind zum Beispiel die P–O-Bindungen im P_4O_6 (164 pm) länger als im P_4O_{10} (160 pm; Summe der Kovalenzradien 183 pm). Je „weicher" ein Atom ist, d. h. je leichter es polarisierbar ist, desto mehr machen sich solche Abweichungen bemerkbar.

Unsicherheiten bei der Berechnung von Bindungslängen ergeben sich auch, wenn nicht genau bekannt ist, wie groß Mehrfachbindungsanteile sind, in welchem Maße einsame Elektronenpaare benachbarte Bindungen beeinflussen und wie stark sich die Ionenladung und die Koordinationszahl auswirken. Die Spannweite der Cl–O-Bindungslängen möge dies zeigen: HOCl 170 pm, ClO_2^- 156 pm, ClO_3^- 149 pm, ClO_2 147 pm, ClO_4^- 143 pm, $HOClO_3$ 1× 164 und 3× 141 pm, ClO_2^+ 131 pm. Auf Probleme der Bindungslängen kommen wir auf den Seiten 94 und 105 – 110 noch einmal zurück.

Eine Tabelle mit Kovalenzradien aller Elemente findet man bei [77].

6.4 Ionenradien

In Ionenverbindungen entspricht der kürzeste Abstand Kation-Anion der Summe der Ionenradien. Dieser Abstand kann experimentell bestimmt werden. Werte für die Radien selbst sind jedoch nicht so leicht zugänglich. Aus sehr sorgfältig durchgeführten Röntgenbeugungsexperimenten kann man die Elektronendichte im Kristall berechnen; die Stelle mit dem Minimalwert für die Elektronendichte entlang der Verbindungslinie Kation-Anion kann als der „Berührungspunkt" der Ionen aufgefaßt werden. Wie am Beispiel des Natriumfluorids in Abb. 6.1 gezeigt, ist eine gewisse Abweichung der Ionen von der Kugelgestalt, d. h. eine Polarisation der Elektronenhülle, erkennbar. Das ist ein Indiz für gewisse kovalente Bindungsanteile, also für einen partiellen „Rückfluß" von Elektronendichte vom Anion zum Kation. Das Minimum der Elektronendichte muß deshalb nicht notwendigerweise der ideale Begrenzungsort zwischen Kation und Anion sein.

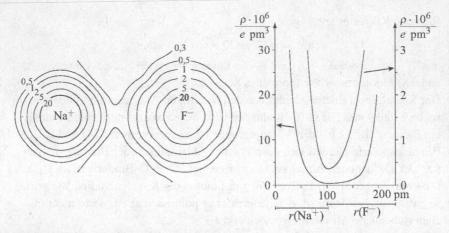

Abb. 6.1: Experimentell ermittelte Elektronendichte ρ (als 10^6-fache in Elementarladungen pro pm^3) in kristallinem Natriumfluorid [78]. Links: Schnitt durch eine Ebene benachbarter Atome; rechts: Elektronendichte entlang der Verbindungslinie Na^+—F^- mit Markierung der Werte für die Ionenradien gemäß Tab. 6.3

Die bislang verwendeten Werte für Ionenradien basieren auf der willkürlichen Festlegung des Radius für ein bestimmtes Ion. Damit kann man dann einen in sich konsistenten Satz von Radien für andere Ionen ableiten. In der Literatur gibt es unterschiedliche Tabellen, die von einem jeweils anderen Basiswert für einen Ionenradius abgeleitet wurden (Ionenradien nach GOLD-SCHMIDT, PAULING, AHRENS, SHANNON). Die Werte nach SHANNON beruhen auf einer kritischen Auswertung interatomarer Abstände und basieren auf dem Wert 140 pm für das O^{2-}-Ion bei sechsfacher Koordination. Sie sind in Tabelle 6.3 und 6.4 aufgeführt.

Die Ionenradien lassen sich auch dann verwenden, wenn erhebliche kovalente Bindungsanteile vorhanden sind. Je höher geladen ein Kation ist, desto stärker polarisierend wirkt es auf ein benachbartes Anion, d. h. um so mehr bildet sich eine kovalente Bindung aus. Rein rechnerisch kann man für das Anion trotzdem einen konstanten Radius annehmen und dem Kation einen Radius zuweisen, mit dem sich der beobachtete Atomabstand richtig ergibt. Die Angabe eines Wertes wie $r(Nb^{5+}) = 64$ pm soll also nicht die Existenz eines Nb^{5+}-Ions mit diesem Radius zum Ausdruck bringen, sondern bedeutet, daß in Niob(V)-Verbindungen die Bindungslänge zwischen einem Nb-Atom und einem elektronegativen Atom X als Summe von $r(Nb^{5+})$ plus dem Anionen-

Tabelle 6.3: Ionenradien für Hauptgruppenelemente nach SHANNON [79], basierend auf $r(O^{2-}) = 140$ pm. Zahlen mit Vorzeichen: Oxidationszahl. Alle Werte beziehen sich auf Koordinationszahl 6 (ausgenommen K.Z. 4 bei N^{3-}).

H	Li	Be	B	C	N	O	F
−1 ~150	+1 76	+2 45	+3 27	+4 16	−3 146 +3 16	−2 140	−1 133
	Na +1 102	Mg +2 72	Al +3 54	Si +4 40	P +3 44 +5 38	S −2 184 +6 29	Cl −1 181
	K +1 138	Ca +2 100	Ga +3 62	Ge +2 73 +4 53	As +3 58 +5 46	Se −2 198 +4 50	Br −1 196
	Rb +1 152	Sr +2 118	In +3 80	Sn +2 118 +4 69	Sb +3 76 +5 60	Te −2 221 +4 97 +6 56	I −1 220 +5 95 +7 53
	Cs +1 167	Ba +2 135	Tl +1 150 +3 89	Pb +2 119 +4 78	Bi +3 103 +5 76	Po +4 94 +6 67	

radius von X berechnet werden kann. Völlig unabhängig von der Natur von X sind die Werte allerdings nicht; so lassen sich die Werte von Tab. 6.4 nicht ohne weiteres auf Schwefelverbindungen anwenden; hierfür wurde ein Satz von Ionenradien mit etwas abweichenden Werten abgeleitet [80]. Man kann auch umgekehrt von beobachteten Bindungslängen auf den Oxidationszustand der beteiligten Atome schließen.

Bei weichen (leicht polarisierbaren) Ionen hängt der Ionenradius vom Gegenion ab. So beträgt der Ionenradius für das H^--Ion 130 pm im MgH_2, 137 pm im LiH, 146 pm im NaH und 152 pm im KH.

Die in den Tabellen 6.3 und 6.4 aufgeführten Ionenradien gelten in den meisten Fällen für Ionen mit der Koordinationszahl 6. Für andere Koordinationszahlen weichen die Werte etwas ab. Für jede Einheit, um welche die Koordinationszahl zu- oder abnimmt, nimmt der Ionenradius um 1,5 bis 2 % ab bzw. zu. Bei Koordinationszahl 4 sind die Werte ca. 4 % kleiner, bei Koordinationszahl 8 ca. 3 % größer als bei Koordinationszahl 6. Ursache ist die gegenseitige Abstoßung der koordinierten Ionen, die sich um so stärker auswirkt, je mehr davon vorhanden sind. Auch die Größe der koordinierten Ionen spielt eine Rolle; ein

Tabelle 6.4: Ionenradien für Nebengruppenelemente nach SHANNON [79], basierend auf $r(O^{2-}) = 140$ pm. Zahlen mit Vorzeichen: Oxidationszahl; ls = low spin, hs = high spin. Alle Werte beziehen sich auf Koordinationszahl 6, außer wenn mit einer römischen Zahl eine andere Koordinationszahl bezeichnet ist

	Sc	Ti	V	Cr	Mn	Fe	Co	Ni	Cu	Zn	
+2				ls 73	ls 67	ls 61	ls 65		+1 77		+2
+2		86	79	hs 80	hs 83	hs 78	hs 75	69	73	74	+2
+3	75	67	64	62	ls 58	ls 55	ls 55	ls 56	54		+3
+3					hs 65	hs 65	hs 61	hs 60			+3
+4		61	58	55	53	59	hs 53	ls 48			+4
+5			54	49	IV 26						+5
+6				44	IV 25	IV 25					+6

	Y	Zr	Nb	Mo	Tc	Ru	Rh	Pd	Ag	Cd	
+1									115		+1
+2								86	94	95	+2
+3	90		72	69		68	67	76	75		+3
+4		72	68	65	65	62	60	62			+4
+5			64	61	60	57	55				+5
+6				59							+6

	La	Hf	Ta	W	Re	Os	Ir	Pt	Au	Hg	
+1									137	119	+1
+2								80		102	+2
+3	103		72				68		85		+3
+4		71	68	66	63	63	63	63			+4
+5			64	62	58	58	57	57	57		+5
+6				60	55	55					+6

	Ac
+3	112

	Ce	Pr	Nd	Pm	Sm	Eu	Gd	Tb	Dy	Ho	Er	Tm	Yb	Lu
+2						117			107			103	102	
+3	101	99	98	97	96	95	94	92	91	90	89	88	87	86
+4	87	85						76						

	Th	Pa	U	Np	Pu	Am	Cm	Bk	Cf	Es	Fm	Md	No	Lr
+3		104	103	101	100	98	97	96	95					
+4	94	90	89	87	86	85	85	83	82					
+5		78	76	75	74									
+6			73	72	71									

Kation, das von sechs kleinen Anionen umgeben ist, erscheint etwas kleiner als dasselbe Kation, umgeben von sechs großen Anionen, weil sich die Anionen in letzterem Fall etwas stärker gegenseitig abstoßen. Hierfür wurde von PAU-LING eine Korrekturfunktion abgeleitet [83]. Sind kovalente Bindungsanteile vorhanden, dann hängen die Ionenradien in stärkerem Maße von der Koordinationszahl ab. Beim Wechsel der Koordinationszahl von 6 nach 8 nimmt der Ionenradius zum Beispiel bei Lanthanoidionen um ca. 13 % zu, bei Ti^{4+} und Pb^{4+} sind es ca. 21 %. Verringert sich die Koordinationszahl bei Nebengruppenelementen von 6 nach 4, so verringert sich der Ionenradius um 20 bis 35 %.

6.5 Übungsaufgaben

6.1 In den folgenden tetraedrischen Molekülen betragen die Bindungslängen:
SiF_4 155 pm; $SiCl_4$ 202 pm; SiI_4 243 pm.
Berechnen Sie die Halogen–Halogen-Abstände und vergleichen Sie sie mit den VAN-DER-WAALS-Abständen. Welchen Schluß ziehen Sie daraus?

6.2 Berechnen Sie aus Ionenradien Erwartungswerte für die Bindungslängen in:
Moleküle WF_6, WCl_6, PCl_6^-, PBr_6^-, SbF_6^-, MnO_4^{2-};
Feststoffe (Metallatome mit K.Z. 6) TiO_2, ReO_3, EuO, $CdCl_2$.

7 Ionenverbindungen

7.1 Radienquotienten

In einer energetisch günstigen Packung von Kationen und Anionen befinden sich nur Anionen als nächste Nachbarn um ein Kation und umgekehrt. Dadurch überwiegen die Anziehungskräfte zwischen entgegengesetzt geladenen Ionen gegenüber den Abstoßungskräften zwischen gleichgeladenen Ionen. Die Packung vieler Ionen zu einem Kristall setzt einen um den Faktor A größeren Energiebetrag frei als die Annäherung von nur zwei entgegengesetzt geladenen Ionen zu einem Ionenpaar (bei gleichem interionischem Abstand R). A ist die in Abschnitt 5.2 (S. 69) erläuterte MADELUNG-Konstante, die für einen gegebenen Kristallstrukturtyp einen definierten Zahlenwert hat. Man könnte nun denken, derjenige Strukturtyp, der für die jeweilige chemische Zusammensetzung die größte MADELUNG-Konstante hat, müßte immer bevorzugt sein. Dies ist jedoch keineswegs der Fall.

Die Stabilität eines bestimmten Strukturtyps hängt wesentlich von der relativen Größe der Kationen und Anionen ab. Trotz größerer MADELUNG-Konstante kann ein Strukturtyp weniger begünstigt sein, wenn sich Kationen und Anionen in einem anderen Strukturtyp näher kommen können, denn in die Gitterenergie gehen auch die Ionenabstände ein (vgl. Gleichung 5.4, S. 71). Die relative Ionengröße wird durch das Verhältnis Kationenradius r_M zu Anionenradius r_X, dem *Radienquotienten* r_M/r_X, quantifiziert. In der folgenden Betrachtung werden die Ionen wie starre Kugeln mit definiertem Radius behandelt.

Für Verbindungen der Zusammensetzung MX (M = Kation, X = Anion) hat der CsCl-Typ die größte MADELUNG-Konstante. Bei diesem Strukturtyp steht das Cs^+-Ion mit acht Cl^--Ionen in Kontakt, die es würfelförmig umgeben (Abb. 7.1). Die Cl^--Ionen berühren einander nicht. Mit einem kleinerem Kation als Cs^+ rücken die Cl^--Ionen zusammen, und wenn der Radienquotient $r_M/r_X = 0,732$ beträgt, berühren sich die Cl^--Ionen. Ist $r_M/r_X < 0,732$, so bleiben die Cl^--Ionen in Kontakt, aber Kation und Anion berühren sich nicht mehr. Jetzt wird ein Strukturtyp günstiger, dessen MADELUNG-Konstante zwar kleiner ist, bei dem sich Kationen und Anionen aber wieder berühren. Dies wird durch die kleinere Koordinationszahl 6 der Ionen erreicht, die im NaCl-Typ verwirklicht ist (Abb. 7.1). Wird der Radienquotient noch kleiner, so sollte der Zinkblende- (Sphalerit-) oder der Wurtzit-Typ auftreten, bei denen die

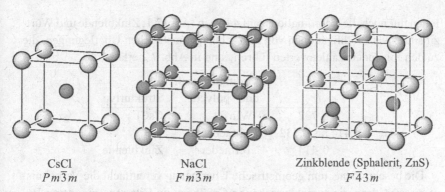

CsCl
$Pm\overline{3}m$

NaCl
$Fm\overline{3}m$

Zinkblende (Sphalerit, ZnS)
$F\overline{4}3m$

Abb. 7.1: Die drei wichtigsten Strukturtypen für Ionenverbindungen der Zusammensetzung MX. Die Ionen sind kleiner gezeichnet, als es ihrer effektiven Größe entspricht. Es ist gleichgültig, ob das Ion im Zellursprung Kation oder Anion ist

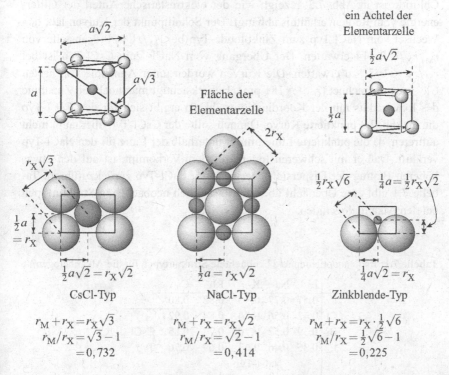

CsCl-Typ

$$r_M + r_X = r_X \sqrt{3}$$
$$r_M/r_X = \sqrt{3} - 1$$
$$= 0,732$$

NaCl-Typ

$$r_M + r_X = r_X \sqrt{2}$$
$$r_M/r_X = \sqrt{2} - 1$$
$$= 0,414$$

Zinkblende-Typ

$$r_M + r_X = r_X \cdot \tfrac{1}{2}\sqrt{6}$$
$$r_M/r_X = \tfrac{1}{2}\sqrt{6} - 1$$
$$= 0,225$$

Abb. 7.2: Zur Berechnung der Grenzradienquotienten r_M/r_X

Ionen nur noch die Koordinationszahl 4 haben (Abb. 7.1; Zinkblende und Wurtzit sind zwei Modifikationen von ZnS). Die geometrischen Überlegungen, die
zu den folgenden Zahlenwerten führen, sind in Abb. 7.2 erläutert:

r_M/r_X	Koordinationszahl und -polyeder	Strukturtyp
$> 0,732$	8 Würfel	CsCl
0,414 bis 0,732	6 Oktaeder	NaCl
$< 0,414$	4 Tetraeder	Zinkblende

Die beschriebene, rein geometrische Überlegung vereinfacht die Verhältnis-
se zu sehr, denn die ausschlaggebende Größe ist die Gitterenergie, deren Berechnung etwas komplizierter ist. Berücksichtigt man nur den elektrostatischen
Anteil der Gitterenergie, so ist die maßgebliche Größe nach Gleichung (5.4)
A/R ($A = $ MADELUNG-Konstante, $R = $ kürzester Abstand Kation-Anion). Für
Chloride ist in Abb. 7.3 gezeigt, wie der elektrostatische Anteil der Gitterenergie vom Radienverhältnis abhängt. Der Schnittpunkt der Kurven läßt den
Wechsel vom NaCl-Typ zum Zinkblende-Typ bei $r_M/r_X \approx 0,3$ anstelle von
$r_M/r_X = 0,414$ erwarten. Der Übergang vom NaCl- zum CsCl-Typ ist bei
$r_M/r_X \approx 0,71$ zu erwarten. Die Kurven wurden unter Annahme von harten
Cl^--Ionen berechnet ($r_{Cl^-} = 181$ pm). Berücksichtigt man noch die Zunahme
des Ionenradius mit der Koordinationszahl, so ergibt sich für den CsCl-Typ
die in Abb. 7.3 punktierte Kurve. Danach sollte der CsCl-Typ überhaupt nicht
auftreten, da die punktierte Linie immer unterhalb der Linie für den NaCl-Typ
verläuft. Daß er mit schweren Ionen trotzdem vorkommt, ist auf den etwas
höheren Beitrag der Dispersionsenergie beim CsCl-Typ zurückzuführen. Tabelle 7.1 gibt eine Übersicht über die tatsächlich beobachteten Strukturtypen
bei den Alkalihalogeniden.

Tabelle 7.1: Radienquotienten und beobachtete Strukturtypen für die Alkalihalogenide

	Li	Na	K	Rb	Cs	
F	0,57	0,77	0,96*	0,88*	0,80*	
Cl	0,42	0,56	0,76	0,84	0,92	
Br	0,39	0,52	0,70	0,78	0,85	CsCl-
I	0,35	0,46	0,63	0,69	0,76	Typ
		NaCl-Typ				

* r_X/r_M; vgl. S. 85

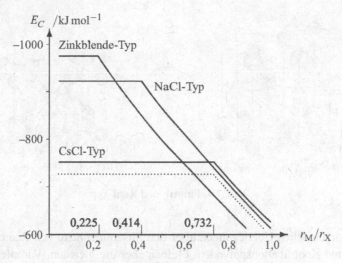

Abb. 7.3: Der elektrostatische Anteil der Gitterenergie für Chloride im CsCl-, NaCl-
und Zinkblende-Typ in Abhängigkeit des Radienquotienten

Bei einem Radienquotienten von 0,95 bis 1,00 könnten 12 Anionen um ein
Kation angeordnet werden. Im Gegensatz zu den drei bisher betrachteten Strukturtypen läßt die Koordinationszahl 12 aber geometrisch keine Anordnung zu,
bei der Kationen nur von Anionen und gleichzeitig Anionen nur von Kationen
umgeben sind. Bei Ionenverbindungen kommt sie deshalb nicht vor. Wenn,
wie bei RbF und CsF, r_M/r_X größer als 1 ist, kehren sich die Verhältnisse um:
dann sind die Kationen größer als die Anionen und die Berührung der Kationen bestimmt die Grenzradienquotienten; es gelten die gleichen Zahlen und
Strukturtypen, aber der Kehrwert ist zu verwenden, also r_X/r_M.

Der Zinkblende-Typ ist bei „echten" Ionenverbindungen nicht bekannt, weil
es kein Paar von Ionen mit dem entsprechenden Radienquotienten gibt. Er tritt
aber bei Verbindungen mit erheblichen kovalenten Bindungsanteilen auf, und
zwar auch dann, wenn die relativen Größen der Atome diesen Strukturtyp nach
den vorstehenden Überlegungen überhaupt nicht erwarten lassen. Beispiele
sind CuCl, AgI, ZnS, SiC und GaAs. Dieser Strukturtyp wird in Kapitel 12
eingehender behandelt.

Bei den bis jetzt betrachteten Strukturtypen für Verbindungen MX haben
Kation und Anion die gleiche Koordinationszahl. Bei Verbindungen MX_2 muß
die Koordinationszahl der Kationen doppelt so groß sein wie die der Anionen.

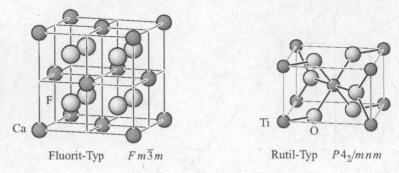

Fluorit-Typ $Fm\bar{3}m$ Rutil-Typ $P4_2/mnm$

Abb. 7.4: Fluorit- und Rutil-Typ

Die geometrischen Überlegungen über den Zusammenhang von Radienquotienten und Koordinationspolyedern bleiben aber die gleichen. Vor allem zwei Strukturtypen erfüllen die Bedingungen und sind von besonderer Bedeutung (Abb. 7.4):

r_M/r_X	Koordinationszahl u. -polyeder		Struktur-	Beispiele
	Kation	Anion	typ	
$> 0,732$	8 Würfel	4 Tetraeder	CaF_2 (Fluorit)	SrF_2, BaF_2, EuF_2, $SrCl_2$, $BaCl_2$, ThO_2
$0,414$ bis $0,732$	6 Oktaeder	3 Dreieck	Rutil (TiO_2)	MgF_2, FeF_2, ZnF_2, SiO_2*, SnO_2, RuO_2

* Stishovit

Vertauscht man Kationen und Anionen auf ihren Plätzen, so ergeben sich beim CsCl-, NaCl- und Zinkblende-Typ die gleichen Strukturen. Beim CaF_2-Typ ist mit dem Vertauschen der Plätze auch ein Vertauschen der Koordinationszahlen verbunden, die Anionen haben dann die Koordinationszahl 8 und die Kationen 4. Dieser, zuweilen als „Antifluorit"-Typ bezeichnete Strukturtyp kommt bei den Alkalioxiden (Li_2O, ... , Rb_2O) vor.

Die bis jetzt besprochenen Strukturtypen eignen sich wegen ihrer elektrostatisch günstigen Verteilung von Kationen und Anionen für Ionenverbindungen aus kugelförmigen Ionen. Ihr Vorkommen ist aber keineswegs auf Ionenverbindungen beschränkt. Die Mehrzahl ihrer Vertreter findet man bei Verbindungen mit erheblichen kovalenten Bindungsanteilen und bei intermetallischen Verbindungen.

Es gibt noch allerlei kompliziertere Strukturtypen für Ionenverbindungen. Für Strontiumiodid könnte man zum Beispiel aufgrund des Radienverhältnisses den Rutil-Typ erwarten ($r_{Sr^{2+}}/r_{I^-} = 0,54$). Tatsächlich hat es eine Struktur mit Sr^{2+}-Ionen der Koordinationszahl 7 und Anionen mit zwei verschiedenen Koordinationszahlen, 3 und 4.

7.2 Ternäre Ionenverbindungen

Auch wenn drei verschiedene Sorten von kugelförmigen Ionen vorhanden sind, ist ihre relative Größe ein wichtiger Faktor, der die Stabilität der Struktur mitbestimmt. Der PbFCl-Typ bietet ein Beispiel, bei dem die Anionen ihrer verschiedenen Größe entsprechend verschieden dicht gepackt sind. Wie in Abb. 7.5 gezeigt, bilden die Cl^--Ionen eine Schicht mit quadratischem Muster. Darüber befindet sich eine Schicht von F^--Ionen, ebenfalls mit einem quadratischen Muster, das aber um 45° verdreht ist. Die F^--Ionen befinden sich über den Kanten der Quadrate der Cl^--Schicht (punktierte Linie in Abb. 7.5). Bei dieser Anordnung sind die F^-–F^--Abstände um den Faktor 0,707 ($= \frac{1}{2}\sqrt{2}$) kleiner als die Cl^-–Cl^--Abstände; dies paßt zum Ionenradienquotient $r_{F^-}/r_{Cl^-} = 0,73$. Eine F^--Schicht enthält doppelt so viele Ionen wie

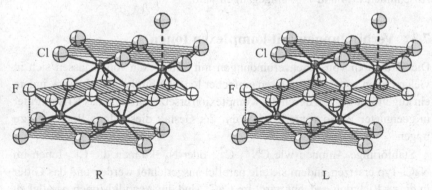

Abb. 7.5: Der PbFCl-Typ (Stereobild).
Anleitung zum Betrachten des Stereobilds: Das linke Bild ist mit dem rechten, das rechte mit dem linken Auge zu betrachten. Es erfordert etwas Übung, die Augen dafür über Kreuz auszurichten. Als Hilfe halte man eine Fingerspitze auf halbem Weg zwischen Augen und Bild und richte die Augen auf die Fingerspitze aus. Der Finger wird zum Papier oder vom Papier weg bewegt bis die Teilbilder in der Mitte zu einem Bild verschmelzen. Dann muß man das Bild scharf stellen ohne die Augen zu verdrehen.

eine Cl^--Schicht. Je vier F^-- und Cl^--Ionen spannen ein Antiprisma mit zwei
verschieden großen quadratischen Deckflächen auf, in dem sich ein Pb^{2+}-Ion
befindet. Unter der Hälfte der Quadrate der F^--Schicht befinden sich Pb^{2+}-
Ionen; eine gleich große Anzahl von Pb^{2+}-Ionen befindet sich über der anderen Hälfte der Quadrate, die ihrerseits die Basisflächen für weitere Antiprismen
bilden, die durch eine weitere Schicht von Cl^--Ionen abgeschlossen werden.
Insgesamt ist dadurch die Anzahl der Pb^{2+}-Ionen genauso groß wie die der
F^--Ionen; Die Anzahl der Cl^--Ionen ist ebenso groß, weil auf eine F^--Schicht
zwei Cl^--Schichten kommen. Die beschriebenen Schichten bilden ein Schichtpaket, das auf beiden Seiten von Cl^--Ionen begrenzt wird. Im Kristall sind
diese Schichtpakete so gestapelt, daß sich die Cl^--Ionen auf Lücke legen. Dadurch wird die Koordinationssphäre eines Pb^{2+}-Ions durch ein fünftes Cl^--Ion
ergänzt (in Abb. 7.5 gestrichelt).

Vom PbFCl-Typ sind zahlreiche Vertreter bekannt. Außer Fluoridchloriden
zählen auch Oxidhalogenide MOX (M = Bi, Lanthanoide, Actinoide; X = Cl,
Br, I), Hydridhalogenide wie CaHCl und viele Verbindungen mit metallischen
Eigenschaften wie ZrSiS oder NbSiAs dazu.

Weitere ternäre Verbindungen, für deren Stabilität die relative Größe der
Ionen von Bedeutung ist, sind die Perowskite und die Spinelle, auf die in den
Abschnitten 17.4 und 17.6 eingegangen wird.

7.3   Verbindungen mit komplexen Ionen

Die Strukturen von Ionenverbindungen mit komplexen Ionen lassen sich in
vielen Fällen von den Strukturen einfacher Ionenverbindungen ableiten, indem
ein kugelförmiges Ion durch das Komplexion ersetzt wird und das Kristallgitter
in geeigneter Weise verzerrt wird, um der Gestalt dieses Ions Rechnung zu
tragen.

Stabförmige Anionen wie CN^-, C_2^{2-} oder N_3^- können die Cl^--Ionen im
NaCl-Typ ersetzen, indem sie alle parallel ausgerichtet werden und das Gitter
in dieser Richtung gedehnt wird. Im CaC_2 sind die Acetylid-Ionen parallel zu
einer der Kanten der Elementarzelle ausgerichtet; dadurch ist die Symmetrie
nicht mehr kubisch, sondern tetragonal (Abb. 7.6). Im CaC_2-Typ kristallisieren
auch die Hyperoxide KO_2, RbO_2 und CsO_2 sowie Peroxide wie BaO_2. Beim
CsCN und beim NaN_3 sind die Cyanid- bzw. Azid-Ionen längs einer der Raumdiagonalen der Elementarzelle ausgerichtet, die Symmetrie ist rhomboedrisch
(Abb. 7.6).

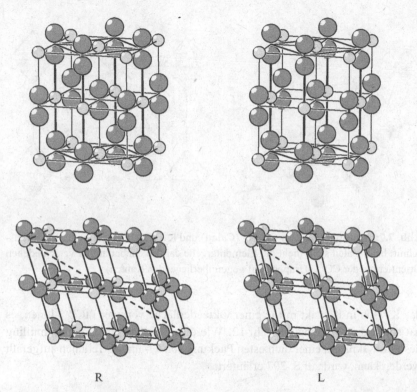

Abb. 7.6: Die Strukturen von CaC_2 und NaN_3 (Stereobilder). Bei CaC_2 dick umrandet: tetragonal-innenzentrierte Elementarzelle. Gestrichelte Linie bei NaN_3: Richtung der Dehnung der NaCl-Zelle

Die Struktur von Calcit (Kalkspat, $CaCO_3$) leitet sich von der NaCl-Struktur ab, indem die Cl^--Ionen durch CO_3^{2-}-Ionen ersetzt werden. Diese sind senkrecht zu einer der Raumdiagonalen der Elementarzelle ausgerichtet und erfordern eine Aufweitung des Gitters senkrecht zu dieser Diagonalen (Abb. 7.7). Der Calcit-Typ wird auch bei Boraten (z.B. $AlBO_3$) und Nitraten ($NaNO_3$) angetroffen. Eine andere Betrachtungsweise zu dieser Struktur wird auf S. 250 behandelt.

Ersetzt man im CaF_2-Typ die Ca^{2+}-Ionen durch $PtCl_6^{2-}$-Ionen und die F^--Ionen durch K^+-Ionen, so kommt man zum K_2PtCl_6-Typ (Abb. 7.7), der von zahlreichen Hexahalogeno-Salzen realisiert wird. Bei diesem Strukturtyp steht

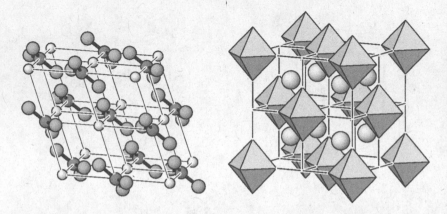

Abb. 7.7: Die Strukturen von $CaCO_3$ (Calcit) und K_2PtCl_6. Der gezeigte Strukturausschnitt beim Calcit stellt nicht die Elementarzelle dar (erkennbar an der verschiedenen Orientierung der CO_3^{2-}-Gruppen auf gegenüberliegenden Kanten)

das K^+-Ion in Kontakt mit je einer Oktaederfläche von vier $PtCl_6^{2-}$-Ionen, es hat somit die Koordinationszahl 12. Wie diese Struktur als ein Abkömmling des Perowskits mit einer dichtesten Packung von Cl- und K-Teilchen aufgefaßt werden kann, wird auf S. 297 erläutert.

7.4 Die Regeln von Pauling und Baur

Wichtige Strukturprinzipien für Ionenkristalle, die zum Teil schon früher von V. GOLDSCHMIDT erkannt wurden, sind von L. PAULING in einer Reihe von Regeln zusammengefaßt worden.

Erste Regel: Koordinationspolyeder

Um jedes Kation bildet sich ein Koordinationspolyeder von Anionen. Der Abstand zwischen Kation und Anion wird durch die Summe, die Koordinationszahl des Kations durch den Quotienten der Ionenradien bestimmt.

Zweite Regel: die elektrostatische Valenzregel

Ein Anion habe die Koordinationszahl a. Von der Menge a der Kationen, die das Anion direkt umgeben, sei n_i die Ladung des i-ten Kations und k_i sei seine Koordinationszahl. Wir definieren

$$s_i = \frac{n_i}{k_i} \tag{7.1}$$

als die *elektrostatische Bindungsstärke* dieses i-ten Kations. Für einen stabilen Ionenkristall gilt dann:

Die Ladung z_j des j-ten Anions ist exakt oder annähernd gleich der negativen Summe der elektrostatischen Bindungsstärken s_i der a Kationen, die es umgeben:

$$z_j \approx -p_j = -\sum_{i=1}^{a} s_i = -\sum_{1}^{a} \frac{n_i}{k_i} \tag{7.2}$$

Dies besagt, daß der elektrostatische Ladungsausgleich möglichst gleichmäßig und im lokalen Bereich um jedes Ion erfolgt.

Beispiel 7.1
Für eine Verbindung MX_2 möge das Kation M^{2+} die Koordinationszahl 6 haben. Seine elektrostatische Bindungsstärke ist dann $s = 2/6 = \frac{1}{3}$. Nur wenn die Koordinationszahl des Anions $a = 3$ ist, ergibt sich die richtige Ladung für das Anion, $z = -1$.

Beispiel 7.2
Das Kation M^{4+} einer Verbindung MX_4 möge ebenfalls Koordinationszahl 6 haben, seine elektrostatische Bindungsstärke ist $s = 4/6 = \frac{2}{3}$. Für ein Anion X^- mit Koordinationszahl $a = 2$ ergibt sich $\sum s_i = \frac{2}{3} + \frac{2}{3} = \frac{4}{3}$; für eines mit $a = 1$ ist $\sum s_i = \frac{2}{3}$. Andere Werte für a ergeben Werte p_j, die noch mehr vom Sollwert $z = -1$ abweichen. Die günstigste Struktur wird Anionen mit $a = 2$ und mit $a = 1$ haben, und zwar im Verhältnis 1:1, so daß sich im Mittel der richtige Wert für z ergibt.

Die elektrostatische Valenzregel wird im allgemeinen von polaren Verbindungen gut erfüllt, selbst wenn erhebliche kovalente Bindungsanteile vorhanden sind. Zum Beispiel hat im Calcit ($CaCO_3$) das Ca^{2+}-Ion die Koordinationszahl 6 und somit die elektrostatische Bindungsstärke $s(Ca^{2+}) = \frac{1}{3}$. Für das C-Atom, als C^{4+}-Ion aufgefaßt, ist $s(C^{4+}) = \frac{4}{3}$. Für die als O^{2-}-Ionen aufgefaßten Sauerstoffatome ergibt sich der richtige Wert für z, wenn jedes davon zwei Ca- und einem C-Teilchen benachbart ist, $z = -[2s(Ca^{2+}) + s(C^{4+})] = -[2 \cdot \frac{1}{3} + \frac{4}{3}] = -2$; dies entspricht der tatsächlichen Struktur. Die gleiche Struktur haben auch $NaNO_3$ und YBO_3; auch hier ist die Regel erfüllt, wenn man mit

Ionen Na^+, N^{5+}, Y^{3+}, B^{3+} und O^{2-} rechnet. Bei den zahlreichen Silicaten ergeben sich keine oder nur geringe Abweichungen, wenn man mit Metallionen,
Si^{4+}- und O^{2-}-Ionen rechnet.

Die elektrostatische Valenzregel hat sich als nützliches Hilfsmittel erwiesen,
um die Teilchen O^{2-}, OH^- und OH_2 zu identifizieren. Weil die Lage von H-
Atomen bei der Strukturbestimmung mittels Röntgenbeugung oft nicht sicher
ermittelt werden kann, sind O^{2-}, OH^- und OH_2 zunächst nicht zuverlässig unterscheidbar. Ihre Ladung muß aber zur Summe p_j der elektrostatischen Bindungsstärken der umgebenden Kationen passen.

Beispiel 7.3

Kaolinit, $Al_2Si_2O_5(OH)_4$ oder „$Al_2O_3 \cdot 2SiO_2 \cdot 2H_2O$", ist ein Schichtsilicat
mit oktaedrisch koordinierten Al- und tetraedrisch koordinierten Si-Atomen;
die zugehörigen elektrostatischen Bindungsstärken sind:

$$s(Al^{3+}) = \frac{3}{6} = 0,5 \qquad s(Si^{4+}) = \frac{4}{4} = 1,0$$

Die Atome einer Schicht liegen in Ebenen mit der Abfolge O(1)–Al–O(2)–
Si–O(3) (vgl. Abb. 16.21e, S. 267). Die Teilchen O(2), über welche die Oktaeder mit den Tetraedern verknüpft sind, haben Koordinationszahl 3 (2 × Al,
1 × Si), die anderen O-Teilchen haben Koordinationszahl 2. Die Summen der
elektrostatischen Bindungsstärken errechnen sich zu:

$$\begin{aligned}
O(1): \quad & p_1 = 2 \cdot s(Al^{3+}) = 2 \cdot 0,5 = 1 \\
O(2): \quad & p_2 = 2 \cdot s(Al^{3+}) + 1 \cdot s(Si^{4+}) = 2 \cdot 0,5 + 1 = 2 \\
O(3): \quad & p_3 = 2 \cdot s(Si^{4+}) = 2 \cdot 1 = 2
\end{aligned}$$

Demnach müssen sich OH^--Ionen auf den O(1)-Positionen und O^{2-}-Ionen
auf den übrigen Positionen befinden.

Dritte Regel: Verknüpfung von Polyedern

Ein Ionenkristall läßt sich als ein Verband von Polyedern beschreiben. Aus
der elektrostatischen Valenzregel ergibt sich die Anzahl der Polyeder, die eine
gemeinsame Ecke haben, aber nicht, wie viele Ecken zwei benachbarte Polyeder gemeinsam haben. Zwei gemeinsame Ecken entsprechen einer gemeinsamen Kante, drei oder mehr gemeinsame Ecken entsprechen einer gemeinsamen
Fläche. In den vier Modifikationen des TiO_2, Rutil, Hochdruck-TiO_2 (α-PbO_2-
Typ), Brookit und Anatas, sind die Ti-Atome oktaedrisch von O-Atomen koordiniert, und im Sinne der elektrostatischen Valenzregel gehört jedes O-Atom
gleichzeitig drei Oktaedern an. Im Rutil und im Hochdruck-TiO_2 hat jedes Oktaeder zwei gemeinsame Kanten mit anderen Oktaedern, im Brookit sind es

drei und im Anatas vier gemeinsame Kanten. Wie sich die Art der Polyeder-verknüpfung auf die Stabilität der Struktur auswirkt, besagt die Regel:

Gemeinsame Kanten und, in noch stärkerem Maße, gemeinsame Flächen von Polyedern vermindern die Stabilität eines Ionenkristalls. Dies gilt um so mehr, je höher die Ladung und je kleiner die Koordinationszahl des Kations ist.

Die Abnahme der Stabilität beruht auf der elektrostatischen Abstoßung zwischen den Kationen. Die Polyedermitten kommen sich bei Polyedern mit gemeinsamer Fläche am nächsten, bei nur einer gemeinsamen Ecke sind sie relativ weit voneinander entfernt (vgl. Abb. 2.3, S. 16, und Tab. 16.1, S. 243).

Der Regel entsprechend sind die stabilsten Modifikationen des TiO_2 der Rutil und bei hohem Druck die dem α-PbO_2-Typ entsprechende Modifikation. Zahlreiche Verbindungen kristallisieren im Rutil-Typ, einige im α-PbO_2-Typ, während für die Brookit- und die Anatas-Struktur kaum Vertreter bekannt sind.

Abweichungen von der Regel sind dann zu beobachten, wenn die Polarität gering ist, d. h. wenn kovalente Bindungen vorherrschen. So wird die Regel von Fluoriden und von Oxiden (einschließlich der Silicate) meist erfüllt, während sie für Chloride, Bromide, Iodide und Sulfide von geringem Nutzen ist. In Metalltrifluoriden wie FeF_3 findet man zum Beispiel eckenverknüpfte Oktaeder, während bei den anderen Trihalogeniden meist kantenverknüpfte Oktaeder auftreten.

In manchen Fällen findet man auch eine der Regel genau entgegengesetzte Tendenz, nämlich Bevorzugung in der Reihenfolge Flächenverknüpfung > Kantenverknüpfung > Eckenverknüpfung, und zwar dann, wenn es vorteilhaft ist, daß sich die Atome in den Polyedermitten nahe kommen. Dieser Fall tritt insbesondere bei Übergangsmetallverbindungen auf, wenn das Metallatom noch über d-Elektronen verfügt und Metall-Metall-Bindungen ausgebildet werden. So findet man bei den Trichloriden, -bromiden und -iodiden von Titan und Zirconium Stränge aus flächenverknüpften Oktaedern, wobei die Metallatome paarweise zwischen je zwei benachbarten Oktaedern M–M-Bindungen bilden (vgl. Abb. 16.10, S, 257).

Vierte Regel: Polyederverknüpfung bei verschiedenen Kationen

In Kristallen mit verschiedenen Kationen vermeiden diejenigen mit hoher Ladung und kleiner Koordinationszahl die Verknüpfung ihrer Polyeder miteinander.

So sind Silicate mit einem $O:Si$-Verhältnis größer oder gleich 4 Orthosilicate, d. h. die SiO_4-Tetraeder sind nicht miteinander verknüpft, sondern mit den Polyedern der anderen Kationen. Beispiele sind die Olivine, M_2SiO_4 (M = Mg^{2+}, Fe^{2+}) und die Granate, $M_3M_2'[SiO_4]_3$ (M = Mg^{2+}, Ca^{2+}, Fe^{2+}; M' = Al^{3+}, Y^{3+}, Cr^{3+}, Fe^{3+}).

Regeln von Baur

Zwei weitere Regeln, die von W. H. BAUR aufgestellt wurden, betreffen die Bindungslängen d(MX) in Ionenverbindungen:

Die Werte für die verschiedenen Abstände d(MX) innerhalb des Koordinationspolyeders um ein Kation M variieren in der gleichen Weise wie die zu den Anionen X gehörenden Werte p_j,

und

Der Mittelwert $\overline{d(MX)}$ der Abstände in dem Koordinationspolyeder ist für ein gegebenes Paar von Ionen ungefähr konstant und unabhängig von der Summe der p_j (Gleichung (7.2)) aller Anionen des Polyeders. Die Abweichung eines individuellen Abstands ist proportional zu $\Delta p_j = p_j - \overline{p}$ ($\overline{p}$ = Mittelwert der p_j). Die Bindungslänge zum Anion X(j) beträgt demnach:

$$d(MX(j)) = \overline{d(MX)} + b\Delta p_j \tag{7.3}$$

b ist eine empirisch zu bestimmende Größe.

Beispiel 7.4

In der ZrO_2-Modifikation Baddeleyit hat Zr^{4+} die Koordinationszahl 7 und es sind zweierlei O^{2-}-Ionen vorhanden, O(1) mit K.Z. 3 und O(2) mit K.Z. 4. Die elektrostatische Bindungsstärke eines Zr^{4+}-Ions beträgt:

$$s = \frac{4}{7}$$

Für O(1) und O(2) ergeben sich:

$$O(1): \quad p_1 = 3 \cdot \frac{4}{7} = 1,714 \qquad O(2): \quad p_2 = 4 \cdot \frac{4}{7} = 2,286$$

Man erwartet kürzere Abstände für O(1); die gefundenen Werte sind:

$$d(Zr-O(1)) = 207 \text{ pm} \quad \text{und} \quad d(Zr-O(2)) = 221 \text{ pm}$$

Die Mittelwerte betragen $\overline{d(ZrO)} = 215$ pm und $\overline{p} = 2,0$. Mit $b = 21$ pm können die tatsächlichen Abstände nach Gleichung (7.3) berechnet werden.

In Tabelle 7.2 sind Zahlenwerte für $\overline{d(MX)}$ und b aufgeführt, die aus umfangreichem Datenmaterial abgeleitet wurden. Mit ihnen können die tatsächlichen Bindungslängen in Oxiden in der Regel auf ± 2 pm genau berechnet werden.

Tabelle 7.2: Mittelwerte $\overline{d(\text{MO})}$ und Parameter b zur Berechnung von Bindungslängen in Oxiden gemäß Gleichung (7.3) [84]

Bindung	Ox.-Zahl	K.Z.	$\overline{d(\text{MO})}$ /pm	b /pm	Bindung	Ox.-Zahl	K.Z.	$\overline{d(\text{MO})}$ /pm	b /pm
Li–O	+1	4	198	33	Si–O	+4	4	162	9
Na–O	+1	6	244	24	P–O	+5	4	154	13
Na–O	+1	8	251	31	S–O	+6	4	147	13
K–O	+1	8	285	11					
Mg–O	+2	6	209	12	Ti–O	+4	6	197	20
Ca–O	+2	8	250	33	V–O	+5	4	172	16
B–O	+3	3	137	11	Cr–O	+3	6	200	16
B–O	+3	4	148	13	Fe–O	+2	6	214	30
Al–O	+3	4	175	9	Fe–O	+3	6	201	22
Al–O	+3	6	191	24	Zn–O	+2	4	196	18

7.5 Übungsaufgaben

7.1 Verwenden Sie Ionenradienverhältnisse (Tabellen 6.3 und 6.4) um zu entscheiden, ob der CaF_2 oder der Rutil-Typ eher wahrscheinlich ist für: NiF_2, CdF_2, GeO_2, K_2S.

7.2 Im Granat, $Mg_3Al_2Si_3O_{12}$, ist ein O^{2-}-Ion von 2 Mg^{2+}-, 1 Al^{3+}- und 1 Si^{4+}-Teilchen umgeben. Es gibt Kationenlagen mit den Koordinationszahlen 4, 6 und 8. Verwenden Sie die zweite PAULING-Regel um zu entscheiden, welche Kationen auf welche Plätze kommen.

7.3 Yttrium-Eisen-Granat („YIG" = yttrium iron garnet), $Y_3Fe_5O_{12}$, hat die gleiche Struktur wie Granat. Welche sind die geeigneten Plätze für die Y^{3+} und Fe^{3+} Ionen? Verwenden Sie Ionenradien als zusätzliches Kriterium wenn die elektrostatische Valenzregel nicht ausreicht.

7.4 In Crednerit, $Cu^{[2l]}Mn^{[6o]}O_2'$, ist jedes Sauerstoffatom von 1 Cu- und 3 Mn-Atomen umgeben. Kann man mit der elektrostatischen Valenzregel entscheiden, ob die Oxidationszustände Cu^+ und Mn^{3+} oder Cu^{2+} und Mn^{2+} sind?

7.5 Silbercyanat, AgNCO, besteht aus endlosen Ketten von alternierenden Ag^+- und NCO^--Ionen. Ag^+ hat K.Z. 2 und nur eines der endständigen Atome einer Cyanatgruppe ist Teil des Kettengerüsts indem es an 2 Ag^+-Ionen koordiniert ist. Entscheiden Sie mit Hilfe der zweiten PAULING-Regel, welches der Cyanatatome (N oder O) koordiniert ist. (Zerlegen Sie das NCO^--Ion in N^{3-}, C^{4+} und O^{2-}).

7.6 In $Rb_2V_3O_8$ haben die Rb^+-Ionen Koordinationszahl 10; es gibt zwei Sorten von Vanadiumionen, V^{4+} mit K.Z. 5 und V^{5+} mit K.Z. 4, sowie vier Sorten von O^{2-}-Ionen.

Die gegenseitige Koordination dieser Teilchen ist in der Tabelle angegeben, wobei sich die erste Zahl jeweils auf die Anzahl der O^{2-}-Ionen pro Kation, die zweite auf die Anzahl der Kationen pro O^{2-}-Ion bezieht (die Summen der ersten Zahlen pro Zeile und der zweiten Zahlen pro Spalte ergeben die Koordinationszahlen):

	O(1)	O(2)	O(3)	O(4)	K.Z.
Rb^+	2; 4	4; 2	1; 2	3; 3	10
V^{4+}	1; 1	4; 1	–	–	5
V^{5+}	–	2; 1	1; 2	1; 1	4
K.Z.	5	4	4	4	

Berechnen Sie die elektrostatischen Bindungsstärken der Kationen und ermitteln Sie, wie gut die elektrostatische Valenzregel erfüllt ist. Berechnen Sie Erwartungswerte für die einzelnen V–O-Bindungslängen mit den Daten aus Tabelle 7.2 und den Werten $\overline{d(V^{4+}O)} = 189$ pm und $b(V^{4+}O) = 36$ pm.

8 Molekülstrukturen I: Verbindungen der Hauptgruppenelemente

Moleküle und Molekülionen bestehen aus Atomen, die durch kovalente Bindungen zusammengehalten werden. Abgesehen von wenigen Ausnahmen kommen Moleküle und Molekülionen nur dann vor, wenn an ihrem Aufbau Wasserstoff oder Elemente der vierten bis siebten Hauptgruppe des Periodensystems beteiligt sind (die Ausnahmen betreffen Moleküle wie Li_2 in der Gasphase). Die genannten Elemente sind bestrebt, die Elektronenkonfiguration des ihnen im Periodensystem folgenden Edelgases zu erreichen. Mit jeder kovalenten Bindung, die eines ihrer Atome eingeht, gewinnt es ein Elektron. Es gilt die **8 − N-Regel**: *Eine edelgasähnliche Elektronenkonfiguration wird erreicht, wenn das Atom an 8 − N kovalenten Bindungen beteiligt ist; N* = Hauptgruppennummer = 4 bis 7 (ausgenommen Wasserstoff).

Meistens enthält ein Molekül Atome mit unterschiedlichen Elektronegativitäten, und die elektronegativeren Atome haben die kleineren Koordinationszahlen (zur Koordinationssphäre eines Atoms zählen wir dabei nur die kovalent gebundenen Atome). Für die elektronegativeren Atome ist die 8 − N-Regel meistens erfüllt; in vielen Fällen sind sie „terminale Atome", d. h. sie haben die Koordinationszahl 1. Bei Elementen aus der zweiten Periode des Periodensystems wird die Koordinationszahl 4 in *Molekülen* nur selten überschritten (in Festkörpern kommen größere Koordinationszahlen dagegen häufig vor). Bei Elementen höherer Perioden findet man auch in Molekülen öfters Koordinationszahlen über 4, wobei die 8 − N-Regel verletzt wird.

Die Struktur eines Moleküls wird von den kovalenten Bindungskräften zwischen seinen Atomen beherrscht. Diese legen zunächst einmal die *Konstitution* des Moleküls fest: das ist die Abfolge, in welcher die Atome miteinander verknüpft sind. Die Konstitution läßt sich auf einfache Weise durch eine Valenzstrichformel zum Ausdruck bringen. Bei gegebener Konstitution ordnen sich die Atome im Raume nach bestimmten Prinzipien an; vor allem sind zu nennen: nicht direkt miteinander verknüpfte Atome dürfen einander nicht zu nahe kommen (Abstoßung sich durchdringender Elektronenhüllen); die Valenzelektronenpaare an einem Atom halten den größtmöglichen Abstand voneinander.

8.1   Valenzelektronenpaar-Abstoßung

Die Strukturen zahlreicher Moleküle kann man qualitativ gut mit der *Valenzelektronenpaar-Abstoßungstheorie* von GILLESPIE und NYHOLM verstehen und voraussagen (valence shell electron pair repulsion theory = VSEPR-Theorie). Sie ist vor allem auf Verbindungen der Hauptgruppenelemente anwendbar. Die Besonderheiten bei Nebengruppenelementen werden in Kapitel 9 behandelt; Nebengruppenelemente mit Elektronenkonfiguration d^0, d^5-high-spin und d^{10} können in der Regel wie Hauptgruppenelemente behandelt werden, wobei die d-Elektronen nicht berücksichtigt werden. Um die Theorie anzuwenden, zeichnet man zunächst eine Valenzstrichformel (Lewis-Formel) mit der richtigen Konstitution, einschließlich aller einsamen Elektronenpaare. Aus ihr ist ersichtlich, wie viele Valenzelektronenpaare an einem Atom zu berücksichtigen sind. Jedes Elektronenpaar wird als eine Einheit (Orbital) betrachtet. Die Elektronenpaare stehen unter der anziehenden Wirkung des betreffenden Atomkerns, stoßen sich aber untereinander ab. Für die Abstoßungsenergie zwischen zwei Elektronenpaaren kann eine Funktion proportional zu $1/r^n$ angesetzt werden, wobei r der Abstand zwischen den Ladungsschwerpunkten der Elektronenpaare ist und n einen Wert zwischen 5 und 12 hat. Ein Wert $n = 1$ entspräche einer rein elektrostatischen Abstoßung. Tatsächlich ist der Beitrag der PAULI-Abstoßung zwischen Elektronen gleichen Spins von größerer Bedeutung (vgl. S. 73), und mit $n = 6$ erhält man gute Übereinstimmung mit experimentellen Werten.

Es wird nun überlegt, wie sich die Elektronenpaare räumlich anordnen müssen, damit die Abstoßungsenergie zwischen ihnen einen Minimalwert annimmt. Wenn an einem Atom der Ladungsschwerpunkt von jedem der Elektronenpaare gleich weit vom Atomkern entfernt ist, so können wir jedes Orbital durch einen Punkt auf einer Kugeloberfläche symbolisieren. Die Überlegung läuft dann darauf hinaus, festzustellen, wie die Punkte auf einer Kugeloberfläche zu verteilen sind, damit die Summe $\sum(1/r_i^n)$ über alle Abstände r_i zwischen den Punkten ein Minimum annimmt. Als Ergebnis erhalten wir für jede Anzahl von Punkten ein definiertes Polyeder (Abb. 8.1). Nur für 2, 3, 4, 6, 8, 9 und 12 Punkte ist das sich ergebende Polyeder unabhängig vom Wert n des Exponenten. Für fünf Punkte ist die trigonale Bipyramide nur geringfügig günstiger als die quadratische Pyramide. Modellmäßig kann man die gegenseitige Anordnung von Orbitalen um einen gemeinsamen Mittelpunkt mit Hilfe von eng zusammengebundenen Luftballons zeigen; mit dem Druck in den Ballons wird der Wert von n simuliert.

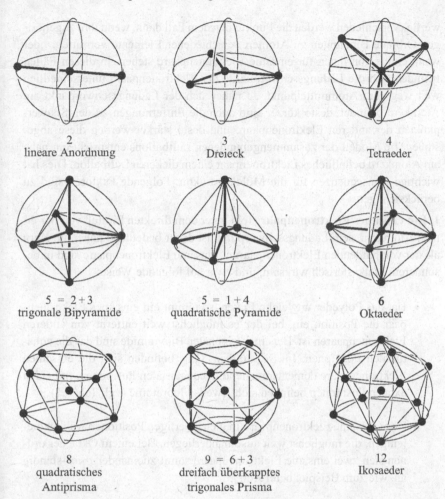

Abb. 8.1: Mögliche Anordnungen von Punkten auf einer Kugeloberfläche mit minimaler Abstoßungsenergie. Wenn die Punkte nicht alle gleichwertig sind, ist die Anzahl jeweils gleichwertiger Punkte in den Summen angegeben.

Moleküle, in denen nur gleiche Atome an ein Zentralatom gebunden sind und an diesem keine einsamen Elektronenpaare vorhanden sind, haben in aller Regel Strukturen, die den Polyedern von Abb. 8.1 entsprechen.

Bei einigen der Polyeder sind von vornherein nicht alle Eckpunkte gleichwertig. Verschieden werden die Punkte in jedem Fall dann, wenn ihre zugehörigen Orbitale Bindungen zu Atomen verschiedener Elemente vermitteln oder wenn einige von ihnen für einsame Elektronenpaare stehen. In diesen Fällen befinden sich die Ladungsschwerpunkte der Elektronenpaare unterschiedlich weit weg vom Atommittelpunkt. Je näher sich der Ladungsschwerpunkt am Atomkern befindet, desto kürzer sind auch die Entfernungen zu den Schwerpunkten der anderen Elektronenpaare und desto stärker werden diese abgestoßen. Im Modell der zusammengebundenen Luftballons entspricht ein nahe am Atomkern befindliches Elektronenpaar einem dickeren Luftballon. Dies hat wichtige Konsequenzen für die Molekülstruktur. Folgende Faktoren sind zu berücksichtigen:

1. Ein einsames Elektronenpaar steht unter dem direkten Einfluß von nur einem Atomkern, sein Ladungsschwerpunkt ist daher bedeutend näher am Kern als der von bindenden Elektronenpaaren. Einsame Elektronenpaare sind in besonderem Maße sterisch wirksam, und zwar auf folgende Weise:

- Hat das Polyeder ungleiche Ecken, so nimmt ein einsames Elektronenpaar die Position ein, bei der es möglichst weit entfernt von anderen Elektronenpaaren ist. Bei einer trigonalen Bipyramide sind das die equatorialen Positionen. Im SF_4 und im ClF_3 befinden sich die einsamen Elektronenpaare dementsprechend in equatorialen Positionen, in beiden axialen Positionen befinden sich jeweils Fluoratome (vgl. Tab. 8.1).

- Zwei einsame Elektronenpaare in gleichwertigen Positionen wählen diejenigen, die möglichst weit auseinanderliegen. Bei einem Oktaeder ordnen sich zwei einsame Elektronenpaare somit zueinander *trans*-ständig an, wie zum Beispiel beim XeF_4.

- Wegen ihrer stärker abstoßenden Wirkung drängen einsame Elektronenpaare andere Elektronenpaare zusammen. Je mehr einsame Elektronenpaare vorhanden sind, desto stärker wirkt sich dies aus, desto mehr weicht die tatsächliche Molekülgestalt vom Idealpolyeder ab. Je größer das Zentralatom ist, desto weiter entfernt befinden sich die Ladungsschwerpunkte der bindenden Elektronenpaare voneinander, ihre gegenseitige Abstoßung ist geringer, und die einsamen Elektronenpaare können sie stärker zusammendrängen. Dies illustrieren folgende Bindungswinkel:

$$CH_4 \qquad NH_3 \qquad OH_2$$
$$109,5° \; > \; 107,3° \; > \; 104,5°$$
$$\lor \qquad\qquad \lor$$
$$SiH_4 \qquad PH_3 \qquad SH_2$$
$$109,5° \; > \; 93,5° \; > \; 92,3°$$
$$\lor \qquad\qquad \lor$$
$$GeH_4 \qquad AsH_3 \qquad SeH_2$$
$$109,5° \; > \; 92,0° \; > \; 91,0°$$
$$\lor \qquad\qquad \lor$$
$$SnH_4 \qquad SbH_3 \qquad TeH_2$$
$$109,5° \; > \; 91,5° \; > \; 89,5°$$

Ist statt eines einsamen Elektronenpaars nur ein ungepaartes Elektron vorhanden, so ist dessen Wirkung weniger stark, zum Beispiel:

$$\langle O\!=\!N\!=\!O\rangle^{+} \qquad \overset{.}{\underset{}{}} \qquad$$

$180°$	$134°$	$115°$

Da bei der Angabe der Koordinationszahl einsame Elektronenpaare normalerweise nicht mitgezählt werden, andererseits aber jedem von ihnen eine Polyederecke zugewiesen werden muß, kennzeichnet man einsame Elektronenpaare in der Koordinationssphäre mit einem ψ, zum Beispiel: ψ_2-oktaedrisch = Oktaeder mit zwei einsamen Elektronenpaaren und vier Liganden.

2. Abnehmende **Elektronegativität der Ligandenatome** läßt die Ladungsschwerpunkte der Bindungselektronenpaare auf das Zentralatom zurücken, ihre abstoßende Wirkung nimmt zu. Liganden mit geringer Elektronegativität haben also einen ähnlichen Einfluß wie einsame Elektronenpaare. Dementsprechend nehmen die Bindungswinkel in folgenden Paaren zu:

$$F_2O \qquad\quad H_2O \qquad\quad NF_3 \qquad\quad NH_3$$
$$103,2° \; < \; 104,5° \qquad 102,1° \; < \; 107,3°$$

Bei solchen Betrachtungen der Bindungswinkel findet man allerdings viele Ausnahmen, denn für die Winkel ist ein weiterer Faktor wichtig:

3. **Die effektive Größe der Liganden.** In den meisten Fällen (sofern das Zentralatom nicht sehr groß ist) kommen die Ligandenatome einander näher, als es dem VAN-DER-WAALS-Abstand entspricht, d. h. ihre Elektronenhüllen durchdringen sich, und eine abstoßende Kraft wird wirksam. Je größer das Ligandenatom, desto stärker ist die Auswirkung. Innerhalb einer Gruppe des Periodensystems gehen abnehmende Elektronegativität und zunehmende Atom-

Tabelle 8.1: Molekülstrukturen von Verbindungen $AX_n E_m$. A = Hauptgruppenelement, E = einsames Elektronenpaar

Zusammensetzung	Struktur	Winkel XAX	Beispiele
AX_2E		$< 120°$	$SnCl_2(g)$, $GeBr_2(g)$
AX_2E_2		$< 109,5°$	H_2O, F_2O, Cl_2O, H_2S, H_2N^-
AX_2E_3		$180°$	XeF_2, I_3^-
AX_3E		$< 109,5°$	NH_3, NF_3, PH_3, PCl_3, OH_3^+, SCl_3^+, $SnCl_3^-$
AX_3E_2		$< 90°$	ClF_3
AX_4E		$< 90°$ bzw. $< 120°$	SF_4
AX_4E_2		$90°$	XeF_4, BrF_4^-, ICl_4^-
AX_5E		$< 90°$	$SbCl_5^{2-}$, SF_5^-, BrF_5
AX_5E_2		$72°$	XeF_5^-

größe Hand in Hand und wirken sich gleichartig aus. So ist die Zunahme der folgenden Bindungswinkel auf beide Effekte zurückzuführen:

	HCF_3		$HCCl_3$		$HCBr_3$		HCI_3
Hal–C–Hal	$108,8°$	$<$	$110,4°$	$<$	$110,8°$	$<$	$113,0°$

	PF_3		PCl_3		PBr_3		PI_3
Hal–P–Hal	$97,8°$	$<$	$100,1°$	$<$	$101,0°$	$<$	$102,1°$

Wenn sich Elektronegativität und Größe der Ligandenatome entgegengesetzt auswirken, kann man keine sichere Voraussage mehr machen:

F_2O		H_2O	Einfluß der
$103,2°$	$<$	$104,5°$	Elektronegativität überwiegt

Cl_2O		H_2O	Einfluß der
$110,8°$	$>$	$104,5°$	Ligandengröße überwiegt

Zuweilen kompensiert sich die gegenläufige Wirkung beider Effekte gerade. Die sterische Wirkung von Chloratomen und Methylgruppen ist zum Beispiel oft die gleiche (das C-Atom der Methylgruppe ist kleiner, aber weniger elektronegativ als ein Chloratom):

Cl_2O	Me_2O	PCl_3	PMe_3
$110,8°$	$111°$	$100,1°$	$99,1°$

4. Eine **vorgegebene Verzerrung** liegt dann vor, wenn bestimmte Bindungswinkel aus geometrischen Gründen von den Idealwerten des betreffenden Polyeders abweichen. In diesem Fall passen sich die übrigen Winkel an. Erzwungene Winkelabweichungen ergeben sich vor allem bei kleinen Ringen. Beispiel:

Bei den verbrückenden Chloratomen (2 einsame Elektronenpaare) sollte der Bindungswinkel kleiner als 109,5° aber größer als 90° sein. Der Winkel am Metallatom im Vierring wird deshalb auf einen Wert unter 90° gezwungen; er stellt sich auf 78,6° ein. Die äußeren, equatorialen Cl-Atome rücken nach, so daß sich der Winkel zwischen ihnen von 90° auf 101,2° aufweitet. Wegen dieser Verzerrung sollten die axialen Cl-Atome leicht nach außen geneigt sein;

weil aber die Nb–Cl-Bindungen im Ring länger sind und ihre Ladungsschwerpunkte somit weiter entfernt von den Mittelpunkten der Niobatome liegen, wirken sie weniger abstoßend, die axialen Cl-Atome neigen sich etwas nach innen. Die verlängerten Nb–Cl-Abstände im Ring sind eine Konsequenz der höheren Koordinationszahl (2 statt 1) an den Brücken-Cl-Atomen (vgl. Ziffer 6, S. 105).

5. **Mehrfachbindungen** können als Ringstrukturen mit gebogenen Bindungen aufgefaßt werden; es treten die im vorigen Absatz behandelten Verzerrungen auf. Zum Beispiel ist im Ethylen jedes C-Atom von vier Elektronenpaaren in tetraedrischer Anordnung umgeben, zwei Paare vermitteln die Doppelbindung zwischen den C-Atomen auf zwei gebogenen Bindungen. Die Spannung in den gebogenen Bindungen bedingt einen verkleinerten Winkel zwischen ihnen, die C–H-Bindungen rücken nach, und der HCH-Bindungswinkel ist deshalb größer als 109,5°.

$$116,8°$$

Einfacher ist es, die gebogenen Bindungen von Doppel- oder Dreifachbindungen so zu behandeln, als würden sie zusammen ein einzelnes Orbital bilden, das mit vier bzw. sechs Elektronen besetzt ist. Die Abstoßungskraft dieses Orbitals ist seiner hohen Ladung entsprechend groß. Die Struktur des Ethylens kann man so mit dreieckig umgebenen C-Atomen erfassen, wobei die Winkel jedoch von 120° abweichen. Der H–C–H-Winkel wird unter 120° liegen.

Moleküle wie $OPCl_3$ oder O_2SCl_2 wurden früher (und werden häufig noch) mit Doppelbindungen formuliert, unter Oktettaufweitung am P- oder S-Atom. Dazu müßten d-Orbitale an diesen Atomen in Anspruch genommen werden, was nach neueren quantenchemischen Berechnungen jedoch nicht zutrifft. Die Formeln mit Formalladungen kommen der Wahrheit näher, und wenn dem elektronegativeren Atom eine negative Formalladung zugewiesen werden muß, entspricht das auch qualitativ der tatsächlichen Ladungsverteilung.

Zur Abschätzung der Bindungswinkel ist es ohne Belang, welche Formulierung man wählt. Sowohl die Doppelbindung wie auch die negative Überschußladung wirken gleichermaßen abstoßend auf die übrigen Bindungen. Man erwartet also ein tetraedrisches $OPCl_3$-Molekül, jedoch mit aufgeweiteten OPCl-

Tabelle 8.2: Bindungswinkel in Grad für einige Moleküle mit Mehrfachbindungen. X = einfach, Z = doppelt gebundenes Ligandenatom.

$\begin{array}{c}X\\\diagdown\\ \quad A=Z\\\diagup\\X\end{array}$ (planar)	$\begin{array}{c}Z\\\|\|\\X\diagup A\diagdown X\\ \quad\diagdown\\ \quad X\end{array}$	$\begin{array}{c}Z\\\|\|\\Z=A\diagdown X\\ \quad\diagdown\\ \quad X\end{array}$		$\begin{array}{c}Z\\\|\|\\X\diagup A\diagdown:\\ \quad\diagdown\\ \quad X\end{array}$	
XAX	XAX	XAX	ZAZ	XAX	XAZ
$F_2C=O$ 107,7	$F_3P=O$ 101,3	F_2SO_2 98,6	124,6	$F_2S=O$ 92,2	106,2
$Cl_2C=O$ 111,3	$Cl_3P=O$ 103,3	Cl_2SO_2 101,8	122,4	$Cl_2S=O$ 96,3	107,4
$Br_2C=O$ 112,3	$Br_3P=O$ 105,4			$Br_2S=O$ 96,7	106,3
$Me_2C=O$ 112,4	$Me_3P=O$ 104,1	Me_2SO_2 102,6	119,7	$Me_2S=O$ 96,6	106,6

Winkeln. Bei O_2SCl_2 wird der OSO-Winkel am größten sein. In Tabelle 8.2 sind einige Beispiele zusammengestellt, bei denen auch wieder der Einfluß von Elektronegativität und Ligandengröße erkennbar ist.

6. Bindungslängen werden ebenso wie Bindungswinkel beeinflußt. Je mehr Elektronenpaare vorhanden sind, desto mehr stoßen sie sich gegenseitig ab, desto länger werden die Bindungen. Die Zunahme der Abstände bei Zunahme der Koordinationszahl haben wir bereits bei der Diskussion der Ionenradien vermerkt (S. 79). Beispiel:

Abstand Sn–Cl: $SnCl_4$ 228 pm $Cl_4Sn(OPCl_3)_2$ 233 pm

Die Polarität der Bindungen wirkt sich auf deren Länge allerdings bedeutend stärker aus. Je negativer geladen ein Teilchen ist, desto stärker machen sich die Abstoßungskräfte bemerkbar. Beispiele:

Abstand Sn–Cl: $Cl_4Sn(OPCl_3)_2$ 233 pm $SnCl_6^{2-}$ 244 pm

	P–O /pm	P–F /pm	O–P–O /°	F–P–F /°
POF_3	144	152	–	101,3
$PO_2F_2^-$	147	157	122	97
PO_3F^{2-}	151	159	114	–
PO_4^{3-}	155	–	109,5	–

Die Bindung zwischen zwei Atomen unterschiedlicher Elektronegativität ist polar. Die entgegengesetzten Partialladungen der Atome sorgen für eine Anziehung zwischen ihnen. Wird die Polarität verändert, so wirkt sich dies auf die Bindungslänge aus. Deutlich wird dies, wenn sich das elektronegativere Atom an mehr Bindungen beteiligt, als es der $8 - N$-Regel entspricht: es muß entgegen seiner Elektronegativität Elektronen für die Bindungen zur Verfügung stellen, seine negative Partialladung verringert sich oder wird gar positiv, die Anziehung zum Partneratom nimmt ab. Bei verbrückenden Halogenatomen ist der Effekt besonders auffällig, wie der Vergleich mit den Bindungslängen zu den nicht verbrückenden Atomen zeigt:

$$
\left[\begin{array}{c} \text{Cl} \diagdown \quad \text{Cl} \diagdown \quad \text{Cl} \\ \text{Al} \diagup^{224} \text{Al} \\ {}^{210}\diagup \diagdown \diagup \diagdown \\ \text{Cl} \quad \text{Cl} \quad \text{Cl} \quad \text{Cl} \end{array} \right]^{-}
\qquad
\begin{array}{c} \text{F} \quad \text{F} \\ \diagdown \diagup^{190} \\ \text{—Bi—F} \\ \diagup \diagdown {}^{211} \\ \text{F} \quad \text{F} \end{array}
\quad
\begin{array}{c} \text{F} \quad \text{F} \\ \diagdown \diagup \\ \text{—Bi—F—} \\ \diagup \diagdown \\ \text{F} \quad \text{F} \end{array}
$$

Das oben genannte Niobpentachlorid ist ein weiteres Beispiel. Der Sachverhalt kommt auch in den BAURschen Regeln zum Ausdruck (vgl. S. 94).

7. Einfluß einer nicht abgeschlossenen Valenzschale. Atome von Elementen der dritten Periode wie Si, P, S und von höheren Perioden können mehr als vier Valenzelektronenpaare in ihre Valenzschale aufnehmen (hypervalente Atome). Tatsächlich lassen die Valenzschalen der meisten Hauptgruppenelemente maximal sechs Elektronenpaare zu, so wie beim S-Atom im SF_6. Nur bei den schweren Elementen kennt man Verbindungen mit mehr als sechs Valenzelektronenpaaren, beim Iod zum Beispiel im IF_7. Offenbar tritt eine verstärkte Abstoßungswirkung zwischen den Elektronenpaaren auf, wenn die Bindungswinkel kleiner als 90° werden, wie dies bei Koordinationszahlen über 6 der Fall sein muß. Ein Zusammendrängen der Elektronenpaare bis zu Winkeln von 90° ist dagegen ohne großen Widerstand möglich (vgl. Tabelle auf S. 101; man beachte den Sprung der Werte zwischen der zweiten und der dritten Periode).

Kann das Zentralatom noch Valenzelektronen aufnehmen und verfügt ein Ligand über einsame Elektronenpaare, so neigen diese in einem gewissen Ausmaß dazu, auf das Zentralatom überzugehen. Dies gilt vor allem für kleine Ligandenatome wie O und N, insbesondere wenn ihnen eine hohe Formalladung zugeteilt werden muß. Deshalb tendieren terminale O- und N-Atome dazu, mit dem Zentralatom Mehrfachbindungen auszubilden, zum Beispiel:

$$
\begin{array}{c} |\bar{\text{O}} \quad \bar{\text{O}}| \\ \diagdown \diagup \\ \text{S} \\ \diagup \diagdown \\ \text{HO} \quad \text{OH} \end{array}
\quad \text{statt} \quad
\begin{array}{c} \overset{\ominus}{\text{O}} \quad \overset{\ominus}{\text{O}} \\ \diagdown \diagup \\ \overset{2\oplus}{\text{S}} \\ \diagup \diagdown \\ \text{HO} \quad \text{OH} \end{array}
\qquad
\left[\begin{array}{c} \bar{\text{N}} \\ |||{\ominus} \\ \text{Cl—Mo—Cl} \\ \diagup \diagdown \\ \text{Cl} \quad \text{Cl} \end{array} \right]^{-}
\quad \text{statt} \quad
\left[\begin{array}{c} {}^{2\ominus} \\ |\bar{\text{N}}| \\ |{\oplus} \\ \text{Cl—Mo—Cl} \\ \diagup \diagdown \\ \text{Cl} \quad \text{Cl} \end{array} \right]^{-}
$$

Im Falle des Schwefelsäure-Moleküls würde die linke Grenzformel allerdings die Inanspruchnahme von *d*-Orbitalen am Schwefelatom implizieren, was nach neueren theoretischen Berechnungen nicht gerechtfertigt sein soll (bei H_2SO_4 sollen die Formalladungen sogar die tatsächliche Ladungsverteilung recht realistisch wiedergeben). Mit der Grenzformel mit den Formalladungen lassen sich die Bindungslängen und -winkel jedoch ebenso deuten: die negativen Ladungen an den O-Atomen sorgen für eine gegenseitige Abstoßung dieser Atome und für eine Winkelaufweitung; zugleich werden die S–O-Bindungen verkürzt wegen der $S^{2\oplus}$–$O^{\ominus}$-Anziehung.

Eine ähnliche Erklärung kann man für die größeren Bindungswinkel Si–O–Si im Vergleich zu C–O–C geben. Vom Sauerstoffatom wird Elektronendichte in die Valenzschalen der Siliciumatome, aber nicht der Kohlenstoffatome abgegeben, im Sinne der Grenzformeln:

$$Si{-}\overline{\underline{O}}{-}Si \quad \longleftrightarrow \quad Si{=}O{=}Si \qquad C{-}\overset{\frown}{\overset{\displaystyle O}{}}{-}C$$

Beispiele:

Winkel SiOSi		Winkel COC	
$O(SiH_3)_2$	144°	$O(CH_3)_2$	111°
α-Quarz	142°	$O(C_6H_5)_2$	124°
α-Cristobalit	147°		

Der größere COC-Winkel im Diphenylether verglichen zum Diethylether kann mit der höheren Elektronenakzeptorwirkung der Phenylgruppen erklärt werden. Sind zwei sehr starke Akzeptoratome an ein Sauerstoffatom gebunden, so kann der Übergang der einsamen Elektronenpaare so weit gehen, daß eine völlig gestreckte Atomgruppe M=O=M resultiert, wie zum Beispiel im $[Cl_3FeOFeCl_3]^{2-}$.

Der beschriebene Elektronenübergang und die sich dabei ergebenden Mehrfachbindungen sollten sich in verkürzten Bindungslängen zu erkennen geben. Bei verbrückenden Sauerstoffatomen zwischen zwei Metallatomen in gestreckter Anordnung findet man tatsächlich recht kurze Metall-Sauerstoffbindungen. Wegen der hohen Elektronegativität des Sauerstoffs wird der Ladungsschwerpunkt der bindenden Elektronenpaare allerdings mehr auf der Seite des Sauerstoffatoms liegen, d. h. die Bindungen werden polar sein. Man kann dies durch folgende Grenzformeln zum Ausdruck bringen:

$$\left[\ Cl_3\overset{2\ominus}{Fe}{=}\overset{2\oplus}{O}{=}\overset{2\ominus}{Fe}\,Cl_3 \quad \longleftrightarrow \quad Cl_3Fe\ |\overset{2\ominus}{\underline{O}}|\ FeCl_3\ \right]^{2-}$$

Im Mittel ergeben sich die kleinsten Formalladungen, wenn beide Grenzformeln gleiches Gewicht haben. Bei verbrückenden Fluoratomen muß man der ionischen Grenzformel eine größere Bedeutung zuschreiben, um kleine Formalladungen zu erhalten, zum Beispiel:

$$[\ F_5 \overset{2\ominus}{Sb} = \overset{3\oplus}{F} = \overset{2\ominus}{Sb} \ F_5 \ \longleftrightarrow \ F_5 Sb \ |\overset{\ominus}{\underline{F}}| \ SbF_5 \ ]^-$$

Tatsächlich beobachtet man bei verbrückenden Fluoratomen in der Regel Bindungswinkel zwischen 140 und 180° und relativ große Bindungslängen. Für die hohe Polarität im Sinne der rechten Grenzformel spricht auch die chemische Reaktivität: Fluorobrücken sind sehr leicht spaltbar.

Einschränkungen

Durch Betrachtung der gegenseitigen Valenzelektronenpaar-Abstoßung kommt man in der Regel zu zutreffenden qualitativen Aussagen über Molekülstrukturen. Trotz des einfachen Konzepts ist die Theorie wohlfundiert und mit der komplizierteren und weniger anschaulichen MO-Theorie vereinbar (Kapitel 10). Die Ergebnisse stehen denen aufwendiger Rechnungen nicht nach. Es gibt aber Fälle, bei denen das Modell versagt. Zu diesen gehören die Ionen $SbBr_6^{3-}$, $SeBr_6^{2-}$, $TeCl_6^{2-}$, die unverzerrt oktaedrisch sind, obwohl am Zentralatom noch ein einsames Elektronenpaar vorhanden ist. Man sagt, dieses sei „stereochemisch nicht wirksam", was allerdings nicht ganz zutreffend ist, da sein Einfluß in verlängerten Bindungen zum Vorschein kommt. Die Erscheinung tritt nur bei höheren Koordinationszahlen (≥ 6) auf, wenn das Zentralatom ein Schweratom ist und wenn die Liganden der dritten oder einer höheren Periode des Periodensystems angehören, d. h. wenn die Liganden leicht polarisierbar sind. Der abnehmende Einfluß des einsamen Elektronenpaars zeigt sich auch beim Vergleich der Festkörperstrukturen von AsI_3, SbI_3 und BiI_3. AsI_3 bildet pyramidale Moleküle (Bindungswinkel 100,2°), die aber im Festkörper assoziiert sind, indem drei Iodatome benachbarter Moleküle dem Arsenatom koordiniert sind. Es liegt eine verzerrt oktaedrische Koordination vor, mit drei intramolekularen As–I-Abständen von 259 pm und drei intermolekularen von 347 pm. Im BiI_3 ist die Koordination oktaedrisch mit sechs gleich langen Bi–I-Abständen (307 pm). SbI_3 nimmt eine Zwischenstellung ein (3×287, 3×332 pm).

Die Theorie liefert auch keine Erklärung für den „*trans*-Einfluß", der zwischen Liganden zu beobachten ist, die sich auf gerader Linie auf zwei entgegengesetzten Seiten des Zentralatoms befinden, insbesondere bei *trans*-ständigen Liganden an einem Oktaeder. Je stärker der eine Ligand an das Zentralatom gebunden ist, erkennbar an einer kurzen Bindungslänge, desto länger ist die Bindung zum *trans*-ständigen Liganden. Vor allem Mehrfachbindungen zeigen eine starke Wirkung in diesem Sinne. Dies äußert sich auch in der Reaktivität, der schwach gebundene Ligand ist leicht substituierbar. Dagegen bewirken einsame Elektronenpaare bei *trans*-ständigen Liganden im allgemeinen keine Bindungsverlängerung, im Gegenteil, diese Bindungen sind meist etwas kürzer (Abstände in pm):

$$
\begin{bmatrix}
\begin{array}{c}
O \\
197 \Vert \blacktriangleleft 95° \\
Cl-Nb\overset{\blacktriangleright}{}Cl \\
Cl \nearrow \quad \searrow Cl \\
240 \quad 255 \\
Cl
\end{array}
\end{bmatrix}^{2-}
\qquad
\begin{bmatrix}
\begin{array}{c}
N \\
161 \Vert \blacktriangleleft 96° \\
Cl-Os\overset{\blacktriangleright}{}Cl \\
Cl \nearrow \quad \searrow Cl \\
236 \quad 261 \\
Cl
\end{array}
\end{bmatrix}^{2-}
\qquad
\begin{array}{c}
\ddot{} \\
F-I-F \\
F \nearrow \quad F \\
187 \quad 175 \\
F
\end{array}
$$

Abweichungen gibt es auch bei Verbindungen von Übergangsmetallen trotz Elektronenkonfiguration d^0, wenn die Elektronegativität der Liganden gering ist. $W(CH_3)_6$ hat zum Beispiel nicht die erwartete oktaedrische Struktur, sondern ist trigonal-prismatisch.

In einem Punkt ist die Theorie nicht besser (und nicht schlechter) als andere Theorien zur Molekularstruktur: es können nur Voraussagen gemacht werden, wenn bereits bekannt ist, welche und wie viele Atome miteinander verbunden sind. Es kann zum Beispiel nicht erklärt werden, warum bei den folgenden Pentahalogeniden im festen Zustand so unterschiedliche Moleküle bzw. Ionen gefunden werden: $SbCl_5$ monomer, $(NbCl_5)_2$ dimer, $(PaCl_5)_\infty$ polymer, $PCl_4^+PCl_6^-$ ionisch, $PBr_4^+Br^-$ ionisch; PCl_2F_3 monomer, $AsCl_4^+AsF_6^-$ $(= AsCl_2F_3)$ ionisch, $SbCl_4^+[F_4ClSb–F–SbClF_4]^-$ $(= SbCl_2F_3)$ ionisch.

8.2 Strukturen bei fünf Valenzelektronenpaaren

Die im vorigen Abschnitt beschriebenen Erscheinungen lassen sich gut an Molekülen studieren, bei denen fünf Valenzelektronenpaare zu berücksichtigen sind. Da diese außerdem noch einige Besonderheiten aufweisen, seien sie gesondert besprochen. Die bevorzugte Anordnung von fünf Punkten auf einer Kugeloberfläche ist die trigonale Bipyramide. Bei ihr sind die beiden axialen und die drei equatorialen Positionen nicht gleichwertig, auf die axialen Positionen wirkt eine stärkere Abstoßungskraft. Demzufolge bevorzugen einsame Elektronenpaare sowie Liganden mit geringerer Elektronegativität die equatorialen Lagen. Sind die fünf Liganden gleich, so sind die Bindungslängen zu

Tabelle 8.3: Axiale und equatoriale Bindungslängen (pm) bei trigonal-bipyramidaler Verteilung der Valenzelektronen

AX_5	AX_{ax}	AX_{eq}	AX_4E	AX_{ax}	AX_{eq}	AX_3E_2	AX_{ax}	AX_{eq}
PF_5	158	153	SF_4	165	155	ClF_3	170	160
AsF_5	171	166	SeF_4	177	168	BrF_3	181	172
PCl_5	212	202						

den axialen Liganden größer (anders gesagt: in axialer Richtung ist der Kovalenzradius größer). Vgl. Tab. 8.3.

Die Molekülparameter von CH_3PF_4 und $(CH_3)_2PF_3$ illustrieren den Einfluß der geringeren Elektronegativität der Methylgruppen und der verstärkten abstoßenden Wirkung der P–C-Bindungselektronenpaare:

Energetisch ist die tetragonale Pyramide fast so günstig wie die trigonale Bipyramide. Bei einem Bindungswinkel von 104° zwischen apikaler (Pyramidenspitze) und basaler Position ist die Abstoßungsenergie nur 0,14 % größer wenn man eine Coulomb-Abstoßung annimmt; mit der PAULI-Abstoßung ist der Unterschied noch geringer. Die Umwandlung von einer trigonalen Bipyramide in eine tetragonale Pyramide erfordert außerdem nur eine geringe Aktivierungsenergie; so kann es zu einem schnellen Positionswechsel der Liganden von einer trigonalen Bipyramide über eine tetragonale Pyramide zu einer anders orientierten Bipyramide kommen („BERRY-Rotation", Abb. 8.2). Dies erklärt, warum im ^{19}F-NMR-Spektrum von PF_5 selbst bei tiefen Temperaturen nur ein Dublett-Signal beobachtet wird (bedingt durch die P–F-Spin-Spin-Kopplung); fände der schnelle Platzwechsel nicht statt, so wären zwei Dubletts im Intensitätsverhältnis 2:3 zu erwarten.

Ist eine Doppelbindung vorhanden, so ist die tetragonale Pyramide oft begünstigt, vor allem bei Verbindungen von Übergangsmetallen mit d^0-Konfiguration. Moleküle und Ionen wie $O=CrF_4$, $O=WCl_4$ (als Monomere in der Gasphase), $O=TiCl_4^{2-}$ oder $S=NbCl_4^-$ haben diese Struktur. $O=SF_4$ hat allerdings eine trigonal-bipyramidale Struktur mit dem Sauerstoffatom in einer der equatorialen Positionen.

Sehr geringe Energieunterschiede für verschiedene Polyeder ergeben sich auch bei höheren Koordinationszahlen, insbesondere bei Koordinationszahl 7. Hier ermöglicht die Theorie der Elektronenpaarabstoßung keine sicheren Voraussagen mehr.

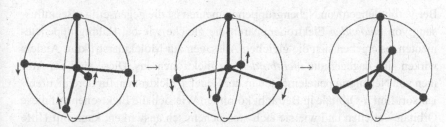

Abb. 8.2: Wechsel der Ligandenpositionen zwischen trigonaler Bipyramide und tetragonaler Pyramide

8.3 Übungsaufgaben

8.1 Welche Strukturen sind für die folgenden Moleküle nach der VSEPR-Theorie zu erwarten?
$BeCl_2(g)$, BF_3, PF_3, BrF_3, $TeCl_3^+$, XeF_3^+, $GeBr_4$, $AsCl_4^+$, SbF_4^-, ICl_4^-, BrF_4^+, $SbCl_5$, $SnCl_5^-$, TeF_5^-, $ClSF_5$, O_3^-, Cl_3^-, S_3^{2-}, O_2ClF_3, $O_2ClF_2^-$, $OClF_4^-$, O_3BrF, O_3XeF_2.

8.2 Die folgenden dimeren Spezies sind über jeweils zwei Chloratome assoziiert. Welche Strukturen haben sie?
Be_2Cl_4, Al_2Br_6, I_2Cl_6, $As_2Cl_8^{2-}$, Ta_2I_{10}.

8.3 Welche Struktur ist für $H_2C=SF_4$ zu erwarten?

8.4 Ordnen Sie die folgenden Moleküle in der Reihe zunehmender Bindungswinkel.
(a) OF_2, SF_2, SCl_2, S_3^-, S_3^{2-};
(b) Winkel H–N–H in H_3CNH_2, $[(H_3C)_2NH_2]^+$;
(c) Winkel F_{ax}–P–F_{ax} in PCl_2F_3, PCl_3F_2.

8.5 Im Al_2Cl_6-Molekül sind zwei verbrückende Chloratome vorhanden. Geben Sie die Reihenfolge zunehmender Bindungslängen und Bindungswinkel an und schätzen Sie die Größe der Winkel ab.

8.6 Welche der folgenden Spezies sollte die längeren Bindungen haben?
$SnCl_3^-$ oder $SnCl_5^-$; PF_5 oder PF_6^-; $SnCl_6^{2-}$ oder $SbCl_6^-$.

8.7 Welche der folgenden Spezies wird am ehesten nicht die VSEPR-Regeln befolgen?
SbF_5^{2-}, $BiBr_5^{2-}$, TeI_6^{2-}, ClF_5, IF_7, IF_8^-.

9 Molekülstrukturen II: Verbindungen der Nebengruppenelemente

9.1 Ligandenfeldtheorie

Bei Verbindungen von Nebengruppenelementen ist die gegenseitige Beeinflussung von *bindenden* Elektronenpaaren die gleiche wie bei Hauptgruppenelementen, es ergeben sich die gleichen Aussagen zur Molekularstruktur. Anders wirken sich dagegen die *nichtbindenden* Elektronen aus. Diese sind bei Atomen von Nebengruppenelementen in der Regel *d*-Elektronen, für deren Aufenthaltsort fünf *d*-Orbitale in Betracht kommen. Wie sich die Elektronen auf diese Orbitale verteilen und wie sie sich stereochemisch auswirken, kann mit Hilfe der *Ligandenfeldtheorie* beurteilt werden. Die Anschauungen der Ligandenfeldtheorie entsprechen denen der Valenzelektronenpaar-Abstoßungstheorie: es wird überlegt, wie sich *d*-Elektronen verteilen, damit die Abstoßung zwischen ihnen und den bindenden Elektronenpaaren möglichst gering ist. In ihrer ursprünglichen Fassung von H. BETHE als Kristallfeldtheorie formuliert, wurde die elektrostatische Abstoßung zwischen *d*-Elektronen und den als punktförmigen Ionen aufgefaßten Liganden betrachtet.* Nach den Erfolgen der Valenzelektronenpaar-Abstoßungstheorie erscheint es jedoch zweckmäßiger, die Wechselwirkung zwischen nichtbindenden *d*-Elektronen und bindenden Elektronenpaaren zu betrachten; für beide Theorien gelten dann die gleichen Anschauungen. Man kommt so mit einfachen Modellüberlegungen zu qualitativ richtigen Strukturaussagen. Zu den gleichen Aussagen gelangt die exaktere Molekülorbital-Theorie.

Um die relative Orientierung der Aufenthaltsbereiche von *d*-Elektronen und von bindenden Elektronen um ein Atom zu erfassen, ist es zweckmäßig, ein Koordinatensystem zu Hilfe zu nehmen, dessen Ursprung sich im Mittelpunkt des Atoms befindet. Man hat zwei Sätze von *d*-Orbitalen zu unterscheiden (Abb. 9.1): der erste Satz besteht aus zwei Orbitalen mit Ausrichtung längs der Koordinatenachsen, der zweite Satz umfaßt drei Orbitale mit Ausrichtung auf die Kantenmitten eines umschriebenen Würfels.

---

*Die Bezeichnung Kristallfeld- bzw. Ligandenfeldtheorie wird nicht einheitlich gehandhabt. Da nur die Wechselwirkungen zu den unmittelbar benachbarten Atomen berücksichtigt werden, ohne Bezug auf Kristalleinflüsse, ist der Begriff Kristallfeldtheorie nicht sachgerecht. Manche Autoren betrachten bestimmte elektronische Wechselwirkungen (wie π-Bindungen) als Bestandteil der Ligandenfeldtheorie, obwohl sie eigentlich der tiefergehenden MO-Theorie entspringen.

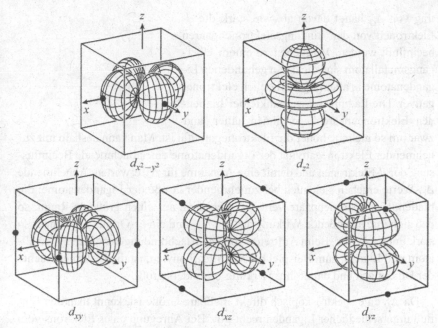

Abb. 9.1: Orientierung der Aufenthaltsbereiche von Elektronen in $3d$-Orbitalen. Maßstabsgetreue Darstellung von Flächen mit konstantem Betrag der Wellenfunktion. Die Punkte • auf den umschriebenen Würfeln markieren die Vorzugsrichtungen der „Teilwolken"

Oktaedrische Koordination

Hat ein Atom sechs Liganden, so bewirkt die gegenseitige Abstoßung der sechs bindenden Elektronenpaare eine oktaedrische Koordination. Die Positionen der Liganden können wir uns auf den Achsen des Koordinatensystems vorstellen. Sind nichtbindende Elektronen vorhanden, so werden sie die Orbitale d_{xy}, d_{yz} und d_{xz} bevorzugen, denn der Aufenthaltsbereich der anderen beiden d-Orbitale ist besonders nahe an den bindenden Elektronenpaaren. Die drei energetisch bevorzugten Orbitale werden als t_{2g}-Orbitale bezeichnet (das ist ein Symbol zur Bezeichnung der Orbitalsymmetrie; das t steht für tripel (= dreifach) entartet); die anderen beiden sind e_g-Orbitale (e = entartet). Vgl. Diagramm auf der nächsten Seite.

Der Energieunterschied zwischen der Besetzung eines t_{2g}- und eines e_g-Orbitals ist der *Ligandenfeldparameter*, er wird mit Δ_O bezeichnet. Der Be-

trag von Δ_O hängt davon ab, wie stark die d-
Elektronen von den Bindungselektronenpaaren
beeinflußt werden. Verglichen zu einem Über-
gangsmetallatom sind die daran gebundenen Ligandenatome in aller Regel erheblich elektrone-
gativer. Die Ladungsschwerpunkte der bindenden Elektronenpaare liegen ihnen näher, und

$$E \quad \underline{\quad d_{z^2} \quad} \quad \underline{\quad d_{x^2-y^2} \quad} \; e_g$$
$$\Delta_O$$
$$\underline{\; d_{xy} \;} \quad \underline{\; d_{xz} \;} \quad \underline{\; d_{yz} \;} \; t_{2g}$$

zwar um so mehr, je höher die Elektronegativität ist. Man kann deshalb mit zunehmender Elektronegativität der Ligandenatome eine abnehmende Beeinflussung der d-Elektronen und damit eine Abnahme für Δ_O erwarten. Abnehmende
Δ_O-Werte ergeben sich auch bei zunehmender Größe der Ligandenatome; die
bindenden Elektronenpaare verteilen sich dann auf einen größeren Raum, so
daß sich ihre abstoßende Wirkung auf ein t_{2g}- und ein e_g-Orbital nicht mehr so
stark unterscheidet. Beim Auftreten von Mehrfachbindungen zwischen Metallatom und Ligand, zum Beispiel bei Metallcarbonylen, ist die Elektronendichte
der Bindungen und damit ihre Wirkung besonders groß.

Da Δ_O eine spektroskopisch direkt meßbare Größe ist, kennt man den Einfluß unterschiedlicher Liganden recht gut. Bei Anregung eines Elektrons vom
t_{2g}- auf das e_g-Niveau durch Lichteinstrahlung ist $\Delta_O = h\nu$. Ordnet man verschiedene Liganden nach zunehmendem Δ_O, so erhält man die *spektrochemische Serie*:

$$CO > CN^- > PR_3 > NO_2^- > NH_3 > NCS^- > H_2O > RCO_2^- \approx OH^-$$
$$> F^- > NO_3^- > Cl^- \approx SCN^- > S^{2-} > Br^- > I^-$$

Sind zwei oder drei nichtbindende Elektronen vorhanden, so werden sie un-
gepaart zwei bzw. drei der t_{2g}-Orbitale einnehmen (HUNDsche Regel). Dies ist
günstiger als die Paarung von Elektronen in einem Orbital, denn zur Paarung
ist die elektrostatische Abstoßung zwischen den beiden Elektronen zu überwinden. Die Energie, die aufzuwenden ist, um ein zweites Elektron auf ein bereits besetztes Orbital zu bringen, nennen wir die Elektronenpaarungsenergie
P. Sind vier nichtbindende Elektronen vorhanden, so gibt es zwei Alternati-
ven für die Unterbringung des vierten Elektrons. Ist $P > \Delta_O$, so wird es ein
e_g-Orbital einnehmen und alle vier Elektronen werden zueinander parallelen
Spin haben: wir sprechen von einem *High-Spin-Komplex*. Ist $P < \Delta_O$, so ist
es günstiger, einen *Low-Spin-Komplex* zu bilden, bei dem die e_g-Orbitale frei
bleiben und zwei Elektronen gepaart sind:

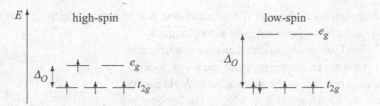

Im Falle des d^4-High-Spin-Komplexes ist nur eines der beiden e_g-Orbitale besetzt. Wenn es das d_{z^2}-Orbital ist, so übt es eine starke Abstoßung auf die Bindungselektronen der beiden Liganden auf der z-Achse aus. Diese Liganden werden abgedrängt; das Koordinationsoktaeder wird in Richtung der z-Achse gedehnt. Diese Erscheinung ist unter dem Namen *Jahn-Teller-Effekt* bekannt. An Stelle des d_{z^2}-Orbitals hätte auch das $d_{x^2-y^2}$-Orbital besetzt werden können, was eine Dehnung der vier Bindungen auf den Achsen x und y zur Folge hätte; zur Dehnung von vier Bindungen ist aber ein größerer Kraftaufwand notwendig. Die Dehnung von nur zwei Bindungen ist günstiger, und dementsprechend sind bislang nur Beispiele mit in einer Richtung gedehnten Oktaedern bekannt.

Mit dem JAHN-TELLER-Effekt ist immer dann zu rechnen, wenn entartete Orbitale ungleichmäßig mit Elektronen besetzt sind. Tatsächlich wird er bei folgenden Elektronenkonfigurationen beobachtet:

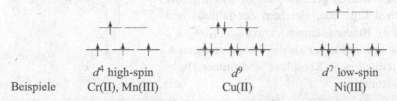

	d^4 high-spin	d^9	d^7 low-spin
Beispiele	Cr(II), Mn(III)	Cu(II)	Ni(III)

Eine JAHN-TELLER-Verzerrung des Oktaeders sollte auch bei Konfiguration d^1 auftreten. Das besetzte Orbital ist dann aber ein t_{2g}-Orbital, zum Beispiel d_{xy}. Dieses hat auf die Liganden der x- und y-Achse eine etwas stärker abstoßende Wirkung als auf die der z-Achse, der Unterschied ist jedoch nur gering; die verzerrende Kraft reicht im allgemeinen nicht aus, um einen erkennbaren Effekt zu bewirken. Ionen wie TiF_6^{3-} oder $MoCl_6^-$ zeigen zum Beispiel keine nachweisbaren Abweichungen von der Oktaedersymmetrie.

Keine, auch noch so geringe JAHN-TELLER-Verzerrung und somit keinerlei Abweichung von der idealen Oktaedersymmetrie ist bei gleichmäßiger Besetzung der t_{2g}- und der e_g-Orbitale zu erwarten. Dies trifft für folgende Elektronenkonfigurationen zu: d^0, d^3, d^5-high-spin, d^6-low-spin, d^8 und d^{10}. Bei

Konfiguration d^8 kommt die oktaedrische Koordination allerdings nur selten vor (siehe unten, quadratische Koordination).

Sind unterschiedliche Liganden vorhanden, so bevorzugen diejenigen, die nach der spektrochemischen Serie die schwächere Wirkung haben, die Lagen mit den gedehnten Bindungen. Im $[CuCl_4(OH_2)_2]^{2-}$-Ion nehmen zum Beispiel zwei der Cl-Atome die Positionen in den Spitzen des gedehnten Koordinationsoktaeders ein.

$$
\left[
\begin{array}{c}
\text{Cl} \\
| \, 295 \\
\text{Cl} \underset{230}{\diagdown} \text{Cl} \\
\text{Cu} \\
H_2O \overset{200}{\diagup} \text{OH}_2 \\
| \\
\text{Cl}
\end{array}
\right]^{2-}
$$

Tetraedrische Koordination

Die vier Liganden an einem tetraedrisch koordinierten Atom können wir uns auf vier der acht Ecken eines Würfels vorstellen. Die Orbitale d_{xy}, d_{yz} und d_{xz} (t_2-Orbitale), die auf die Würfelkanten ausgerichtet sind, sind den bindenden Elektronenpaaren näher als die Orbitale $d_{x^2-y^2}$ und d_{z^2} (e-Orbitale). Dementsprechend erfahren die t_2-Orbitale eine größere Abstoßung und liegen energetisch höher als die e-Orbitale; die Abfolge ist umgekehrt als bei oktaedrischer Koordination. Die Energiedifferenz bezeichnen wir mit Δ_T. Da keines der d-Orbitale auf die Würfelecken ausgerichtet ist, ist $\Delta_T < \Delta_O$ (bei gleichen Liganden, gleichem Zentralatom und gleichen Bindungslängen), und zwar $\Delta_T \approx \frac{4}{9}\Delta_O$. Δ_T ist immer kleiner als die Spinpaarungsenergie, tetraedrische Komplexe sind immer High-Spin-Komplexe.

Bei ungleichmäßiger Besetzung der t_2-Orbitale kommt es zu JAHN-TELLER-Verzerrungen. Bei Konfiguration d^4 ist eines der t_2-Orbitale unbesetzt; bei d^9 ist eines einfach, die übrigen sind doppelt besetzt. Die Liganden werden dadurch ungleichmäßig abgestoßen, es entsteht ein etwas flachgedrücktes Tetraeder (Abb. 9.2). Typische Bindungswinkel sind zum Beispiel im $CuCl_4^{2-}$-Ion $2 \times 116°$ und $4 \times 106°$.

Bei den Konfigurationen d^3 und d^8 hat ein t_2-Orbital ein Elektron mehr als die übrigen; in diesem Fall ist ein elongiertes Tetraeder zu erwarten, die Deformation fällt jedoch geringer aus als bei d^4 und bei d^9, weil die deformierende Abstoßungskraft nur von einem Elektron (statt von zwei) ausgeht (Abb. 9.2). Da die Deformationskraft gering ist und die Erfordernisse zur Packung im Kristall mitunter entgegengesetzte Deformationen verursachen, stehen die Befun-

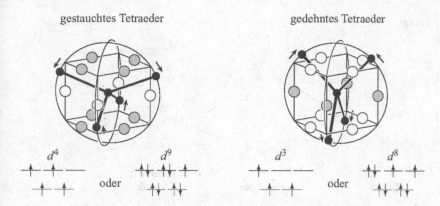

gestauchtes Tetraeder gedehntes Tetraeder

d^4 d^9 d^3 d^8

oder oder

Abb. 9.2: JAHN-TELLER-Verzerrung bei tetraedrischen Komplexen. Die Pfeile deuten an, wie die Liganden von den nichtbindenden d-Elektronen abgedrängt werden. Die Kugeln auf den Würfelkanten symbolisieren die Ladungsschwerpunkte der t_2-Orbitale; grau bedeutet Besetzung mit einem Elektron mehr als weiß

de nicht immer im Einklang mit der Erwartung. Bei $NiCl_4^{2-}$ (d^8) wurden zum Beispiel je nach Kation reguläre, leicht gedehnte und auch leicht gestauchte Tetraeder gefunden. Bei ungleichmäßiger Besetzung der e-Orbitale könnte man ebenfalls Verzerrungen erwarten, der Effekt ist jedoch noch geringer und macht sich im allgemeinen nicht bemerkbar; VCl_4 (d^1) ist zum Beispiel unverzerrt tetraedrisch.

Quadratische Koordination

Entfernt man von einem oktaedrischen Komplex die beiden Liganden auf der z-Achse, so bilden die verbleibenden Liganden ein Quadrat. Die Abstoßung zwischen den Bindungselektronen auf der z-Achse entfällt sowohl für die d_{z^2}- wie für die d_{xz}- und d_{yz}-Elektronen. Nur noch ein Orbital, nämlich $d_{x^2-y^2}$ erfährt eine starke Abstoßung und ist energetisch ungünstig (Abb. 9.3). Bei Elektronenkonfiguration d^8, zum Beispiel bei Ni(II) und insbesondere bei Pd(II), Pt(II) und Au(III), wird die quadratische Koordination bevorzugt, vor allem mit Liganden, die eine starke Aufspaltung der Energieniveaus bewirken. Sowohl ein oktaedrischer Komplex (zwei Elektronen in e_g-Orbitalen) als auch ein tetraedrischer Komplex (vier Elektronen in t_2-Orbitalen) ist in diesem Fall energetisch benachteiligt.

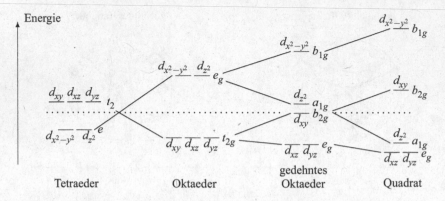

Abb. 9.3: Diagramm der relativen Energien von Elektronen in d-Orbitalen bei verschiedenen geometrischen Anordnungen. Die „Schwerpunkte" (jeweilige Mittelwerte der Energieniveaus) für alle Termfolgen wurden auf die Höhe der punktierten Linie gelegt

Ligandenfeld-Stabilisierungsenergie

Wenn sich Liganden einem Zentralatom oder -ion nähern, kommen folgende energetischen Beiträge zum tragen:

- Energiegewinn (freigesetzte Energie) durch die Knüpfung kovalenter Bindungen.

- Energieaufwand wegen der gegenseitigen Abstoßung der Bindungselektronenpaare und wegen der Abstoßung zwischen Liganden, die sich zu nahe kommen.

- Energieaufwand wegen der Abstoßung, die von Bindungselektronenpaaren auf nichtbindende Elektronen des Zentralatoms ausgeübt wird.

Die Überlegungen der Ligandenfeldtheorie richten sich vor allem auf den letztgenannten Beitrag. Für diesen ist die geometrische Verteilung der Liganden unerheblich, solange die Elektronen des Zentralatoms kugelsymmetrisch verteilt sind, die Abstoßungsenergie ist dann immer die gleiche. Kugelsymmetrisch sind halb- und vollbesetzte Unterschalen eines Atoms, das sind die Elektronenkonfigurationen d^5-high-spin und d^{10} (und natürlich auch d^0). Für andere d-Elektronenkonfigurationen gilt dies nicht.

Um verschiedene Strukturmöglichkeiten bei Verbindungen von Nebengruppenelementen zu vergleichen und um abzuschätzen, welche energetisch bevorzugt werden, ist die *Ligandenfeld-Stabilisierungsenergie* (LFSE) eine nützliche Größe. Darunter versteht man die Differenz der Abstoßungsenergie zwischen Bindungselektronen und d-Elektronen im Vergleich zu einer fiktiven Abstoßungsenergie, die bestehen würde, wenn die d-Elektronen kugelsymmetrisch verteilt wären.

In einem oktaedrischen Komplex ist ein d_{z^2}-Elektron (ebenso $d_{x^2-y^2}$) auf die Liganden ausgerichtet; es wird stärker abgestoßen, als wenn es kugelsymmetrisch verteilt wäre. Verglichen zu dieser fiktiven Verteilung ist es energetisch angehoben. Ein d_{xy}-Elektron ist dagegen energetisch abgesenkt, es wird weniger stark abgestoßen als ein kugelförmig verteiltes Elektron. Dabei gilt der *Schwerpunktsatz:* Die Summe der Energien der angehobenen und der abgesenkten Zustände muß gleich der Energie des fiktiven Zustands sein. Da im Oktaeder drei abgesenkte und zwei angehobene Zustände vorhanden sind, ergibt sich folgendes Bild:

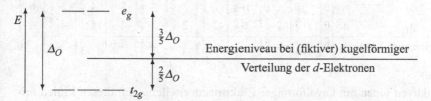

Die Energieniveaudiagramme in Abb. 9.3 sind dem Schwerpunktsatz entsprechend gezeichnet worden. Sie zeigen, wie die Energieniveaus jeweils relativ zum Niveau des fiktiven Zustands der kugelförmigen d-Elektronenverteilung liegen. Sie zeigen nicht die absoluten Energiebeträge, denn das absolute Niveau des fiktiven Zustands hängt auch von den übrigen, eingangs genannten Energiebeiträgen ab. Auch wenn Zentralatom und Liganden die gleichen sind, liegt das Niveau des fiktiven Zustands auf einer absoluten Skala für jede Ligandenanordnung auf einem anderen Niveau, d. h. die einzelnen Termschemas verschieben sich gegenseitig.

In Tabelle 9.1 sind die Beträge der Ligandenfeld-Stabilisierungsenergie für oktaedrische und tetraedrische Komplexe zusammengestellt. Die Werte sind als Vielfache von Δ_O bzw. Δ_T angegeben. In Abb. 9.4 sind die Werte aufgetragen, wobei die Kurven auch die Tendenzen der übrigen Energiebeiträge bei $3d$-Elementen aufzeigen sollen. In der Reihe von Ca^{2+} bis Zn^{2+} nehmen die Ionenradien ab und die Bindungsenergien zu, dementsprechend verlaufen die Kurven von links nach rechts abwärts. Die gestrichelten Linien gelten für die

Tabelle 9.1: Ligandenfeld-Stabilisierungsenergien (LFSE) für oktaedrische und tetraedrische Ligandenverteilungen

					Anzahl der d-Elektronen						
	0	1	2	3	4	5	6	7	8	9	10
Oktaeder, high-spin				Elektronenverteilung·Energiebeitrag/Δ_O							
$\frac{3}{5}\Delta_O$ $\;\;$ $--$ $\;\;$ e_g	0	0	0	0	$1\cdot\frac{3}{5}$	$2\cdot\frac{3}{5}$	$2\cdot\frac{3}{5}$	$2\cdot\frac{3}{5}$	$2\cdot\frac{3}{5}$	$3\cdot\frac{3}{5}$	$4\cdot\frac{3}{5}$
$-\frac{2}{5}\Delta_O$ $\;\;$ $---$ $\;\;$ t_{2g}	0	$-1\cdot\frac{2}{5}$	$-2\cdot\frac{2}{5}$	$-3\cdot\frac{2}{5}$	$-3\cdot\frac{2}{5}$	$-3\cdot\frac{2}{5}$	$-4\cdot\frac{2}{5}$	$-5\cdot\frac{2}{5}$	$-6\cdot\frac{2}{5}$	$-6\cdot\frac{2}{5}$	$-6\cdot\frac{2}{5}$
Summe = LFSE/Δ_O	0	$-\frac{2}{5}$	$-\frac{4}{5}$	$-\frac{6}{5}$	$-\frac{3}{5}$	0	$-\frac{2}{5}$	$-\frac{4}{5}$	$-\frac{6}{5}$	$-\frac{3}{5}$	0
Oktaeder, low-spin				Elektronenverteilung·Energiebeitrag/Δ_O							
$\frac{3}{5}\Delta_O$ $\;\;$ $--$ $\;\;$ e_g	0	0	0	0	0	0	0	$1\cdot\frac{3}{5}$	$2\cdot\frac{3}{5}$	$3\cdot\frac{3}{5}$	$4\cdot\frac{3}{5}$
$-\frac{2}{5}\Delta_O$ $\;\;$ $---$ $\;\;$ t_{2g}	0	$-1\cdot\frac{2}{5}$	$-2\cdot\frac{2}{5}$	$-3\cdot\frac{2}{5}$	$-4\cdot\frac{2}{5}$	$-5\cdot\frac{2}{5}$	$-6\cdot\frac{2}{5}$	$-6\cdot\frac{2}{5}$	$-6\cdot\frac{2}{5}$	$-6\cdot\frac{2}{5}$	$-6\cdot\frac{2}{5}$
Summe = LFSE/Δ_O	0	$-\frac{2}{5}$	$-\frac{4}{5}$	$-\frac{6}{5}$	$-\frac{8}{5}$	$-\frac{10}{5}$	$-\frac{12}{5}$	$-\frac{9}{5}$	$-\frac{6}{5}$	$-\frac{3}{5}$	0
Tetraeder, high-spin				Elektronenverteilung·Energiebeitrag/Δ_T							
$\frac{2}{5}\Delta_T$ $\;\;$ $---$ $\;\;$ t_2	0	0	0	$1\cdot\frac{2}{5}$	$2\cdot\frac{2}{5}$	$3\cdot\frac{2}{5}$	$3\cdot\frac{2}{5}$	$3\cdot\frac{2}{5}$	$4\cdot\frac{2}{5}$	$5\cdot\frac{2}{5}$	$6\cdot\frac{2}{5}$
$-\frac{3}{5}\Delta_T$ $\;\;$ $--$ $\;\;$ e	0	$-1\cdot\frac{3}{5}$	$-2\cdot\frac{3}{5}$	$-2\cdot\frac{3}{5}$	$-2\cdot\frac{3}{5}$	$-2\cdot\frac{3}{5}$	$-3\cdot\frac{3}{5}$	$-4\cdot\frac{3}{5}$	$-4\cdot\frac{3}{5}$	$-4\cdot\frac{3}{5}$	$-4\cdot\frac{3}{5}$
Summe = LFSE/Δ_T	0	$-\frac{3}{5}$	$-\frac{6}{5}$	$-\frac{4}{5}$	$-\frac{2}{5}$	0	$-\frac{3}{5}$	$-\frac{6}{5}$	$-\frac{4}{5}$	$-\frac{2}{5}$	0

fiktiven Ionen mit kugelförmiger Elektronenverteilung; auf diesen Linien finden sich die Energiewerte für die tatsächlich kugelförmigen Elektronenkonfigurationen d^0, d^5-high-spin und d^{10}. Wegen der abnehmenden Ionenradien werden gegen Ende der Reihe oktaedrische Komplexe weniger stabil als tetraedrische (zunehmende Abstoßungskräfte zwischen den bindenden Elektronenpaaren und den sich dichter drängenden Liganden), deshalb krümmt sich die gestrichelte Kurve für Oktaeder im rechten Bereich nach oben. Wegen der Ligandenfeld-Stabilisierungsenergie ergeben sich für High-Spin-Komplexe jeweils zwei Minima in den Kurven, und zwar bei d^3 und d^8 für oktaedrische und bei d^2 und d^7 für tetraedrische Komplexe. Die Stabilisierungsenergien sind für tetraedrische Ligandenfelder geringer, da generell $\Delta_O > \Delta_T$ gilt (in Abb. 9.1 wurde $\Delta_T = \frac{4}{9}\Delta_O$ angenommen). Für oktaedrische Low-Spin-Komplexe gibt es nur ein Minimum bei d^6.

Für High-Spin-Verbindungen ergeben sich nur geringe Unterschiede in der Stabilisierung der oktaedrischen bzw. tetraedrischen Koordination bei den Konfigurationen d^7 und d^8 (Abb. 9.4). Bei Co^{2+} macht sich die Tendenz zur Tetraederkoordination deutlich bemerkbar, bei Ni^{2+} wird diese Tendenz durch

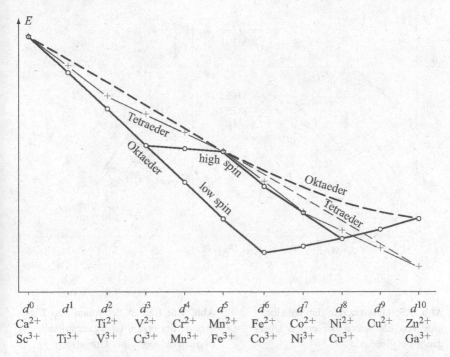

Abb. 9.4: Relative Ligandenfeld-Stabilisierungsenergien für 3d-Ionen. Dicke Striche: Oktaederfeld; dünne Striche: Tetraederfeld. Gestrichelt: Energie für (fiktive) kugelförmige d-Elektronenverteilungen

die höhere Oktaeder-Ligandenfeld-Stabilisierung überkompensiert, so daß sich Ni^{2+} bevorzugt oktaedrisch koordiniert. Hier kommt der Unterschied für die Maxima der Ligandenfeld-Stabilisierungsenergie zum tragen (Tab. 9.1): sie ist für Tetraederanordnung bei Konfiguration d^7 (Co^{2+}) und für Oktaederanordnung bei d^8 (Ni^{2+}) am größten. Mit größeren Liganden macht sich die Tendenz zur tetraedrischen Koordination stärker bemerkbar; die Oktaederanordnung wird relativ instabiler, was in Abb. 9.4 mit einem früheren Hochkrümmen der dicken gestrichelten Kurve zum Ausdruck käme. Mit großen Liganden (Cl^-, Br^-) bilden auch Fe^{2+} und Mn^{2+} tetraedrische Komplexe.

In Abb. 9.4 ist die zusätzliche Stabilisierung durch den JAHN-TELLER-Effekt nicht berücksichtigt. Berücksichtigt man sie, so rückt der Punkt für die (verzerrt) oktaedrische Koordination für Cu^{2+} weiter nach unten, womit diese Anordnung energetisch bevorzugt wird.

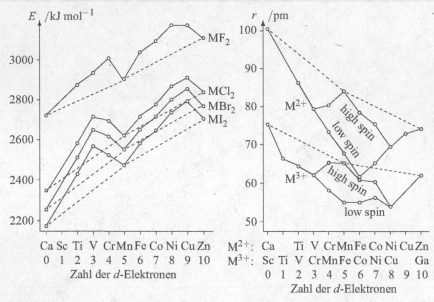

Abb. 9.5: Gitterenergie der Dihalogenide von Elementen der ersten Übergangsmetallperiode

Abb. 9.6: Radien der Ionen von Elementen der ersten Übergangsmetallperiode in oktaedrischer Umgebung

Die Ligandenfeld-Stabilisierung spiegelt sich in der Gitterenergie der Halogenide MX_2 wider. Die nach dem BORN-HABER-Kreisprozeß aus experimentellen Daten gewonnenen Werte sind in Abb. 9.5 gegen die d-Elektronenkonfiguration aufgetragen. Die Ligandenfeld-Stabilisierungsenergie macht nicht mehr als 200 kJ/mol aus, das sind weniger als 8% der gesamten Gitterenergie. Auch die Ionenradien zeigen einen analogen Verlauf (Abb. 9.6; siehe auch Tab. 6.4, S. 80).

9.2   Koordinationspolyeder bei Nebengruppenelementen

Im Sinne der vorangegangenen Ausführungen trifft man bei den Verbindungen der Nebengruppenelemente je nach Zentralatom, Oxidationszustand und Liganden bevorzugt bestimmte Koordinationspolyeder am Zentralatom an. Die generellen Tendenzen sind folgende:

Mit Oxidationszahlen I, II, III und IV treten in der Reihe der $3d$-Elemente vom Scandium bis zum Eisen und beim Nickel vorzugsweise Oktaeder auf,

Tabelle 9.2: Koordinationspolyeder für die Koordinationszahlen 2 bis 6 bei Verbindungen der Übergangsmetalle.

Polyeder	K.Z.	e^--Konf.	Zentralatom	Beispiele
Lineare Anordnung	2	d^{10}	Cu(I), Ag(I), Au(I), Hg(II)	Cu_2O, $Ag(CN)_2^-$, $AuCN^*$, $AuCl_2^-$, $HgCl_2$, HgO^*
Dreieck	3	d^{10}	Cu(I), Ag(I), Au(I), Hg(II)	$Cu(CN)_3^{2-}$, $Ag_2Cl_5^{3-}$ $Au(PPh_3)_3^+$, HgI_3^-
Quadrat	4	d^8	Ni(II), Pd(II), Pt(II), Au(III)	$Ni(CN)_4^{2-}$, $PdCl_2^*$, PtH_4^{2-}, $Pt(NH_3)_2Cl_2$, $AuCl_4^-$
Tetraeder	4	d^0	Ti(IV), V(V), Cr(VI), Mo(VI), W(VI), Mn(VII), Re(VII) Ru(VIII),Os(VIII)	$TiCl_4$, VO_4^{3-}, CrO_3^*, MoO_4^{2-}, WO_4^{2-} Mn_2O_7, ReO_4^- RuO_4, OsO_4
		d^1	V(IV), Cr(V), Mn(VI), Ru(VII)	VCl_4, CrO_4^{3-}, MnO_4^{2-}, RuO_4^-
		d^5	Mn(II), Fe(III)	$MnBr_4^{2-}$, Fe_2Cl_6
		d^6	Fe(II)	$FeCl_4^{2-}$
		d^7	Co(II)	$CoCl_4^{2-}$
		d^8	Ni(II)	$NiCl_4^{2-}$
		d^9	Cu(II)	$CuCl_4^{2-\dagger}$
		d^{10}	Ni(0), Cu(I), Zn(II), Hg(II)	$Ni(CO)_4$, $Cu(CN)_4^{3-}$ $Zn(CN)_4^{2-}$, HgI_4^{2-}
Quadratische Pyramide	5	d^0	Ti(IV), V(V), Nb(V), Mo(VI), W(VI),	$TiOCl_4^{2-}$, VOF_4^-, $NbSCl_4^-$, $MoNCl_4^-$, $WNCl_4^-$
		d^1	V(IV), Cr(V), Mo(V), W(V), Re(VI)	$VO(NCS)_4^{2-}$, $CrOCl_4^-$, $MoOCl_4^-$, $WSCl_4^-$, $ReOCl_4$
		d^2	Os(VI)	$OsNCl_4^-$
		d^4	Mn(III), Re(III)	$MnCl_5^{2-}$, Re_2Cl_8
		d^7	Co(II)	$Co(CN)_5^{3-}$
Trigonale Bipyramide	5	d^2	V(IV)	$VCl_3(NMe_3)_2$
		d^8	Fe(0)	$Fe(CO)_5$
Oktaeder	6		fast alle; nicht Pd(II), Pt(II), Au(III), Cu(I)	

* Endlose Kette   † Jahn-Teller-verzerrt

beim Cobalt Oktaeder und Tetraeder und bei Zink und Kupfer(I) Tetraeder. Kupfer(II) (d^9) bildet JAHN-TELLER-verzerrte Oktaeder und Tetraeder. Je höher die Oxidationszahl (= kleinerer Ionenradius) und je größer die Liganden, desto mehr werden Tetraeder bevorzugt. Bei Vanadium(V), Chrom(VI) und Mangan(VII) kennt man fast nur die tetraedrische Koordination (eine Ausnahme ist VF_5). Bei Low-Spin-Komplexen des Nickel(II) (d^8) kommt neben der oktaedrischen auch die quadratische Koordination vor.

Bei den größeren $4d$- und $5d$-Elementen kommen Tetraeder nur bei sehr hohen Oxidationszahlen vor, zum Beispiel im ReO_4^- oder OsO_4, sowie bei Silber, Cadmium und Quecksilber. Oktaeder sind sehr häufig, und auch höhere Koordinationszahlen, vor allem 7, 8 und 9, sind nicht ungewöhnlich, wie zum Beispiel beim ZrO_2 (K.Z. 7), $Mo(CN)_8^{4-}$ oder $LaCl_3$ (K.Z. 9). Besondere Bedingungen gelten bei der Elektronenkonfiguration d^8, nämlich bei Pd(II), Pt(II), Ag(III) und Au(III), die fast immer quadratisch koordiniert sind. Bei Pd(0), Pt(0), Ag(I), Au(I) und Hg(II) (d^{10}) kommt sehr häufig die lineare Koordination (K.Z. 2) vor.

Tabelle 9.2 gibt eine Übersicht über die wichtigsten Koordinationspolyeder mit zugehörigen Beispielen.

9.3 Isomerie

Zwei Verbindungen sind *isomer*, wenn sie bei gleicher Zusammensetzung verschiedene Molekülstrukturen haben. Isomere unterscheiden sich in ihren physikalischen und chemischen Eigenschaften.

Konstitutionsisomere unterscheiden sich darin, welche Atome miteinander verknüpft sind, die *Konstitution* ihrer Moleküle ist verschieden. Beispiele:

Vor allem bei Komplexverbindungen der Übergangsmetalle kennt man mehrere Arten von Konstitutionsisomeren, nämlich:

Bindungsisomere, die sich darin unterscheiden, über welches Atom ein Ligand an ein Zentralatom gebunden ist, zum Beispiel:

$$\begin{array}{cc}
Ph_3As \diagdown \diagup AsPh_3 \\
Pt \\
N\equiv C-S \quad\quad S-C\equiv N
\end{array}
\qquad
\begin{array}{cc}
Ph_3As \diagdown \diagup AsPh_3 \\
Pt \\
\underset{S}{C}\diagdown N \quad N \diagup \underset{S}{C}
\end{array}$$

Weitere Liganden, die über verschiedene Atome gebunden sein können, sind OCN^- und NO_2^-. Cyanidionen sind in isolierten Komplexen immer über ihre C-Atome gebunden, in polymeren Strukturen wie im Berliner Blau können sie über beide Atome koordiniert sein ($Fe-C\equiv N-Fe$).

Koordinationsisomere kommen vor, wenn komplexe Kationen und komplexe Anionen vorhanden sind und Liganden zwischen Kation und Anion vertauscht werden, zum Beispiel:

$$[Cu(NH_3)_4][PtCl_4] \qquad [Pt(NH_3)_4][CuCl_4]$$
$$[Pt(NH_3)_4][PtCl_6] \qquad [Pt(NH_3)_4Cl_2][PtCl_4]$$

Weitere Varianten sind:

Hydratisomere, z.B. $\quad [Cr(OH_2)_6]Cl_3,$
$$[Cr(OH_2)_5Cl]Cl_2 \cdot H_2O,$$
$$[Cr(OH_2)_4Cl_2]Cl \cdot 2H_2O$$

Ionisationsisomere, z.B. $\quad [Pt(NH_3)_4Cl_2]Br_2, \; [Pt(NH_3)_4Br_2]Cl_2$

Stereoisomere haben die gleiche Konstitution, aber eine andere räumliche Anordnung der Atome; sie unterscheiden sich in ihrer *Konfiguration*. Dabei sind zwei Fälle zu betrachten: Diastereomere und Enantiomere.

Diastereomere begegnen uns als *cis-trans*-Isomere bei Verbindungen mit Doppelbindungen wie beim N_2F_2 und vor allem bei Koordinationspolyedern, die verschiedenerlei Liganden haben. Die wichtigsten Vertreter sind quadratische und oktaedrische Komplexe mit zwei oder mehr verschiedenen Liganden (Abb. 9.7). Zur Bezeichnung in komplizierteren Fällen werden die Polyederecken alphabetisch numeriert, zum Beispiel *abf*-Triaqua-*cde*-tribromoplatin(IV) für *mer*-$[PtBr_3(OH_2)_3]^+$. Bei tetraedrischen Komplexen gibt es keine Diastereomeren. Bei anderen Koordinationspolyedern nimmt die Zahl der möglichen Isomeren mit der Anzahl der verschiedenen Liganden zu; in der Regel sind aber nur eines oder zwei der Isomeren bekannt.

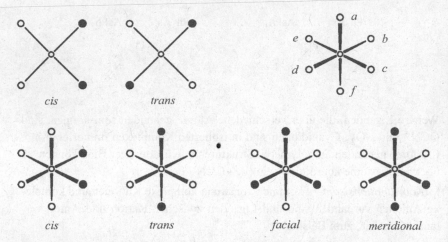

cis   *trans*   *facial*   *meridional*

Abb. 9.7: Diastereomere bei quadratischer und oktaedrischer Koordination mit zwei verschiedenen Liganden. Rechts oben: Kennzeichnung der Ligandenpositionen an einem oktaedrischen Komplex

Enantiomere sind völlig gleichartig aufgebaut und trotzdem verschieden. Ihre Strukturen sind zueinander spiegelbildlich. In ihren physikalischen Eigenschaften unterscheiden sie sich nur gegenüber Erscheinungen, die polar sind, d. h. die durch eine Vorzugsrichtung ausgezeichnet sind. Dazu gehört insbesondere polarisiertes Licht, dessen Polarisationsebene beim Passieren durch eine Lösung der Substanz gedreht wird. Deshalb werden Enantiomere auch als optische Isomere bezeichnet. In ihren chemischen Eigenschaften unterscheiden sich Enantiomere nur wenn sie mit einer Verbindung reagieren, die selbst ein Enantiomeres ist.

Voraussetzung für das Auftreten von Enantiomeren ist das Vorliegen einer *chiralen* Struktur. Chiralität ist eine reine Symmetrieeigenschaft: chiral ist eine Struktur dann, wenn keine Inversionsachse (Drehspiegelachse) vorhanden ist (vgl. Kapitel 3). Da sowohl Spiegelebene als auch Inversionszentrum Sonderfälle von Inversionsachsen sind ($\bar{2}$ bzw. $\bar{1}$), dürfen diese nicht auftreten. Bei Kristallen dürfen auch keine Gleitspiegelebenen vorkommen. Drehachsen und Schraubenachsen sind erlaubt. Die meisten der bekannten chiralen Verbindungen sind organische Naturstoffe, in deren Molekülen ein oder mehrere *asymmetrisch substituierte C-Atome* vorhanden sind (stereogene Atome). Chiralität liegt vor, wenn an einem tetraedrisch koordinierten Atom vier verschiedene

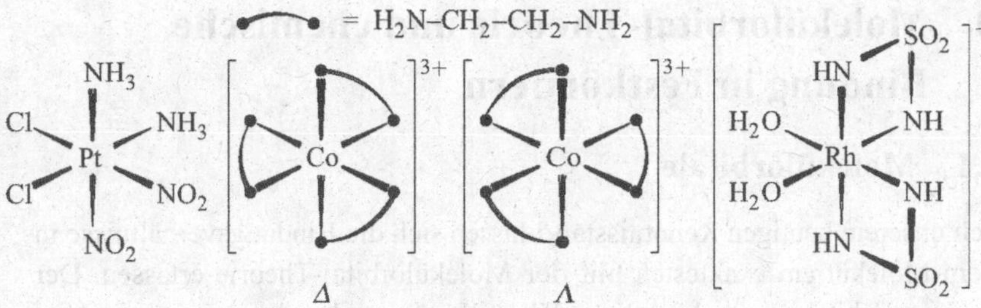

Abb. 9.8: Beispiele für einige chirale Komplexe mit oktaedrischer Koordination

Liganden vorhanden sind.* Bekannte anorganische Enantiomere sind überwiegend Komplexverbindungen, meist mit oktaedrischer Koordination. Vor allem Chelatverbindungen gehören dazu, für die in Abb. 9.8 Beispiele gezeigt sind. Bei Trichelat-Komplexen wie $[Co(H_2N(CH_2)_2NH_2)_3]^{3+}$ kann die Konfiguration mit Δ und Λ bezeichnet werden: man betrachte die Struktur entlang der dreizähligen Drehachse wie in Abb. 9.8 gezeigt; sind die Chelatgruppen so orientiert wie die Windungen in einer rechtsgängigen Schraube, dann ist das Symbol Δ.

9.4 Übungsaufgaben

9.1 Geben Sie an, bei welchen der folgenden oktaedrischen High-Spin-Komplexe eine JAHN–TELLER-Verzerrung zu erwarten ist.
TiF_6^{2-}, MoF_6, $[Cr(OH_2)_6]^{2+}$, $[Mn(OH_2)_6]^{2+}$, $[Mn(OH_2)_6]^{3+}$, $FeCl_6^{3-}$, $[Ni(NH_3)_6]^{2+}$, $[Cu(NH_3)_6]^{2+}$.

9.2 Geben Sie an, bei welchen der folgenden tetraedrischen Komplexe eine JAHN–TELLER-Verzerrung zu erwarten ist und welcher Art die Verzerrung ist.
$CrCl_4^-$, $MnBr_4^{2-}$, $FeCl_4^-$, $FeCl_4^{2-}$, $NiBr_4^{2-}$, $CuBr_4^{2-}$, $Cu(CN)_4^{3-}$, $Zn(NH_3)_4^{2+}$.

9.3 Entscheiden Sie, ob die folgenden Komplexe tetraedrisch oder quadratisch sind.
$Co(CO)_4^-$, $Ni(PF_3)_4$, $PtCl_2(NH_3)_2$, $Pt(NH_3)_4^{2+}$, $Cu(OH)_4^{2-}$, Au_2Cl_6 (dimer über Chlorobrücken).

9.4 Welche sind die Punktgruppen der Komplexe in Abb. 9.8 und warum sind sie chiral?

---

*In der organischen Stereochemie wird häufig der Begriff „Chiralitätszentrum" oder „Asymmertiezentrum" verwendet, womit meistens ein asymmetrisch substituiertes C-Atom gemeint ist. Diese Begriffe sind ein Widerspruch in sich selbst: ein chirales Objekt hat per Definition kein Zentrum (in der Symmetrielehre gibt es nur eine Art von Zentrum, nämlich das Inversionszentrum).

10 Molekülorbital-Theorie und chemische Bindung in Festkörpern

10.1 Molekülorbitale

Nach unserem heutigen Kenntnisstand lassen sich die Bindungsverhältnisse in einem Molekül am exaktesten mit der Molekülorbital-Theorie erfassen. Der Terminus Orbital ist eine künstliche Wortschöpfung, der einerseits an die Vorstellung eines kreisenden Elektrons erinnern soll (orbit = Umlaufbahn), andererseits aber zum Ausdruck bringen soll, daß damit die Verhältnisse nicht ausreichend genau erfaßt werden. Mathematisch wird das Elektron als stehende Welle behandelt, für die sich eine Wellenfunktion ψ formulieren läßt. Für das Wasserstoffatom sind die Wellenfunktionen für den Grundzustand und alle angeregten Zustände exakt bekannt, sie können durch Lösung der SCHRÖDINGER-Gleichung berechnet werden. Für andere Atome werden wasserstoffähnliche Wellenfunktionen angenommen, zu deren Berechnung Näherungsverfahren zur Verfügung stehen.

Die Wellenfunktion eines Elektrons entspricht der Funktion, mit der die Amplitude einer schwingenden Saite in Abhängigkeit des Ortes x erfaßt wird. Die entgegengesetzte Richtung der Schwingungsbewegung der Saite auf den beiden Seiten eines Schwingungsknotens wird durch entgegengesetzte Vorzeichen der

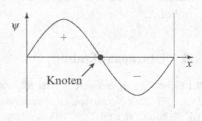

Wellenfunktion zum Ausdruck gebracht. Auch die Wellenfunktion eines Elektrons hat entgegengesetzte Vorzeichen auf den beiden Seiten einer Knotenfläche. Sie ist eine Funktion des Ortes x, y, z, bezogen auf ein Koordinatensystem, dessen Ursprung im Atomkern liegt.

Wellenfunktionen für die Orbitale von Molekülen werden durch Linearkombination *aller* Wellenfunktionen *aller* beteiligten Atome berechnet. Dabei bleibt die Gesamtzahl der Orbitale unverändert, die Gesamtzahl der eingebrachten Atomorbitale entspricht der Anzahl der Molekülorbitale. Darüberhinaus müssen bei der Berechnung noch einige weitere Bedingungen erfüllt sein; dazu gehören lineare Unabhängigkeit der Funktionen und ihre Normalisierung. Im folgenden werden Wellenfunktionen von Atomen mit χ, solche von Molekülen mit ψ bezeichnet. Die Wellenfunktionen eines H_2-Moleküls ergeben sich durch Linearkombination der $1s$-Funktionen χ_1 und χ_2 der beiden Wasserstoffatome:

$$\psi_1 = \tfrac{1}{2}\sqrt{2}(\chi_1 + \chi_2) \qquad\qquad \psi_2 = \tfrac{1}{2}\sqrt{2}(\chi_1 - \chi_2)$$

$$\chi_1 \;+\; \chi_2 \qquad\qquad\qquad \chi_1 \;+\quad -\; \chi_2$$

bindend   antibindend

Im Vergleich zum H-Atom sind Elektronen mit der Funktion ψ_1 energieärmer, solche mit der Funktion ψ_2 energiereicher. Wenn die beiden vorhandenen Elektronen das bindende Molekülorbital „besetzen", ist dies energetisch vorteilhaft, ψ_1 ist die Wellenfunktion eines *bindenden* Molekülorbitals. ψ_2 gehört zu einem *antibindenden* Molekülorbital, seine „Besetzung" mit Elektronen erfordert Energieaufwand.

Zur Berechnung der Wellenfunktionen für die Bindung zwischen zwei verschiedenen Atomen gehen die Funktionen der Atome mit verschiedenen Koeffizienten c_1 und c_2 ein:

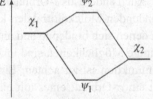

$$\psi_1 = c_1\chi_1 + c_2\chi_2 \qquad (10.1)$$
$$\psi_2 = c_2\chi_1 - c_1\chi_2 \qquad (10.2)$$

Die Aufenthaltswahrscheinlichkeit eines Elektrons an einem Ort x,y,z ist durch ψ^2 gegeben. Über den gesamten Raum integriert, muß die Aufenthaltswahrscheinlichkeit 1 sein:

$$1 = \int \psi_1^2\, dV = \int |c_1\chi_1 + c_2\chi_2|^2\, dV = c_1^2 + c_2^2 + 2c_1c_2S_{12} \qquad (10.3)$$

Dabei ist S_{12} das *Überlappungsintegral* zwischen χ_1 und χ_2. Das Glied $2c_1c_2S_{12}$ ist die *Überlappungspopulation*, in ihr kommt die elektronische Wechselwirkung zwischen den Atomen zum Ausdruck. Die Anteile c_1^2 und c_2^2 können den Atomen 1 bzw. 2 zugeordnet werden.

Die Gleichung (10.3) ist erfüllt, wenn $c_1^2 \approx 1$ und $c_2^2 \approx 0$; in diesem Fall hält sich das Elektron im wesentlichen nur am Atom 1 auf und die Überlappungspopulation ist annähernd Null. Dies ist die Situation einer geringen elektronischen Wechselwirkung, entweder weil die betreffenden Orbitale zu weit voneinander entfernt sind oder weil sie sich energetisch sehr unterscheiden. In diesem Fall ist das Elektron am Atom 1 lokalisiert und trägt nicht zur Bindung bei.

Für ψ_1 ist die Überlappungspopulation $2c_1 c_2 S_{12}$ positiv, das Elektron ist bindend; für ψ_2 ist sie negativ, das Elektron ist antibindend. Generell bedeutet das: Wellenfunktionen, die sich additiv mit gleichem Vorzeichen überlappen, ergeben bindende Wechselwirkungen; Überlappung mit entgegengesetztem Vorzeichen sind antibindend. Die Summe über die Werte $2c_1 c_2 S_{12}$ aller besetzten Orbitale des Moleküls, die MULLIKEN-Überlappungspopulation, sagt etwas über die Bindungsstärke oder Bindungsordnung (B.O.) aus:

B.O. = $\frac{1}{2}$[(Zahl der bindenden Elektronen) − (Zahl der antibindenden Elektronen)]

Die Berechnung der Bindungsordnung ist allerdings nicht immer eindeutig. Sollen Orbitale mit nur schwach bindender oder schwach antibindender Wirkung mitgezählt werden oder nicht? Trotzdem ist die Bindungsordnung eine einfache und nützliche Größe. In Valenzstrichformeln entspricht sie der Zahl der Bindungsstriche.

Auch andere als s-Orbitale können zu bindenden, antibindenden oder nichtbindenden Molekülorbitalen kombiniert werden. Nichtbindend sind Orbitale, in denen sich bindende und antibindende Komponenten gegenseitig aufheben. Einige Möglichkeiten sind in Abb. 10.1 gezeigt. Auf die Vorzeichen der Wellenfunktion ist zu achten. Ein bindendes Molekülorbital ohne Knotenebene ist ein σ-Orbital; eines mit einer parallel zur Verbindungslinie zwischen den Atommittelpunkten verlaufenden Knotenebene ist ein π- und eines mit zwei solcher Knotenebenen ist ein δ-Orbital. Antibindende Orbitale werden häufig mit einem Stern * bezeichnet.

10.2 Hybridisierung

Um die vier Bindungen im Methanmolekül zu berechnen, werden die vier $1s$-Funktionen der vier Wasserstoffatome sowie die Funktionen $2s$, $2p_x$, $2p_y$ und $2p_z$ des Kohlenstoffatoms zu acht Wellenfunktionen kombiniert, von denen vier bindend und vier antibindend sind. Die vier bindenden sind:

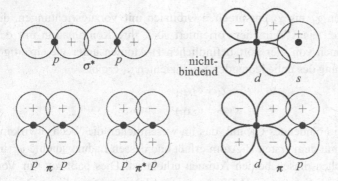

Abb. 10.1: Einige Kombinationen von Atomorbitalen zu Molekülorbitalen. Sterne bezeichnen antibindende Orbitale

$$\psi_1 = \tfrac{1}{2}c_1(s + p_x + p_y + p_z) + c_2\chi_{H1} + c_3(\chi_{H2} + \chi_{H3} + \chi_{H4})$$

$$\psi_2 = \tfrac{1}{2}c_1(s + p_x - p_y - p_z) + c_2\chi_{H2} + c_3(\chi_{H3} + \chi_{H4} + \chi_{H1})$$

$$\psi_3 = \tfrac{1}{2}c_1(s - p_x + p_y - p_z) + c_2\chi_{H3} + c_3(\chi_{H4} + \chi_{H1} + \chi_{H2})$$

$$\psi_4 = \tfrac{1}{2}c_1(s - p_x - p_y + p_z) + c_2\chi_{H4} + c_3(\chi_{H1} + \chi_{H2} + \chi_{H3})$$

ψ_1, ψ_2, ... sind die Wellenfunktionen des CH_4-Moleküls, s, p_x, p_y und p_z stehen für die Wellenfunktionen des C-Atoms und χ_{H1}, χ_{H2}, ... für die der H-Atome. Von den Koeffizienten c_1, c_2 und c_3 ist $c_3 \approx 0$.

So wie sie formuliert sind, sind die Funktionen nicht besonders anschaulich. Sie entsprechen nicht dem Bild, das Chemiker mit der Entstehung einer Bindung zwischen zwei Atomen assoziieren: die Vorstellung, wie sich die Atome aufeinander zubewegen und ihre Atomorbitale zu Molekülorbitalen verschmelzen. Für diese Vorstellung ist es zweckmäßig, von Atomorbitalen auszugehen, deren räumliche Orientierung der Struktur des sich bildenden Moleküls entspricht. Solche Orbitale erhält man durch *Hybridisierung* der Atomorbitale. Anstatt die Molekülorbitale des Methans in einem Schritt nach den obigen Gleichungen zu berechnen, geht man in zwei Schritten vor. Zuerst werden nur die Wellenfunktionen des C-Atoms zu sp^3-*Hybridorbitalen* kombiniert:

$$\chi_1 = \tfrac{1}{2}(s + p_x + p_y + p_z)$$

$$\chi_2 = \tfrac{1}{2}(s + p_x - p_y - p_z)$$

$$\chi_3 = \tfrac{1}{2}(s - p_x + p_y - p_z)$$

$$\chi_4 = \tfrac{1}{2}(s - p_x - p_y + p_z)$$

Die Funktionen χ_1 bis χ_4 entsprechen Orbitalen mit Vorzugsrichtungen, die nach den Ecken eines Tetraeders orientiert sind. Ihre Kombination mit den Wellenfunktionen von vier dort befindlichen H-Atomen unter gleichzeitiger Vernachlässigung des unbedeutenden Koeffizienten c_3 ergibt:

$$\psi_1 = c_1\chi_1 + c_2\chi_{H1}$$
$$\psi_2 = c_1\chi_2 + c_2\chi_{H2} \quad \text{usw.}$$

ψ_1 erfaßt ein bindendes Orbital, das im wesentlichen die Wechselwirkung des C-Atoms mit dem ersten H-Atom erfaßt und dessen Ladungsdichte ψ_1^2 im Bereich zwischen diesen beiden Atomen erhöht ist. Dies paßt gut zur Vorstellung einer *lokalisierten* C–H-Bindung: Das Elektronenpaar dieses Orbitals wird einer Bindung zwischen diesen beiden Atomen zugeordnet und in der Valenzstrichformel durch einen Bindungsstrich symbolisiert.

Genaugenommen ist jede der Bindungen eine „Mehrzentrenbindung", an der die Wellenfunktionen aller Atome teilhaben. Wegen der Ladungskonzentration im Bereich zwischen zwei Atomen und dem geringen Anteil von χ_{H2}, χ_{H3} und χ_{H4} kann die Bindung aber in guter Näherung als „Zwei-Elektronen-zwei-Zentren-Bindung" (2e2c-Bindung) zwischen den Atomen C und H1 aufgefaßt werden. Die Hybridisierung ist vom mathematischen Standpunkt nicht erforderlich, und sie wird bei den üblichen Molekülorbital-Rechnung auch nicht durchgeführt; sie ist aber ein hilfreicher Rechentrick, um die Wellenfunktionen der Vorstellungswelt des Chemikers anzupassen.

Für Moleküle mit verschiedener Struktur sind verschiedene Hybridfunktionen geeignet. Durch Linearkombinationen von s- und p-Orbitalen lassen sich beliebig viele Hybridfunktionen formulieren:

$$\chi_i = \alpha_i s + \beta_i p_x + \gamma_i p_y + \delta_i p_z$$

Die Koeffizienten müssen normiert sein, d. h. $\alpha_i^2 + \beta_i^2 + \gamma_i^2 + \delta_i^2 = 1$. Ihre Werte bestimmen die Vorzugsrichtungen der Hybridorbitale. Zum Beispiel beschreiben die Funktionen

$$\chi_1 = 0{,}833s + 0{,}32(p_x + p_y + p_z)$$
$$\chi_2 = 0{,}32s + 0{,}547(p_x - p_y - p_z)$$
$$\chi_3 = 0{,}32s + 0{,}547(-p_x + p_y - p_z)$$
$$\chi_4 = 0{,}32s + 0{,}547(-p_x - p_y + p_z)$$

ein Orbital (χ_1) mit 69 % (= $0{,}833^2 \cdot 100$ %) s- und 31 % p-Anteil sowie drei Orbitale (χ_2, χ_3, χ_4) mit jeweils 10 % s- und 90 % p-Anteil. Damit lassen sich Wellenfunktionen für ein Molekül $|AX_3$ berechnen, dessen einsames

Elektronenpaar (χ_1) einen höheren s-Anteil hat und zu dessen Bindungen die p-Orbitale mehr beitragen als bei sp^3-Hybridisierung. Die zugehörigen Bindungswinkel liegen zwischen $90°$ und $109,5°$, nämlich bei $96,5°$.

Zur Beurteilung, welche Werte die Koeffizienten α_i, β_i, γ_i und δ_i haben müssen, damit die Bindungsenergie maximal wird und sich die richtige Molekülstruktur ergibt, sind die gegenseitigen Wechselwirkungen der beteiligten Elektronen zu berücksichtigen. Der damit verbundene Rechenaufwand ist groß. Qualitativ lassen sich die Wechselwirkungen jedoch gut abschätzen: das ist genau das, was die Valenzelektronenpaar-Abstoßungstheorie leistet.

10.3 Die Elektronen-Lokalisierungs-Funktion

Wellenfunktionen lassen sich recht zuverlässig mit quantenchemischen Näherungsverfahren berechnen. Die Summe über die Quadrate aller Wellenfunktionen ψ_i der besetzten Orbitale an einem Ort x, y, z ist die Elektronendichte $\rho(x, y, z) = \sum \psi_i^2$, die sich auch (mit erheblichem Aufwand) experimentell durch Röntgenbeugung messen läßt. Die Elektronendichte eignet sich aber nicht besonders gut, um chemische Bindungen zu veranschaulichen; sie zeigt eine Anhäufung von Elektronen in der Nähe der Atomkerne. Nach Abzug des Anteils der Rumpfelektronen kann man zwar die erhöhte Elektronendichte im Bereich der chemischen Bindungen erkennen, es bleibt aber schwierig, die Elektronenpaare zu erkennen und sie zu unterscheiden.

Abhilfe leistet hier die Elektronen-Lokalisierungs-Funktion (ELF). Sie zerlegt die Elektronendichte in Raumbereiche, die den Vorstellungen von Elektronenpaaren entsprechen, und sie kommt zu Ergebnissen, die zur Valenzelektronenpaar-Abstoßungstheorie passen. An einem Ort x, y, z hat ein Elektron eine bestimmte, quantenmechanisch berechenbare Elektronendichte $\rho_1(x, y, z)$. Nimmt man ein kleines, kugelförmiges Volumenelement ΔV um diesen Ort, dann entspricht das Produkt $n_1(x, y, z) = \rho_1(x, y, z)\Delta V$ der Elektronenzahl in diesem Volumenelement. Wird die Elektronenzahl vorgegeben, paßt sich die Kugelgröße ΔV an die Elektronendichte an. Für diese vorgegebene Elektronenzahl kann nun die Wahrscheinlichkeit $w(x, y, z)$ berechnet werden, ein zweites Elektron mit gleichem Spin an diesem Ort anzutreffen; nach dem PAULI-Prinzip muß dieses Elektron zu einem anderen Elektronenpaar gehören. Die Elektronen-Lokalisierungs-Funktion kann nun mit Hilfe dieser Wahrscheinlichkeit definiert werden:

$$\mathrm{ELF}(x, y, z) = \frac{1}{1 + (c - w(x, y, z))^2}$$

c ist eine positive Konstante, die willkürlich so gewählt wird, daß sich für ein homogenes Elektronengas ELF $= 0,5$ ergibt.

Die Eigenschaften der so definierten Funktion sind:

- ELF ist ein Funktion der Ortskoordinaten x, y, z.
- ELF nimmt Werte zwischen 0 und 1 an.
- Im Aufenthaltsbereich eines Elektronenpaars, also dort wo die Wahrscheinlichkeit gering ist, ein zweites Elektronenpaar anzutreffen, nimmt ELF hohe Werte an. Niedrige ELF-Werte trennen die Bereiche verschiedener Elektronenpaare.
- Die Symmetrie von ELF entspricht derjenigen des Moleküls oder Kristalls.

Die ELF kann man mit Bildern veranschaulichen. Beliebt sind Schnitte durch ein Molekül mit farblicher Darstellung, weiß für hohe ELF-Werte, dann über gelb–rot–violett–blau–dunkelblau zu niedrigen Werten; durch die Farbpunktdichte kann man zugleich die Elektronendichte zeigen. Im Schwarzweißdruck kann man Höhenlinien statt der Farben verwenden. Eine weitere Möglichkeit bieten perspektivische Bilder mit Isoflächen, also Flächen mit konstantem ELF-Wert. In Abb. 10.2 sind Isoflächen mit ELF $= 0,8$ für einige Moleküle gezeigt; der Wert ELF $= 0,8$ ist erfahrungsgemäß gut geeignet, um die Verteilung von Elektronenpaaren im Raum erkennen zu lassen.

Abb. 10.2 zeigt einerseits die Isoflächen um die Fluoratome, andererseits sind die einsamen Elektronenpaare an den Zentralatomen gut erkennbar. Der Platzbedarf eines einsamen Elektronenpaars ist größer als der für die vier Elektronenpaare um eines der elektronegativeren Fluoratome. Die drei einsamen Elektronenpaare am Chloratom von ClF_2^- ergeben zusammen einen rotationssymmetrischen Torus.

10.4 Bändertheorie. Die lineare Kette aus Wasserstoffatomen

In einem Festkörper, der sich nicht auf der Basis von lokalisierten kovalenten Bindungen oder von Ionen interpretieren läßt, muß zur Beurteilung der Bindungsverhältnisse die Gesamtheit der Molekülorbitale für *alle* beteiligten Atome betrachtet werden. Die damit befaßte *Bändertheorie* bietet das umfassendste Konzept zur chemischen Bindung. Die Ionenbindung und die lokalisierten kovalenten Bindungen ergeben sich als Sonderfälle hiervon. Die in

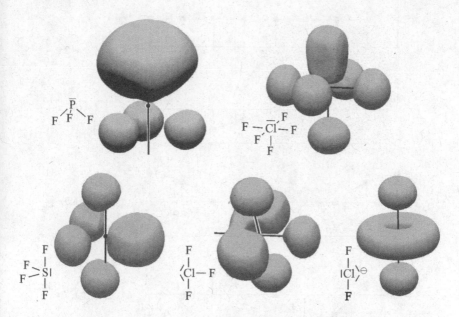

Abb. 10.2: Isoflächen mit ELF = 0,8 für einige Moleküle mit einsamen Elektronenpaaren (Bilder von T. Fässler, Technische Universität München)

diesem Kapitel vorgestellten Überlegungen basieren auf der gut verständlichen Darstellung von R. HOFFMANN [101], die zur vertiefenden Lektüre empfohlen sei. Betrachten wir zunächst eine lineare Kette von $N + 1$ äquidistanten Wasserstoffatomen. Bei der Linearkombination ihrer $1s$-Funktionen kommt man zu $N + 1$ Wellenfunktionen $\psi_{k'}$, $k' = 0, \ldots, N$. Die Wellenfunktionen haben eine gewisse Ähnlichkeit mit den stehenden Wellen auf einer schwingenden Saite oder, besser, mit den Schwingungen einer Kette aus $N + 1$ Kugeln, die mit Federn verbunden sind (Abb. 10.3). Die Kette kann verschiedene Schwingungszustände wahrnehmen, die sich durch die Anzahl der Schwingungsknoten unterscheiden; wir numerieren die Zustände mit der Laufzahl k', welche der jeweiligen Anzahl der Knoten entspricht. k' kann nicht größer als N sein, da in der Kette nicht mehr Knoten als Kugeln vorkommen können. Wir numerieren die $N + 1$ Kugeln von $n = 0$ bis $n = N$. Jede Kugel schwingt mit einer bestimmten Amplitude:

$$A_n = A_0 \cos 2\pi \frac{k'n}{2N}$$

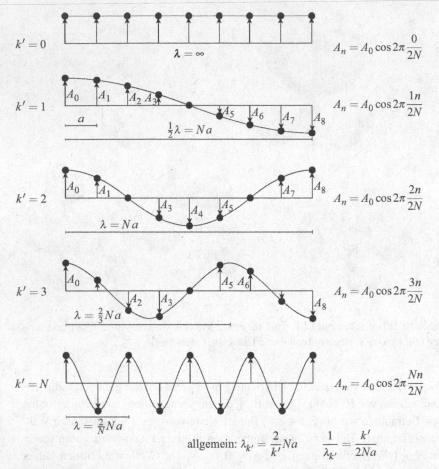

$$\lambda = \infty \qquad A_n = A_0 \cos 2\pi \frac{0}{2N}$$

$$k' = 0$$

$$k' = 1 \qquad \tfrac{1}{2}\lambda = Na \qquad A_n = A_0 \cos 2\pi \frac{1n}{2N}$$

$$k' = 2 \qquad \lambda = Na \qquad A_n = A_0 \cos 2\pi \frac{2n}{2N}$$

$$k' = 3 \qquad \lambda = \tfrac{2}{3}Na \qquad A_n = A_0 \cos 2\pi \frac{3n}{2N}$$

$$k' = N \qquad \lambda = \tfrac{2}{N}Na \qquad A_n = A_0 \cos 2\pi \frac{Nn}{2N}$$

$$\text{allgemein:} \quad \lambda_{k'} = \frac{2}{k'}Na \qquad \frac{1}{\lambda_{k'}} = \frac{k'}{2Na}$$

Abb. 10.3: Schwingungen einer Kette aus $N+1$ durch Federn miteinander verbundener Kugeln

Jeder der stehenden Wellen kommt eine Wellenlänge $\lambda_{k'}$ zu:

$$\lambda_{k'} = \frac{2Na}{k'}$$

a ist der Abstand zwischen zwei Kugeln. Anstatt die Schwingungszustände mit der Laufzahl k' zu bezeichnen, ist es zweckmäßig, die Wellenzahl k zu verwenden:

$$k = \frac{2\pi}{\lambda_{k'}} = \frac{\pi k'}{Na}$$

Man macht sich dadurch von der Zahl N unabhängig, da die Grenzwerte für k nun bei 0 und π/a liegen. Im Gegensatz zu k' sind die Werte k nicht ganzzahlig.

Für die Elektronen der Kette aus Wasserstoffatomen ergibt sich die k-te Wellenfunktion in ähnlicher Weise. Jedes Atom liefert einen Beitrag $\chi_n \cos nka$, d. h. an die Stelle von A_0 tritt die $1s$-Funktion χ_n des n-ten Atoms der Kette. Alle Atome haben die gleiche Funktion χ, bezogen auf das lokale Koordinatensystem des Atoms, mit dem Index n wird die Lage des Atoms in der Kette berücksichtigt. Die k-te Wellenfunktion setzt sich aus Beiträgen aller Atome zusammen:

$$\psi_k = \sum_{n=0}^{N} \chi_n \cos nka \tag{10.4}$$

Die so aus den Einzelbeiträgen der Atome zusammengesetzte Wellenfunktion nennt man BLOCH-Funktion. (In Abhandlungen zur Quantentheorie wird die Funktion mit Exponentialfunktionen $\exp(inka)$ anstelle von Kosinusfunktionen formuliert, da dies die mathematische Behandlung vereinfacht).

Die Zahl k ist mehr als nur die Laufzahl zur Bezeichnung einer Wellenfunktion. Nach der DE-BROGLIE-Beziehung $p = h/\lambda$ kann einem Elektron ein Impuls p zugeordnet werden (h = PLANCK-Konstante). k und der Impuls hängen miteinander zusammen:

$$k = \frac{2\pi}{\lambda} = \frac{2\pi p}{h} \tag{10.5}$$

An der unteren Grenze $k = 0$ hat die Kosinus-Funktion immer den Wert 1, d. h. $\psi_0 = \sum \chi_n$. An der oberen Grenze $k = \pi/a$ haben die Kosinus-Glieder in der Summe von Gleichung (10.4) abwechselnd den Wert $+1$ und -1, d. h. $\psi_{\pi/a} = \chi_0 - \chi_1 + \chi_2 - \chi_3 + \dots$. Markieren wir ein H-Atom, das mit $+\chi$ in die Summe eingeht, mit ● und eines, das mit $-\chi$ eingeht, mit ○, so entspricht das folgenden Abfolgen in der Atomkette:

$k = \pi/a:\quad \psi_{\pi/a} = \chi_0 - \chi_1 + \chi_2 - \chi_3 + \cdots$ ●──○──●──○──●

$k = 0:\quad\quad \psi_0 = \chi_0 + \chi_1 + \chi_2 + \chi_3 + \cdots$ ●──●──●──●──●

ψ_0 der Kette entspricht dem bindenden Molekülorbital des H_2-Moleküls. Bei $\psi_{\pi/a}$ befindet sich immer ein Knotenpunkt zwischen zwei benachbarten Atomen, die Wellenfunktion ist vollständig antibindend. Zu jeder Wellenfunktion ψ_k gehört ein definierter Energiebetrag. Bei einer Zahl von 10^6 H-Atomen in der Kette befinden sich somit 10^6 Energieniveaus $E(k)$ innerhalb der Gren-

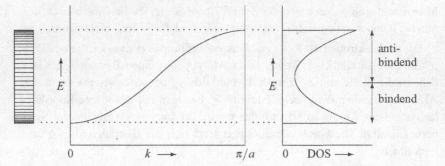

Abb. 10.4: Energieniveaus in einem Band, Bandstruktur und Zustandsdichte (DOS)

zen $E(0)$ und $E(\pi/a)$.* Der Bereich innerhalb dieser Grenzen wird *Energieband* oder kurz *Band* genannt. Die Energieniveaus liegen nicht äquidistant im Band. Abb. 10.4 gibt links eine Skizze des Bands wieder, bei dem die eingezeichneten Linien den Energieniveaus entsprechen; statt 10^6 sind allerdings nur 38 Linien eingetragen. Im mittleren Bild ist die *Bandstruktur*, d. h. die Energie als Funktion von k gezeigt; die kontinuierlich erscheinende Kurve besteht in Wirklichkeit aus zahlreichen dicht beieinanderliegenden Punkten. Der flachere Verlauf an den Kurvenenden zeigt eine dichtere Abfolge der Energieniveaus an den Bandgrenzen an. Die Dichte der Abfolge, die *Zustandsdichte* (DOS = density of states) ist im rechten Bild gezeigt; DOS·dE = Anzahl der Niveaus zwischen E und $E+dE$. Die Energieniveaus im unteren Teil des Bandes gehören zu bindenden, im oberen Teil zu antibindenden Zuständen.

Die *Bandbreite* oder *Banddispersion* ist die Energiedifferenz zwischen dem höchsten und dem niedrigsten Energieniveau im Band. Je stärker die Wechselwirkung zwischen den Atomen, d. h. je größer die Überlappung der Atomorbitale ist, desto größer ist die Bandbreite. Ein kleinerer interatomarer Abstand a bedingt eine größere Bandbreite. So errechnet sich die Bandbreite in der H-Atomkette zu 4,4 eV, wenn benachbarte Atome 200 pm voneinander entfernt sind, und zu 39 eV, wenn sie auf 100 pm zusammenrücken.

Da nach dem PAULI-Prinzip je zwei Elektronen die gleiche Wellenfunktion annehmen können, nehmen die N Elektronen der N Wasserstoffatome die Zustände in der unteren Hälfte des Bandes wahr, das Band ist halbbesetzt. Das höchste besetzte Energieniveau (= HOMO = highest occupied molecular or-

---

*Bei einem Atomabstand von 100 pm und einer Kettenlänge von 0,1 mm lassen sich 10^6 Atome unterbringen

bital) ist die *Fermi-Grenze*. Immer wenn die FERMI-Grenze innerhalb eines Bandes liegt, hat man es mit einem metallischen elektrischen Leiter zu tun. Es ist nur ein minimaler Energieaufwand notwendig, um ein Elektron von einem besetzten Orbital unterhalb der FERMI-Grenze auf ein unbesetztes Orbital darüber anzuregen; der leichte Wechsel auf andere Orbitale ist gleichbedeutend mit einer hohen Beweglichkeit der Elektronen. Wegen der Anregung durch die thermische Energie befindet sich sogar immer ein Bruchteil der Elektronen oberhalb der FERMI-Grenze.

Die Kurve für den Energieverlauf als Funktion von k in Abb. 10.4 hat eine positive Steigung. Dies ist nicht immer so. Reiht man p-Orbitale zu einer Kette zusammen, so ist die Situation genau umgekehrt. Die Wellenfunktion $\psi_0 = \sum \chi_n$ ist dann antibindend, während $\psi_{\pi/a}$ bindend ist (Abb. 10.5). Auch hier gilt, daß mit einem Elektron pro Atom das Band halbbesetzt ist, also die bindenden Zustände besetzt und die antibindenden unbesetzt sind.

Verschiedene Bänder können sich überschneiden, d. h. die untere Grenze eines Bandes kann bei niedrigerer Energie liegen als die obere Grenze eines anderen Bandes. Dies gilt vor allem für breite Bänder.

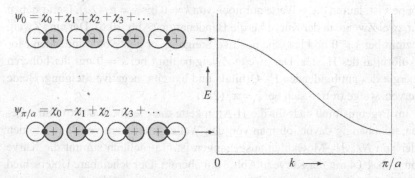

Abb. 10.5: Bandstruktur für eine Kette von aufeinander ausgerichteten p-Orbitalen

10.5 Die Peierls-Verzerrung

Im vorigen Abschnitt haben wir das Modell einer Wasserstoffkette mit völlig delokalisierten (metallischen) Bindungen skizziert. Ein Chemiker wird dieses Modell intuitiv für irreal halten, denn die Atome sollten sich paarweise zu H_2-Molekülen zusammenfinden. Anders gesagt, die Kette aus äquidistanten H-Atomen ist instabil, sie unterliegt einer Verzerrung, bei der die Atome paarweise aufeinander zurücken. In der Festkörperphysik wird dieser Vorgang PEIERLS-Verzerrung (oder starke Elektron-Phonon-Kopplung) genannt:

$$\cdots\vec{H}\cdots\cdots\overset{\leftarrow}{H}\cdots\cdots\vec{H}\cdots\cdots\overset{\leftarrow}{H}\cdots\cdots\vec{H}\cdots\cdots\overset{\leftarrow}{H}\cdots$$

$$\downarrow$$

$$H\!-\!H \qquad H\!-\!H \qquad H\!-\!H$$

Die sehr nützliche Intuition des Chemikers hilft allerdings nicht weiter, wenn danach gefragt ist, wie sich Wasserstoff bei einem Druck von 500 Gigapascal verhält. Vermutlich ist er dann metallisch.

Betrachten wir noch einmal die Kette aus Wasserstoffatomen, die wir uns dieses Mal aber durch Aneinanderreihen von H_2-Molekülen entstanden denken. Wir gehen also von einer Kette aus, in der zwischen den H-Atomen ein Elektronenpaar abwechselnd vorhanden ist und fehlt. Trotzdem wollen wir zunächst noch äquidistante H-Atome annehmen. Die Orbitale der H_2-Moleküle treten miteinander in Wechselwirkung und ergeben ein Band. Da die Translationsperiode, d. h. die Gitterkonstante in der Kette jetzt auf den Wert $2a$ verdoppelt ist, laufen die k-Werte nur noch von $k = 0$ bis $k = \pi/(2a)$. Dafür haben wir zwei Zweige in der Kurve für die Bandenergie (Abb. 10.6). Der eine Zweig beginnt bei $k = 0$ und hat eine positive Steigung, er geht vom bindenden Molekülorbital des H_2 aus. Der zweite Zweig beginnt bei $k = 0$ mit der höheren Energie des antibindenden H_2-Orbitals und hat eine negative Steigung. Beide Kurvenzweige treffen sich bei $k = \pi/(2a)$.

Im Ergebnis muß sich für die H-Atomkette die gleiche Bandstruktur ergeben, unabhängig davon, ob man von den Wellenfunktionen von N H-Atomen oder von $N/2$ H_2-Molekülen ausgegangen ist. Tatsächlich stimmt die Kurve von Abb. 10.4 mit der Kurve in Abb. 10.6 überein. Der scheinbare Unterschied hat mit der Verdoppelung der Gitterkonstanten von a auf $a' = 2a$ zu tun. Wie aus Gleichung (10.4) hervorgeht, ergibt sich für $k = 0$ dieselbe Wellenfunktion ψ_k wie für $k = 2\pi/a$, für $k = \pi/a$ dieselbe wie für $k = 3\pi/a$ usw. Während in Abb. 10.4 die Kurve stetig von $k = 0$ bis $k = \pi/a$ ansteigt, ist sie in Abb. 10.6 nur bis $k = \pi/(2a) = \pi/a'$ geführt, dann steigt sie von rechts nach links weiter an. Von der einen Kurve kommt man zur anderen durch Falten des Diagramms, so wie es im unteren Teil von Abb. 10.6 gezeigt ist. Das Falten kann fortgesetzt werden: bei Verdreifachung der Elementarzelle ist zweimal zu falten usw.

Bis jetzt hatten wir äquidistante H-Atome angenommen. Lassen wir nun die H-Atome paarweise aufeinander zurücken, so verändert sich die Bandstruktur.

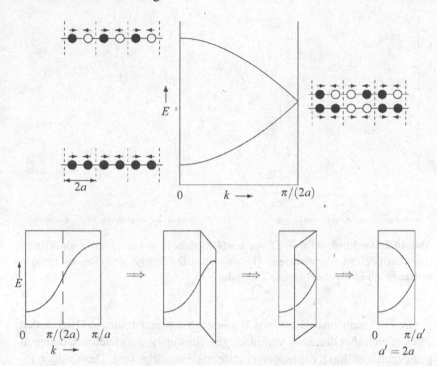

Abb. 10.6: Oben: Bandstruktur für eine Kette von äquidistanten H-Atomen, entstanden aus H_2-Molekülen. Unten: Erzeugung des Diagramms durch Falten des Diagramms von Abb. 10.4

Die entsprechenden Bewegungen der Atome sind in Abb. 10.6 durch Pfeile markiert. Bei $k = 0$ hat dies keine Konsequenzen; am unteren (bzw. oberen) Ende des Bandes gibt es einen Energiegewinn (bzw. Verlust) für die Atome, die einander näherrücken; er wird durch den Energieverlust (bzw. Gewinn) der auseinanderrückenden Atome kompensiert. Dagegen gibt es in der Mitte des Bandes, wo die H-Atomkette ihre FERMI-Grenze hat, erhebliche Veränderungen. Der obere Kurvenzweig rückt nach oben, der untere nach unten. Als Ergebnis kommt es zur Öffnung einer Lücke („gap"), das Band spaltet sich auf (Abb. 10.7). Für das halbbesetzte Band bringt das einen Energiegewinn. Es ist somit energetisch günstiger, wenn in der Kette die H-Atome abwechselnd kurze und lange Abstände voneinander haben. Die Kette ist nicht mehr elektrisch leitend, da ein Elektron die Energielücke überwinden muß, um von einem auf ein anderes Orbital zu springen.

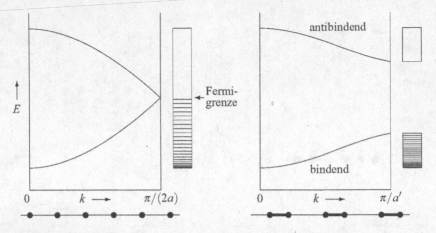

Abb. 10.7: Bandstruktur für eine Kette aus H-Atomen, links mit äquidistanten Atomen, rechts nach PEIERLS-Verzerrung zu H_2-Molekülen. Die Striche in den Rechtecken symbolisieren mit Elektronen besetzte Zustände

Die eindimensionale Kette aus Wasserstoffatomen ist nur ein Denkmodell. Es existieren aber durchaus Verbindungen, für welche die gleichen Überlegungen gelten und durch experimentelle Befunde bestätigt sind. Dazu zählen Polyenketten wie Polyacetylen. Anstelle der $1s$-Funktionen der H-Atome treten die p-Orbitale der C-Atome, die ein bindendes und ein antibindendes π-Band bilden. Wegen der PEIERLS-Verzerrung ist die Polyacetylenkette nur mit alternierend langen C–C-Bindungen stabil, im Sinne der Valenzstrichformel mit alternierenden Einfach- und Doppelbindungen:

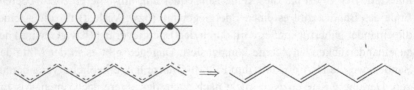

Polyacetylen ist elektrisch nicht leitend. Durch Dotierung, bei der entweder Elektronen in das obere Band eingefügt werden oder Elektronen aus dem unteren Band entfernt werden, wird es ein guter Leiter.

Welche Struktur ein Festkörper annimmt, wird in wesentlichem Maße von der PEIERLS-Verzerrung mitbestimmt. Dahinter steckt die Tendenz, Bindungen zu maximieren, also die gleiche Tendenz, die H-Atome oder sonstige Radikale dazu treibt, sich miteinander zu verbinden. Im festen Zustand bedeutet das, die Zustandsdichte am FERMI-Niveau zu verschieben, indem bindende Zustände zu geringeren und antibindende Zustände zu höheren Energiewerten verschoben werden. Mit der Öffnung einer Energielücke erhält man schmalere Bänder, in denen die einzelnen Energieniveaus dichter gedrängt sind. Im Extremfall schrumpft das Band auf einen einzigen Energiewert zusammen, d. h. alle Niveaus haben die gleiche Energie. Dies ist zum Beispiel dann der Fall, wenn die Kette von Wasserstoffatomen aus weit voneinander getrennten H_2-Molekülen besteht; wir haben dann voneinander unabhängige H_2-Moleküle, deren Energieniveaus alle übereinstimmen, die Bindungen sind in den Molekülen lokalisiert. Die Bandbreite ist also ein Maß für den Grad der Lokalisierung der Bindungen: ein schmales Band bedeutet weitgehende Lokalisierung, je breiter das Band, desto mehr sind die Bindungen über viele Atome delokalisiert. Da sich schmale Bänder kaum überschneiden können und durch mehr oder weniger große Lücken voneinander getrennt sind, sind Verbindungen mit weitgehend lokalisierten Bindungen elektrische Isolatoren.

Wenn die Atome durch Anwendung von Druck näher zusammen gezwungen werden und damit stärker miteinander in Wechselwirkung treten, werden die Bänder breiter. Bei ausreichend hohem Druck kommen die Bänder wieder zusammen, und es liegen metallische Eigenschaften vor. Der durch Druck induzierte Übergang vom Nichtmetall zum Metall konnte in zahlreichen Fällen, zum Beispiel beim Iod und anderen Nichtmetallen, experimentell bestätigt werden. Unter extrem hohem Druck dürfte auch Wasserstoff metallisch werden; metallischer Wasserstoff wird im Inneren des Jupiter vermutet.

Die PEIERLS-Verzerrung ist nicht die einzige Möglichkeit, zum stabilsten Zustand eines Systems zu kommen. Ob sie auftritt, ist außerdem nicht eine Frage der Bandstruktur alleine, sondern auch vom Grad der Besetzung der Bänder. Für ein unbesetztes oder für ein nur bei Werten um $k = 0$ besetztes Band ist es unerheblich, wie die Energieniveaus bei $k = \pi/a$ liegen. Im Festkörper kann eine in einer Richtung stabilisierende Verzerrung in einer anderen Richtung destabilisierend wirken und deshalb unterbleiben. Bei den schweren Elementen (ab der fünften Periode) ist die stabilisierende Wirkung der PEIERLS-Verzerrung gering und kann leicht durch andere Einflüsse überkompensiert werden. Unverzerrte Ketten und Netzwerke werden deshalb vor allem bei Verbindungen der schweren Elemente beobachtet.

10.6   Kristall-Orbital-Überlappungspopulation (COOP)

Am Ende von Abschnitt 10.1 wird die MULLIKEN-Überlappungspopulation als Richtzahl für die Bindungsordnung vorgestellt. Für Festkörper wurde von R. HOFFMANN eine entsprechende Größe eingeführt, die *Kristall-Orbital-Überlappungspopulation* COOP (crystal orbital overlap population). Sie ist eine Funktion, welche die Bindungsstärke in einem Kristall spezifiziert, wobei alle Zustände über die MULLIKEN-Überlappungspopulationen $2c_i c_j S_{ij}$ eingehen. Ihre genauere Berechnung erfordert den Einsatz von leistungsfähigen Rechnern. Man kann sich aber qualitativ ein Bild machen, wenn man die Wechselwirkungen benachbarter Atomorbitale betrachtet, so wie in Abb. 10.8 gezeigt. Bei $k = 0$ sind alle interatomaren Wechselwirkungen (für s-Orbitale) bindend. Bei $k = \pi/a$ sind sie antibindend für direkt benachbarte Atome, aber bindend zwischen übernächsten Atomen, allerdings mit einem geringeren Beitrag wegen der größeren Entfernung. Bei $k = \pi/(2a)$ sind die Beiträge der übernächsten Nachbarn antibindend, die der nächsten Nachbarn heben sich gegenseitig auf. Berücksichtigt man auch noch die zugehörigen Zustandsdichten, so kommt man zum COOP-Diagramm. In diesem sind insgesamt bindende Überlappungspopulationen nach rechts, antibindende nach links aufgetragen.

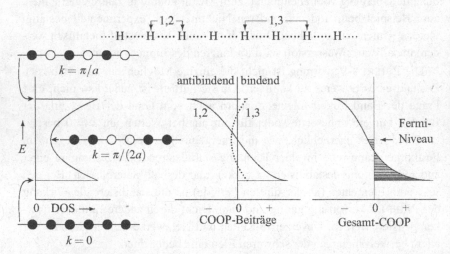

Abb. 10.8: Zustandsdichte (DOS) und Kristall-Überlappungspopulation (COOP) für eine Kette von äquidistanten H-Atomen

Trägt man das FERMI-Niveau ein, so läßt sich erkennen, wie stark die bindenden Wechselwirkungen gegenüber den antibindenden überwiegen: sie entsprechen den von der Kurve unterhalb des FERMI-Niveaus eingeschlossenen Flächen rechts respektive links.

Auch in komplizierteren Fällen ist es möglich, sich qualitativ einen Überblick zu verschaffen. Wir wählen dazu das von R. HOFFMANN untersuchte Beispiel von planaren PtX_4^{2-}-Einheiten, die eine Kette mit Pt–Pt-Kontakten bilden; diesen Aufbau haben $K_2Pt(CN)_4$ sowie seine partiell oxidierten Derivate wie $K_2Pt(CN)_4Cl_{0,3}$*:

$$
\begin{array}{cccc}
X & X & X & X \\
| & | & | & | \\
-Pt\overset{X}{\underset{X}{\diagup}}Pt\overset{X}{\underset{X}{\diagup}}Pt\overset{X}{\underset{X}{\diagup}}Pt\overset{X}{\diagup}- \\
| & | & | & | \\
X & X & X & X
\end{array}
$$

Im folgenden betrachten wir nur die Pt–Pt-Wechselwirkungen in der Kette. In Abb. 10.9 ist oben die Orientierung der maßgeblichen Atomorbitale bei $k = 0$ und $k = \pi/a$ gezeigt. Außer den d-Orbitalen ist auch noch ein p-Orbital berücksichtigt. Links unten ist die Energieniveauabfolge der Orbitale des monomeren, quadratischen Komplexes eingezeichnet (vgl. Abb. 9.3, S. 118). Rechts daneben ist angedeutet, wie die Energieniveaus sich zu Bändern auffächern, wenn sich die PtX_4^{2-}-Ionen zu einer Kette zusammenlagern. Die Bänder sind um so breiter, je stärker die Orbitale miteinander in Wechselwirkung treten. Die Orbitalbildchen lassen die Unterschiede erkennen: die Orbitale d_{z^2} und p_z sind aufeinander zugerichtet, sie ergeben die breitesten Bänder; schwächer ist die Wechselwirkung der Orbitale d_{xz} und d_{yz} und bei d_{xy} und $d_{x^2-y^2}$ ist sie nur noch gering (die etwas größere Bandbreite für $d_{x^2-y^2}$ als für d_{xy} hat mit der Aufblähung von $d_{x^2-y^2}$ durch seine Wechselwirkung mit den Liganden zu tun). Das Bild in der Mitte zeigt die Bandstruktur, das rechts die Zustandsdichte.

Das DOS-Diagramm ergibt sich durch die Überlagerung der Zustandsdichten der einzelnen Bänder (Abb. 10.10). Das d_{xy}-Band ist schmal, seine Zustände sind dicht gedrängt, und deshalb ist seine Zustandsdichte groß. Beim breiten d_{z^2}-Band verteilen sich die Zustände auf ein größeres Energieintervall, die Zustandsdichte ist geringer. Für jedes Band kann sein COOP-Beitrag ab-

---

*In den oxidierten Spezies stehen die Liganden entlang der Kette auf Lücke zueinander, was jedoch für unsere Betrachtung nicht weiter von Bedeutung ist

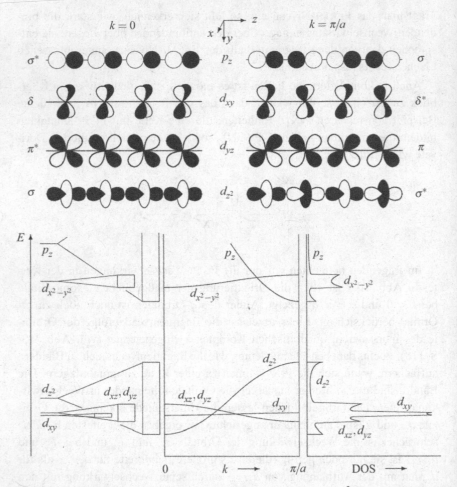

Abb. 10.9: Auffächerung der Orbitale eines quadratischen PtX_4^{2-}-Komplexes zu Bändern bei Bildung einer polymeren Kette und die zugehörige Bandstruktur und Zustandsdichte

geschätzt werden. Dabei ist vor allem die bindende Wirkung (Überlappungspopulation) zu berücksichtigen, aber auch die Zustandsdichte. Beim d_{z^2}-Band ist zwar die Zustandsdichte geringer, aber die bindende Wechselwirkung groß, es trägt erheblich zur COOP bei. Beim d_{xy}-Band ist es umgekehrt. Allgemein tragen breite Bänder stärker zur Kristall-Überlappungspopulation bei.

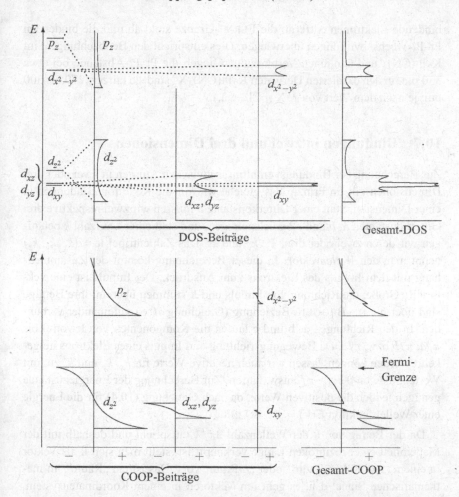

Abb. 10.10: Oben: DOS-Beiträge der einzelnen Bänder einer PtX$_4^{2-}$-Kette und ihre Addition zur Gesamtzustandsdichte. Unten: COOP-Beiträge der einzelnen Bänder und ihre Addition zur Kristall-Überlappungspopulation

Die Addition der COOP-Beiträge der einzelnen Bänder ergibt das Diagramm für die Gesamt-COOP in Abb. 10.10 unten rechts; dort ist auch das FERMI-Niveau eingetragen. Da im PtX$_4^{2-}$-Ion alle d-Orbitale außer $d_{x^2-y^2}$ besetzt sind, sind auch die entsprechenden Bänder voll besetzt, bindende und antibindende Wechselwirkungen kompensieren sich. Durch Oxidation werden antibindende Elektronen entfernt, die FERMI-Grenze sinkt ab und die bindenden Pt–Pt-Wechselwirkungen überwiegen. Dies entspricht den Beobachtungen: im $K_2Pt(CN)_4$ und ähnlichen Verbindungen liegen die Pt–Pt-Abstände bei etwa 330 pm, in den oxidierten Derivaten $K_2Pt(CN)_4X_x$ sind sie kürzer (270 bis 300 pm, je nach dem Wert von x; X = Cl^- u.ä.).

10.7 Bindungen in zwei und drei Dimensionen

Zur Berechnung der Bindungsverhältnisse zwischen Atomen in zwei oder drei Dimensionen gilt im Prinzip das gleiche wie für die Kette mit Bindungen in einer Dimension. Statt einer Gitterkonstante a müssen wir zwei respektive drei Gitterkonstanten a, b und c berücksichtigen, und statt einer Laufzahl k benötigen wir deren zwei oder drei, k_x, k_y und k_z. Das Zahlentripel $\mathbf{k} = (k_x, k_y, k_z)$ nennt man den *Wellenvektor*. In dieser Bezeichnung kommt der Zusammenhang mit dem Impuls des Elektrons zum Ausdruck. Der Impuls ist eine vektorielle Größe, die Richtung von Impuls und $\mathbf{k}$ stimmen überein, ihre Beträge sind über die DE-BROGLIE-Beziehung (Gleichung 10.5) miteinander verbunden. In den Richtungen $\mathbf{a}$, $\mathbf{b}$ und $\mathbf{c}$ laufen die Komponenten von $\mathbf{k}$ von 0 bis π/a, π/b bzw. π/c. Da Bewegungsrichtung und Impuls eines Elektrons umgekehrt werden können, lassen wir auch negative Werte für k_x, k_y und k_z zu, mit Werten, die von 0 bis $-\pi/a$ usw. laufen. Zur Berechnung der Energiezustände genügen jedoch die positiven Werte, da nach Gleichung (10.4) für die Energie einer Wellenfunktion $E(\mathbf{k}) = E(-\mathbf{k})$ gilt.

Da der Betrag von $\mathbf{k}$ der Wellenzahl $2\pi/\lambda$ entspricht und deshalb mit der Maßeinheit einer reziproken Länge verknüpft ist, stellt man sich $\mathbf{k}$ als Vektor in einem „reziproken Raum" oder „k-Raum"vor.[*] Das ist ein „Raum" im mathematischen Sinne, d. h. es geht um Vektoren in einem Koordinatensystem, auf dessen Achsen k_x, k_y bzw. k_z aufgetragen werden. Die Achsrichtungen verlaufen senkrecht zu den Begrenzungsflächen der Elementarzelle des Kristalls.

Der Bereich, innerhalb dessen $\mathbf{k}$ betrachtet wird ($-\pi/a \le k_x \le \pi/a$ usw.), ist die *erste Brillouin-Zone*. Im Koordinatensystem des k-Raumes ist sie ein Polyeder. Die Begrenzungsflächen der ersten BRILLOUIN-Zone verlaufen senkrecht zu den Richtungen von einem Atom zu den gleichen Atomen in den nächsten Elementarzellen; der Abstand einer Begrenzungsfläche vom

---

[*]Verglichen zu dem in der Kristallographie gebräuchlichen reziproken Raum ist der k-Raum um den Faktor 2π gedehnt, im übrigen stimmt deren Konstruktion überein

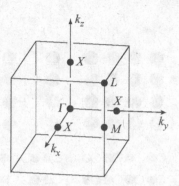

Abb. 10.11: Erste Brillouin-Zone für ein kubisch-primitives Kristallgitter. Die Punkte X befinden sich jeweils bei $k = \pi/a$

Ursprung des k-Koordinatensystems beträgt π/s, wenn s der Abstand der Atome ist. Die erste BRILLOUIN-Zone für ein kubisch-primitives Kristallgitter ist in Abb. 10.11 gezeigt. Dort ist auch die übliche Bezeichnung für gewisse Punkte der BRILLOUIN-Zone eingetragen. Die BRILLOUIN-Zone kann man sich in viele kleine Zellen unterteilt denken, jeweils eine für jeden Elektronenzustand.

Ein Eindruck, wie s-Orbitale in einem quadratischen Netz miteinander in Wechselwirkung treten, wird durch die Bilder in Abb. 10.12 vermittelt. Je nach Kombination der k-Werte, d. h. für verschiedene Punkte in der BRILLOUIN-Zone, ergeben sich verschiedene Arten von Wechselwirkungen. Zwischen benachbarten Atomen gibt es bei Γ nur bindende, bei M nur antibindende Wechselwirkungen, die zu Γ gehörende Wellenfunktion wird also energetisch am günstigsten und die zu M gehörende am ungünstigsten sein. Bei X steht jedes Atom mit zwei Nachbaratomen in bindender und mit zwei in antibindender Beziehung, das Energieniveau liegt zwischen dem von Γ und M. Es ist kaum möglich, für alle Zellen in der BRILLOUIN-Zone die Energieniveaus zu veranschaulichen, man kann aber Diagramme zeichnen, die den Gang der Energiewerte entlang bestimmter Richtungen der BRILLOUIN-Zone zeigen. Dies ist in Abb. 10.12 für drei Richtungen gezeigt ($\Gamma \to X, X \to M$ und $M \to \Gamma$).

Für die p_z-Orbitale, die senkrecht zum quadratischen Netz ausgerichtet sind, gilt das gleiche wie für die s-Orbitale, nur sind die Wechselwirkungen etwas geringer, und die Bandbreite ist dementsprechend schmaler. Etwas komplizierter sind die Verhältnisse bei den p_x- und p_y-Orbitalen, weil gleichzeitig σ- und π-Wechselwirkungen zwischen benachbarten Atomen zu berücksichtigen sind (Abb. 10.12). So sind bei Γ die p_x-Orbitale σ-antibindend, aber π-bindend. Bei X unterscheiden sich p_x und p_y besonders stark, das eine ist σ- und π-bindend, das andere σ- und π-antibindend.

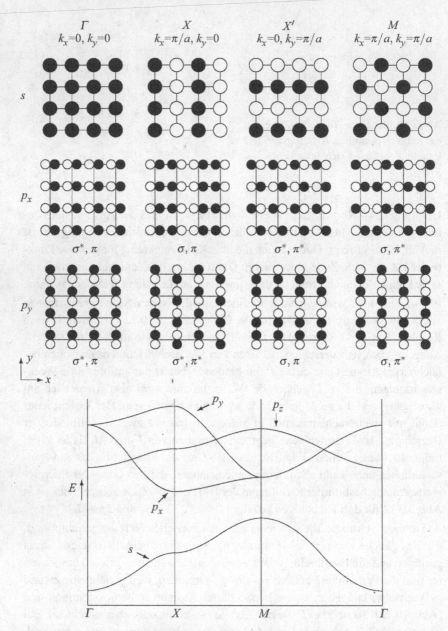

Abb. 10.12: Kombination von s-Orbitalen und p-Orbitalen (oben) in einem quadratischen Netz sowie die resultierende Bandstruktur (unten)

In einer kubisch-primitiven Struktur (α-Polonium, Abb. 2.4, S. 19) sind die Verhältnisse ähnlich. Man kann sich ein qualitatives Bild von der Bandstruktur machen, indem man quadratische Netze übereinander stapelt und betrachtet, wie die Orbitale an verschiedenen Punkten der BRILLOUIN-Zone miteinander wechselwirken.

10.8 Bindung in Metallen

Für die Elemente einer langen Periode des Periodensystems kann man das Zustandsdichte-Diagramm so wie in Abb. 10.13 grob skizzieren. Wegen der Wechselwirkungen in drei Dimensionen ergeben sich bei genauerer Betrachtung nicht mehr die einfachen DOS-Kurven mit zwei Spitzen wie bei einer linearen Kette, sondern mehr oder minder komplizierte Kurven mit zahlreichen Spitzen. Wir berücksichtigen diese Feinheiten zunächst nicht, in Abb. 10.13 wurde für jedes Band nur noch ein Rechteck gezeichnet. Der jeweils untere Teil eines Bandes ist bindend, der obere antibindend, dementsprechend ergibt sich im COOP-Diagramm jeweils ein Beitrag zur rechten und zur linken Seite. Im Falle des p-Bandes gibt es insgesamt mehr antibindende als bindende Anteile, es hat ein Übergewicht auf der linken Seite. In der Reihe Kalium–Calcium–Scandium… kommt von Element zu Element ein Valenzelektron pro Atom

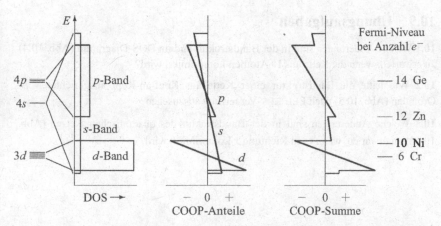

Abb. 10.13: Schematische Skizze für die Zustandsdichte und die Kristall-Überlappungspopulation für Metalle

hinzu, die FERMI-Grenze steigt an; rechts im Bild ist die FERMI-Grenze für einige Elektronenzahlen markiert. Wie zu erkennen, werden zunächst bindende Zustände besetzt, und dementsprechend steigt die Bindungsstärke in den Metallen vom Kalium bis zum Chrom an. Für das siebte bis zehnte Valenzelektron jedes Atoms stehen nur antibindende Zustände zur Verfügung, die Bindungskräfte nehmen vom Chrom bis zum Nickel wieder ab. Die nächsten Elektronen (Cu, Zn) sind schwach bindend. Mit mehr als 14 Valenzelektronen wird die Überlappungspopulation für eine metallische Struktur insgesamt negativ; Strukturen mit kleineren Koordinationszahlen werden günstiger.

Das entworfenen Bild ist zwar recht grob, gibt aber die Tendenzen richtig wieder, wie man zum Beispiel an den Schmelzpunkten der Metalle erkennen kann (Werte in $°C$):

K	Ca	Sc	Ti	V	Cr	Mn	Fe	Co	Ni	Cu	Zn
63	839	1539	1667	1915	1900	1244	1535	1495	1455	1083	420

In Wirklichkeit gibt es feinere Unterschiede; die Energieniveaus verschieben sich von Element zu Element etwas, verschiedene Strukturtypen haben verschiedene Bandstrukturen, die je nach Valenzelektronenkonzentration günstiger oder weniger günstig sein können. Im COOP-Diagramm in Abb. 10.13 wurden auch nicht die *s-p-*, *s-d-* und *p-d-*Wechselwirkungen berücksichtigt, die nicht zu vernachlässigen sind. Die genauere Rechnung zeigt ab dem elften Valenzelektron nur noch antibindende Beiträge.

10.9 Übungsaufgaben

10.1 Welche Änderungen sind in der Bandstruktur und im DOS-Diagramm (Abb. 10.4) zu erwarten, wenn die Kette aus H-Atomen komprimiert wird?

10.2 Wie hätte die Bandstruktur einer Kette aus Kopf-an-Kopf ausgerichteten *p*-Orbitalen (Abb. 10.5) nach PEIERLS-Verzerrung auszusehen?

10.3 Welche Änderungen sind in der Bandstruktur des quadratischen Netzes (Abb. 10.12) zu erwarten, wenn es in Richtung x komprimiert wird?

11 Die Elementstrukturen der Nichtmetalle

Nach der $(8-N)$-Regel (Kapitel 8, S. 97) geht ein Atom X eines Elements der N-ten Hauptgruppe des Periodensystems $8-N$ kovalente Bindungen ein ($N = 4$ bis 7):

$$b(XX) = 8 - N$$

Für die Elemente der dritten und höherer Perioden gilt außerdem das *Prinzip der maximalen Vernetzung:* die $8-N$ Bindungen werden normalerweise zu $8-N$ verschiedenen Atomen geknüpft, Mehrfachbindungen werden vermieden. Beim Kohlenstoff als Element der zweiten Periode ist dagegen der im Vergleich zu Diamant weniger vernetzte Graphit unter Normalbedingungen die stabilere Modifikation. Bei hohen Drücken nimmt die Bedeutung des Prinzips der maximalen Vernetzung zu, Diamant ist dann stabiler.

11.1 Wasserstoff und Halogene

Wasserstoff, Fluor, Chlor, Brom und Iod sind auch im festen Zustand aus Molekülen X_2 aufgebaut. In festem Wasserstoff sind rotierende H_2-Moleküle wie in einer hexagonal-dichtesten Kugelpackung gepackt. Im α-F_2 sind die F_2-Moleküle zu hexagonalen Schichten gepackt; die Moleküle sind senkrecht zur Schicht orientiert, und die Schichten sind wie in einer kubisch-dichtesten Kugelpackung gestapelt. Oberhalb von 45,6 K bis zum Schmelzpunkt (53,5 K) ist die Modifikation β-F_2 stabil, bei der die Moleküle um ihre Schwerpunkte rotieren.

Anders sind die Moleküle im kristallinen **Chlor, Brom** und **Iod** gepackt; Abb. 11.1 zeigt die Packung. Auffällig sind die unterschiedlichen Abstände zwischen Atomen benachbarter Moleküle. Nimmt man den VAN-DER-WAALS-Abstand als Maßstab, so wie er in organischen und anorganischen Molekülverbindungen beobachtet wird, dann sind die intermolekularen Kontakte in der b-c-Ebene zum Teil kürzer, während sie zur nächsten Ebene größer sind. Innerhalb der b-c-Ebene ist also eine gewisse Assoziation der Halogenmoleküle zu verzeichnen (punktiert in Abb. 11.1, links oben). Diese Assoziation nimmt vom Chlor zum Iod zu. Die schwächeren Bindungskräfte zwischen den Schichten machen sich in der plättchenförmigen Gestalt der Kristalle und in ihrer leichten Spaltbarkeit parallel zu den Schichten bemerkbar. Ähnliche Assoziationstendenzen zeigen sich auch bei den Elementen der fünften und sechsten Hauptgruppe.

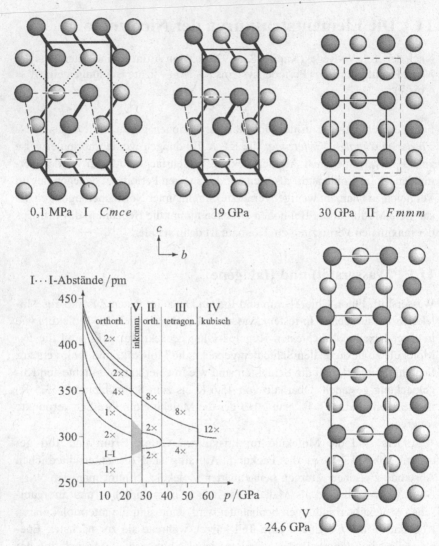

0,1 MPa I *Cmce*   19 GPa   30 GPa II *Fmmm*

Abb. 11.1: Die Struktur von Iod bei vier verschiedenen Drücken. Die ausgezogene, flächenzentrierte Elementarzelle im 30-GPa-Bild entspricht derjenigen der kubisch-dichtesten Kugelpackung. Bei 24,6 GPa sind vier Elementarzellen der flächenzentrierten Approximantenstruktur gezeigt; die Struktur ist inkommensurabel moduliert, die Atomlagen folgen einer Sinuswelle, deren Wellenlänge $3,89 \times c$ beträgt. Die Amplitude der Welle ist zweifach übertrieben gezeichnet. Links unten: Abhängigkeit der zwölf interatomaren Kontaktabstände vom Druck

Die Packung kann als stark verzerrte, kubisch-dichteste Kugelpackung von Halogenatomen aufgefaßt werden. Durch Anwendung von Druck wird die Verzerrung vermindert, d. h. die unterschiedlich langen Kontaktabstände zwischen den Atomen gleichen sich an (Abb. 11.1). Beim Iod wird mit zunehmendem Druck eine kontinuierliche Angleichung der Abstände beobachtet, dann tritt bei 23 GPa ein abrupter Phasenwechsel auf, der zur inkommensurabel modulierten Kristallstruktur Iod-V führt. Solch eine Struktur kann nicht in gewohnter Weise mit einer dreidimensionalen Raumgruppe beschrieben werden (Abschn. 3.6, S. 44). Die vierdimensionale Superraumgruppe ist in diesem Fall $Fmmm(00q_3)0s0$ mit $q_3 = 0,257$ bei 24,6 GPa. Die Struktur kann also mit einer dreidimensionalen Approximante (mittlere Struktur) in der orthorhombischen Raumgruppe $Fmmm$ beschrieben werden, wobei die Atome aber ausgelenkt sind und einer Sinuswelle längs **c** folgen, deren Wellenlänge $c/q_3 = c/0,257 = 3,89c$ beträgt. Die Amplitude der Welle ist parallel zu **b** und beträgt $0,053b$. Die interatomaren Abstände sind im Intervall von 286 bis 311 pm von Atom zu Atom verschieden.

Bei Drücken über 28 GPa verschwindet die Modulation, es liegt eine orthorhombisch verzerrte, kubisch-dichteste Kugelpackung vor (Iod-II). Bei noch höherem Druck nimmt die Verzerrung der Kugelpackung ab: zunächst tritt bei ca. 37,5 GPa eine Umwandlung zu einer tetragonal verzerrten Kugelpackung (Iod-III) auf, und schließlich wird sie bei 55 GPa unverzerrt kubisch (Iod-IV). Mit der Zunahme des Druckes wird die Energielücke zwischen dem voll besetzten Valenzband und dem unbesetzten Leitungsband kleiner. Die Energielücke verschwindet bereits bei 16 GPa, d. h. es findet ein Übergang vom Isolator zum metallischen Leiter statt, obwohl dann noch Moleküle vorliegen. Iod wird also zum Metall und nimmt unter hohem Druck auch die für Metalle typische Struktur einer (zunächst noch verzerrten) dichtesten Kugelpackung an. Ein vergleichbarer Übergang von der Molekülstruktur zum Metall wird auch für Wasserstoff vermutet; der dazu notwendige (experimentell bislang nicht erreichte) Druck könnte bei 450 GPa liegen.

11.2 Chalkogene

Sauerstoff besteht auch im festen Zustand aus O_2-Molekülen. Sie sind von 24 K bis 43,6 K so wie im α-F_2 gepackt; unter Druck (5,5 GPa) wird diese Packung auch bei Zimmertemperatur beobachtet. Unterhalb von 24 K sind die Moleküle gegen die hexagonale Schicht leicht verkippt. Von 43,6 K bis zum

Schmelzpunkt (54,8 K) rotieren die Moleküle wie im β-F_2. Unter Druck wird Sauerstoff bei ca. 100 GPa metallisch, besteht dann aber noch aus Molekülen.

Kein Element zeigt eine so große Strukturvielfalt wie **Schwefel**. Kristallstrukturen sind von folgenden Formen bekannt: S_6, S_7 (vier Modifikationen), S_8 (drei Modifikationen), S_{10}, $S_6 \cdot S_{10}$, S_{11}, S_{12}, S_{13}, S_{14}, S_{15}, S_{18} (zwei Formen), S_{20}, S_∞ (Abb. 11.2). Viele davon können durch chromatographische Trennung aus Lösungen isoliert werden, die durch Extraktion von abgeschreckten Schwefelschmelzen erhalten wurden; außerdem können sie gezielt präparativ-chemisch hergestellt werden. Durch Abschrecken von Schwefelschmelzen entstehen auch polymere Formen. Alle genannten Schwefelformen bestehen aus Ringen oder Ketten von S-Atomen; jedes Schwefelatom ist im Einklang mit der $8 - N$-Regel mit zwei anderen Schwefelatomen verbunden. Die S–S-Bindungslängen liegen meist bei 206 pm, zeigen aber eine gewisse Streubreite von ± 10 pm. Die S–S–S-Bindungswinkel liegen zwischen 101 und 110° und die Diederwinkel* zwischen 74 und 100°. Für eine Folge von fünf Atomen ergeben sich dadurch zwei Anordnungsmöglichkeiten:

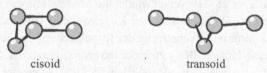

cisoid   transoid

In den kleineren Ringen S_6, S_7 und S_8 kommt nur die cisoide Anordnung vor, wobei sich die Diederwinkel anpassen müssen (74,5° bei S_6, 98° bei S_8). S_6 hat Sesselkonformation, beim S_8 spricht man von einer Kronenform (Abb. 11.2). S_7 kann man sich aus S_8 entstanden denken, dem ein S-Atom weggenommen wurde. Größere Ringe erfordern das Vorliegen von cisoiden und transoiden Gruppen, um möglichst spannungsfrei zu sein. Im S_{12} wechseln sich cisoide und transoide Gruppen ab. Wenn nur transoide Gruppen vorhanden sind, so resultieren Spiralketten, wobei es vom Diederwinkel abhängt, nach wie vielen Windungen sich wieder ein Atom auf genau der gleichen Seite der Spirale befindet. In einer Form von polymerem Schwefel ist dies nach zehn Atomen in drei Windungen der Fall (Schraubenachse 10_3; vgl. Abschnitt 3.1).

In der bei Normalbedingungen stabilen Modifikation des Schwefels, dem orthorhombischen α-Schwefel, sind S_8-Ringe zu Säulen gestapelt. Aufeinan-

---

*Diederwinkel (auf deutsch keinesfalls „Dihedralwinkel") = Winkel zwischen zwei Ebenen. Bei einer Kette von vier Atomen ist der Winkel zwischen den Ebenen gemeint, die durch die Atome 1,2,3 und 2,3,4 aufgespannt werden.

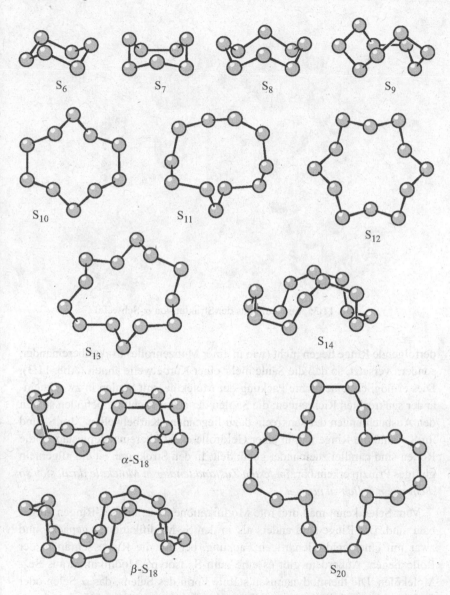

Abb. 11.2: Verschiedene Molekülstrukturen des Schwefels

Abb. 11.3: Ausschnitt aus der Struktur von α-Schwefel

derfolgende Ringe liegen nicht (wie in einer Münzenrolle) exakt übereinander, sondern versetzt, so daß die Säule mehr einer Kurbelwelle ähnelt (Abb. 11.3). Dies ermöglicht eine dichte Packung der Moleküle, mit Säulen in zwei zueinander senkrechten Richtungen; die Säulen der einen Richtung befinden sich in den Ausbuchtungen der senkrecht dazu liegenden „Kurbelwellen". Im S_6 und im S_{12} sind die Ringe wie in einer Geldrolle exakt übereinandergestapelt, die Rollen sind parallel zueinander gebündelt. In den Strukturen ist ein allgemein gültiges Prinzip erkennbar: *im festen Zustand tendieren Moleküle dazu, sich so dicht wie möglich zu packen.*

Vom **Selen** kennt man drei rote Modifikationen, die aus Se_8-Ringen aufgebaut sind. Die Ringe sind anders als in den S_8-Modifikationen gepackt, und zwar mit einer geldrollenartigen Packung, bei der die Ringe schräg in der Rolle liegen. Außerdem gibt es eine zum S_6 isotype Modifikation aus Se_6-Molekülen. Die thermodynamisch stabile Form des Selens, das α-Selen oder Se-I, besteht aus Spiralketten, bei denen drei Se-Atome auf eine Windung kommen (Abb. 11.4). Die Ketten sind parallel im Kristall gebündelt; dabei hat jedes Selenatom vier Nachbaratome aus drei anderen Ketten im Abstand von 344 pm. Zusammen mit den beiden Nachbaratomen in der Kette im Abstand

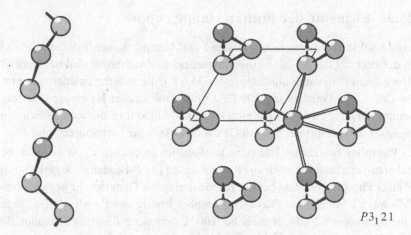

$P3_121$

Abb. 11.4: Struktur des α-Selens. Links: Seitenansicht einer Spirale mit 3_12-Schraubensymmetrie; rechts: Blick entlang der Spiralen; die Elementarzelle sowie die Koordination um ein Atom sind eingezeichnet

von 237 pm ergibt das eine stark verzerrte oktaedrische (2 + 4)-Koordination. Der Se$\cdots$Se-Abstand zwischen den Ketten ist deutlich kürzer als der VAN-DER-WAALS-Abstand. Zu den Hochdruckmodifikationen des Selens siehe Abschnitt 11.4.

Tellur kristallisiert isotyp zum α-Selen. Während die Te–Te-Bindungslängen in der Kette (283 pm) wie zu erwarten größer sind als im Selen, sind die Kontaktabstände zu Atomen der Nachbarketten für beide Elemente fast gleich (Te$\cdots$Te 349 pm). Der VAN-DER-WAALS-Abstand wird noch deutlicher unterschritten, die Abweichung von einer regulären oktaedrischen Koordination der Atome ist geringer (vgl. Tab. 11.1). Durch Anwendung von Druck wird eine Angleichung aller sechs Abstände erreicht (s. Abschn. 11.4).

Vom **Polonium** sind zwei Modifikationen bekannt. Das bei Zimmertemperatur stabile α-Polonium hat eine kubisch-primitive Struktur, in der jedes Atom exakt oktaedrisch koordiniert ist (Abb. 2.4, S. 19). Dies ist eine für ein Metall recht ungewöhnliche Struktur, die aber auch beim Phosphor und Arsen unter hohem Druck auftritt. Bei 54 °C wandelt sich α-Po in β-Po um. Bei der Phasenumwandlung wird das Gitter längs einer der Würfeldiagonalen des kubisch-primitiven Gitters gestaucht, es resultiert ein rhomboedrisches Gitter. Die Bindungswinkel betragen 98,2°.

11.3   Elemente der fünften Hauptgruppe

Vom **Stickstoff** sind im festen Zustand fünf Modifikationen bekannt, die sich in der Packung der N_2-Moleküle unterscheiden. Zwei davon sind bei Normaldruck stabil (Umwandlungstemperatur 35,6 K), die anderen existieren nur unter Druck. Bei Drücken um 100 GPa gibt es mit starker Hysterese eine Phasenumwandlung zu einer nichtmolekularen Modifikation, die mutmaßlich dem α-Arsen-Typ entspricht; bei 140 GPa setzt elektrische Leitfähigkeit ein.

Phosphor besteht im Dampfzustand aus tetraedrischen P_4-Molekülen, bei höheren Temperaturen auch aus P_2-Molekülen (P≡P-Bindungslänge 190 pm). Weißer Phosphor entsteht bei der Kondensation des Dampfes. Er besteht ebenfalls aus P_4-Molekülen. Flüssiger Phosphor besteht aus P_4-Molekülen; unter einem Druck von 1 GPa entsteht bei 100 °C polymerer flüssiger Phosphor, der mit flüssigem P_4 nicht mischbar ist.

Durch Lichteinwirkung oder durch Erhitzen auf Temperaturen über 180 °C wandelt sich weißer Phosphor in roten Phosphor um. Sein Farbton, Schmelzpunkt und Dampfdruck und vor allem seine Dichte hängen von den Herstellungsbedingungen ab. Im allgemeinen ist er amorph oder mikrokristallin, und nur mit Mühe gelingt es, Kristalle zu züchten.

Bei Temperaturen um 550 °C kristallisieren langsam Plättchen von HIT-TORFschem (violetter) Phosphor neben faserigem, rotem Phosphor. Brauchbare Einkristalle von HITTORFschem Phosphor wurden durch langsames Abkühlen (von 630 auf 520 °C) aus einer Lösung in flüssigem Blei gewonnen. In beiden Modifikationen sind Käfige der Gestalt wie im As_4S_4 und As_4S_5 über P_2-Hanteln zu Röhren mit fünfeckigem Querschnitt verknüpft (Abb. 11.5). Im faserigen Phosphor sind die Röhren paarweise parallel miteinander verbunden. Im HITTORFschen Phosphor sind sie quer zueinander zu „Rosten" verknüpft; jeweils zwei Roste sind ineinander verschachtelt, aber nicht direkt miteinander verbunden. Im Einklang mit der $8 - N$-Regel ist jedes P-Atom mit drei anderen Atomen verbunden. Trotz seiner Kompliziertheit kommt das Bauprinzip dieser Modifikationen in der Strukturchemie des Phosphors häufiger vor. Baueinheiten, die Bruchstücken der Röhren entsprechen, sind bei den Polyphosphiden und Polyphosphanen bekannt (vgl. S. 197). Ähnliche Röhren kommen auch bei $P_{15}Se$ und $P_{19}Se$ vor.

Die Verbindung $(CuI)_8P_{12}$ kann aus den Elementen oder aus CuI und Phosphor bei 550 °C hergestellt werden. Sie enthält polymere Phosphorstränge, die sich isolieren lassen, wenn das Kupferiodid mit wäßriger Kaliumcyanid-

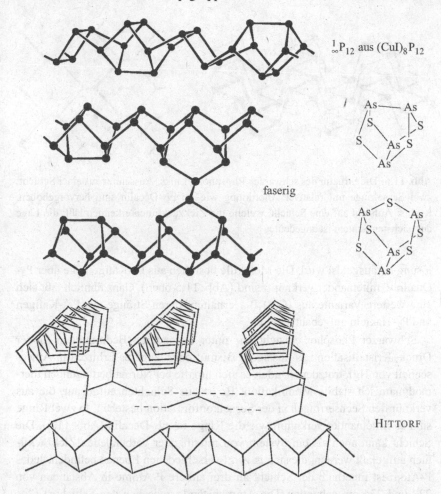

$^1_\infty P_{12}$ aus $(CuI)_8P_{12}$

faserig

HITTORF

Abb. 11.5: Oben: Sich wiederholende Baueinheit in einem Strang aus P_8-Käfigen und P_4-Ringen in $^1_\infty P_{12}$.

Mitte: Paarweise verknüpfte Röhren mit fünfeckigem Querschnitt im faserigen roten Phosphor, bestehend aus P_8- und P_9-Käfigen, die über P_2-Hanteln verbunden sind.

Unten: Aufbau des HITTORFschen Phosphors aus ebensolchen Röhren, die quer zueinander zu Rosten verknüpft sind; die in der Mitte gezeigte Röhre gehört zu einem anderen Rost als die übrigen Röhren.

Rechts: die den P_8- und P_9-Käfigen entsprechenden Molekülstrukturen von As_4S_4 und As_4S_5

Abb. 11.6: Die Struktur des schwarzen Phosphors. Links: Ausschnitt aus einer Schicht; zwei Sesselringe mit relativer Anordnung wie im *cis*-Decalin sind hervorgehoben. Rechts: Aufsicht auf eine Schicht, welche die Zickzacklinien erkennen läßt; die Lage der nächsten Schicht ist angedeutet

lösung herausgelöst wird. Die Moleküle bestehen aus P_8-Käfigen, die über P_4-Quadrate miteinander verknüpft sind (Abb. 11.5 oben). Ganz ähnlich läßt sich eine weitere Variante aus $(CuI)_3P_{12}$ erhalten, deren Stränge aus P_{10}-Käfigen und P_2-Hanteln aufgebaut sind.

Schwarzer Phosphor entsteht nur unter besonderen Bedingungen (hoher Druck, Kristallisation aus flüssigem Bismut oder längeres Erhitzen in Anwesenheit von Hg), trotzdem handelt es sich um die bei Normalbedingungen thermodynamisch stabile Modifikation. Er ist aus Schichten aufgebaut, die aus verknüpften Sechserringen in der Sesselkonformation bestehen. Je zwei Ringe sind so miteinander verknüpft wie die Ringe im *cis*-Decalin (Abb. 11.6). Die Schicht kann auch als ein System von miteinander verbundenen Zickzacklinien aufgefaßt werden, die sich in zwei verschiedenen Ebenen befinden. Jedes P-Atom ist innerhalb der Schicht an drei andere P-Atome in Abständen von 222 und 224 pm gebunden. Die Atomabstände zwischen den Schichten (2 × 359 pm; 1 × 380 pm) entsprechen etwa dem VAN-DER-WAALS-Abstand. Bestimmte Strukturmerkmale des schwarzen Phosphors finden sich bei den Polyphosphiden wieder (vgl. Abb. 13.2, S. 197).

Vom **Arsen** wurden Modifikationen beschrieben, die dem weißen und dem schwarzen Phosphor entsprechen. Stabil ist aber nur das graue (metallische, rhomboedrische) α-Arsen. Es besteht aus Schichten von Sechserringen in der Sesselkonformation, die in der Art wie im *trans*-Decalin zu Schichten miteinander verknüpft sind (Abb. 11.7). In der Schicht befinden sich die Arsenatome abwechselnd in einer unteren und einer oberen Ebene. Die Schichten sind

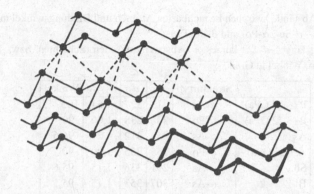

Abb. 11.7: Ausschnitt aus einer Schicht im grauen Arsen sowie die Lage von zwei Ringen der nächsten Schicht. Zwei Ringe mit relativer Anordnung wie im *trans*-Decalin sind hervorgehoben

versetzt zueinander gestapelt, wobei sich über und unter der Mitte eines Sechserringes je ein As-Atom aus einer Nachbarschicht befindet. Dadurch kommt jedes Arsenatom zu drei weiteren Nachbaratomen, zusätzlich zu den drei Atomen, an die es innerhalb der Schicht gebunden ist; es hat eine verzerrt oktaedrische (3+3)-Koordination. Die As–As-Bindungen innerhalb der Schicht sind 252 pm lang, die Abstände zwischen Nachbaratomen verschiedener Schichten betragen 312 pm und sind damit erheblich kürzer als der VAN-DER-WAALS-Abstand (370 pm).

Die Strukturen von **Antimon** und **Bismut** entsprechen derjenigen des grauen Arsens. Je schwerer die Atome, desto ähnlicher werden die Abstände zwischen benachbarten Atomen innerhalb der Schicht und zwischen den Schichten, d. h. das Koordinationspolyeder weicht immer weniger vom idealen Oktaeder ab. Unter Druck gleichen sich die Abstände noch mehr an (s. nächster Abschnitt).

Wenn die Strukturen von P, As, Sb und Bi als Schichtenstrukturen und die von Se und Te als Kettenstrukturen beschrieben werden, so wird den bindenden Wechselwirkungen zwischen den Schichten bzw. Ketten eine zu geringe Bedeutung beigemessen. Je schwerer die Atome, desto mehr gewinnen diese Wechselwirkungen an Bedeutung (Tab. 11.1). Bei Sb und Bi sind die Atomabstände zwischen den Schichten zum Beispiel nur 15 % größer als innerhalb der Schichten; die Abweichung von der Struktur des α-Poloniums ist ziemlich gering. Außerdem zeigen As, Sb und Bi metallische Leitfähigkeit. Die

Tabelle 11.1: Abstände zwischen benachbarten Atomen und Bindungswinkel in Strukturen des α-As-, α-Se-, α-Po- und β-Po-Typs.
$d_1 = $ Bindungslänge, $d_2 = $ kürzester Abstand zwischen Schichten bzw. Ketten; Abstände in pm, Winkel in Grad

	Strukturtyp	d_1	d_2	d_2/d_1	Winkel
P ($\sim$10 GPa)	α-As	213	327	1,54	105
P ($\sim$12 GPa)	α-Po	238	238	1,00	90
As	α-As	252	312	1,24	96,6
As (25 GPa)	α-Po	255	255	1,00	90
Sb	α-As	291	336	1,15	95,6
Bi	α-As	307	353	1,15	95,5
Se	α-Se	237	344	1,45	103,1
Te	α-Se	283	349	1,23	103,2
Te (11,5 GPa)	β-Po	295	295	1,00	102,7
Po	α-Po	337	337	1,00	90
Po	β-Po	337	337	1,00	98,2

Bindungsverhältnisse lassen sich mit dem Bändermodell verstehen: ausgehend von der metallischen α-Po-Struktur tritt eine PEIERLS-Verzerrung ein, welche drei Bindungen pro Atom verstärkt (Abb. 11.8). Entsprechendes gilt für Selen und Tellur, wobei zwei Bindungen pro Atom verstärkt werden.

11.4 Elemente der fünften und sechsten Hauptgruppe unter Druck

Dank der sehr hohen Intensität der Röntgenstrahlung aus einem Synchrotron sind Kristallstrukturuntersuchungen mit sehr kleinen Probenmengen möglich geworden. Zwischen zwei Stempeln aus Diamant kann man sie sehr hohem Druck aussetzen. Dadurch haben sich unsere Kenntnisse über das Verhalten von Materie unter hohen Drücken beträchtlich erweitert. Unter Druck weisen die Elemente der fünften und sechsten Hauptgruppe recht ungewöhnliche Strukturen auf. Abb. 11.9 zeigt eine Übersicht über die vorkommenden Strukturen.

Unter normalen Bedingungen hat ein Atom im elementaren Tellur die Koordinationszahl $2+4$. Daß sich die interatomaren Abstände unter Druck angleichen und schließlich jedes Telluratom sechs äquidistante Nachbaratome im

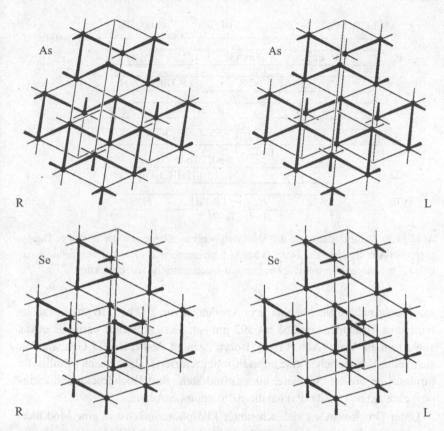

Abb. 11.8: Durch Dehnung bestimmter Abstände in der α-Po-Struktur kommt man zur Schichten- bzw. Kettenstruktur der Elemente der fünften und sechsten Hauptgruppe (Stereobilder)

Abstand von 297 pm hat, ist schon länger bekannt; die Struktur (jetzt Te-IV genannt) entspricht der des β-Poloniums. Bevor sie erreicht wird, treten allerdings bei 4 GPa und 7 GPa zwei weitere Modifikationen auf (Te-II und Te-III), die aus dem Rahmen fallen. Te-II enthält parallel angeordnete, lineare Stränge, die gegenseitig so versetzt sind, daß jedes Te-Atom neben zwei Nachbaratomen im Strang (310 pm) zusätzlich zwei nahe (286 – 299 pm) und vier entferntere Nachbaratome (331 – 364 pm) hat; diese Struktur kommt auch beim Selen-III vor. Te-III hat eine inkommensurabel modulierte Struktur, bei der jedes Tellur-

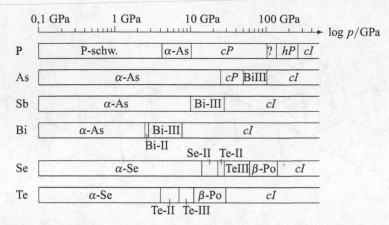

Abb. 11.9: Stabilitätsbereiche der Strukturtypen von Elementen der 5. und 6. Hauptgruppe in Abhängigkeit des Druckes bei Zimmertemperatur. cP = kubisch-primitiv (α-Po); hP = hexagonal-primitiv; cI = kubisch-innenzentrierte Kugelpackung

atom sechs nähere Nachbaratome in Abständen von 297 bis 316 pm und sechs fernere in Abständen von 368 bis 392 pm hat; diese Abstände variieren etwas von Atom zu Atom (Abb. 11.10); isotyp dazu ist Se-IV. Bei 27 GPa wandelt sich Tellur Schließlich in eine kubisch-innenzentrierte, also typisch metallische Struktur um (Te-V). Schwefel bildet mindestens fünf Hochdruckmodifikationen; eine davon (> 80 GPa) hat die β-Polonium-Struktur.

Unter Druck wandelt sich schwarzer Phosphor zunächst in eine Modifikation um, die dem grauen Arsen entspricht, die bei noch höherem Druck in die α-Polonium-Struktur übergeht. Dann folgt eine hexagonal-primitive Struktur,

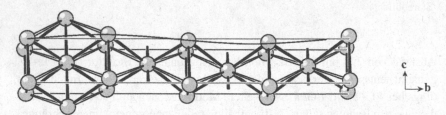

Abb. 11.10: Vier innenzentrierte Elementarzellen der inkommensurabel modulierten Struktur von Tellur-III. Kürzere Bindungen schwarz, längere offen gezeichnet; zwei weitere lange Kontakte längs $a = 392$ pm sind nicht eingezeichnet. In Richtung b folgen die Atome einer Sinuswelle mit einer Wellenlänge von $3,742 \times b$

die man auch beim Silicium unter Druck antrifft (S. 181), die aber sonst kaum je vorkommt. Oberhalb von 262 GPa ist Phosphor kubisch-innenzentriert; diese Modifikation wir unter 22 K supraleitend.

Arsen nimmt bei 25 GPa ebenfalls die α-Polonium-Struktur an und ist bei höchsten Drücken kubisch-innenzentriert. Zwischen diesen beiden Modifikationen tritt die recht ungewöhnliche Bi-III-Struktur auf.

Diese Bismut-III-Struktur kommt auch bei Antimon von 10 bis 28 GPa und bei Bismut von 2,8 bis 8 GPa vor. Bei noch höheren Drücken nehmen Antimon und Bismut die für Metalle typische kubisch-innenzentrierte Kugelpackung an. Die eigenartige Struktur von Bi-III ist die eines *inkommensurablen Kompositkristalls*. Sie kann als zwei ineinandergestellte Teilstrukturen beschrieben werden, die metrisch nicht miteinander kompatibel sind (Abb. 11.11). Die Teilstruktur 1 besteht aus quadratischen Antiprismen, die in Richtung c miteinander flächenverknüpft sind und die in a- und b-Richtung über tetraedrische Baueinheiten verbunden sind. Die Teilstruktur 2 bildet lineare Stränge von Atomen, die längs c mitten durch die quadratischen Antiprismen verlaufen. Als Ausgleich für die wechselnden Abstände zwischen den Atomen der Stränge und der umgebenden Antiprismen sind beide Teilstrukturen zusätzlich inkommensurabel moduliert. Die Atome der Stränge sind längs c ausgelenkt, diejenigen der Antiprismen senkrecht dazu.

Generell kann man folgende Tendenzen feststellen: Je größer die Ordnungszahl, desto geringer ist der Druck, bei dem eine typisch metallische Struktur er-

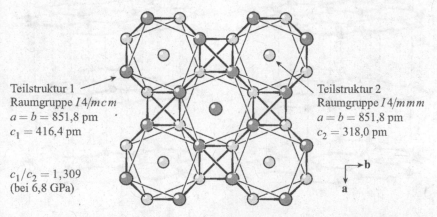

Teilstruktur 1
Raumgruppe $I4/mcm$
$a = b = 851,8$ pm
$c_1 = 416,4$ pm

Teilstruktur 2
Raumgruppe $I4/mmm$
$a = b = 851,8$ pm
$c_2 = 318,0$ pm

$c_1/c_2 = 1,309$
(bei 6,8 GPa)

Abb. 11.11: Die inkommensurable Kompositstruktur von Bismut-III

reicht wird. Zwischen den nichtmetallischen und den metallischen Strukturen treten Strukturen auf, die sich nicht in die herkömmlichen chemischen Muster einordnen lassen.

11.5   Kohlenstoff

Graphit ist die bei Normalbedingungen stabile Modifikation des Kohlenstoffs. Er hat einen Aufbau aus planaren Schichten (Abb. 11.12). Innerhalb der Schicht ist jedes C-Atom kovalent mit drei anderen C-Atomen verbunden. Zu dem über die ganze Schicht delokalisierten π-Bindungssystem trägt jedes C-Atom mit einem p-Orbital und einem Elektron bei. Es handelt sich um nichts anderes als ein halbbesetztes Band; es liegt ein metallischer Zustand mit zweidimensionaler elektrischer Leitfähigkeit vor. Zwischen den Schichten bestehen nur die schwächeren VAN-DER-WAALSschen Anziehungskräfte. Die Bindungen in der Schicht sind 142 pm lang und der Abstand zwischen den Schichten beträgt 335 pm. Dementsprechend besteht die hohe elektrische Leitfähigkeit nur parallel und nicht senkrecht zu den Schichten. Die Schichten sind versetzt zueinander gestapelt; die Hälfte der Atome der einen Schicht befindet sich genau über Atomen der vorausgehenden Schicht, die andere Hälfte über den Ringmitten (Abb. 11.12). Dabei sind insgesamt drei Schichtlagen möglich, *A, B* und *C*. Die Stapelfolge im normalen (hexagonalen) Graphit ist *ABAB* . . . , häufig tritt aber eine mehr oder weniger statistische Schichtenfolge auf, in der

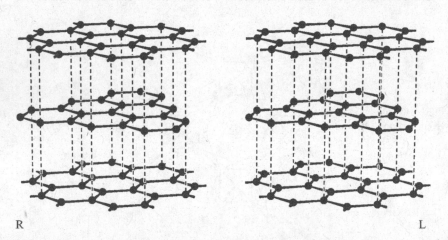

R   L

Abb. 11.12: Struktur des Graphits (Stereobild)

neben der (überwiegenden) Abfolge *ABAB*... auch Bereiche mit der Abfolge *ABC* vorkommen. Man spricht hier von einer *eindimensionalen Fehlordnung*, d. h. innerhalb der Schichten sind die Atome geordnet, aber senkrecht dazu fehlt die periodische Ordnung.

Mit Alkalimetallen bildet Graphit *Einlagerungsverbindungen* (Intercalationsverbindungen). Sie haben Zusammensetzungen wie LiC_6, LiC_{12}, LiC_{18} oder KC_8, KC_{24}, KC_{36}, KC_{48}. Je nach Metallgehalt sind sie goldglänzend bis schwarz. Sie haben eine bessere elektrische Leitfähigkeit als Graphit. Die Alkaliionen sind zwischen die Schichten des Graphits eingelagert, und zwar beim KC_8 zwischen jedes Paar von C-Schichten, beim KC_{24} zwischen jedes zweite Paar usw. (Abb. 11.13). Die Metallatome geben ihre Elektronen an das Valenzband des Graphits ab. Die Möglichkeit, Li^+-Ionen reversibel in variabler Menge elektrochemisch in Graphit einlagern zu können, macht man sich bei Elek-

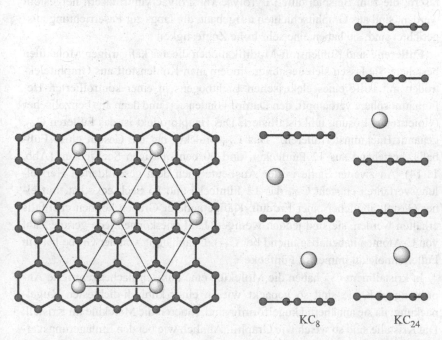

KC_8 KC_{24}

Abb. 11.13: Links: Anordnung der K^+-Ionen relativ zu einer benachbarten Graphitschicht im KC_8; im KC_{24} enthält eine K^+-Ionenschicht nur $\frac{2}{3}$ so viele Ionen indem jedes K^+-Ionen-Sechseck in seiner Mitte leer ist. Rechts: Stapelfolge von Graphitschichten und K^+-Ionen im KC_8 und KC_{24}

troden in Litiumionenbatterien zunutze. Eine andere Art von Einlagerungsverbindungen sind solche mit Metallchloriden MCl_n (M = fast alle Metalle; n =
2 bis 6) und einigen Fluoriden und Bromiden. Die eingelagerten Halogenid-
schichten haben Strukturen, die weitgehend den Strukturen in den reinen Verbindungen entsprechen; $FeCl_3$-Schichten haben zum Beispiel den in Abb. 16.8
(S. 254) gezeigten Aufbau.

Kohlenstoff in seinen verschiedenen Erscheinungsformen (Holzkohle,
Koks, Ruß usw.) ist im Prinzip graphitartig, aber mit geringem Ordnungsgrad.
Er kann mikrokristallin bis amorph sein; am Rande der vorhandenen „Graphit-
fladen" sind OH-Gruppen und eventuell andere Reste gebunden. Viele Koh-
lenstoffsorten haben zahlreiche Poren und damit eine große innere Oberfläche;
sie können deshalb große Mengen von Substanzen adsorbieren und katalytisch
wirken. Kristalliner Graphit ist diesbezüglich weniger wirksam. Kohlenstoff-
fasern, die zum Beispiel durch Pyrolyse von Polyacrylnitrilfasern hergestellt
werden, sind aus Graphitschichten aufgebaut, die längs zur Faserrichtung ausgerichtet sind; sie haben eine sehr hohe Zugfestigkeit.

Fullerene sind Kohlenstoff-Modifikationen die aus käfigartigen Molekülen
bestehen. Sie lassen sich herstellen, indem man Kohlenstoff aus Graphitelek-
troden mit Hilfe eines elektrischen Lichtbogens in einer kontrollierten He-
liumatmosphere verdampft, den Dampf kondensiert und dann aus benzolischer
(violettroter) Lösung umkristallisiert. Das Hauptprodukt ist das Fulleren C_{60},
genannt Buckminsterfulleren.* Das C_{60}-Molekül hat die Gestalt eines Fuß-
balls, bestehend aus 12 Fünfecken und 20 benzolartigen Sechsecken (Abb.
11.14). An zweiter Stelle in der Ausbeute nach dem geschilderten Herstellungsverfahren entsteht C_{70}, das 12 Fünfecke und 25 Sechsecke hat, mit einer Gestalt ähnlicher einer Erdnuß. Käfige anderer Größen können ebenfalls
erhalten werden, sie sind jedoch weniger stabil (sie können jede gerade Zahl
von C-Atomen haben, beginnend bei C_{32}). Unabhängig von der Größe hat ein
Fullerenmolekül immer 12 Fünfecke.

In kristallinem C_{60} haben die Moleküle eine kubisch-flächenzentrierte Anordnung, d. h. sie sind so gepackt wie in einer kubisch-dichtesten Kugelpackung; da sie annähernd kugelförmig sind, rotieren die Moleküle im Kristall.
Die Kristalle sind so weich wie Graphit. Ähnlich wie bei den Einlagerungsverbindungen des Graphits können Kaliumatome eingelagert werden; sie besetzen
Hohlräume zwischen den C_{60}-Käfigen. Wenn alle Zwischenräume besetzt sind

---

*Benannt nach dem Ingenieur Buckminster Fuller, der einen geodesischen Dom mit dem glei-
chen Bauprinzip des C_{60}-Moleküls gebaut hat.

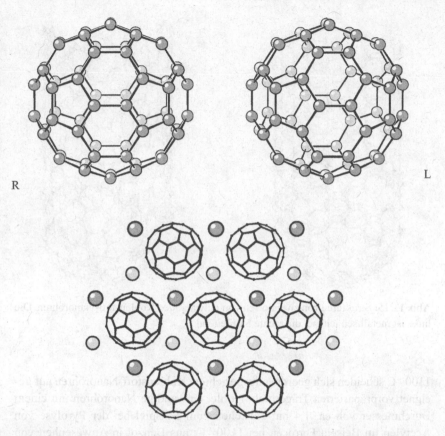

R   L

Abb. 11.14: Oben: Struktur des C_{60}-Moleküls (Stereobild). Unten: Packung von C_{60}^--Molekülen und K^+-Ionen in K_3C_{60}

(Tetraeder- und Oktaederlücken in der dichtesten Packung von C_{60}-Kugeln), ist die Zusammensetzung K_3C_{60}. Diese Verbindung hat metallische Eigenschaften und wird supraleitend, wenn sie auf unter 18 K gekühlt wird. Es kann auch noch mehr Kalium eingelagert werden; im K_6C_{60} haben die C_{60}-Moleküle eine kubisch-innenzentrierte Packung.

Kohlenstoff-Nanoröhren kann man im Lichtbogen oder durch Laserverdampfung aus Graphit herstellen. Solche Röhren sind miteinander verknäuelt. Durch katalysierte Pyrolyse von gasförmigen Kohlenwasserstoffen bei 700 bis

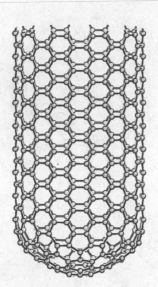
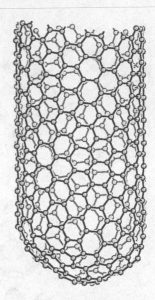

Abb. 11.15: Strukturen von zwei Sorten von einwandigen Kohlenstoff-Nanoröhren. Die linke ist metallisch leitend, die rechte halbleitend

1100 °C scheiden sich geordnet ausgerichtete Kohlenstoff-Nanoröhren auf geeignet vorpräparierten Trägern ab. Hohle, einwandige Nanoröhren mit einem Durchmesser von ca. 1,4 nm entstehen zum Beispiel bei der Pyrolyse von Acetylen im Beisein Ferrocen bei 1100 °C; aus Benzol in Anwesenheit von $Fe(CO)_5$ entstehen mehrwandige Nanoröhren. Im Ende in der Röhre befindet sich ein Cluster aus Metallatomen aus dem Katalysator. Nanoröhren bestehen aus in sich geschlossenen, zusammengebogenen Graphitschichten und können 0,1 mm lang sein (Abb. 11.15). An den Enden sind die Röhren in der Regel mit je einer halben Fullerenkugel geschlossen; diese Kappen lassen sich mit Ultraschall in Suspension in starken Säuren entfernen. Die Sechserringe können relativ zur Röhrenachse einige verschiedene Ausrichtungen haben (Abb. 11.15), was sich zum Beispiel auf die elektrische Leitfähigkeit auswirkt. Mehrwandige Nanoröhren bestehen aus konzentrisch umeinandergelagerte Röhren.

Die Strukturen von Diamant, Silicium, Germanium und Zinn werden in Kapitel 12 behandelt.

11.6 Bor

Wie in seinem chemischen Verhalten fällt Bor auch bezüglich seiner Strukturen aus dem Rahmen der übrigen Elemente. Sechzehn Bormodifikationen sind beschrieben, die meisten davon jedoch nur unzureichend charakterisiert worden. Bei vielen für Bor gehaltenen Proben könnte es sich tatsächlich um borreiche Boride gehandelt haben (von denen man viele kennt, zum Beispiel YB_{66}). Als gesichert kann die Struktur des rhomboedrischen α-B_{12} gelten (die Indexzahl bezeichnet die Anzahl der Atome pro Elementarzelle). Von drei weiteren Formen, dem tetragonalen α-B_{50}, rhomboedrischen β-B_{105} und rhomboedrischen $B_{\sim 320}$ sind die Kristallstrukturen bekannt, doch handelt es sich vermutlich um borreiche Boride. α-B_{50} sollte als $B_{48}X_2$ formuliert werden. Es besteht aus B_{12}-Ikosaedern, die über tetraedrisch koordinierte X Atome verbunden sind. Diese Atome sind vermutlich C- oder N-Atome (B, C und N können bei der Röntgenbeugung kaum unterschieden werden).

Die beherrschende Baueinheit in allen beschriebenen Bormodifikationen ist das B_{12}-Ikosaeder, das auch im anionischen *closo*-Boran $B_{12}H_{12}^{2-}$ realisiert ist. Die zwölf Atome des Ikosaeders werden durch Mehrzentrenbindungen zusammengehalten, wobei nach der MO-Theorie 13 bindende Orbitale angenommen werden, die 26 Elektronen aufnehmen; es verbleiben 10 Valenzelektronen. Im $B_{12}H_{12}^{2-}$-Ion sind zusätzlich noch 14 Elektronen vorhanden (12 von den H-Atomen, 2 aus der Ionenladung), das ergibt 24 Elektronen oder 12 Elektronenpaare, mit denen normale kovalente B–H-Bindungen geknüpft werden. Diese weisen radial vom Ikosaeder weg. Im elementaren Bor sind die B_{12}-Ikosaeder über ebensolche radiale Bindungen miteinander verbunden, weil aber für 12 solcher Bindungen nur 10 Valenzelektronen zur Verfügung stehen, können nicht alle dieser Bindungen normale Einfachbindungen sein.

Im α-B_{12} sind die Ikosaeder wie in einer kubisch-dichtesten Kugelpackung angeordnet (Abb. 11.16). In einer Schicht von Ikosaedern ist jedes Ikosaeder von sechs anderen Ikosaedern umgeben, mit denen es über Zwei-Elektronen-drei-Zentren-Bindungen verbunden ist; jedes der beteiligten Boratome trägt dazu im Mittel $\frac{2}{3}$ Elektronen bei, pro Ikosaeder sind das $\frac{2}{3} \cdot 6 = 4$ Elektronen. Jedes Ikosaeder ist noch von sechs weiteren Ikosaedern aus den beiden benachbarten Schichten umgeben, mit denen es über normale B–B-Bindungen verknüpft ist; dazu werden 6 Elektronen pro Ikosaeder benötigt. Für die Inter-Ikosaeder-Bindungen ergeben sich zusammen genau die 10 oben erwähnten Elektronen.

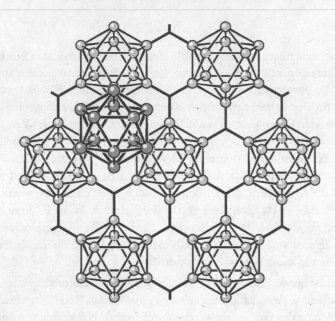

Abb. 11.16: Die Struktur des rhomboedrischen α-B_{12}. Die Ikosaeder im gezeigten Schichtausschnitt sind über $2e3c$-Bindungen miteinander verbunden. Ein Ikosaeder der folgenden Schicht ist gezeigt

12 Diamantartige Strukturen

12.1 Kubischer und hexagonaler Diamant

Diamant, Silicium, Germanium und das unterhalb von 13 °C stabile (graue) α-Zinn sind isotyp. Diamant besteht aus einem Netzwerk von vierbindigen Kohlenstoffatomen. Denkt man sich in einer Schicht des grauen Arsens (vgl. Abb. 11.7) alle As-Atome durch C-Atome ersetzt, so kann jedes dieser Atome noch eine Bindung eingehen, die senkrecht zur Schicht orientiert ist. Von einem der Sesselringe der Schicht aus betrachtet, nehmen die Bindungen innerhalb der Schicht equatoriale Positionen ein; die noch freien Valenzen gehören zu axialen Positionen, die von einem Atom zum nächsten abwechselnd über und unter die Schicht weisen. Im Graphitfluorid (CF)$_x$ ist in jeder axialen Position ein Fluoratom gebunden. Im Diamant dienen die axialen Bindungen zur Verknüpfung der Schichten miteinander (Abb. 12.1). Dabei

Graphitfluorid

entstehen neue Sechsringe, die Sessel- oder Bootkonformation haben können, je nachdem, wie die verknüpften Schichten relativ zueinander orientiert sind. Wenn die Schichten in Projektion versetzt zueinander angeordnet sind, dann sind alle neuen Ringe Sesselringe; diese Anordnung ist diejenige des normalen, kubischen Diamanten. Im hexagonalen Diamanten liegen die Schichten in Projektion übereinander, die neuen Ringe haben Bootkonformation. Hexagonaler Diamant kommt als Mineral Lonsdaleit sehr selten vor; in der Natur wurde er in Meteoriten gefunden.

Die Elementarzelle des kubischen Diamanten zeigt eine flächenzentrierte Packung von C-Atomen. Außer den vier C-Atomen in den Ecken und Flächenmitten befinden sich weitere Atome in den Mitten von vier der acht Oktanten der Elementarzelle. Da jeder Oktant ein Würfel ist, bei dem vier der acht Ecken mit C-Atomen besetzt sind, ergibt sich eine exakt tetraedrische Anordnung für das Atom in der Mitte des Oktanten. Das gilt auch für alle anderen Atome, sie sind alle symmetrieäquivalent; in der Mitte von jeder C–C-Bindung befindet sich ein Symmetriezentrum. Wie in Alkanen sind die C–C-Bindungen 154 pm lang, und die Bindungswinkel betragen 109,47°.

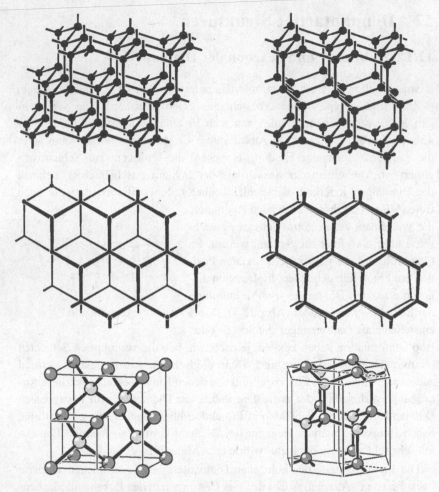

Abb. 12.1: Struktur des kubischen (jeweils links) und hexagonalen (rechts) Diamanten. Oben: Aufbau aus Schichten wie im α-As.; Mitte: dieselben Schichten in Projektion senkrecht zu den Schichten; Unten: Elementarzellen; wenn die hell und dunkel gezeichneten Atome verschieden sind, liegen die Strukturen von Zinkblende bzw. Wurtzit vor

12.2 Binäre diamantartige Verbindungen

Ersetzt man die C-Atome im kubischen Diamanten abwechselnd durch Zn- und S-Atome, so kommt man zur Struktur der Zinkblende (Sphalerit). Der entsprechende Ersatz im hexagonalen Diamanten führt zum Wurtzit. Sofern Atome

Tabelle 12.1: Mögliche Elementkombinationen für die ZnS-Strukturtypen

Kombination*		Beispiele, Zinkblende-Typ	Beispiele, Wurtzit-Typ
IV	IV	β-SiC	SiC
III	V	BP, GaAs, InP, InSb	AlN, GaN
II	VI	BeS, CdS, ZnSe	BeO, ZnO, CdS (hochtemp.)
I	VII	CuCl, CuBr, AgI	CuCl (hochtemp.), β-AgI

* Gruppennummer im Periodensystem

des einen Elements nur mit Atomen des anderen Elements verbunden sind, sind binäre Verbindungen nur mit der Zusammensetzung 1:1 möglich. Für die vier Bindungen pro Atom werden im Mittel vier Elektronen pro Atom benötigt; diese Bedingung wird erreicht, wenn die Summe der Valenzelektronen vier mal größer als die Anzahl der Atome ist. Mögliche Elementkombinationen und Beispiele sind in Tab. 12.1 aufgeführt.

Für die Bindungslängen gilt die GRIMM-SOMMERFELD-Regel: Wenn die Summe der Ordnungszahlen gleich ist, sind die interatomaren Abstände gleich. Beispiele:

$$MX \quad Z(M)+Z(X) \quad d(M\text{--}X)$$

GeGe	$32 + 32 = 64$	245,0 pm
GaAs	$31 + 33 = 64$	244,8 pm
ZnSe	$30 + 34 = 64$	244,7 pm
CuBr	$29 + 35 = 64$	246,0 pm

Die in Abb. 12.2 gezeigten Ausschnitte aus den Strukturen von Zinkblende und Wurtzit entsprechen der mittleren Bildreihe von Abb. 12.1 (Projektion senkrecht zu den arsenartigen Schichten). In Blickrichtung befindet sich hinter jedem Schwefelatom ein daran gebundenes Zinkatom. Die Zinkatome innerhalb einer arsenartigen Schicht liegen in einer Ebene und bilden ein hexagonales Muster (in Abb. 12.2 punktiert); das gleiche gilt für die darüberliegenden Schwefelatome. Die Lage des Musters ist mit A bezeichnet. Im Wurtzit folgen Atome mit einem hexagonalen Muster, das gegenüber dem ersten versetzt ist; die Atome in dieser Lage B befinden sich über den Mitten der einen Hälfte von punktierten Dreiecken. Atome über den Mitten der übrigen Dreiecke (Lage C) kommen im Wurtzit nicht vor, wohl aber in der Zinkblende. Bezeichnen wir Ebenen mit den Lagen der Zn-Atome mit A, B und C und die entsprechenden Ebenen der S-Atome mit α, β und γ, dann gelten die Stapelfolgen:

Zinkblende: $A\alpha B\beta C\gamma \ldots$ Wurtzit: $A\alpha B\beta \ldots$

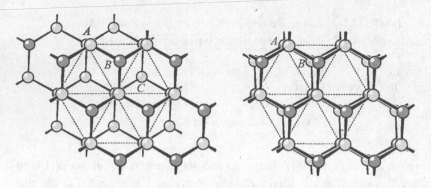

Abb. 12.2: Lage der Zn- und der S-Atome in Zinkblende (links) und Wurtzit

Außer diesen Stapelfolgen sind auch noch andere möglich, zum Beispiel
$A\alpha B\beta A\alpha C\gamma$... oder statistische Abfolgen ohne periodische Ordnung. Beim
Siliciumcarbid kennt man über 70 verschiedene Stapelvarianten, die zusammengefaßt als α-SiC bezeichnet werden. Strukturen, die man in dieser Art als
Stapelvarianten auffassen kann, nennt man Polytypen.

Mehrere der binären diamantartigen Verbindungen sind von technischer Bedeutung wegen ihrer physikalischen Eigenschaften. Dazu zählen Siliciumcarbid und kubisches Bornitrid (erhältlich aus graphitartigem BN unter Druck bei
1800 °C), weil sie fast so hart sind wie Diamant; sie dienen als Schleifmittel. Aus SiC werden auch Heizelemente für Hochtemperaturöfen hergestellt,
da es als Halbleiter bei hohen Temperaturen eine ausreichende elektrische
Leitfähigkeit bei hoher Korrosionsresistenz und geringer thermischer Ausdehnung besitzt. CdS (gelb) und CdSe (rot) sind gute Farbpigmente, ZnS findet
Verwendung als Leuchtstoff in Braunschen Röhren. Die III-V-Verbindungen
sind Halbleiter, deren Eigenschaften sich durch geeignete Zusammensetzung
und Dotierung beeinflussen lassen; insbesondere auf der Basis von GaAs werden Leuchtdioden hergestellt.

12.3   Diamantartige Verbindungen unter Druck

Die Diamant-Struktur des α-Zinns ist bei Atmosphärendruck nur unterhalb
13 °C stabil, oberhalb von 13 °C wandelt es sich in β-Zinn (weißes Zinn) um.
Die Umwandlung α-Sn $\rightarrow$ β-Sn kann auch unterhalb von 13°C durch Anwendung von Druck erreicht werden. Silicium und Germanium nehmen ebenfalls

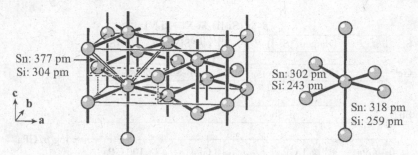

Abb. 12.3: Struktur des weißen Zinns (β-Sn; genauso Si-II). Die gezeichnete Zelle entspricht einer Elementarzelle von Diamant (α-Sn; Si-I), die in Richtung **c** stark komprimiert wurde. Rechts: Koordination um ein Sn-Atom mit Bindungslängen; vgl. Atom im gestrichelten Oktanten

unter Druck die Struktur des β-Sn an. Die Umwandlung ist mit einer erheblichen Zunahme der Dichte verbunden (bei Sn +21%). Die β-Sn-Struktur entsteht aus der α-Sn-Struktur durch eine drastische Stauchung in Richtung längs einer der Kanten der Elementarzelle (Abb. 12.3). Dadurch kommen in der Stauchungsrichtung zwei zuvor weiter entfernte Atome in die Nachbarschaft eines Atoms; zusammen mit den vier schon im α-Sn vorhandenen Nachbaratomen ergibt das eine Erhöhung der Koordinationszahl auf 6. Aus dem regulären Koordinationstetraeder des α-Sn wird ein abgeplattetes Tetraeder mit Sn–Sn-Abständen von 302 pm; die über und unter dem abgeplatteten Tetraeder befindlichen Atome sind 318 pm weit weg. Die genannten Abstände sind *größer* als im α-Sn (281 pm). Obwohl β-Sn unter Druck aus α-Sn entsteht und eine höhere Dichte hat, ist die Umwandlung mit einer Vergrößerung der interatomaren Abstände verbunden.

Allgemein gelten folgende Regeln für druckinduzierte Phasentransformationen:

Druck-Koordinations-Regel nach A. NEUHAUS: *bei steigendem Druck tritt eine Erhöhung der Koordinationszahlen ein.*

„**Druck-Abstands-Paradoxon**" nach W. KLEBER: *Wenn sich gemäß der vorstehenden Regel die Koordinationszahlen erhöhen, so vergrößern sich die interatomaren Abstände.*

Weitere Beispiele im Sinne der genannten Regeln: Einige Verbindungen mit Zinkblende-Struktur wie AlSb, GaSb wandeln sich unter Druck in Modifikationen um, die dem β-Sn entsprechen. Andere wie InAs, CdS, CdSe nehmen unter

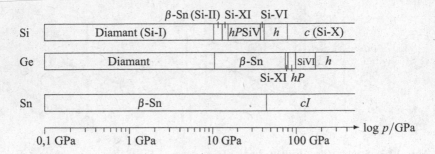

Abb. 12.4: Stabilitätsbereiche der Hochdruckmodifikationen von Elementen der vierten Hauptgruppe in Abhängigkeit des Druckes bei Zimmertemperatur. hP = hexagonal-primitiv (Si-V); cI = kubisch-innenzentrierte Kugelpackung; h = hexagonal-dichteste Kugelpackung; c = kubisch-dichteste Kugelpackung

Druck NaCl-Struktur an, womit ihre Atome ebenfalls die Koordinationszahl 6 erreichen. Graphit (K.Z. 3, C–C-Abstand 141,5 pm, Dichte 2,26 g cm^{-3}) $\xrightarrow{\text{Druck}}$ Diamant (K.Z. 4, C–C 154 pm, 3,51 g cm^{-3}).

Die Regeln spiegeln sich auch im Verhalten von Silicium und Germanium bei noch höheren Drücken wider. Abb. 12.4 zeigt welche Strukturtypen noch auftreten. Silicium weist unter hohem Druck eine komplizierte Vielfalt von Strukturen auf. Generell gilt jedoch, je höher der Druck, desto höher ist die Koordinationszahl der Atome (Tab. 12.2). Bei sehr hohen Drücken macht sich das Druck-Abstands-Paradoxon kaum mehr bemerkbar.

Tabelle 12.2: Hochdruckmodifikationen von Silicium

	Strukturtyp	K.Z.: $d/$ pm*	Stabilitätsbereich	Raumgruppe
Si-I	Diamant	4: 235	< 10,3 GPa	$Fd\overline{3}m$
Si-II	β-Sn	6: 248	10,3 – 13,2 GPa	$I4_1/amd$
Si-XI		6+2: 253	13,2 – 15,6 GPa	$Imma$
Si-V	hex.-$P^\dagger$	8: 251	15,6 – 38 GPa	$P6/mmm$
Si-VI		10: 248; 11: 249	38 – 42 GPa	$Cmce$
Si-VII	Mg**	12: 248	42 – 79 GPa	$P6_3/mmc$
Si-X	Cu‡	12: 248	> 79 GPa	$Fm\overline{3}m$

* K.Z. = Koordinationszahl, d = Mittelwert der Bindungslängen
$\dagger$ hexagonal-primitiv   ** hexagonal-dichteste Kugelpackung
$\ddagger$ kubisch-dichteste Kugelpackung

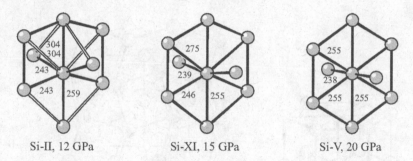

Si-II, 12 GPa   Si-XI, 15 GPa   Si-V, 20 GPa

Abb. 12.5: Änderung des Koordinationspolyeders um ein Siliciumatom bei Zunahme des Druckes, aus derselben Perspektive wie für das Atom im gestrichelten Oktanten in Abb. 12.3. Si–Si-Abstände in pm

Si-XI, die nächste nach Si-II unter Druck entstehende Modifikation, kann als komprimierte Variante des β-Zinn-Typs beschrieben werden. Die beiden in Abb. 12.3 offen gezeichneten Bindungen sind auf 275 pm verkürzt, während die anderen sechs Bindungen ungefähr gleich lang bleiben. Das Koordinationspolyeder ist eine verzerrte hexagonale Bipyramide (Abb. 12.5 Mitte). Durch weitere Druckerhöhung ergibt sich dann eine unverzerrte hexagonale Bipyramide in einer einfachen, hexagonal-primitiven Struktur (Si-V, Abb. 12.5 und 12.6). Bei 38 GPa erfolgt ein erheblicher Umbau zur Si-VI-Struktur. In dieser Struktur kann man zwei Sorten von einander abwechselnden Schichten ausmachen. Die eine Schichtart bildet ein leicht gewelltes quadratisches Muster mit Atomen der Koordinationszahl 10; die andere Schichtart besteht aus Quadraten und Rauten mit Atomen der Koordinationszahl 11 (Schichten in $x = \frac{1}{2}$ und $x = 1$, Abb. 12.6). Bei höchsten Drücken treten schließlich dichteste Kugelpackungen mit der Koordinationszahl 12 auf.

Darüberhinaus bildet Silicium noch eine Reihe weiterer metastabiler Strukturen, die man je nach Druck bei schneller Druckentlastung erhalten kann: aus Si-II entsteht Si-XII und daraus Si-III, das sich bei Erwärmung in die hexagonale Diamantstruktur umwandelt (Si-IV). Si-III hat eine eigenartige Struktur mit verzerrt tetraedrisch koordinierten Atomen. Die Atome bilden rechts- und linksgängige Spiralen, die miteinander verknüpft sind (Abb. 12.7). Da die Struktur kubisch ist, laufen solche Spiralen sowohl in Richtung a, b und c. Aus Si-XI enstehen bei plötzlicher Druckentlastung Si-VIII und Si-IX. Alle Hochdruckmodifikationen von Silicium sind metallisch.

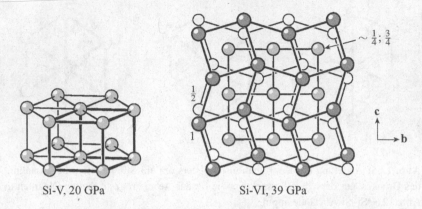

Si-V, 20 GPa   Si-VI, 39 GPa

Abb. 12.6: Hexagonal-primitive Packung von Si-V; die Elementarzelle ist hervorgehoben. Si-VI; es sind nur Atomkontakte innerhalb der Schichten parallel zur *b-c*-Ebene eingezeichnet; Zahlen: x-Koordinaten

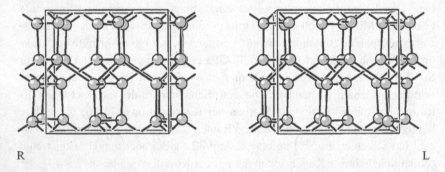

R   L

Abb. 12.7: Die metastabile kubische Struktur von Si-III und Ge-IV (Stereobild)

Dieselben Modifikationen wie bei Silicium treten auch bei Germanium unter ähnlichen Bedingungen auf (Abb. 12.4). Zinn zeigt diese Vielfalt dagegen nicht; aus β-Zinn entsteht bei 45 GPa eine kubisch-innenzentrierte Kugelpackung. Blei bildet bereits bei Atmosphärendruck eine kubisch-dichteste Kugelpackungen.

12.4 Polynäre diamantartige Verbindungen

Unter der Vielzahl von ternären und polynären diamantartigen Verbindungen betrachten wir nur solche, die sich von einer verdoppelten Elementarzelle des Diamanten ableiten lassen. Wird die Elementarzelle der Zinkblende in einer Richtung (c-Achse) verdoppelt, so können auf der verdoppelten Anzahl von Atomlagen unterschiedliche Atome untergebracht werden (Abb. 12.8). Allen aufgeführten Strukturtypen ist die tetraedrische Umgebung aller Atome gemeinsam, abgesehen von den Varianten mit bestimmten unbesetzten Lagen.

CuFeS$_2$ (Kupferkies, Chalkopyrit) ist eines der wichtigsten Kupferminerale. Rotes β-Cu$_2$HgI$_4$ und gelbes β-Ag$_2$HgI$_4$ (CdGa$_2$S$_4$-Typ) sind thermochrom, sie wandeln sich bei 70 °C bzw. 51 °C in Modifikationen mit einer anderen Farbe um (schwarz bzw. orange), bei denen Atome und Leerstellen eine ungeordnete Verteilung haben.

Außer dem beschriebenen Fall der verdopplten Elementarzelle kennt man noch Beispiele mit anderen Vergrößerungsfaktoren für die Elementarzelle sowie auch Strukturen, die sich entsprechend vom Wurtzit ableiten lassen. Defektstrukturen, d. h. solche mit unbesetzten Atomlagen, sind mit geordneter

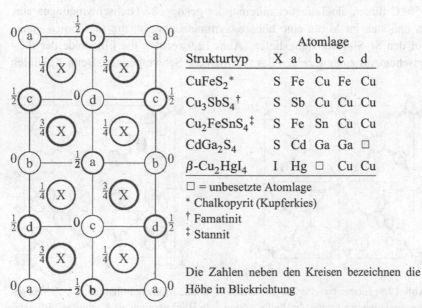

Strukturtyp	X	Atomlage a	b	c	d
CuFeS$_2$*	S	Fe	Cu	Fe	Cu
Cu$_3$SbS$_4$†	S	Sb	Cu	Cu	Cu
Cu$_2$FeSnS$_4$‡	S	Fe	Sn	Cu	Cu
CdGa$_2$S$_4$	S	Cd	Ga	Ga	□
β-Cu$_2$HgI$_4$	I	Hg	□	Cu	Cu

□ = unbesetzte Atomlage
* Chalkopyrit (Kupferkies)
† Famatinit
‡ Stannit

Die Zahlen neben den Kreisen bezeichnen die Höhe in Blickrichtung

Abb. 12.8: Abkömmlinge des Zinkblende-Typs mit verdoppelter c-Achse

und ungeordneter Verteilung der Leerstellen bekannt. γ-Ga_2S_3 hat zum Beispiel Zinkblende-Struktur, wobei nur $\frac{2}{3}$ der Metallagen statistisch von Ga-
Atomen eingenommen werden.

12.5   Aufgeweitete Diamantstrukturen. SiO_2-Strukturen

Denkt man sich im elementaren Silicium (Diamant-Struktur) zwischen je zwei
Siliciumatome ein Sauerstoffatom eingeschoben, so kommt man zur Struktur
des Cristobalits. Jede Si–Si-Bindung des Siliciums ist also durch eine Si–O–
Si-Gruppe ersetzt und jedes Si-Atom ist von vier O-Atomen tetraedrisch umgeben. Die SiO_4-Tetraeder sind alle über gemeinsame Ecken miteinander verknüpft. Da im Silicium doppelt so viele Si–Si-Bindungen wie Si-Atome vorhanden sind, ergibt sich die Zusammensetzung SiO_2. Cristobalit ist eine polymorphe Form des SiO_2, die bei Atmosphärendruck zwischen 1470 und 1713 °C
stabil ist; sie ist bei tieferen Temperaturen metastabil und kommt als Mineral
vor. Die Sauerstoffatome befinden sich neben den Si$\cdots$Si-Verbindungslinien,
so daß die Si–O–Si-Bindungswinkel 147° betragen. Das in Abb. 12.9 links gezeigte Strukturmodell ist allerdings nur eine Momentaufnahme; oberhalb von
250 °C führen die Tetraeder miteinander gekoppelte Drehschwingungen aus,
so daß sich im Mittel eine höhere Symmetrie ergibt, mit O-Atomen genau
auf den Si–Si-Verbindungslinien (Abb. 12.9 rechts); die Ellipsoide der thermischen Auslenkung zeigen das Ausmaß der Schwingungen. Beim Abkühlen

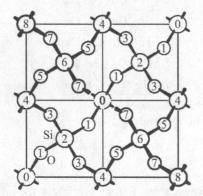
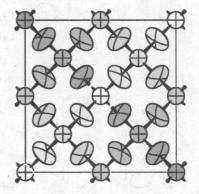

Abb. 12.9: Elementarzelle von β-Cristobalit. Links: Momentaufnahme; Die Zahlen geben die Höhe der Atome als Vielfache von $\frac{1}{8}$ in Blickrichtung an. Rechts: mit Ellipsoiden der thermischen Schwingung bei 300 °C (50 % Aufenthaltswahrscheinlichkeit)

unter $\sim$240 °C „friert" die Schwingung ein ($\rightarrow$ α-Cristobalit; die $\alpha \rightleftharpoons \beta$-Umwandlungstemperatur hängt von der Reinheit der Probe ab). Die Tetraeder im α-Cristobalit sind etwas anders gegenseitig verdreht, als links in Abb. 12.9 gezeigt.

Durch die Einschiebung der Sauerstoffatome ist das Netzwerk stark aufgeweitet. In jedem der vier unbesetzten Oktanten der Elementarzelle befindet sich ein relativ großer Hohlraum. In natürlichem Cristobalit sind darin meistens Fremdionen eingeschlossen (vor allem Alkali- und Erdalkaliionen), die wahrscheinlich die Struktur stabilisieren und die Kristallisation dieser Modifikation bei Temperaturen weit unterhalb des Stabilitätsbereichs von reinem Cristobalit ermöglichen. Um die Elektroneutralität zu wahren, ist wahrscheinlich pro Alkaliatom jeweils ein Si-Atom durch ein Al-Atom substituiert.[†] Die Substitution von Si- gegen Al-Atome in einem SiO$_2$-Gerüst bei gleichzeitigem Einbau von Kationen in Hohlräume ist eine weitverbreitete Erscheinung; diese Art von Silicaten nennt man Aluminosilicate. Im Mineral Carnegieit Na[AlSiO$_4$] liegt eine Cristobalit-Struktur vor, in der die Hälfte aller Si-Atome durch Al-Atome substituiert ist und alle Hohlräume mit Na$^+$-Ionen besetzt sind. Für Aluminosilicate gilt die LOEWENSTEIN-Regel: AlO$_4$-Tetraeder sind nie direkt miteinander verknüpft, die Baugruppe Al–O–Al wird vermieden.

Tridymit ist eine weitere Form von SiO$_2$, die bei Atmosphärendruck zwischen 870 und 1470 °C stabil ist, aber ebenfalls bei tieferen Temperaturen metastabil erhalten bleiben kann und als Mineral auftritt. Seine Struktur leitet sich von derjenigen des hexagonalen Diamanten in der gleichen Art ab, wie sich die des Cristobalits vom kubischen Diamanten ableitet. Auch hier liegen die Sauerstoffatome neben den Si$\cdots$Si-Verbindungslinien, und die Si–O–Si-Bindungswinkel betragen etwa 150°. Bei Temperaturen unterhalb von 380 °C treten mehrere Varianten auf, die sich in der Art der gegenseitigen Verdrehung der SiO$_4$-Tetraeder unterscheiden. Auch im Tridymit sind größere Hohlräume vorhanden, in die Alkali- oder Erdalkaliionen eingelagert sein können. In einer Reihe von Aluminosilicaten entspricht die Anionenteilstruktur der Tridymit-Struktur, zum Beispiel im Nephelin, Na$_3$K[AlSiO$_4$]$_4$.

Quarz ist bei Atmosphärendruck die bis 870 °C stabile Form von SiO$_2$, wobei bis 573 °C α- und darüber β-Quarz auftritt. Diese beiden Modifikationen unterscheiden sich nur geringfügig, bei der Umwandlung werden lediglich die SiO$_4$-Tetraeder etwas gegenseitig verdreht. Wir besprechen die Quarz-Struktur

---

[†]Bei der Strukturbestimmung mittels Röntgenbeugung sind Al und Si wegen ihrer annähernd übereinstimmenden Elektronenzahlen kaum unterscheidbar

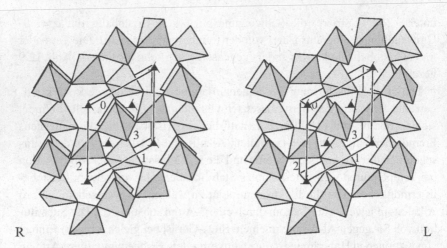

Abb. 12.10: Die Struktur von α-Quarz, Raumgruppe $P3_2\,2\,1$. Es sind nur die SiO_4-Tetraeder gezeigt. Zahlen bezeichnen die Höhe der Si-Atome in den Tetraedermitten als Vielfache von $\frac{1}{3}$ der Höhe der Elementarzelle. Die Symbole ▲ für 3_2-Schraubenachsen deuten die Achsen der Spiralketten an. Die leichte Verkippung der Tetraeder relativ zur Blickrichtung (c-Achse) verschwindet im β-Quarz (Stereobild)

an dieser Stelle, obwohl sie sich nicht von einer der Formen des Diamanten ableiten läßt. Auch Quarz besteht aus einem Netzwerk von eckenverknüpften SiO_4-Tetraedern, jedoch mit kleineren Hohlräumen als im Cristobalit oder Tridymit (erkennbar an den Dichten: Quarz 2,66, Cristobalit 2,32, Tridymit 2,26 $g\,cm^{-3}$). Wie in Abb. 12.10 gezeigt, bilden die Tetraeder Spiralen, die in einem Kristall entweder alle rechts- oder alle linkshändig gewunden sind, weshalb man zwischen Rechts- und Linksquarz unterscheidet. Rechts- und Linksquarz können auch in gesetzmäßiger Weise zu Zwillingskristallen miteinander verwachsen sein („Brasilianer Zwillinge"). Wegen ihrer Händigkeit sind Quarzkristalle optisch aktiv; auch die piezoelektrischen Eigenschaften (Abschnitt 19.2) hängen damit zusammen. Quarzkristalle werden industriell durch Hydrothermalsynthese hergestellt. Dazu befindet sich Quarzpulver im Ende einer geschlossenen Ampulle bei 400 °C, am gegenüberliegenden Ende befinden sich Impfkristalle bei 380 °C. Die Ampulle ist mit einer alkalischen wäßrigen Lösung gefüllt, die durch einen Druck von 100 bis 200 MPa überkritisch flüssig gehalten wird. Das Quarzpulver geht langsam als Silicat in Lösung während die Impfkristalle wachsen.

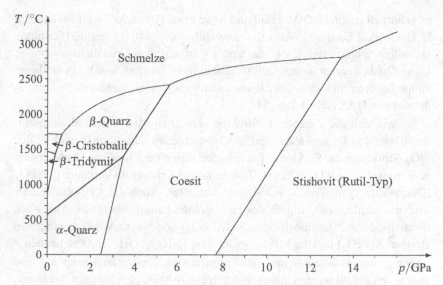

Abb. 12.11: Phasendiagramm für SiO_2. Bei Drücken über 35 MPa kommen außerdem Modifikationen im α-PbO_2- und $CaCl_2$-Typ vor

Abb. 12.11 zeigt das Phasendiagramm für SiO_2. Die Umwandlung zwischen α- und β-Quarz erfolgt rasch, da sie nur ein leichtes Verdrehen der SiO_4-Tetraeder bei gleichbleibendem Verknüpfungsmuster erfordert (Seite 325, Stammbaum 18.5). Die anderen Umwandlungen erfordern dagegen eine Rekonstruktion der Struktur unter Lösen und Neuknüpfen von Si–O-Bindungen; sie verlaufen langsam und ermöglichen die Existenz der metastabilen Modifikationen. Coesit und Stishovit sind nur unter Druck stabil, aber bei Zimmertemperatur und Normaldruck metastabil. Auch Coesit besteht aus einem Raumnetz von eckenverknüpften SiO_4-Tetraedern. Stishovit hat dagegen Rutil-Struktur, d. h. Siliciumatome mit Koordinationszahl 6 (S. 258 und 289). Weitere metastabile Formen sind Quarzglas (unterkühlte Schmelze), Moganit, Keatit und faserförmiges SiO_2 mit SiS_2-Struktur (S. 275).

Weitere Verbindungen, bei denen die Strukturtypen des SiO_2 vorkommen, sind H_2O und BeF_2. Eis kristallisiert normalerweise hexagonal im Tridymit-Typ (Eis I_h), wobei die Sauerstoffatome die Si-Lagen des Tridymits einnehmen, während sich die Wasserstoffatome zwischen je zwei Sauerstoffatomen befinden. Ein H-Atom ist jeweils etwas auf eines der O-Atome zugerückt, d. h.

es gehört zu einem H_2O-Molekül und ist an einer H-Brücke zu einem anderen H_2O-Molekül beteiligt. Wenn Eis unterhalb von $-140\,^\circ C$ aus der Gasphase kristallisiert, bildet sich Eis I_c, das kubisch ist und dem Cristobalit entspricht. Unter Druck können weitere elf Modifikationen erhalten werden, von denen einige anderen SiO_2-Modifikationen entsprechen (z. B. Keatit; s. Phasendiagramm von H_2O, Abb. 4.3, S. 58).

So wie sich die Zinkblende-Struktur vom Diamanten durch abwechselnden Ersatz von C- gegen Zn- und S-Atome ableiten läßt, können auch in den SiO_2-Strukturen die Si-Atome abwechselnd durch verschiedene Atome ersetzt sein. Beispiele: $AlPO_4$ (Quarz-, Tridymit- und Cristobalit-Varianten), $FePO_4$ (Quarz-Varianten), $ZnSO_4$ (Cristobalit-Variante). Auch die Cristobalit- oder Tridymit-Struktur mit aufgefüllten Hohlräumen kommt öfters vor. Außer den oben erwähnten Aluminosilicaten $Na[AlSiO_4]$ und $Na_3K[AlSiO_4]_4$ sind zum Beispiel $K[FeO_2]$ und die MILLONsche Base $[NHg_2]^+OH^-\cdot H_2O$ zu nennen.

Die großen Hohlräume im Cristobalitnetzwerk können auch noch auf eine andere Art gefüllt werden, nämlich durch ein zweites, gleichartiges Netzwerk, welches das erste Netzwerk durchdringt. Die Struktur des Cuprits, Cu_2O, hat diesen Aufbau. Man denke sich eine Cristobalit-Struktur, in der die Si-Lagen von O-Atomen eingenommen werden, die über Cu-Atome der Koordinationszahl 2 miteinander verbunden sind. Da der Bindungswinkel an einem Cu-Atom 180° beträgt, ist die Packungsdichte noch geringer als im Cristobalit selbst. In dem cristobalitartigen Raumnetz befindet sich ein zweites, genau gleiches Raumnetz, das gegen das erste versetzt ist (Abb. 12.12). Die beiden Raumnetze „schweben" ineinander, zwischen den beiden Teilstrukturen sind keine direkten Bindungen vorhanden. Dieser Aufbau wird ermöglicht, wenn die tetraedrisch umgebenen Atome über lineare Zwischengruppen wie –Cu– oder –Ag– (im isotypen Ag_2O) auf Distanz gehalten werden. Cyanidgruppen zwischen tetraedrisch koordinierten Zinkatomen $Zn–C{\equiv}N–Zn$ wirken in der gleichen Art als Abstandhalter im $Zn(CN)_2$, das die gleiche Struktur hat.

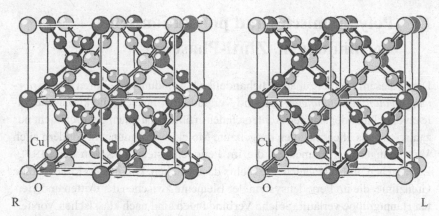

R   L

Abb. 12.12: Die Struktur von Cu_2O (Cuprit). Es sind acht Elementarzellen gezeigt; mit nur einem der beiden Netzwerke entsprechen sie einer Elementarzelle des Cristobalits. Das helle Netzwerk hat keine direkten Bindungen zum dunklen Netzwerk (Stereobild)

12.6 Übungsaufgaben

12.1 Die Bindungslänge in β-SiC beträgt 188 pm. Für welche der folgenden Verbindungen sind längere, kürzere oder gleich lange Bindungen zu erwarten?
BeO, BeS, BN, BP, AlN, AlP.

12.2 Stishovit ist eine Hochdruckmodifikation von SiO_2 mit Rutilstruktur. Sollten darin die Si–O-Bindungen länger oder kürzer als in Quarz sein?

12.3 AgCl hat NaCl-Struktur, AgI hat Zinkblende-Struktur. Könnte es Bedingungen geben, unter denen beide Verbindungen die gleiche Struktur haben?

12.4 Welche Koordinationszahl haben die Iodatome in β-Cu_2HgI_4?

12.5 Wenn gut kristallisiertes Hg_2C hergestellt werden könnte, welche Struktur sollte es dann haben?

13 Polyanionische und polykationische Verbindungen. Zintl-Phasen

Die in diesem Kapitel zunächst behandelten Verbindungen gehören zu den *normalen Valenzverbindungen*; das sind Verbindungen, welche die klassische Valenzvorstellung der stabilen Achterschalen erfüllen. Zu ihnen gehören nicht nur zahlreiche aus Nichtmetallen aufgebaute Molekülverbindungen, sondern auch Verbindungen aus Elementen, die im Periodensystem links von der ZINTL-Linie stehen, mit Elementen, die rechts davon stehen. Die ZINTL-Linie ist eine Grenzlinie, die im Periodensystem der Elemente zwischen der dritten und vierten Hauptgruppe verläuft. Solche Verbindungen sind nach klassischen Vorstellungen aus Ionen aufgebaut, zum Beispiel NaCl, K_2S, Mg_2Sn, Ba_3Bi_2. Der Zusammensetzung nach zu schließen, scheint das Konzept der Achterschalen aber häufig verletzt zu sein, zum Beispiel bei $CaSi_2$ oder NaP. Der Eindruck täuscht: auch hier gilt die Oktettregel noch, was durch die Ausbildung kovalenter Bindungen ermöglicht wird. Beim $CaSi_2$ sind die Si-Atome zu Schichten wie im grauen Arsen verknüpft (Si^- und As sind isoelektronisch), beim NaP bilden die Phosphoratome Spiralketten analog zum polymeren Schwefel (P^- und S sind isoelektronisch); die Anionen sind polymer. Ob bei einer Verbindung die Oktettregel erfüllt ist, kann nur entschieden werden, wenn ihre Struktur bekannt ist.

13.1 Die verallgemeinerte (8 − N)-Regel

Das Oktettprinzip kann durch *die verallgemeinerte* $(8 - N)$-*Regel* nach E. MOOSER & W. B. PEARSON als Formel ausgedrückt werden. Wir beschränken unsere Betrachtung hier auf binäre Verbindungen und setzen voraus:

1. X sei ein Element der vierten bis siebten Hauptgruppe des Periodensystems, d. h. ein Element, das bestrebt ist, durch Elektronenaufnahme die Elektronenkonfiguration des folgenden Edelgases zu erreichen (auch die schweren Elemente der dritten Hauptgruppe können dazu gehören). Ein X-Atom habe $e(X)$ Valenzelektronen.

2. Die zum Aufbau der Achterschale bei X erforderlichen Elektronen stellt das elektropositivere Element M zur Verfügung. Ein M-Atom habe $e(M)$ Valenzelektronen.

Um bei der Zusammensetzung M_mX_x die Achterschale bei den x X-Atomen zu erreichen, sind $8x$ Elektronen erforderlich:

$$m \cdot e(M) + x \cdot e(X) = 8x \tag{13.1}$$

Bilden sich kovalente Bindungen zwischen M-Atomen aus, so können nicht alle $e(M)$ Elektronen von M an X abgegeben werden, die Zahl $e(M)$ in Gleichung (13.1) muß um die Zahl $b(MM)$ der kovalenten Bindungen pro M-Atom verringert werden; verbleiben nichtbindende Elektronen (einsame Elektronenpaare) am M-Atom (wie z. B. bei Tl^+), dann muß $e(M)$ auch noch um die Anzahl E dieser Elektronen verringert werden. Andererseits benötigen die X-Atome weniger Elektronen, wenn sie sich kovalent miteinander verbinden; die Zahl $e(X)$ kann um die Zahl $b(XX)$ der kovalenten Bindungen pro X-Atom erhöht werden:

$$m[e(M) - b(MM) - E] + x[e(X) + b(XX)] = 8x \tag{13.2}$$

Umformung dieser Gleichung ergibt:

$$\frac{m \cdot e(M) + x \cdot e(X)}{x} = 8 + \frac{m[b(MM) + E] - x \cdot b(XX)}{x} \tag{13.3}$$

Die *Valenzelektronenkonzentration pro Anion*, VEK(X), definieren wir als die Gesamtzahl *aller* vorhandenen Valenzelektronen bezogen auf die Zahl der Anionenatome:

$$VEK(X) = \frac{m \cdot e(M) + x \cdot e(X)}{x} \tag{13.4}$$

Durch Substitution von Gleichung (13.3) in Gleichung (13.4) und Auflösung nach $b(XX)$ erhalten wir:

$$b(XX) = 8 - VEK(X) + \frac{m}{x}[b(MM) + E] \tag{13.5}$$

Gleichung (13.5) stellt die verallgemeinerte $(8 - N)$-Regel dar. Gegenüber der einfachen $(8 - N)$-Regel (S. 97) ist sie um das Glied $\frac{m}{x}[b(MM) + E]$ erweitert, außerdem ist VEK(X) anstelle der Hauptgruppennummer N getreten. Von Bedeutung sind folgende Sonderfälle:

1. Elemente. Für reine Elemente, die rechts von der ZINTL-Linie stehen, ist $m = 0$, VEK(X) $= e(X) = N$, aus Gleichung (13.5) wird:

$$b(XX) = 8 - VEK(X) = 8 - N \tag{13.6}$$

Das ist nichts anderes als die einfache $(8 - N)$-Regel. Beispiel: Im Schwefel ($N = 6$) ist die Zahl der kovalenten Bindungen pro S-Atom $b(SS) = 8 - 6 = 2$.

2. Polyanionische Verbindungen. Häufig geben die M-Atome alle ihre Valenzelektronen an die X-Atome ab, d. h. es treten keine kovalenten Kation-Kation-Bindungen und keine nichtbindenden Elektronen an den Kationen auf, $b(MM) = 0$ und $E = 0$. Aus Gleichung (13.5) wird dann:

$$b(XX) = 8 - VEK(X) \tag{13.7}$$

Das ist wieder die $(8 - N)$-Regel, jedoch nur für den Anionenteil der Verbindung. Beispiel: Na_2O_2; $VEK(O) = 7$; $b(OO) = 8 - 7 = 1$, es ist eine kovalente Bindung pro O-Atom vorhanden.

Die Analogie der Gleichungen (13.6) und (13.7) läßt uns erkennen:

Die geometrische Anordnung der Atome in einer polyanionischen Verbindung entspricht der Anordnung in den Strukturen der Elemente der vierten bis siebten Hauptgruppe, wenn die Zahl der kovalent gebundenen Nachbaratome b(XX) übereinstimmt. Nach dieser, von E. ZINTL vorgestellten und von W. KLEMM und E. BUSMANN weiterentwickelten Anschauung, wird der elektronegativere Partner einer Verbindung so behandelt, wie dasjenige Element, das über die gleiche Anzahl Elektronen verfügt. Die Aussage ist nichts anderes als ein Sonderfall der allgemeinen Regel, wonach isoelektronische Atomgruppierungen gleichartige Strukturen annehmen.

3. Polykationische Verbindungen. Vorausgesetzt, es treten keine kovalenten Bindungen zwischen den Anionenatomen auf, $b(XX) = 0$, wird aus Gleichung (13.5):

$$b(MM) + E = \frac{x}{m}[VEK(X) - 8] \tag{13.8}$$

Bei Anwendung dieser Gleichung ist zu beachten, daß nach Gleichung (13.4) zur Berechnung von $VEK(X)$ *alle* Valenzelektronen zu berücksichtigen sind, auch diejenigen, die an den M–M-Bindungen beteiligt sind.

Beispiel: Hg_2Cl_2; $e(Hg) = 2$; $VEK(Cl) = 9$; $b(HgHg) = 1$ (Rechnet man die 10 d-Elektronen am Hg-Atom als Valenzelektronen mit, dann ist $VEK(Cl) = 19$, $E = 10$, $b(HgHg) = 1$).

4. Einfache Ionenverbindungen, d. h. Verbindungen ohne kovalente Bindungen, $b(MM) = b(XX) = E = 0$. Aus Gleichung (13.5) wird:

$$VEK(X) = 8$$

Das ist nichts anderes als das Konzept der Oktettregel.

Die Verbindungen lassen sich nun nach dem Zahlenwert von $VEK(X)$ klassifizieren. Da $b(MM)$, E und $b(XX)$ keine negativen Zahlenwerte annehmen können, muß in Gleichung (13.7) VEK(X) kleiner als 8, in Gleichung (13.8) größer als 8 sein. Daraus folgt das Kriterium:

$$VEK(X) < 8 \qquad \text{polyanionisch}$$
$$VEK(X) = 8 \qquad \text{einfach}$$
$$VEK(X) > 8 \qquad \text{polykationisch}$$

Da VEK(X) nach Gleichung (13.4) sehr leicht zu berechnen ist, können wir uns schnell einen Überblick über den Verbindungstyp machen, zum Beispiel:

polykationisch VEK(X)		polyanionisch VEK(X)		einfach ionisch VEK(X)	
Ti_2S	14	Ca_5Si_3	$7\frac{1}{3}$	Mg_2Sn	8
$MoCl_2$	10	Sr_2Sb_3	$6\frac{1}{3}$	Na_3P	8
$Cs_{11}O_3$	$9\frac{2}{3}$	CaSi	6	falsch:	
GaSe	9	KGe	5	InBi	8

Wie das letzte Beispiel zeigt, haben wir nur eine *Regel* abgeleitet. Im InBi liegen Bi–Bi-Kontakte und metallische Eigenschaften vor. Weitere Beispiele, bei denen die Regel nicht eingehalten wird, sind LiPb (Pb-Atome nur von Li umgeben) und K_8Ge_{46}. In letzterem sind alle Ge-Atome vierbindig, sie bilden ein weitmaschiges Gerüst, in dessen Hohlräume sich die K^+-Ionen befinden (Abb. 16.26, S. 275). Die von den Kaliumatomen abgegebenen Elektronen werden nicht vom Germanium übernommen, sondern bilden ein Band. Es handelt sich gewissermaßen um eine feste Lösung, in der Germanium als „Lösungsmittel" für K^+ und „solvatisierte" Elektronen wirkt. K_8Ge_{46} hat metallische Eigenschaften. Man kann im Sinne der $(8-N)$-Regel die metallischen Elektronen „einfangen": im $K_8Ga_8Ge_{38}$, das die gleiche Struktur hat, werden die Elektronen des Kaliums für das Gerüst benötigt, es ist ein Halbleiter. Trotz der Ausnahmen hat sich das Konzept als sehr fruchtbar erwiesen, insbesondere zum Verständnis der ZINTL-Phasen.

13.2 Polyanionische Verbindungen, Zintl-Phasen

Tabelle 13.1 gibt eine Übersicht über einige binäre polyanionische Verbindungen in Abhängigkeit der Valenzelektronenkonzentration pro Anionenatom. Es sind nur Verbindungen mit ganzzahligen Werten für VEK(X) aufgeführt. Im Sinne der obengenannten Regel findet man für den anionischen Teil der Strukturen tatsächlich Bauprinzipien wie bei den Elementstrukturen mit derselben Zahl von Valenzelektronen. Die Vielfalt ist allerdings größer als bei den reinen Elementen. So treten bei dreibindigen Atomen nicht nur die Schichten-

Tabelle 13.1: Beispiele für polyanionische Verbindungen mit ganzzahliger Valenzelektronenkonzentration pro Anionenatom

Beispiel	VEK(X)	b(XX)	Struktur des Anionenteils
Li_2S_2	7	1	S_2^{2-}-Paare wie bei Cl_2
FeS_2 $\}$ $FeAsS$	7	1	S_2^{2-}- bzw. AsS^{3-}-Paare
NiP	7	1	P_2^{4-}-Paare
$CaSi$	6	2	Zickzackketten
$LiAs$	6	2	Spiralketten
$CoAs_3$	6	2	Viererringe As_4^{4-}
InP_3	6	2	Sechserringe P_6^{6-} (Sessel) wie im S_6
$CaSi_2$	5	3	gewellte Schichten wie im α-As
$SrSi_2$	5	3	vernetzte Spiralketten
HD-$SrSi_2$	5	3	vernetzte Zickzackketten
K_4Ge_4	5	3	Tetraeder Ge_4^{4-} wie im P_4
CaC_2	5	3	C_2^{2-}-Paare wie im N_2
$NaTl$	4	4	diamantartig
$SrGa_2$	4	4	graphitartig

strukturen wie bei Phosphor und Arsen auf, sondern noch allerlei andere Verknüpfungsmuster (Abb. 13.1), um Platz für die Kationen zu schaffen. $CaSi_2$ hat Schichten $(Si^-)_\infty$ wie im Arsen; zwischen den Schichten befinden sich die Ca^{2+}-Ionen. $SrSi_2$ hat dagegen eine Netzwerkstruktur, in der Spiralketten mit vierzähliger Schraubensymmetrie miteinander verknüpft sind; jedes Si-Atom ist dreibindig. Sowohl $CaSi_2$ wie auch $SrSi_2$ wandeln sich bei hohem Druck in den α-$ThSi_2$-Typ um, mit einem nochmals anderen Netzwerk aus dreibindigen Si-Atomen. Anders als zu erwarten, sind die Si-Atome nicht pyramidal, sondern im $SrSi_2$ fast und im α-$ThSi_2$-Typ exakt planar umgeben. Die Si-Atome im α-$ThSi_2$-Typ befinden sich in den Mitten von trigonalen Prismen, die von den Kationen aufgespannt werden.

Bei zahlreichen Verbindungen ergeben sich Zahlenwerte für VEK(X), die nicht ganzzahlig sind; nach Gleichung (13.7) errechnen sich dann auch Bruchzahlen für die Anzahl b(XX) der kovalenten Bindungen. Dies kommt dann vor, wenn es im Anion strukturell ungleiche Atome gibt. Dies sei an folgenden Beispielen erläutert:

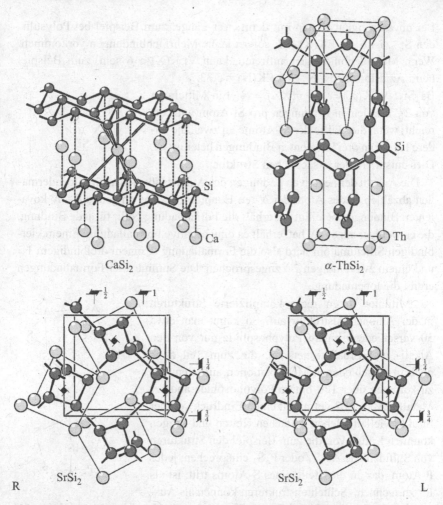

CaSi$_2$

α-ThSi$_2$

R SrSi$_2$

SrSi$_2$ L

Abb. 13.1: Ausschnitte aus den Strukturen einiger Polysilicide mit dreibindigen Si-Atomen. Im Stereobild für SrSi$_2$ ist die Lage der 4_3-Schraubenachsen der kubischen Raumgruppe $P4_3\,3\,2$ eingetragen

Na$_2$S$_3$: mit VEK(X) = $\frac{20}{3}$ ergibt sich b(XX) = $\frac{4}{3}$. Dies wird durch die Kettenstruktur des S$_3^{2-}$-Ions bedingt. Für die beiden endständigen Atome gilt b(XX) = 1, für das mittlere b(XX) = 2, im Mittel sind das $(2 \cdot 1 + 2)/3 = \frac{4}{3}$.

Bei unverzweigten Ketten mit definierter Länge, zum Beispiel bei Polysulfiden S_n^{2-}, ist $6 < \text{VEK(X)} < 7$, sofern keine Mehrfachbindungen vorkommen. Wenn Mehrfachbindungen auftreten, kann $\text{VEK(X)} < 6$ sein, zum Beispiel beim Azid-Ion $\langle N{=}N{=}N\rangle^-$, $\text{VEK(N)} = 5,33$.

Ba_3Si_4: $\text{VEK(X)} = \frac{11}{2}$, $b(XX) = \frac{5}{2}$. Ein Mittelwert von $2\frac{1}{2}$ kovalenten Bindungen pro Si-Atom wird erreicht, wenn die Hälfte der Si-Atome an zwei, die andere Hälfte an drei kovalenten Bindungen beteiligt ist. Dies entspricht der tatsächlichen Struktur.

Die Anzahl der negativen Ladungen des Anions läßt sich auch folgendermaßen abzählen: Jedes Atom der N-ten Hauptgruppe, das an genau $8 - N$ kovalenten Bindungen beteiligt ist, erhält die Formalladung Null; für jede Bindung, die es weniger als $8 - N$ hat, erhält es eine negative Formalladung. Einem vierbindigen Siliciumatom wird also die Formalladung 0, einem dreibindigem $1\ominus$ und einem zweibindigen $2\ominus$ zugesprochen. Die Summe aller Formalladungen ergibt die Ionenladung.

Mitunter treten recht komplizierte Strukturen in der Anionenteilstruktur auf. So kennt man etwa 50 verschiedene binäre Polyphosphide nur von den Alkali- und Erdalkalimetallen, die zum Teil auch noch in verschiedenen Modifikationen auftreten, dazu kommen über 120 binäre Polyphosphide anderer Metalle. Abb. 13.2 vermittelt einen Eindruck von der Strukturvielfalt. Neben einfachen Ketten und Ringen kommen Käfige vor, die zum Beispiel den Strukturen von Sulfiden wie As_4S_4 oder P_4S_3 entsprechen; jedes P-Atom, das an die Stelle eines S-Atoms tritt, ist als $P^\ominus$ zu rechnen. Schichtenstrukturen können als Ausschnitte der Struktur des schwarzen Phosphors oder des Arsens angesehen werden. Wieder andere Strukturen entsprechen Bruchstücken aus der Struktur des faserigen roten Phosphors. Nicht minder kompliziert ist die Vielfalt bei Polyarseniden, -antimoniden und -siliciden. Zusätzlich können mehrere verschiedene Sorten von Anionen gleichzeitig vorkommen. Zum Beispiel hat Ca_2As_3 einen Aufbau $Ca_8[As_4][As_8]$ mit unverzweigten kettenförmigen As_4^{6-}- und As_8^{10-}-Ionen.

Daß die Atome, denen eine negative Formalladung zugeschrieben wird, tatsächlich negativ geladen sind, erkennt man an der Gesamtstruktur: diese

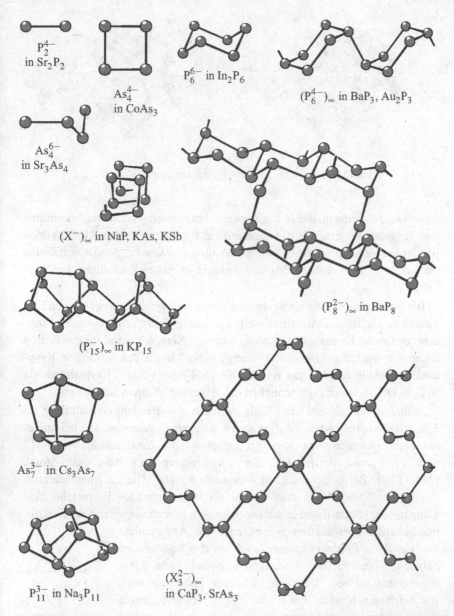

P_2^{4-}
in Sr_2P_2

As_4^{4-}
in $CoAs_3$

P_6^{6-} in In_2P_6

$(P_6^{4-})_\infty$ in BaP_3, Au_2P_3

As_4^{6-}
in Sr_3As_4

$(X^-)_\infty$ in NaP, KAs, KSb

$(P_8^{2-})_\infty$ in BaP_8

$(P_{15}^-)_\infty$ in KP_{15}

As_7^{3-} in Cs_3As_7

P_{11}^{3-} in Na_3P_{11}

$(X_3^{2-})_\infty$
in CaP_3, $SrAs_3$

Abb. 13.2: Beispiele für Anionenteilstrukturen in Polyphosphiden, -arseniden und -antimoniden. Vergleiche dazu auch die Strukturen des roten und des schwarzen Phosphors (S. 161 und 162)

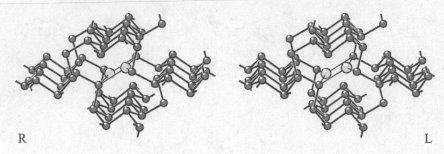

R   L

Abb. 13.3: Ausschnitt aus der Struktur von NaP_5 (Stereobild)

Atome sind diejenigen, die an die Kationen koordiniert sind. In NaP_5 kommen zum Beispiel vier neutrale P-Atome auf ein $P^{\ominus}$. Die neutralen Atome bilden Bänder aus verknüpften Sesselringen, die über einzelne $P^{\ominus}$-Atome verbunden sind (Abb. 13.3). Nur diese $P^{\ominus}$-Atome stehen im nahen Kontakt zu den Na^+-Ionen.

Binäre polyanionische Verbindungen lassen sich vielfach direkt aus den Elementen synthetisieren. Aus den Feststoffen können käfigförmige Anionen mitunter unzerstört herausgelöst werden, wenn ein Komplexligand für das Kation angeboten wird. Zum Beispiel können die Na^+-Ionen des Na_2Sn_5 in Kryptandenmoleküle eingefangen werden, $\rightarrow [NaKrypt^+]_2Sn_5^{2-}$. Kryptanden wie $N(C_2H_4OC_2H_4OC_2H_4)_3N$ schließen das Alkaliion in ihrem Inneren ein.

Während bei einigen der Käfig-Anionen die Bindungsverhältnisse im Sinne der vorstehenden Ausführungen klar sind, scheinen sie bei anderen nicht anwendbar zu sein. So entspricht die Ionenladung von As_7^{3-} oder P_{11}^{3-} genau der Anzahl der zweibindigen $P^{\ominus}$- bzw. $As^{\ominus}$-Atome (Abb. 13.2). Bei Sn_5^{2-} erscheint dies nicht so klar. Die 22 Valenzelektronen im Sn_5^{2-}-Ion könnte man wie in der nebenstehenden Formel im Einklang mit der Oktett-Regel genau unterbringen. Berechnungen mit der Elektronen-Lokalisierungsfunktion zeigen aber die Anwesenheit von einsamen Elektronenpaaren auch an den equatorialen Atomen, womit für die Bindungen nur noch sechs Elektronenpaare bleiben. Das entspricht der Zahl, die man, wie bei Boranen, nach den WADE-Regeln erwarten würde ($n + 1$ Mehrzentrenbindungen im *closo*-Cluster mit $n = 5$ Ecken, vgl. S. 214). Auf die Bindungsverhältnisse in solchen Cluster-Verbindungen gehen wir in Abschnitt 13.4 ein.

$$\overline{Sn}^{\ominus}$$
$$Sn\!-\!|\!-\!Sn$$
$$\underset{|}{\overset{|}{Sn}}$$
$$\underline{Sn}\ominus$$

$$Sn_5^{2-}$$

Zintl-Phasen

Viele der vorstehend erwähnten Verbindungen sind Vertreter der **Zintl-Phasen**. Darunter versteht man Verbindungen mit einer elektropositiven, kationischen Komponente (Alkalimetall, Erdalkalimetall, Lanthanoid) und einer anionischen Komponente aus Hauptgruppenelementen mit mäßig großer Elektronegativität. Die anionische Teilstruktur erfüllt das einfache Konzept der normalen Valenzverbindungen; trotzdem sind die Verbindungen aber nicht salzartig, sondern haben metallische Eigenschaften, insbesondere metallischen Glanz. „Vollwertige" Metalle sind sie allerdings meist nicht, denn statt metallisch duktil zu sein, sind viele von ihnen spröde. Soweit die elektrischen Eigenschaften untersucht wurden, fand man vielfach Halbleitereigenschaften. Hier zeigt sich eine Analogie zu den halbmetallischen Elementen: in den Strukturen von Germanium, α-Zinn, Arsen, Antimon, Bismut, Selen und Tellur erkennt man die $(8-N)$-Regel; obwohl diese Elemente somit als ‚normale Valenzverbindungen' angesprochen werden können, zeigen sie metallischen Glanz, sie sind jedoch spröde und elektrische Halbleiter oder mäßig gute metallische Leiter.

Klassisches Beispiel einer ZINTL-Phase ist die Verbindung NaTl, die als Na^+Tl^- aufgefaßt werden kann und bei der die Thalliumatome eine Diamant-Struktur haben (Abb. 13.4). Im NaTl sind die Tl–Tl-Bindungen bedeutend kürzer als die Kontaktabstände im metallischen Thallium (324 statt 343 pm, allerdings bei kleinerer Koordinationszahl). Trotz gleicher

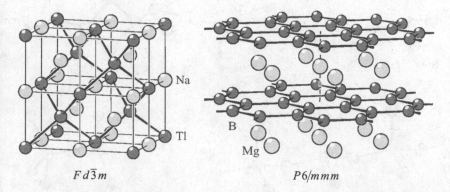

Abb. 13.4: Links: Elementarzelle von NaTl. Die eingezeichneten Bindungen der Thallium-Teilstruktur entsprechen den C–C-Bindungen im Diamanten. Rechts: Ausschnitt aus der Struktur von $SrGa_2$ und MgB_2 (AlB_2-Typ)

Valenzelektronenkonzentration bilden die Ga^--Teilchen im $SrGa_2$ keine diamantartige Struktur, sondern Schichten wie im Graphit (AlB_2-Typ; AlB_2 selbst erfüllt die Oktettregel nicht). Die gleiche Struktur hat auch MgB_2, welches unterhalb von 39 K ein Supraleiter ist. Alle in Tab. 13.1 aufgeführten Verbindungen mit Ausnahme von Li_2S_2 und CaC_2 sind ZINTL-Phasen (man denke an den goldglänzenden Pyrit, FeS_2). Die Zahl der bekannten ZINTL-Phasen ist sehr groß.

Auch in manchen ternären ZINTL-Phasen lassen sich die Bauprinzipien der Elementstrukturen wiederfinden. Zum Beispiel liegen im KSnSb ($SnSb^-$)$_\infty$-Schichten vor wie im α-Arsen. In anderen ternären ZINTL-Phasen sind die anionischen Teilstrukturen so aufgebaut wie Halogeno- oder Oxo-Anionen oder wie die Moleküle in Halogenverbindungen. Im Ba_4SiAs_4 sind zum Beispiel tetraedrische $SiAs_4^{8-}$-Teilchen vorhanden, die isoster zu $SiBr_4$-Molekülen sind. Im Ba_3AlSb_3 liegen dimere Gruppen $Al_2Sb_6^{12-}$ vor, mit einer Struktur wie im Al_2Cl_6-Molekül (Abb. 13.5). Ca_3AlAs_3 enthält polymere Ketten von verknüpften Tetraedern ($AlAs_3^{6-}$)$_\infty$ wie in Kettensilicaten (SiO_3^{2-})$_\infty$. Statt polymerer Ketten wie im (SiO_3^{2-})$_\infty$ können auch monomere Ionen vorkommen, die dem Carbonat-Ion entsprechen, zum Beispiel SiP_3^{5-}-Ionen im $Na_3K_2SiP_3$. Die Verbindung $Ca_{14}AlSb_{11} = [Ca^{2+}]_{14}[Sb^{3-}]_4[Sb_3^{7-}][AlSb_4^{9-}]$ enthält dreierlei An-

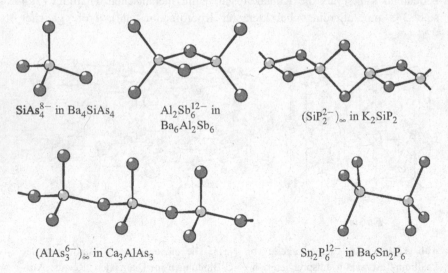

$SiAs_4^{8-}$ in Ba_4SiAs_4 $Al_2Sb_6^{12-}$ in $Ba_6Al_2Sb_6$ (SiP_2^{2-})$_\infty$ in K_2SiP_2

($AlAs_3^{6-}$)$_\infty$ in Ca_3AlAs_3 $Sn_2P_6^{12-}$ in $Ba_6Sn_2P_6$

Abb. 13.5: Beispiele für Anionenteilstrukturen in ternären ZINTL-Phasen

ionen, nämlich Einzelionen Sb^{3-}, Ionen Sb_3^{7-}, die isoster zum I_3^- sind, und tetraedrische $AlSb_4^{9-}$-Ionen. $Ba_6Sn_2P_6$ enthält $Sn_2P_6^{12-}$-Teilchen mit Sn–Sn-Bindung, ihre Struktur entspricht der von Ethan. Auch komplizierte Kettenstrukturen und dreidimensionale Netzwerke sind bekannt und erinnern an die Vielfalt der Strukturen bei den Silicaten; die Variationsmöglichkeiten sind aber weit größer als bei den Silicaten, weil der anionische Teil nicht nur auf die Verknüpfung von SiO_4-Tetraedern beschränkt ist.

Das fast primitiv anmutende Oktett-Prinzip, das sich mit großem Erfolg auf die halbmetallischen ZINTL-Phasen anwenden läßt, kann theoretisch untermauert werden. Das Ausweichen von einem metallischen Zustand mit delokalisierten Elektronen auf stärker lokalisierte Elektronen in der anionischen Teilstruktur ist als PEIERLS-Verzerrung aufzufassen (vgl. Abschnitt 10.5).

Nicht der Oktettregel gehorchende Polyanionen

Die verallgemeinerte $(8 - N)$-Regel kann nur solange gelten, wie die Atome des elektronegativeren Elements das Oktettprinzip einhalten. Vor allem von den schwereren Nichtmetallen ist uns die Mißachtung dieses Prinzips geläufig. Die betreffenden Atome werden als *hypervalent* bezeichnet. Ein Beispiel bieten die Polyhalogenide. Von diesen zeigen die Polyiodide die größte Vielfalt. Sie können als Assoziate von I_2-Molekülen mit I^--Ionen aufgefaßt werden, mit geschwächter Bindung im I_2 und relativ schwacher Bindung zwischen I_2 und I^- (Abb. 13.6). Die Strukturen gehorchen den GILLESPIE-NYHOLM-Regeln.

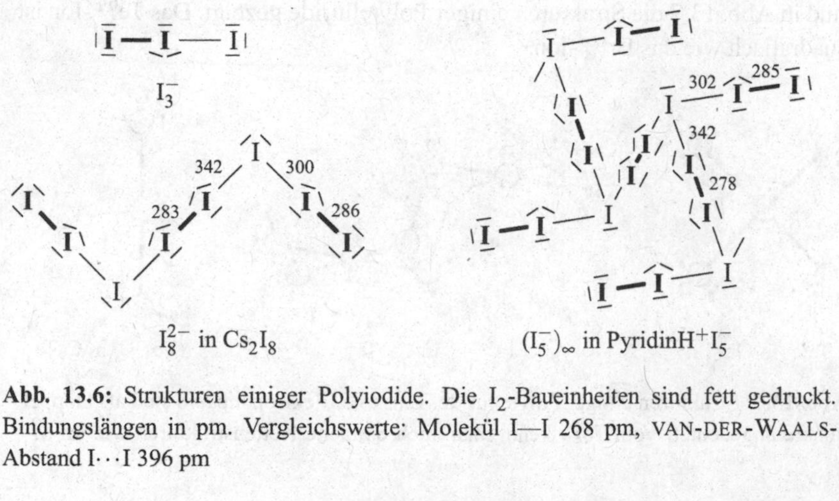

Abb. 13.6: Strukturen einiger Polyiodide. Die I_2-Baueinheiten sind fett gedruckt. Bindungslängen in pm. Vergleichswerte: Molekül I—I 268 pm, VAN-DER-WAALS-Abstand I$\cdots$I 396 pm

Mit der MO-Theorie werden die Bindungsverhältnisse durch *elektronenreiche Mehrzentrenbindungen* beschrieben. Das mittlere, hypervalente Iodatom im I_3^--Ion hat ein s-Orbital, zwei p-Orbitale senkrecht zur Molekülachse und ein p-Orbital in der Molekülachse. Dieses letztere p-Orbital tritt in Wechselwirkung mit entsprechenden p-Orbitalen der Nachbaratome. Die Situation ist genauso wie in der Kette von Atomen mit aufeinander ausgerichteten p-Orbitalen (Abb. 10.5, S. 139), die Kette ist jedoch nur drei Atome lang. Es ergibt sich ein bindendes, ein nichtbindendes und ein antibindendes Molekülorbital. Auf diesen müssen zwei Elektronenpaare untergebracht werden. Das bindende Orbital bewirkt eine Bindung zwischen allen drei Atomen, die jedoch relativ schwach ist, weil sie drei Atome zusammenhalten muß. Die beiden Elektronenpaare entsprechen den beiden Bindungsstrichen in der Valenzstrichformel (Abb. 13.6). Die Valenzstrichformel läßt

$$\psi_3 = \chi_0 + \chi_1 + \chi_2$$

antibindend

$$\psi_2 = \chi_0 + 0 \cdot \chi_1 - \chi_2$$

nichtbindend

$$\psi_1 = \chi_0 - \chi_1 + \chi_2$$

bindend

nicht erkennen, daß die Bindungen schwächer sind als normale Einfachbindungen (Bindungsordnung $\frac{1}{2}$), aber sie ergibt mit den GILLESPIE-NYHOLM-Regeln die richtige (lineare) Struktur.

Die Anwendbarkeit der GILLESPIE-NYHOLM-Regeln gilt meistens auch für andere polyanionische Verbindungen mit hypervalenten Atomen. Als Beispiele sind in Abb. 13.7 die Strukturen einiger Polytelluride gezeigt. Das Te_5^{6-}-Ion ist quadratisch wie das BrF_4^--Ion.

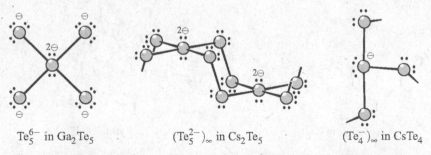

Te_5^{6-} in Ga_2Te_5 $(Te_5^{2-})_\infty$ in Cs_2Te_5 $(Te_4^-)_\infty$ in $CsTe_4$

Abb. 13.7: Strukturen einiger Polytelluride. Einsame Elektronenpaare sind als Doppelpunkte angedeutet. Vom Te_5^{2-} kennt man auch einfache Kettenstrukturen wie im S_5^{2-}

Im Li_2Sb können wir Sb^{2-}-Teilchen mit sieben Valenzelektronen annehmen, womit wir Sb_2^{4-}-Hanteln (isoelektronisch zu I_2) und Einhaltung der Oktettregel erwarten können. Tatsächlich sind in der Struktur solche Hanteln vorhanden (Sb–Sb-Abstand 297 pm); allerdings ist nur die Hälfte der Sb-Atome daran beteiligt. Die andere Hälfte bildet lineare Ketten aus Sb-Atomen (Sb–Sb-Abstand 326 pm). Für die Bindung in der Kette nehmen wir ein Band gemäß Abb. 10.5 an (S. 139); jedes Sb-Atom trägt mit einem p-Orbital und einem Elektron dazu bei. Mit einem Elektron pro Sb-Atom ist das Band halbbesetzt, also bindend. Die übrigen sechs Elektronen besetzen das s- und die anderen beiden p-Orbitale des Sb-Atoms und tragen als einsame Elektronenpaare nicht weiter zur Bindung bei. Im Mittel haben wir ein bindendes Elektron pro Sb–Sb-Bindung, was einer Bindungsordnung von $\frac{1}{2}$ entspricht, wie im I_3^--Ion. Wir ziehen den Schluß: *für eine lineare Kette aus Hauptgruppenatomen benötigt man sieben Valenzelektronen pro Atom.* Will man das mit einer Valenzstrichformel zum Ausdruck bringen, kann man Bindungspunkte statt Bindungsstriche verwenden (man darf daraus nicht auf ungepaarte Elektronen schließen). Diese Schreibweise ermöglicht es, die GILLESPIE-NYHOLM-Regeln anzuwenden. Das Vorkommen beider Baugruppen im Li_2Sb, Ketten und Hanteln, zeigt, daß in diesem Fall die PEIERLS-Verzerrung nur eine geringe Stabilisierung bringt und durch andere Effekte teilweise überkompensiert wird. Bei den leichteren Elementen läßt sich die PEIERLS-Verzerrung nicht ohne weiteres unterdrücken.

Die Bildung von linearen Ketten läßt sich auf zwei Dimensionen ausdehnen. Parallel nebeneinanderliegende $^1_\infty Sb^{2-}$-Ketten kann man zu einem quadratischen Netz zusammenfügen. Dazu benötigt man pro Sb-Atom eines weiteres, einfach besetztes p-Orbital. Man muß also formal oxidieren, $^1_\infty Sb^{2-} \xrightarrow{-e^-} {}^2_\infty Sb^-$. Für das quadratische Netz benötigt man sechs Valenzelektronen pro Atom. Solche Netze kommen zum Beispiel bei $YbSb_2$ vor (mit Yb^{2+}). Durch nochmalige formale Oxidation $^2_\infty Sb^- \xrightarrow{-e^-} {}^3_\infty Sb$ kann man aus den quadratischen Netzen die kubisch-primitive Poloniumstruktur aufbauen, die als Hochdruck-Modifikation bei Arsen bekannt ist. Für diese Struktur werden demnach fünf Elektronen pro Atom benötigt. Polonium selbst hat für seine Struktur eigentlich ein Elektron pro Atom zu viel.

13.3   Polykationische Verbindungen

Die Zahl der bekannten polykationischen Verbindungen von Hauptgruppenelementen ist weit geringer als die der polyanionischen Verbindungen. Beispiele sind die Kationen der Chalkogene wie S_4^{2+}, S_8^{2+}, Se_{10}^{2+} oder Te_6^{2+}, die dann entstehen, wenn die Elemente unter oxidierenden Bedingungen mit Lewis-Säuren reagieren. Die Ionen S_4^{2+}, Se_4^{2+} und Te_4^{2+} haben eine quadratische Struktur, die sich unter Annahme eines 6π-Elektronensystems verstehen lassen.

Die Strukturen von S_8^{2+} und Se_8^{2+} lassen sich im Sinne der $(8-N)$-Regel interpretieren: quer durch einen S_8-Ring wird eine Bindung geknüpft, womit zwei der Atome dreibindig werden und je eine positive Formalladung erhalten (Abb. 13.8). Die neue Bindung ist allerdings auffällig lang (289 pm), doch ist das Auftreten von abnorm langen S–S-Bindungen auch bei einigen anderen Schwefelverbindungen bekannt. Von Te_8^{2+} kennt man mehrere Varianten, bei denen man ebenfalls dreibindige $Te^{\oplus}$ und ungeladene Te-Atome ausmachen kann. Im Sinne der $(8-N)$-Regel ist auch die Struktur des Ions $Te_3S_3^{2+}$ zu verstehen. Te_6^{2+} kann man als trigonal-prismatische Struktur beschreiben, bei der eine Prismenkante stark aufgeweitet ist; diese Kante wäre nach der $(8-N)$-

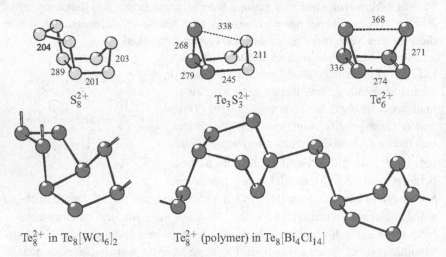

Abb. 13.8: Strukturen einiger Polykationen. Atomabstände in pm. Im $Te_8[WCl_6]_2$ gibt es kurze Kontakte zu benachbarten Te_8^{2+}-Ionen

Regel keine Bindung. Trotzdem muß hier noch eine schwache bindende Wechselwirkung vorhanden sein, anderenfalls wäre die Struktur nicht so. Außerdem ist in jeder der zwei Dreiecksflächen eine Bindung auf 336 pm aufgeweitet und ist als halbe Bindung anzusehen, womit vier Telluratome formal auf je eine halbe positive Ladung kämen. Die $(8 - N)$-Regel ist also etwas zu einfach, was ja auch für die Struktur des elementaren Tellurs gilt. Beim trigonal-bipyramidalen Bi_5^{3+}-Ion, das isoelektronisch zum Sn_5^{2+}-Ion ist, könnte man noch eine Valenzstrichformel wie auf Seite 198 formulieren (ohne einsame Elektronenpaare an den equatorialen Atomen), beim quadratisch-antiprismatischen Bi_8^{2+}-Ion gelingt das jedoch nicht mehr. Hier kommt man nicht ohne Mehrzentrenbindungen aus, wie bei der Beschreibung der Bindungsverhältnisse in Clusterverbindungen. Viele Clusterverbindungen können im weiteren Sinn zu den polykationischen Verbindungen gerechnet werden; sie werden wegen ihrer Vielfalt im nächsten Abschnitt gesondert behandelt.

13.4 Clusterverbindungen

Wenn sich Atome über kovalente Bindungen miteinander verbinden, so dient dies zum Ausgleich für die Elektronen, die zum Erreichen der Elektronenkonfiguration des im Periodensystems folgenden Edelgases fehlen. Durch das gemeinsame Elektronenpaar zwischen zwei Atomen gewinnt jedes der beteiligten Atome ein Elektron in seiner Valenzschale. Da zwei Elektronen die beiden „Zentren"* verbinden, spricht man von einer Zwei-Elektronen-zwei-Zentren- oder kurz $2e2c$-Bindung. Wenn für ein Element nicht genügend Partneratome eines anderen Elements verfügbar sind, um zur Elektronenbilanz beizutragen, so verbinden sich Atome des gleichen Elements miteinander, so wie dies bei den polyanionischen Verbindungen oder bei den zahllosen organischen Verbindungen der Fall ist. Bei den meisten polyanionischen Verbindungen stehen genügend Elektronen zur Verfügung, um den Elektronenbedarf der Atome über $2e2c$-Bindungen abzudecken. Dementsprechend ist die erweiterte $(8 - N)$-Regel bei polyanionischen Verbindungen weitgehend erfüllt.

Für elektropositivere Elemente, die von vornherein über eine geringere Zahl von Valenzelektronen verfügen, und die außerdem noch Elektronen an einen elektronegativeren Partner abgeben mußten, ist die Zahl der verfügbaren Elektronen dagegen knapp bemessen. Auf zwei Wegen können sie zu mehr Elek-

---

*In jüngerer Zeit ist es in der Chemie unsinniger Brauch geworden, von „Zentren" zu sprechen, wenn Atome gemeint sind. Siehe Bemerkungen auf Seite 357.

tronen kommen: soweit es geht, durch Komplexbildung, d. h. durch Anlagerung von Liganden, oder durch Zusammenschluß miteinander. Dabei kann es zur Bildung von Clustern kommen. Unter einem *Cluster* versteht man eine Anhäufung von drei oder mehr direkt miteinander verbundenen Atomen des gleichen Elements oder einander ähnlicher Elemente. Wenn durch die Atomanhäufung genügend viele Elektronen verfügbar sind, um jeder Verbindungslinie zwischen zwei benachbarten Atomen ein Elektronenpaar zuzuweisen, so kann jede dieser Linien im Sinne der Valenzstrichformeln als 2e2c-Bindung aufgefaßt werden. Solche Cluster werden als *elektronenpräzis* bezeichnet.

Wenn die Valenzelektronenkonzentration zu klein ist (bei Hauptgruppenelementen VEK< 4), reichen kovalente 2e2c-Bindungen nicht aus, um den Elektronenmangel zu überwinden; man spricht dann von Elektronenmangelverbindungen. In diesem Fall bieten *Mehrzentrenbindungen* Abhilfe; bei einer Zwei-Elektronen-drei-Zentren-Bindung (2e3c) teilen sich drei Atome ein Elektronenpaar. Auch eine noch größere Anzahl von Atomen kann sich ein Elektronenpaar teilen. Je mehr Atome an einer solchen Bindung beteiligt sind, desto schwächer ist das einzelne Atom gebunden. In einer 2e3c-Bindung hält sich das Elektronenpaar in der Mitte des Dreiecks auf, das von den drei Atomen aufgespannt wird:

Der Aufenthaltsort von Elektronen, die mehr als drei Atome verbinden, läßt sich nicht mehr so einfach beschreiben. Die einfachen, anschaulichen Modelle müssen hier der theoretischen Behandlung durch die Molekülorbital-Theorie weichen. Für Clusterverbindungen können mit ihrer Hilfe jedoch bestimmte Elektronen-Abzählregeln abgeleitet werden, die, mit Einschränkungen, eine Beziehung zwischen Struktur und Anzahl der Elektronen herstellen. Eine Brücke zwischen Molekülorbital-Theorie und Anschaulichkeit bietet die Elektronen-Lokalisierungsfunktion (S. 133).

Geschlossene, einschalige, konvexe Cluster werden *closo*-Cluster genannt; ihre Atome bilden ein Polyeder. Wenn das Polyeder nur dreieckige Flächen hat, nennt man es auch *Deltaeder*. Je nach der Zahl der verfügbaren Elektronen können wir vier Bindungsmuster für *closo*-Cluster unterscheiden:

1. Elektronenpräzise Cluster mit einem Elektronenpaar pro Polyederkante;

2. Cluster mit je einer 2e3c-Bindung pro dreieckiger Fläche;

3. Cluster, die den auf Seite 213 erläuterten WADE-Regeln gehorchen;
4. Cluster, auf die keines der genannten Muster paßt.

Elektronenpräzise Cluster

Außer dem Molekül P_4 und polyanionischen Clustern wie Si_4^{4-} oder As_7^{3-}, gehören organische Käfigmoleküle zu den elektronenpräzisen Clustern, zum Beispiel Tetraedran (C_4R_4), Cuban (C_8H_8), Dodecaedran ($C_{20}H_{20}$).

Es gibt auch bei den elektronenreicheren Nebengruppenelementen (ab der sechsten Nebengruppe) zahlreiche Cluster mit Elektronenzahlen, die genau ein Elektronenpaar pro Polyederkante ergeben. Jedes Clusteratom erhält außerdem Elektronen von koordinierten Liganden, wobei die Tendenz besteht, auf 18 Elektronen pro Atom zu kommen. Zum Abzählen der Elektronen ist es am einfachsten, von ungeladenen Metallatomen und ungeladenen Liganden auszugehen. Liganden wie NH_3, PR_3, CO stellen zwei Elektronen zur Verfügung. Nicht verbrückende Halogenatome, H-Atome und Reste wie SiR_3 stellen ein Elektron zur Verfügung (bei Halogenatomen läuft dies auf das gleiche hinaus, wie einen Hal^--Liganden anzunehmen, der zwei Elektronen zur Verfügung stellt, zuvor aber ein Elektron von einem Metallatom erhalten hat). Ein μ_2-verbrückendes Halogenatom stellt drei Elektronen zur Verfügung (eines wie zuvor plus eines seiner einsamen Elektronenpaare); bei einem μ_3-verbrücken-den Halogenatom sind es fünf Elektronen. In Tab. 13.2 ist für einige Liganden aufgezählt, mit wie vielen Elektronen sie zu berücksichtigen sind.

Zählt man die von den Liganden stammenden Elektronen und die Valenzelektronen der n Metallatome des M_n-Clusters zur Gesamtelektronenzahl g zusammen, dann errechnet sich die Anzahl der M–M-Bindungen (Polyederkanten) zu:

$$\text{Hauptgruppenelement-Cluster:} \quad b = \tfrac{1}{2}(8n-g) \quad (13.9)$$

$$\text{Nebengruppenelement-Cluster:} \quad b = \tfrac{1}{2}(18n-g) \quad (13.10)$$

Dieses Berechnungsmuster wird auch *EAN-Regel* genannt (effective atomic number rule). Sie gilt für beliebige Metallcluster (*closo* und andere), wenn die Anzahl der Elektronen ausreicht, um jeder M–M-Verbindungslinie ein Elektronenpaar zuzuweisen und wenn die Oktettregel bzw. die 18-Elektronen-Regel für die Metallatome erfüllt ist. Die so berechnete Zahl b der Bindungen ist ein Grenzwert: die Zahl der Polyederkanten des Clusters kann größer oder gleich b sein, aber nie kleiner. Wenn sie gleich ist, ist der Cluster elektronenpräzis.

Tabelle 13.2: Anzahl der Elektronen, die von Liganden in Komplexen zur Verfügung gestellt werden, wenn die Metallatome als Neutralatome gezählt werden.
μ_1 = terminaler Ligand, μ_2 = zweifach, μ_3 = dreifach verbrückender Ligand; *int* = eingelagertes (interstitielles) Atom im Inneren des Clusters

Ligand		Elektronen	Ligand		Elektronen
H	μ_1	1	NR$_3$	μ_1	2
H	μ_2	1	NCR	μ_1	2
H	μ_3	1	NO	μ_1	3
CO	μ_1	2	PR$_3$	μ_1	2
CO	μ_2	2	OR	μ_1	1
CS	μ_1	2	OR	μ_2	3
CR$_2$	μ_1	2	OR$_2$	μ_1	2
η^2-C$_2$R$_4$	μ_1	2	O, S, Se, Te	μ_1	0
η^2-C$_2$R$_2$	μ_1	2	O, S, Se, Te	μ_2	2
η^5-C$_5$R$_5$	μ_1	5	O, S, Se, Te	μ_3	4
η^6-C$_6$R$_6$	μ_1	6	O, S	*int*	6
C	*int*	4	F, Cl, Br, I	μ_1	1
SiR$_3$	μ_1	2	F, Cl, Br, I	μ_2	3
N, P	*int*	5	Cl, Br, I	μ_3	5

Da ein M-Atom pro M–M-Bindung ein Elektron gewinnt, kann man auch so rechnen: für die Gesamtzahl g der Valenzelektronen des Clusters muß gelten:

$$\text{Hauptgruppenelement-Cluster:} \quad g = 7n_1 + 6n_2 + 5n_3 + 4n_4 \qquad (13.11)$$

$$\text{Nebengruppenelement-Cluster:} \quad g = 17n_1 + 16n_2 + 15n_3 + 14n_4 \qquad (13.12)$$

Dabei ist n_1, n_2, n_3 und n_4 die Anzahl der Polyederecken, an denen 1, 2, 3 bzw. 4 Polyederkanten (M–M-Bindungen) zusammentreffen. Polyeder mit fünf oder mehr Kanten pro Ecke sind im allgemeinen nicht elektronenpräzis (daher kommen keine Zahlen n_5, n_6, ... in den Gleichungen vor). Für einige einfache Polyeder erwartet man somit folgende Elektronenzahlen:

	Hauptgruppen-elemente	Nebengruppen-elemente
Dreieck	18	48
Tetraeder	20	60
Oktaeder	–	84
Trigonales Prisma	30	90
Würfel	40	120

Bei den Hauptgruppenelementen ist für das Oktaeder kein Zahlenwert in der Liste eingetragen, weil dieses nicht in das Muster der elektronenpräzisen Cluster paßt. Das wird weiter unten am Beispiel Tl_6^{6-} erläutert (S. 217). Zur Übung sei empfohlen, die Zahlen für einige der polyanionischen Verbindungen aus dem Abschnitt 13.2 nachzurechnen. Weitere Beispiele:

$$(CO)_4$$
$$Os$$
$$\diagup \diagdown$$
$$(OC)_4Os \longrightarrow Os(CO)_4$$

$$Os_3(CO)_{12} \quad 3\,Os \quad 3\cdot 8 = 24$$
$$12\,CO \quad 12\cdot 2 = 24$$
$$g = \overline{48} = 16n_2$$

$$b = \tfrac{1}{2}(18\cdot 3 - 48) = 3$$

$$(CO)_3$$
$$Ir$$
$$\diagup \big| \diagdown$$
$$(OC)_3Ir \diagdown \big| \diagup Ir(CO)_3$$
$$Ir$$
$$(CO)_3$$

$$Ir_4(CO)_{12} \quad 4\,Ir \quad 4\cdot 9 = 36$$
$$12\,CO \quad 12\cdot 2 = 24$$
$$g = \overline{60} = 15n_3$$

$$b = \tfrac{1}{2}(18\cdot 4 - 60) = 6$$

$$(OC)_3Os \diagdown \overbrace{}^{} Os(CO)_3$$
$$Os(CO)_3$$
$$\big| \quad P$$
$$(OC)_3Os \diagdown \big| Os(CO)_3$$
$$Os(CO)_3$$

$$[Os_6(CO)_{18}P]^- \quad 6\,Os \quad 6\cdot 8 = 48$$
$$18\,CO \quad 18\cdot 2 = 36$$
$$P \qquad\qquad 5$$
$$Ladung \qquad 1$$
$$g = \overline{90} = 15n_3$$

$$b = \tfrac{1}{2}(18\cdot 6 - 90) = 9$$

$$[Mo_6Cl_{14}]^{2-} \quad 6\,Mo \quad 6\cdot 6 = 36$$
$$8\,\mu_3\text{-}Cl \quad 8\cdot 5 = 40$$
$$6\,\mu_1\text{-}Cl \quad 6\cdot 1 = 6$$
$$Ladung \qquad 2$$
$$g = \overline{84} = 14n_4$$

$$b = \tfrac{1}{2}(18\cdot 6 - 84) = 12$$

Der letztgenannte Cluster, $[Mo_6Cl_{14}]^{2-}$, kommt auch im $MoCl_2$ vor. In ihm befindet sich ein Mo_6-Oktaeder in einem Cl_8-Würfel; jedes der acht Cl-Atome des Würfels befindet sich über einer Oktaederfläche und ist an drei Molybdänatome koordiniert (Abb. 13.9). Diese Einheit ist als $[Mo_6Cl_8]^{4+}$ zu formulieren; in ihr fehlen jedem Mo-Atom noch zwei Elektronen, um auf 18 zu kommen. Sie werden von den sechs Cl^- zur Verfügung gestellt, die an die Oktaederecken gebunden sind. Im $MoCl_2$ ist dies auch so, aber pro Cluster sind nur vier Cl^- vorhanden, von denen jedoch zwei verbrückend wirken und gleichzeitig an zwei Cluster koordiniert sind, entsprechend der Schreibweise $[Mo_6Cl_8]Cl_{2/1}Cl_{4/2}$ (Abb. 13.9).

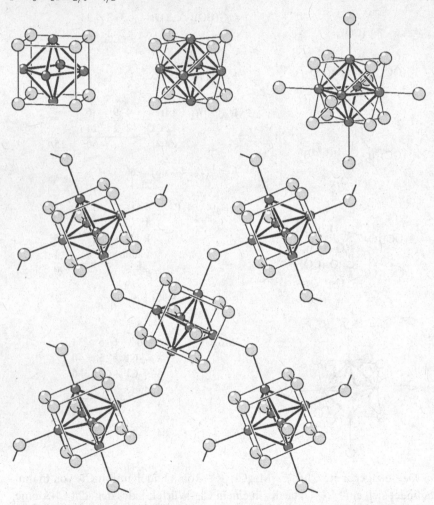

Abb. 13.9: Oben: Zwei Darstellungen des $[Mo_6Cl_8]^{4+}$-Clusters und die Struktur des $[Mo_6Cl_{14}]^{2-}$-Ions. Unten: Verknüpfung von Mo_6Cl_8-Clustern über Chloratome zu einer Schicht im Mo_6Cl_{12}

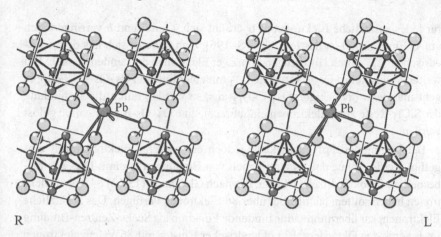

R   L

Abb. 13.10: Assoziation der Mo_6S_8-Cluster in der CHEVREL-Phase $PbMo_6S_8$ (Stereobild)

Ganz ähnlich ist die Situation in den CHEVREL-Phasen. Bei diesen handelt es sich um ternäre Molybdänchalkogenide $A_x[Mo_6X_8]$ (A = Metall, X = S, Se), die wegen ihrer physikalischen Eigenschaften, insbesondere als Supraleiter, viel Aufmerksamkeit gefunden haben. Die „Urphase" ist das $PbMo_6S_8$, bei dem Mo_6S_8-Cluster assoziiert sind, so daß Schwefelatome benachbarter Cluster die noch freien Koordinationsstellen des Clusters einnehmen (Abb. 13.10). Die elektrischen Eigenschaften der CHEVREL-Phasen hängen von der Anzahl der Valenzelektronen ab. Mit 24 Elektronen pro Cluster (je ein Elektronenpaar pro Kante des Mo_6-Oktaeders) ist das Valenzband vollständig gefüllt, die Verbindungen sind Halbleiter, wie zum Beispiel das $(Mo_4Ru_2)Se_8$ (bei dem im Cluster zwei der Molybdänatome durch Rutheniumatome substituiert sind). Im $PbMo_6S_8$ sind nur 22 Elektronen pro Cluster vorhanden, die „Elektronenlöcher" ermöglichen eine größere elektrische Leitfähigkeit; es wird unterhalb von 14 K supraleitend. Durch den Einbau von Atomen anderer Elemente in den Cluster und durch die Wahl des als Elektronendonor wirkenden Elements A läßt sich die Zahl der Elektronen im Cluster innerhalb gewisser Grenzen (19 bis 24 Gerüstelektronen) variieren. Bei den kleineren Elektronenzahlen spiegeln sich die geschwächten Bindungen in trigonal gedehnten Oktaedern wider.

Werden einem elektronenpräzisen Cluster Elektronen hinzugefügt, so ist gemäß Gleichung (13.9) bzw. (13.10) der Bruch von Bindungen zu erwarten:

für jedes zusätzliche Elektronenpaar erhöht sich g um 2 und b verringert sich um 1. Ein Beispiel ist das Ion Si_4^{6-} (S. 196); man kann es sich aus dem tetraedrischen Si_4^{4-} durch Hinzufügen von zwei Elektronen entstanden denken. Ein weiteres Beispiel ist $Os_3(CO)_{12}(SiCl_3)_2$ mit einer linearen Os–Os–Os-Gruppe; geht man vom dreieckigen $Os_3(CO)_{12}$ aus, so werden durch die Anbindung der $SiCl_3$-Reste zwei Elektronen eingebracht, eine Os–Os-Bindung muß gelöst werden.

Bei bestimmten Polyedern kann jedoch ein weiteres Elektronenpaar eingefügt werden, ohne daß es zum Bruch von Bindungen kommt. Dies gilt insbesondere für oktaedrische Cluster, die nach Gleichung (13.12) 84 Valenzelektronen haben sollten, häufig aber über 86 Elektronen verfügen. Das zusätzliche Elektronenpaar übernimmt eine bindende Funktion als Sechs-Zentren-Bindung im Inneren des Oktaeders. Ein oktaedrischer Cluster mit 86 Valenzelektronen erfüllt die untengenannte WADE-Regel.

Cluster mit $2e3c$-Bindungen

Sind nicht genügend Elektronen für alle Polyederkanten vorhanden, so können $2e3c$-Bindungen auf dreieckigen Polyederflächen die nächstbeste Lösung zum Ausgleich des Elektronenmangels sein. Diese Lösung kommt nur für Deltaeder in Betracht, an deren Ecken nicht mehr als vier Kanten (und Flächen) zusammentreffen; das sind insbesondere Tetraeder, trigonale Bipyramide und Oktaeder.

Zum Beispiel lassen sich die Verhältnisse im B_4Cl_4 so deuten: jedes Boratom ist an vier Bindungen beteiligt, an einer $2e2c$-B–Cl-Bindung und an drei $2e3c$-Bindungen auf den Flächen des B_4-Tetraeders. Jedes Boratom kommt so zu einem Elektronenoktett. Acht der 16 Valenzelektronen befinden sich in den Mehrzentrenbindungen, die übrigen acht werden für die B–Cl-Bindungen benötigt.

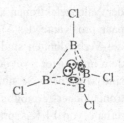

Ein oktaedrischer Cluster, bei dem acht $2e3c$-Bindungen auf den acht Oktaederflächen angenommen werden können, kommt im $Nb_6Cl_{18}^{4-}$-Ion vor. In diesem wird jede Oktaederkante von einem Cl-Atom überspannt, das an jeweils zwei Nb-Atome gebunden ist; diese Einheit kann als $Nb_6Cl_{12}^{2+}$ angesehen werden. Die übrigen sechs Cl-Atome sitzen terminal an den Oktaederecken (Abb. 13.11). Die Zahl der Valenzelektronen beträgt:

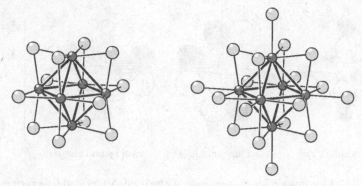

Abb. 13.11: Struktur des $Nb_6Cl_{12}^{2+}$-Clusters und des $Nb_6Cl_{18}^{4-}$-Ions

$$
\begin{array}{lrr}
6\,\text{Nb} & 6\cdot 5 = & 30 \\
12\,\mu_2\text{-Cl} & 12\cdot 3 = & 36 \\
6\,\mu_1\text{-Cl} & 6\cdot 1 = & 6 \\
\text{Ladung} & & \underline{4} \\
& & 76
\end{array}
$$

Von diesen 76 Elektronen entfallen 12 auf die Bindungen zu den μ_1-Cl-Atomen. Für jedes Cl-Atom über einer Oktaederkante werden vier Elektronen benötigt, zusammen $4\cdot 12 = 48$. Es bleiben $76 - 12 - 48 = 16$ Elektronen für das Nb_6-Gerüst, genau ein Elektronenpaar pro Oktaederfläche.

Aus der Sicht eines Nb-Atoms sind die Verhältnisse wie im $Mo_6Cl_{14}^{2-}$-Ion: Das Metallatom ist von fünf Cl-Atomen umgeben und ist an vier Metall-Metall-Bindungen im Cluster beteiligt. Die MCl_5-Einheit ist jedoch gegenüber dem Oktaeder verdreht: aus Cl-Atomen über den Oktaederflächen beim Molybdän werden Cl-Atome über den Kanten beim Niob, die Bindungselektronen wechseln von den Kanten auf die Flächen. In beiden Fällen kommt ein Metallatom auf 18 Valenzelektronen. Im Nb_6Cl_{14} sind $Nb_6Cl_{12}^{2+}$-Cluster über Chloratome miteinander assoziiert, ähnlich wie beim Mo_6Cl_{12}.

So wie die Mo_6X_8-Einheiten in den CHEVREL-Phasen einen gewissen Mangel an Elektronen (z. B. 20 statt 24 Gerüstelektronen) dulden, sind auch Cluster mit M_6X_{12}-Einheiten mit weniger als 16 Gerüstelektronen möglich. Im Zr_6I_{12} sind es zum Beispiel nur 12 Gerüstelektronen, im $Sc_7Cl_{12} = Sc^{3+}[Sc_6Cl_{12}]^{3-}$ sogar nur neun.

Wade-Cluster

Von K. WADE wurden Regeln hergeleitet, die für Cluster einen Zusammen-

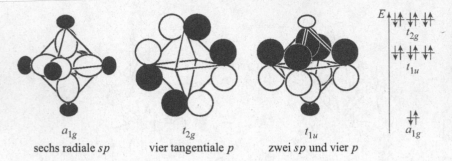

a_{1g} t_{2g} t_{1u}

sechs radiale sp vier tangentiale p zwei sp und vier p

Abb. 13.12: Kombination der Atomorbitale, die bindende Molekülorbitale in einem oktaedrischen Cluster wie $B_6H_6^{2-}$ ergeben. Zu jedem der Orbitale t_{2g} und t_{1u} gibt es noch zwei weitere, gleichartige Orbitale mit Orientierungen in Richtung längs der übrigen zwei Oktaederachsen. Rechts: Energieabfolge der sieben bindenden Molekülorbitale

hang zwischen der Zahl der Valenzelektronen und der Struktur erkennen lassen. Diese Regeln sind zunächst für die Borane hergeleitet worden. Zur Berechnung der Wellenfunktionen eines n-atomigen *closo*-Clusters werden die Koordinatensysteme aller n Atome mit ihren z-Achsen radial zur Mitte des Polyeders ausgerichtet. Um den Anteil der s-Orbitale besser zu übersehen, kombiniert man sie mit den p_z-Orbitalen zu sp-Hybridorbitalen. Von den beiden sp-Orbitalen eines Atoms ist eines in das Innere des Clusters, das andere radial nach außen gerichtet. Mit dem letzteren werden Bindungen zu anderen, außenstehenden Atomen geknüpft (z. B. mit den H-Atomen des $B_6H_6^{2-}$-Ions). Die n in das Innere gerichteten sp-Orbitale ergeben ein bindendes und $n-1$ nichtbindende oder antibindende Orbitale. Die Orbitale p_x und p_y jedes Atoms sind tangential zum Cluster orientiert und kombinieren sich zu n bindenden und n antibindenden Orbitalen (Abb. 13.12). Insgesamt ergeben sich $n+1$ bindende Orbitale für das Cluster-Gerüst. Daraus folgt die WADE-Regel: *Ein stabiler closo-Cluster benötigt $2n+2$ Gerüstelektronen.* Das sind weniger Elektronen, als für Cluster, die elektronenpräzis sind oder die mit $2e3c$-Bindungen beschrieben werden können, ausgenommen ein Polyeder: ein tetraedrischer Cluster mit $2e3c$-Bindungen auf seinen vier Flächen benötigt nur 8 Elektronen, während er nach der WADE-Regel 10 Elektronen haben müßte; für Tetraeder gilt die WADE-Regel nicht. Tatsächlich kennt man *closo*-Borane der Zusammensetzung $B_nH_n^{2-}$ nur für $n \geq 5$. Bei der trigonalen Bipyramide ergibt sich kein Unterschied, ob man $2e3c$-Bindungen auf den sechs Flächen annimmt oder $n+1 = 6$ Elektronenpaare nach der WADE-Regel.

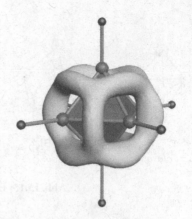

Abb. 13.13: Elektronen-Lokalisierungsfunktion für $B_6H_6^{2-}$ (nur Valenzelektronen, ohne Bereiche um die H-Atome), dargestellt als Isofläche mit ELF = 0,80 (Bild von T. Fässler, Technische Universität München)

Nach Berechnungen mit der Elektronen-Lokalisierungsfunktion (ELF) befinden sich die Elektronenpaare des $B_6H_6^{2-}$-Clusters vor allem über den Oktaederkanten und -flächen (Abb. 13.13).

Die *closo*-Borane $B_nH_n^{2-}$ ($5 \leq n \leq 12$) und die Carborane $B_nC_2H_{n+2}$ sind Paradebeispiele für die genannte WADE-Regel. Auch die B_{12}-Ikosaeder im elementaren Bor gehören dazu (Abb. 11.16). Weitere Beispiele sind bestimmte Boride wie CaB_6. In diesem sind B_6-Oktaeder vorhanden, die über $2e2c$-Bindungen miteinander verknüpft sind (Abb. 13.14). Für diese Bindungen werden pro Oktaeder sechs Elektronen benötigt, für das Oktaedergerüst sind $2n + 2 = 14$ Elektronen erforderlich, das sind zusammen 20 Elektronen; $3 \cdot 6 = 18$ werden von den Boratomen, die übrigen zwei vom Calcium beigesteuert.

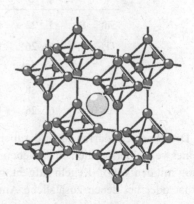

Abb. 13.14: Die Struktur von CaB_6

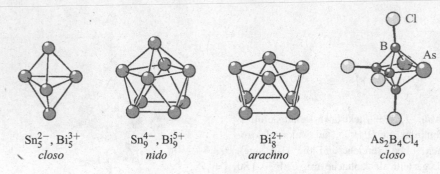

Sn_5^{2-}, Bi_5^{3+} Sn_9^{4-}, Bi_9^{5+} Bi_8^{2+} $As_2B_4Cl_4$

closo   *nido*   *arachno*   *closo*

Abb. 13.15: Einige WADE-Cluster

WADE hat noch einige weitere Regeln für offene Cluster formuliert, die als Deltaeder mit fehlenden Ecken interpretiert werden:

nido-Cluster: eine fehlende Polyederecke, $n + 2$ bindende Gerüstorbitale;

arachno-Cluster: zwei fehlende Ecken, $n + 3$ bindende Gerüstorbitale;

hypho-Cluster: drei fehlende Ecken, $n + 4$ bindende Gerüstorbitale.

Die WADE-Regeln lassen sich auch auf ligandenfreie Cluster-Verbindungen von Hauptgruppenelementen anwenden. Postuliert man an jedem der n Atome ein nach außen weisendes einsames Elektronenpaar, dann bleiben für das Polyedergerüst $g - 2n$ Elektronen (g = Gesamtzahl der Valenzelektronen; Abb. 13.15). Die Rechnung geht auch auf, wenn teilweise Liganden (anstelle von einsamen Elektronenpaaren) vorhanden sind und teilweise ligandenfreie Atome mit einsamen Elektronenpaaren. Beispiele:

	n	g	$g - 2n$		Clusterart
Sn_5^{2-}, Bi_5^{3+}	5	22	12	$= 2n + 2$	*closo*
Tl_6^{8-}	6	26	14	$= 2n + 2$	*closo*
Sn_9^{4-}, Bi_9^{5+}	9	40	22	$= 2n + 4$	*nido*
Bi_8^{2+}	8	38	22	$= 2n + 6$	*arachno*
$As_2B_4Cl_4$	6	26	14	$= 2n + 2$	*closo*

Die Beispiele dürfen nicht darüber hinwegtäuschen, daß die Verhältnisse keineswegs übersichtlich sind. Neben vielen Beispielen, bei denen die Rechnung mit den WADE-Regeln aufgeht, gibt es viele andere, bei denen dies nicht so ist oder bei denen zusätzliche Annahmen gemacht werden müssen. KTl hat nicht die NaTl-Struktur, da die K^+-Ionen zu groß für die Hohlräume im diamantartigen Tl^-Gerüst sind. Es ist eine Clusterverbindungen K_6Tl_6 mit verzerrt oktaedrischen Tl_6^{6-}-Ionen. Ein Tl_6^{6-}-Ion könnte man als elektronenpräzisen oktaedrischen Cluster formulieren, mit 24 Gerüstelektronen und vier $2e2c$-Bindungen pro Oktaederecke. Die Thalliumatome hätten dann keine einsamen Elektronenpaare, auf der Außenseite des Oktaeders wäre kaum mehr Valenzelektronendichte, und es gäbe keinen Grund für die Verzerrung des Oktaeders. Als $closo$-Cluster mit je einem einsamen Elektronenpaar pro Tl-Atom müßte er nach der WADE-Regel zwei Elektronen mehr haben. Nimmt man Bindungsverhältnisse wie im $B_6H_6^{2-}$-Ion an (Abb. 13.12), besetzt man aber die t_{2g}-Orbitale nur mit vier statt sechs Elektronen, so kann man die beobachtete Oktaederstauchung als JAHN-TELLER-Verzerrung verstehen. Solche Cluster, die weniger Elektronen haben, als nach den WADE-Regeln zu erwarten, kennt man von Gallium, Indium und Thallium. Sie werden hypoelektronische Cluster genannt; ihre Gerüstelektronenzahlen sind oft $2n$ oder $2n - 4$.

B_8Cl_8 hat ein dodekaedrisches B_8-$closo$-Gerüst mit $2n = 16$ Elektronen; da stimmt weder die WADE-Regel, noch läßt es sich als elektronenpräziser Cluster noch als einer mir $2e3c$-Bindungen deuten. $B_4(BF_2)_6$ hat ein tetraedrisches B_4-Gerüst mit je einem radial gebundenen BF_2-Liganden, zusätzlich sind aber noch zwei weitere BF_2-Gruppen an zwei Tetraderkanten gebunden. In solchen Fällen versagen die einfachen Elektronenabzählregeln.

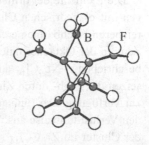

Auf WADE geht auch die Anwendung seiner Regeln auf Übergangsmetallcluster zurück; die Weiterentwicklung von D. M. P. MINGOS dient vorwiegend zur Erfassung der Bindungsverhältnisse in Metallcarbonyl- und -phosphan-Clustern, also in organometallischen Verbindungen, deren Behandlung den Rahmen dieses Buches sprengen würde (WADE-MINGOS-Regeln).

Cluster mit eingelagerten Atomen

Für Cluster von besonders elektronenarmen Metallen bietet die Einlagerung von Atomen im Inneren des Clusters die Möglichkeit, den Elektronenmangel zu vermindern. Besonders bei oktaedrischen Clustern, die ohnedies ein bindendes Elektronenpaar in ihrer Mitte haben können, bietet sich diese Möglichkeit an. Zur Elektronenbilanz trägt das eingelagerte Atom meist mit allen seinen

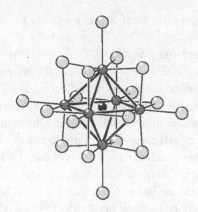

Abb. 13.16: Cluster-Einheit mit eingelagertem Atom in Verbindungen wie Zr_6CCl_{14} und Th_6FeBr_{15}

Valenzelektronen bei. Sowohl Nichtmetallatome wie H, B, C, N, Si als auch Metallatome wie Be, Al, Mn, Fe, Co, Ir sind als interstitielle Atome bekannt.

Die Elemente der dritten und vierten Nebengruppe bilden viele Verbindungen mit oktaedrischen Clustern, die isostrukturell mit denen der elektronenreicheren Nachbarelemente sind, sich jedoch durch zusätzliche Atome in den Zentren der Oktaeder unterscheiden (Abb. 13.16). Gehen wir etwa vom oben beschriebenen Nb_6Cl_{14} aus (mit dem $Nb_6Cl_{12}^{2+}$-Cluster, Abb. 13.11) und ersetzen die Niob- durch Zirconiumatome, so stehen sechs Elektronen weniger zur Verfügung. Der Einbau eines B- oder C-Atoms in das Zr_6-Oktaeder gleicht den Verlust teilweise aus. Trotz der etwas geringeren Zahl von Elektronen ist der Cluster im Zr_6CCl_{14} stabil, bedingt durch eine gewisse Änderung in den Bindungsverhältnissen. Das elektronegativere Atom in der Clustermitte zieht Elektronendichte an sich, wodurch die Zr–Zr-Bindungen geschwächt werden, aber stärkere bindende Wechselwirkungen mit dem C-Atom ermöglicht werden.

Umgekehrt werden die Metall-Metall-Bindungen gestärkt, wenn das eingelagerte Atom ein Metallatom ist. Nb_6F_{15} besteht zum Beispiel aus Nb_6F_{12}-Clustern von der gleichen Art wie in der $Nb_6Cl_{12}^{2+}$-Einheit, sie sind über alle sechs Ecken über zweibindige Fluoratome zu einem Netzwerk verbunden. Das gleiche Bauprinzip findet sich im Th_6FeBr_{15}, jedoch mit einem zusätzlichen Fe-Atom in der Oktaedermitte (Abb. 13.16). Im Nb_6F_{15} ist ein Elektron weniger vorhanden, als für die acht $2e3c$-Bindungen notwendig, im Th_6Br_{15} fehlen weitere sechs Elektronen. Das eingebaute Fe-Atom (d^8) steuert diese sieben Elektronen bei, das achte Elektron verbleibt in der Clustermitte am Fe-Atom.

Sogar die Alkalimetalle können Cluster bilden, wenn eingelagerte Atome zur Stabilisierung beitragen. Verbindungen dieser Art sind die Alkalisuboxide wie Rb_9O_2, bei dem zwei flächenverknüpfte Oktaeder mit je einem O-Atom besetzt sind. Der Elektronenmangel ist hier aber so gravierend, daß metallische Bindungen zwischen den Clustern notwendig sind. Diese Verbindungen sind als Metalle aufzufassen, jedoch nicht mit einzelnen Metallionen wie im reinen Metall Rb^+e^-, sondern mit einem Aufbau $[Rb_9O_2]^{5+}(e^-)_5$, mit ionischer Bindung im Cluster.

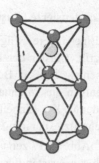

Cluster im Rb_9O_2

Anders als $B_{12}X_{12}^{2-}$- oder C_{60}-Käfige sind entsprechend große Cluster aus Metallatomen nicht stabil, wenn sie hohl sind. Sie können jedoch durch eingelagerte Atome stabilisiert werden, auch wenn das eingelagerte Atom keinen elektronischen Beitrag leistet. Solche Cluster werden endoedrische oder (auf deutsch nicht ganz korrekt) endohedrale Cluster genannt. Beispiele sind die ikosaedrischen Cluster $[Cd@Tl_{12}]^{12-}$ mit einem Tl_{12}^{14-}-Käfig oder $[Pt@Pb_{12}]^{2-}$. Das vor dem @-Zeichen genannte Atom ist das eingeschlossene Atom. Diese Cluster erfüllen die WADE-Regel für *closo*-Cluster wenn man ein Cd^{2+}-Ion bzw. neutrales Pt-Atom annimmt. $[Pd@Bi_{10}]^{4+}$ ist ein Beispiel für einen *arachno*-Cluster in der Verbindung $[Pd@Bi_{10}]^{4+}(BiBr_4^-)_4$; er hat $2n + 6$ Gerüstelektronen, wenn man ein einsames Elektronenpaar pro Bi-Atom und ein neutrales Pd-Atom annimmt. Die Bi-Atome bilden ein pentagonales Antiprisma, was dasselbe ist wie ein Ikosaeder mit zwei fehlenden Spitzen.

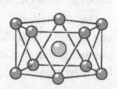

$[Pd@Bi_{10}]^{4+}$

Endoedrische *closo*-Cluster kann man als Baueinheiten auf dem Weg zu den Strukturen der Metalle ansehen. In einer dichtesten Kugelpackung ist ein Atom von 12 anderen Atomen umgeben, das sind zusammen 13 Atome. Legt man eine weitere Lage von Atomen darum, so kommt man auf 55 Atome. Ein entsprechender Cluster ist im $Au_{55}(PPh_3)_{12}Cl_6$ bekannt, wobei die umhüllenden Liganden die Kondensation zum Metall verhindern. Durch Liganden auf der Außenseite lassen sich Metallcluster unterschiedlicher Größen stabilisieren, wobei die Metallatome in der Regel Ausschnitte aus der Struktur des reinen Metalls sind. Beispiele sind: $[Al_{69}R_{18}]^{3-}$, $[Al_{77}R_{20}]^{2-}$, $[Ga_{19}R_6]^-$, $[Ga_{84}R_{20}]^{4-}$ mit R = $N(SiMe_3)_2$ oder $C(SiMe_3)_3$.

Kondensierte Cluster

Eine andere Möglichkeit, den Elektronenmangel zu überwinden, besteht darin, Cluster der bisher geschilderten Art zu größeren Verbänden zusammenzuschließen. Bei den bekannten kondensierten Clustern überwiegen diejenigen aus miteinander verknüpften M_6-Oktaedern. Verknüpft man M_6X_8- oder M_6X_{12}-Einheiten miteinander, indem man Metallatome miteinander „verschmilzt", dann müssen auch X-Atome miteinander „verschmolzen" werden.

Abb. 13.17 zeigt eine Möglichkeiten zur Kondensation von M_6X_8-Clustern über *trans*-ständige Oktaederecken. Die sich ergebende Zusammensetzung ist M_5X_4. Die parallel gebündelten Stränge ermöglichen die Koordination von X-Atomen eines Stranges an die Oktaederspitzen von vier benachbarten Strängen, ähnlich wie bei den CHEVREL-Phasen. Verbindungen mit dieser Struktur sind mit M = Ti, V, Nb, Ta, Mo und X = S, Se, Te, As, Sb bekannt, zum Beispiel Ti_5Te_4. Sie haben 12 (Ti_5Te_4) bis 18 (Mo_5As_4) Gerüstelektronen pro Oktaeder.

Die Verknüpfung von M_6X_8-Clustern über gegenüberliegende Oktaederkanten ergibt Ketten der Zusammensetzung $M_2M_{4/2}X_{8/2} = M_4X_4$. Man kennt sie bei Lanthanoidhalogeniden wie Gd_2Cl_3, bei denen sich noch zusätzliche Halogenatome zwischen den Ketten befinden (Abb. 13.18). In die Cluster können Atome eingelagert sein. Zum Beispiel hat Sc_4BCl_6 Ketten wie Gd_2Cl_3, wobei in jedes Oktaeder ein Boratom eingelagert ist.

Die Clusterkondensation kann noch weiter getrieben werden: die Stränge von kantenverknüpften Metallatom-Oktaedern können zu Doppelsträngen zusammengefügt werden und schließlich zu Schichten aus zusammenhängenden Oktaedern (Abb. 13.18). Jede Schicht besteht aus zwei Lagen von Metall-

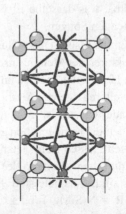

Abb. 13.17: Kondensierte M_6X_8-Cluster im Ti_5Te_4

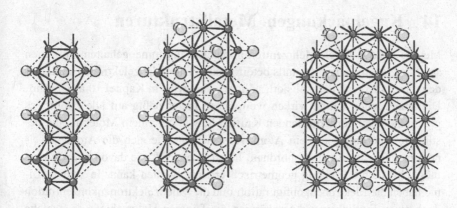

Abb. 13.18: Verknüpfung von M_6X_8-Clustern über Oktaederkanten zu Ketten im Gd_2Cl_3, zu Doppelketten im Sc_7Cl_{10} und zu Schichten im ZrCl. Bei Gd_2Cl_3 und Sc_7Cl_{10} ist jedes Metallatom außerdem noch an Chloratome einer Nachbarkette koordiniert

atomen, die so angeordnet sind, wie zwei aufeinanderfolgende Lagen von Atomen in einer dichtesten Kugelpackung. Es handelt sich um einen Ausschnitt aus einer Metallstruktur. Zwischen den Metallschichten befinden sich die X-Atome als „Isolierschichten". Substanzen wie ZrCl, die diese Struktur haben, haben metallische Eigenschaften in zwei Dimensionen.

13.5 Übungsaufgaben

13.1 Entscheiden Sie mit Hilfe der erweiterten $8-N$-Regel, ob die folgenden Verbindungen polyanionisch, polykationisch oder einfach ionisch sind.
(a) Be_2C; (b) Mg_2C_3; (c) ThC_2; (d) Li_2Si; (e) In_4Se_3; (f) KSb; (g) Nb_3Cl_8; (h) TiS_2.

13.2 Welche der folgenden Verbindungen sollten ZINTL-Phasen sein?
(a) Y_5Si_3; (b) CaSi; (c) CaO; (d) K_3As_7; (e) NbF_4; (f) $LaNi_5$.

13.3 Zeichnen Sie Valenzstrichformeln für die folgenden ZINTL-Anionen.
(a) $Al_2Te_6^{6-}$; (b) $[SnSb_3^{5-}]_\infty$; (c) $[SnSb^-]_\infty$; (d) $[Si^{2-}]_\infty$; (e) P_2^{4-}.

13.4 Geben Sie an, welcher der folgenden Cluster elektronenpräzis ist, $2e3c$-Bindungen haben könnte oder die WADE-Regel für *closo*-Cluster erfüllt.
(a) $B_{10}C_2H_{12}$ (Ikosaeder); (b) $Re_6(\mu_3\text{-S})_4(\mu_3\text{-Cl})_4\mu_1\text{-Cl}_6$ (Oktaeder);
(c) $Pt_4(\mu_3\text{-H})_4(\mu_1\text{-H})_4(PR_3)_4$ (Tetraeder); (d) $Rh_6(CO)_{16}$ (Oktaeder).

14 Kugelpackungen. Metallstrukturen

Metalle werden durch Mehrzentrenbindungen zusammengehalten, an denen sämtliche Atome eines Kristalls beteiligt sind. Die Valenzelektronen sind über den ganzen Kristall delokalisiert; näheres dazu wird in Kapitel 10 ausgeführt. Die anziehenden Kräfte wirken weitgehend gleichmäßig auf alle Atome, es gibt keine lokal vorherrschenden Kräfte, die wie bei einem Molekül eine bestimmte Anordnung um ein Atom verursachen. Wie sich die Atome in einem metallischen Kristall anordnen, hängt in erster Linie davon ab, wie eine möglichst dichte Packung geometrisch erreicht werden kann. In zweiter Linie haben die Elektronenkonfiguration und die Valenzelektronenkonzentration doch einen Einfluß; von ihnen hängen die feineren Unterschiede ab, welche von mehreren in Betracht kommenden Packungsvarianten tatsächlich auftritt. Im Prinzip können Bandstrukturberechnungen die feineren Unterschiede erklären.

Faßt man die Atome als harte Kugeln auf, so läßt sich die Packungsdichte durch die Raumerfüllung RE der Kugeln ausdrücken. Sie beträgt:

$$RE = \frac{4\pi}{3V} \sum_i Z_i r_i^3 \qquad (14.1)$$

V = Volumen der Elementarzelle
r_i = Radius der i-ten Kugelsorte
Z_i = Anzahl der Kugeln der i-ten Sorte in der Elementarzelle

Wenn nur eine Sorte von Kugeln vorhanden ist und wir alle Maße auf den Durchmesser einer Kugel beziehen, d. h. für den Durchmesser den Wert 1 setzen ($r = \frac{1}{2}$), erhalten wir:

$$RE = \frac{\pi}{6} \cdot \frac{Z}{V} = 0,5236 \frac{Z}{V}$$

14.1 Dichteste Kugelpackungen

Um den Raum möglichst platzsparend mit Kugeln gleicher Größe auszufüllen, ordnen wir sie zu einer *dichtesten Kugelpackung*. Die dichteste Anordnung von Kugeln in einer Ebene ist eine *hexagonale Schicht* von Kugeln (Abb. 14.1). In einer solchen Schicht ist jede Kugel von sechs anderen Kugeln umgeben; zwischen der Kugel und den sechs Nachbarkugeln verbleiben sechs Lücken.

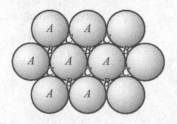

Abb. 14.1: Anordnung von Kugeln in einer hexago
der Schichtlagen *A*, *B* und *C*

Der Abstand von einer Lücke zur *übernächsten* Lücke ist genauso groß wie der Abstand von Kugelmitte zu Kugelmitte. Die Lage der Kugelmittelpunkte sei wie in Abb. 14.1 mit *A* bezeichnet, die Lage der Lücken mit *B* und *C*. Eine möglichst dichte Stapelung der Schichten wird erreicht, wenn auf die Schicht der Lage *A* eine Schicht folgt, deren Kugeln sich entweder über den Lücken *B* oder über den Lücken *C* befinden. Generell gilt: in einem dichtesten Stapel von hexagonalen Schichten gibt es drei mögliche Schichtlagen; auf eine Schicht kann immer nur eine Schicht mit einer anderen Schichtlage folgen (auf *A* kann nicht *A* folgen usw.).

Die Schichtenabfolge *ABCABC*... ist in Abb. 14.1 durch Pfeile markiert. Bei dieser Abfolge weisen die Pfeile immer in die gleiche Richtung. Bei einer Abfolge *ABA* würde ein Pfeil in eine Richtung, der zweite Pfeil in die Gegenrichtung weisen. Wenn wir die Richtung $A \rightarrow B = B \rightarrow C = C \rightarrow A$ mit + und $A \leftarrow B = B \leftarrow C = C \leftarrow A$ mit − bezeichnen, können wir nach HÄGG die Stapelfolge durch eine Abfolge von + und −-Zeichen charakterisieren. Die Symbolik kann man nach ŽDANOV weiter kürzen, indem man eine Folge von Zahlen angibt, wobei jede Zahl bezeichnet, wie viele gleiche Vorzeichen jeweils zusammenstehen; es werden nur die Zahlen innerhalb einer sich periodisch wiederholenden Einheit angegeben. Eine weitere, häufig benutzte Symbolik ist die nach JAGODZINSKI: eine Schicht, deren beiden Nachbarschichten verschiedene Schichtlagen haben (z. B. die Schicht *B* in der Folge *ABC*), wird mit *c* bezeichnet (*c* steht für kubisch); haben die beiden Nachbarschichten die gleiche Lage (z. B. *B* in der Folge *ABA*), dann ist das Symbol *h* (für hexagonal).

Obwohl die Anzahl möglicher Stapelfolgen beliebig groß ist, finden wir in der Natur überwiegend nur die beiden folgenden:

	kubisch-dichteste Kugelpackung	hexagonal-dichteste Kugelpackung
Stapelfolge	...ABCABC...	...ABABAB...
HÄGG-Symbol	... ++++++...	... +–+–+–...
ŽDANOV-Symbol	∞	11
JAGODZINSKI-Symbol	c	h

Die kubisch-dichteste Kugelpackung wird auch Kupfer-Typ genannt, die hexagonal-dichteste ist der Magnesium-Typ.[*] Die Anordnung der Kugeln in der kubisch-dichtesten Kugelpackung ist kubisch flächenzentriert (Abb. 14.2); die Stapelrichtung der hexagonalen Schichten verläuft in Richtung der Raumdiagonalen des Würfels. Die Koordinationszahl einer Kugel beträgt für beide Kugelpackungen 12. Das Koordinationspolyeder in der kubisch-dichtesten Packung ist ein Kuboktaeder; das ist ein Würfel mit abgeschnitten Ecken oder, was auf dasselbe hinausläuft, ein Oktaeder mit abgeschnitten Ecken (Abb. 2.2, S. 15). Verdreht man zwei gegenüberliegende Dreiecksflächen eines Kuboktaeders um 30° gegeneinander, dann erhält man das Koordinationspolyeder der hexagonal-dichtesten Kugelpackung, ein Antikuboktaeder.

Kompliziertere Stapelfolgen treten wesentlich seltener auf. Einige kommen bei den Lanthanoiden vor:

	Stapelfolge	JAGODZINSKI	ŽDANOV
La, Pr, Nd, Pm	...ABAC...	hc	22
Sm	...ABACACBCB...	hhc	21

Die hc-Packung wird *doppelt-hexagonal-dichteste Kugelpackung* genannt. Gadolinium bis Thulium sowie Lutetium bilden hexagonal-dichteste Kugelpackungen. Je mehr f-Elektronen vorhanden sind, desto größer ist also der Anteil an h-Schichten. Die Elektronenkonfiguration steuert, welche Art Packung wahrgenommen wird, und zwar nimmt der Einfluß der $4f$-Schale mit zunehmender Ordnungszahl ab. Die weiter innen liegende $4f$-Schale wird nämlich mit zunehmender Kernladung stärker zusammengezogen als die $5d$- und die $6s$-Schale, d. h. die Lanthanoidenkontraktion wirkt sich auf das Innere der Atome mehr aus als auf die Atomradien. Der Einfluß der f-Elektronen im genannten Sinne äußert sich auch im Verhalten der Lanthanoide unter Druck. Bei Kompression werden die äußeren Schalen mehr gequetscht als die inneren, die

---

[*]Englische Bezeichnungen: cubic closest-packing (c.c.p.) oder face-centered cubic (f.c.c.) und hexagonal closest-packing (h.c.p.).

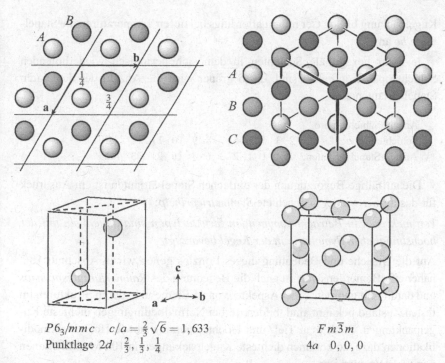

$$P6_3/mmc \quad c/a = \tfrac{2}{3}\sqrt{6} = 1,633 \qquad\qquad F m\bar{3}m$$
$$\text{Punktlage } 2d \quad \tfrac{2}{3}, \tfrac{1}{3}, \tfrac{1}{4} \qquad\qquad 4a \quad 0, 0, 0$$

Abb. 14.2: Elementarzellen der hexagonal- (links) und der kubisch-dichtesten Kugelpackung. Obere Reihe: Projektion in Stapelrichtung; Atome mit gleichem Grauton bilden jeweils eine hexagonale Schicht wie in Abb. 14.1. Die Atome sind kleiner gezeichnet, als es ihrer effektiven Größe entspricht.

f-Elektronen gewinnen an Einfluß und Strukturen mit einem größeren Anteil von c-Schichten treten auf:

	Normaldruck	Druck	Hochdruck
La, Pr, Nd	hc	c	
Sm	hhc	hc	c
Gd, Tb, Dy, Ho, Tm	h	hhc	hc

Schließlich zeigt sich der Einfluß der Elektronenkonfiguration auch bei den Ausnahmen: Europium und Ytterbium, deren $4f$-Schale „vorzeitig" halb- bzw. ganz gefüllt ist, fallen aus der Reihe (Tab. 14.2, S. 229; Konfiguration bei Eu $4f^7 6s^2$ statt $4f^6 5d^1 6s^2$, bei Yb $4f^{14} 6s^2$ statt $4f^{13} 5d^1 6s^2$. Diese Elemente fallen auch mit ihren Atomradien aus der Reihe, vgl. Tab. 6.2, S. 76). Auch am Anfang der Reihe gibt es eine Unregelmäßigkeit, da Cer eine kubisch-dichteste

Kugelpackung bildet; Cer nimmt allerdings bei tiefen Temperaturen die Stapel-folge *hc* an.

Je mehr hexagonale Schichten in dem sich periodisch wiederholenden Schichtenpaket enthalten sind, desto größer wird die Anzahl der denkbaren Stapelvarianten:

Anzahl Schichten pro Schichtenpaket:	2	3	4	5	6	7	8	9	10	11	12	20
Anzahl Stapelvarianten:	1	1	1	1	2	3	6	7	16	21	43	4625

Die auffällige Bevorzugung der einfachen Stapelvarianten ist ein Ausdruck für das immer wieder beobachtete *Symmetrieprinzip*:

Von mehreren in Betracht kommenden Strukturtypen sind diejenigen mit der höchstmöglichen Symmetrie in der Regel bevorzugt.

Auf die Ursache und Bedeutung dieses Prinzips gehen wir in Abschnitt 18.2 näher ein. Bemerkenswert ist auch die Bedeutung des *Raumerfüllungsprinzips* und damit rein geometrischer Aspekte: von 95 Elementen, deren Strukturen im festen Zustand bekannt sind, bilden 46 bei Normalbedingungen dichteste Ku-gelpackungen. Zählt man Tief- und Hochtemperatur- sowie Hochdruckmodi-fikationen dazu, so kommen dichteste Kugelpackungen in 104 Modifikationen von 75 Elementen vor.

Neben den bisher betrachteten, geordneten Stapelvarianten gibt es auch die Möglichkeit einer mehr oder weniger statistischen Abfolge der hexagonalen Schichten. Da einerseits ein Ordnungsprinzip vorhanden ist, andererseits aber die strenge periodische Ordnung bei der Stapelung fehlt, spricht man von *fehl-geordneten Strukturen* oder *Stapelfehlordnung*. Wenn Cobalt von 500 °C ab-gekühlt wird, weist es diese Art Fehlordnung auf.

Die *Raumerfüllung* ist für alle dichtesten Kugelpackungen gleich groß. Sie beträgt $\pi/(3\sqrt{2}) = 0{,}7405$ oder 74,05 %. Daß keine Kugelpackung eine höhe-re Packungsdichte haben kann, wurde schon 1603 von J. KEPLER behauptet; ein endgültiger Beweis wurde aber erst 1998 erbracht. Kugeln, die eine zentra-le Kugel ikosaedrisch umgeben, berühren einander nicht, d. h. um eine Kugel ist etwas mehr Platz als für zwölf Kugeln. Ikosaeder lassen sich nicht raum-erfüllend packen. Es sind nichtperiodische Kugelpackungen beschrieben wor-den, deren Dichte fast so groß ist wie die der dichtesten Kugelpackungen. Da keine Kugelpackung dichter gepackt sein kann, sollte man nicht „dichte", son-dern *dichteste* Packung sagen.

14.2 Die kubisch-innenzentrierte Kugelpackung

Die Raumerfüllung in der kubisch-innenzentrierten Kugelpackung* ist etwas geringer als in den dichtesten Kugelpackungen, der Unterschied ist aber nicht besonders groß. Sie beträgt $\frac{1}{8}\pi\sqrt{3} = 0{,}6802$ oder 68,02 %. Gravierender erscheint auf den ersten Blick die Verringerung der Koordinationszahl von 12 auf 8 zu sein. Tatsächlich ist der Unterschied aber nicht so erheblich, denn jede Kugel hat außer den 8 nächsten Nachbarn noch 6 weitere Nachbarn, die nur 15,5 % weiter entfernt sind (Abb. 14.3). Wir können die Koordinationszahl mit 8 + 6 bezeichnen.

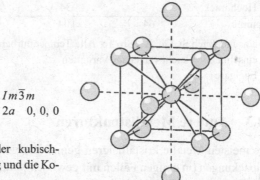

$I m \overline{3} m$
$2a$ 0, 0, 0

Abb. 14.3: Elementarzelle der kubisch-innenzentrierten Kugelpackung und die Koordination um eine Kugel

Ihrer geringeren Raumerfüllung entsprechend, hat die kubisch-innenzentrierte Packung eine geringere Bedeutung bei den Elementstrukturen. Immerhin kristallisieren 15 Elemente mit dieser Struktur. Da auch Wolfram dazu zählt, spricht man gelegentlich vom Wolfram-Typ.

Die bisher angegebene Zahl von Vertretern bezieht sich auf die Elementstrukturen bei Normalbedingungen. Rechnet man noch die Modifikationen hinzu, die bei tiefen und hohen Temperaturen und bei hohen Drücken auftreten, so kommt man zu der in Tabelle 14.1 zusammengestellten Statistik. Wie den Zahlen zu entnehmen ist, kommen bei hohen Drücken vor allem dichteste Kugelpackungen und „exotische" Metallstrukturen hinzu. Bei hohen Temperaturen nimmt die Bedeutung der kubisch-innenzentrierten Packung zu. Dies ist im Sinne der GOLDSCHMIDT-Regel:

Erhöhung der Temperatur begünstigt Strukturen mit erniedrigter Koordinationszahl.

---

*Englische Bezeichnung: body-centered cubic (b.c.c.).

Tabelle 14.1: Zahl der bis 2008 bekannten Elementstrukturen im festen Zustand bei verschiedenen Bedingungen

	Nichtmetall-strukturen	dichteste Kugelpackungen[†]	kubisch-innenzentriert	andere Metallstrukturen
Nichtmetalle*				
Normaldruck	55	4[‡]	–	–
Hochdruck	7	8	7	31
Metalle				
bis 400 K	2	51	15	11
Hochtemperatur	–	7	23	6
Hochdruck	–	34	9	48
Summe	64	104	54	96

* einschließlich Si, Ge, As, Sb, Te. Alle Temperaturbereiche
[†] einschließlich leicht verzerrter Varianten
[‡] Edelgase

14.3 Andere Metallstrukturen

Die meisten Metalle kristallisieren gemäß der vorstehend beschriebenen Kugelpackungen (in einigen Fällen mit gewissen Verzerrungen; Tab. 14.2). Einige Metalle weisen jedoch individuelle Strukturtypen auf: Ga, Sn, Bi, Po, Mn, U, Np, Pu. Bezüglich Sn, Bi, Po siehe Seite 179, 163 und 159. Gallium hat eine recht ungewöhnliche Struktur, in der jedes Ga-Atom die Koordinationszahl 1 + 6 hat; eines der sieben Nachbaratome ist bedeutend näher als die anderen (1 × 244 pm, 6 × 270 bis 279 pm); man kann dies als das Vorliegen von Ga–Ga-Paaren mit kovalenter Bindung deuten. Wie der auffällig niedrige Schmelzpunkt des Galliums zeigt (29,8°C), ist die Struktur nicht besonders stabil, sie scheint nur eine „Notlösung" zu sein. Auch für Mn, U, Np und Pu scheint es keine optimale Struktur zu geben, denn diese Elemente bilden besonders viele polymorphe Formen mit recht eigentümlichen Strukturen. Zum Beispiel enthält die Elementarzelle des bei Zimmertemperatur stabilen α-Mangans 58 Atome, wobei vier verschiedene Koordinationspolyeder mit Koordinationszahlen von 12, 13 und 16 auftreten.

Bei hohen Drücken treten auffällig viele ungewöhnliche Strukturen auf, vor allem bei den Alkali- und Erdalkalimetallen (Abb. 14.4). So wandelt sich Cäsium zunächst bei 2,3 GPa von einer kubisch-innenzentrierten Packung in eine kubisch-dichteste Kugelpackung um, was nicht überraschend ist. Aber bei zu-

Tabelle 14.2: Die Elementstrukturen der Metalle bei normalen Bedingungen
h = hexagonal-dichteste Kugelpackung
c = kubisch-dichteste Kugelpackung
hc, hhc = andere Stapelvarianten dichtester Kugelpackungen
i = kubisch-innenzentrierte Kugelpackung
⋈ = eigener Strukturtyp
* = etwas verzerrt

Dichteste Kugelpackungen nehmen auch die festen Edelgase bei tiefer Temperatur an: Ne…Xe c; Helium wird nur unter Druck fest (je nach Druck c, h oder i)

Li	Be												
i	$h^\star$												
Na	Mg										Al		
i	h										c		
K	Ca	Sc	Ti	V	Cr	Mn	Fe	Co	Ni	Cu	Zn	Ga	
i	c	h	h	i	i	⋈	i	h	c	c	$h^\star$	⋈	
Rb	Sr	Y	Zr	Nb	Mo	Tc	Ru	Rh	Pd	Ag	Cd	In	Sn
i	c	h	h	i	i	h	h	c	c	c	$h^\star$	$c^\star$	⋈
Cs	Ba	La	Hf	Ta	W	Re	Os	Ir	Pt	Au	Hg	Tl	Pb
i	i	hc	h	i	i	h	h	c	c	c	$c^\star$	h	c
Fr	Ra	Ac	Rf	Db	Sg	Bh	Hs	Mt	Ds	Rg			
	i	c											

Ce	Pr	Nd	Pm	Sm	Eu	Gd	Tb	Dy	Ho	Er	Tm	Yb	Lu
c	hc	hc	hc	hhc	i	h	h	h	h	h	h	c	h
Th	Pa	U	Np	Pu	Am	Cm	Bk	Cf	Es	Fm	Md	No	Lr
c	$i^\star$	⋈	⋈	⋈	hc	hc	c,hc	h,hc					

nehmendem Druck folgen drei Modifikationen mit Atomen der Koordinationszahlen 8 – 11, dann 8 und dann 10 – 11, bevor bei 70 GPa wieder eine dichteste (doppelt-hexagonale) Kugelpackung auftritt. Als Grund für dieses Verhalten wird ein Elektronenübergang vom $6s$- auf das $5d$-Band angenommen. Einige der Cäsium-Modifikationen kommen auch bei Rubidium vor, das außerdem zwischen 16 und 20 GPa die inkommensurable Kompositstruktur Rb-IV annimmt, mit Baugruppen wie im Bismut-III (Abb. 11.11, S. 167), aber etwas anders verknüpft. Dem Bismut-III sehr ähnliche, inkommensurable Strukturen tauchen bei Strontium und Barium auf. Bei Magnesium, Calcium und Strontium fällt die Umwandlung von der normalen dichtesten Kugelpackung zur

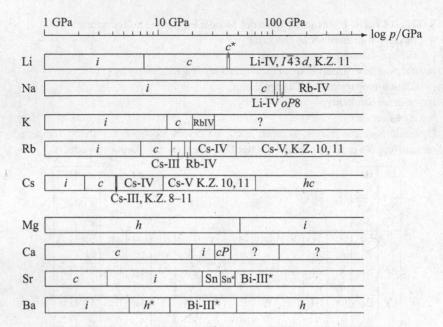

Abb. 14.4: Stabilitätsbereiche der Strukturtypen der Alkali- und Erdalkalimetalle in Abhängigkeit des Druckes bei Zimmertemperatur.

h = hexagonal-dichteste Kugelpackung; c = kubisch-dichteste Kugelpackung; hc = doppelt-hexagonal-dichteste Kugelpackung; i = kubisch-innenzentrierte Kugelpackung; cP = kubisch-primitiv (α-Po); * = etwas verzerrt; Cs-IV: K.Z. = 8, Atomanordnung wie die Th-Atome in $ThSi_2$ (Abb. 13.1, S. 195)

kubisch-innenzentrierten Packung auf, die als erste bei Druckerhöhung auftritt. Noch auffälliger ist die anschließende Verringerung der Koordinationszahl auf 6 bei Calcium und Strontium (Ca-III, α-Po-Typ; Sr-III, β-Zinn-Typ).

14.4 Übungsaufgaben

14.1 Geben Sie das JAGONDZINSKI- und das ŽDANOV-Symbol für die dichtesten Kugelpackungen mit den folgenden Stapelfolgen an:
(a) *ABABC*; (b) *ABABACAC*.

14.2 Geben Sie die Stapelfolgen (mit *A*, *B* und *C*) für die dichtesten Kugelpackungen mit den folgenden JAGONDZINSKI- bzw. ŽDANOV-Symbolen an:
(a) *hcc*; (b) *cchh*; (c) 221.

15 Das Prinzip der Kugelpackungen bei Verbindungen

Die geometrischen Prinzipien zur Packung von Kugeln gelten nicht nur für reine Elemente. Wie zu erwarten, finden wir die im vorigen Kapitel beschriebenen Kugelpackungen sehr häufig auch dann, wenn einander ähnliche Atome kombiniert werden, insbesondere bei den zahlreichen Metallegierungen und intermetallischen Verbindungen. Darüberhinaus gelten die gleichen Prinzipien aber auch für viele Verbindungen aus sehr unterschiedlichen Elementen.

15.1 Geordnete und ungeordnete Legierungen

Sehr häufig lassen sich verschiedene Metalle im geschmolzenen Zustand miteinander vermischen, d.h. sie bilden Lösungen. Beim Abschrecken der Schmelze erhält man eine feste Lösung, in der die Atome statistisch verteilt sind (*ungeordnete Legierung*). Beim langsamen Abkühlen der Schmelze kann sich in manchen Fällen ebenfalls eine feste Lösung bilden; häufiger kommt es aber zu einer Entmischung, bei der folgende Möglichkeiten bestehen:

1. Die Metalle kristallisieren getrennt (vollständige Entmischung).

2. Es kristallisieren zwei Sorten von festen Lösungen, Metall eins gelöst in Metall zwei und umgekehrt (Mischbarkeit mit Mischungslücke).

3. Es kristallisieren Legierungen mit definierter Zusammensetzung, die von der Zusammensetzung der Schmelze abweichen können (Bildung von intermetallischen Verbindungen); die Zusammensetzung der Schmelze kann sich während des Kristallisationsprozesses ändern, und es können weitere intermetallische Verbindungen mit anderen Zusammensetzungen kristallisieren.

Welcher Fall vorliegt und welche intermetallischen Verbindungen eventuell entstehen, kann man im einzelnen dem Phasendiagramm entnehmen (vgl. Abschnitt 4.5, S. 57).

Die Tendenz zur Bildung fester Lösungen hängt in erster Linie von zwei Faktoren ab, nämlich von der chemischen Verwandtschaft zwischen den beteiligten Elementen und von der relativen Größe ihrer Atome.

Zwei Metalle, die einander chemisch ähnlich sind und deren Atome annähernd gleich groß sind, bilden miteinander ungeordnete Legierungen. Silber und Gold, die beide mit einer kubisch-dichtesten Kugelpackung kristallisieren, haben Atome, die fast gleich groß sind (Radien 144,4 und 144,2 pm).

Sie bilden Mischkristalle beliebiger Zusammensetzung, in denen die Silber-
und Goldatome statistisch die Lagen der Kugelpackung einnehmen. Einander
ähnliche Metalle, insbesondere solche aus der gleichen Gruppe des Periodensystems, bilden im allgemeinen feste Lösungen mit beliebiger Zusammensetzung, wenn sich ihre Atomradien nicht um mehr als ca. 15 % unterscheiden,
zum Beispiel Mo + W, K + Rb, K + Cs, aber nicht Na + Cs. Sind die Elemente einander weniger ähnlich, kann es eine begrenzte Mischbarkeit geben, zum
Beispiel Zn in Cu (maximaler Stoffmengenanteil 38,4 % Zn) und Cu in Zn
(maximal 2,3 % Cu); Kupfer und Zink bilden außerdem noch intermetallische
Verbindungen (s. Abschnitt 15.4).

Wenn die Atome verschiedene Größe haben oder wenn sie sich chemisch
deutlich unterscheiden, sind Strukturen mit einer geordneten Atomverteilung
erheblich bevorzugt. Da der Übergang von einer ungeordneten zu einer geordneten Verteilung mit einer Abnahme der Entropie verbunden ist (ΔS negativ)
und die freiwillige Umwandlung nur erfolgt, wenn $\Delta G = \Delta H - T\Delta S < 0$ ist,
muß die Umwandlungsenthalpie ΔH negativ sein. Die geordnete Struktur ist
also energetisch bevorzugt, der Betrag ihrer Gitterenergie ist größer.

Verschieden große Kugeln zu ordnen, erlaubt immer eine bessere Raumerfüllung mit dichter aneinandergerückten Atomen; die anziehenden Bindungskräfte zwischen ihnen kommen mehr zur Geltung. Es gilt das *Prinzip
der bestmöglichen Raumerfüllung*, das uns auch bei den Strukturen anderer
Verbindungen immer wieder begegnet. Zu einer definierten Ordnung der Atome gehört auch eine definierte Zusammensetzung. Dementsprechend vereinen
sich zwei Metalle mit unterschiedlichen Atomradien im festen Zustand vorzugsweise in einem definierten stöchiometrischen Verhältnis, sie bilden eine
intermetallische Verbindung.

Selbst dann, wenn vollständige Mischbarkeit im festen Zustand möglich
ist, werden bei passender Zusammensetzung geordnete Strukturen bevorzugt,
wenn die Atome verschieden groß sind. Beispiel: Kupferatome sind kleiner als
Goldatome (Radien 127,8 und 144,2 pm). Kupfer und Gold bilden Mischkristalle beliebiger Zusammensetzung, aber bei den Zusammensetzungen AuCu
und $AuCu_3$ erhält man geordnete Legierungen (Abb. 15.1). Der Ordnungsgrad ist temperaturabhängig, bei Erhöhung der Temperatur nimmt die Un-
ordnung zu. Die Umwandlung von der geordneten zur ungeordneten Legierung erstreckt sich dabei über einen größeren Temperaturbereich, es liegt also kein Phasenübergang mit scharf definierter Umwandlungstemperatur vor.
Dies zeigt sich in der Temperaturabhängigkeit der spezifischen Wärme (Abb.

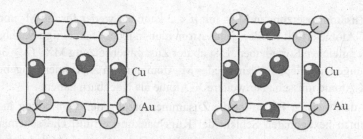

Abb. 15.1: Die Strukturen der geordneten Legierungen AuCu und $AuCu_3$. Bei höheren Temperaturen gehen sie in ungeordnete Legierungen über, bei denen alle Atomlagen statistisch von den Cu- und Au-Atomen eingenommen werden

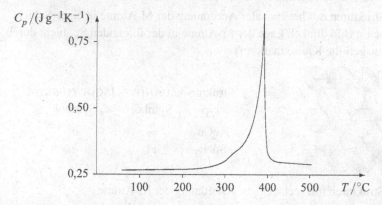

Abb. 15.2: Abhängigkeit der spezifischen Wärme C_p von der Temperatur für $AuCu_3$ (Λ-Typ-Umwandlung)

15.2). Wegen der Kurvenform spricht man von einer Λ-Typ-Umwandlung, auch Ordnungs-Unordnungs-Umwandlung genannt (OD-Transformation); sie wird bei vielen Festkörperumwandlungen beobachtet.

15.2 Dichteste Kugelpackungen bei Verbindungen

Wie bei Ionenverbindungen besteht auch bei intermetallischen Verbindungen eine, wenn auch weniger stark ausgeprägte Tendenz dazu, Atome der einen Sorte möglichst mit Atomen der anderen Sorte zu umgeben. Bei binären Verbindungen, deren Atome eine dichteste Kugelpackung bilden, ist es jedoch nicht möglich, diese Bedingung für beide Atomsorten gleichzeitig zu erfüllen.

Bei Zusammensetzungen MX_n mit $n < 3$ kann sie weder für die M- noch für die X-Atome erfüllt werden, jedes Atom muß in jedem Fall einige Nachbaratome der gleichen Sorte haben. Erst ab der Zusammensetzung MX_3 ($n \geq 3$) sind Packungen möglich, bei denen jedes M-Atom nur von X-Atomen umgeben ist; die X-Atome müssen aber weitere X-Atome als Nachbarn haben.

In den meisten Fällen ist die Zusammensetzung der Verbindung in jeder einzelnen hexagonalen Schicht der Kugelpackung erfüllt. Die schematische Erfassung und Ordnung des umfangreichen Datenmaterials is dadurch recht einfach: man braucht nur eine Skizze der Atomanordnung in einer Schicht und eine Angabe zur Stapelfolge der Schichten (ŽDANOV- oder JAGODZINSKI-Symbol). Zu den wichtigsten Strukturtypen dieser Art zählen die folgenden:

1. MX_3-Strukturen mit hexagonaler Anordnung der M-Atome in einer Schicht (M-Atome im Bild dunkel; Lage der M-Atome in der folgenden Sc hicht durch schwarz ausgefüllte Kreise markiert)

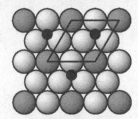

Struktur- typ	ŽDANOV- Symbol	JAGODZINSKI- Symbol
$AuCu_3$	∞	c
$SnNi_3$	11	h

2. MX_3-Strukturen mit rechteckiger Anordnung der M-Atome

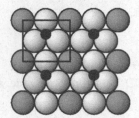

Struktur- typ	ŽDANOV- Symbol	JAGODZINSKI- Symbol
$TiAl_3$	∞	c
$TiCu_3$	11	h

3. MX-Strukturen mit alternierenden Strängen gleicher Atome

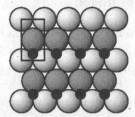

Struktur- typ	ŽDANOV- Symbol	JAGODZINSKI- Symbol
AuCu	∞	c
AuCd	11	h
TaRh	33	hcc

Beim Stapeln dieser Schichten kommen Stränge gleicher Atome nebeneinander zu liegen. Es ergeben sich einander abwechselnde Schichten der beiden Atomsorten, die im vorstehenden Bild senkrecht zur Papierebene von rechts nach links ausgerichtet sind. Bei AuCu sind diese Schichten planar und zur Papierebene geneigt; in der Elementarzelle (Abb. 15.1) liegen sie parallel zur Basisfläche. Bei AuCd und TaRh sind die Schichten gleicher Atome gewellt.

15.3 Das Prinzip der kubisch-innenzentrierten Kugelpackung bei Verbindungen (CsCl-Typ)

Vermischt man zwei Metalle, die beide kubisch-innenzentriert kristallisieren und deren Atomradien sich nicht allzusehr unterscheiden (z. B. K und Rb), so können ungeordnete Legierungen auftreten. Die Bildung geordneter Strukturen ist jedoch bevorzugt, wobei die Tendenz zur ungeordneten Struktur bei höheren Temperaturen zunimmt. Bei passender Zusammensetzung können auch Metalle, die selbst nicht kubisch-innenzentriert kristallisieren, eine entsprechende Anordnung aufweisen. β-Messing (CuZn) ist ein Beispiel; unterhalb von 300 °C hat es CsCl-Struktur, zwischen 300 °C und 500 °C tritt eine Λ-Typ-Umwandlung zu einer ungeordneten Legierung mit kubisch-innenzentrierter Struktur auf.

Der **CsCl-Typ** bietet die einfachste Möglichkeit, Atome von zwei verschiedenen Elementen nach dem Muster der kubisch-innenzentrierten Kugelpackung zu packen: das Atom in der Mitte der Elementarzelle ist von acht Atomen des anderen Elements in den Ecken der Elementarzelle umgeben. Dabei hat jedes Atom immer nur Atome des anderen Elements als Nachbaratome. Dies

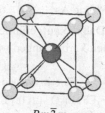

$Pm\overline{3}m$

ist eine Bedingung, die in einer dichtesten Kugelpackung nicht realisiert werden kann (vgl. vorstehenden Abschnitt). Obwohl die Raumerfüllung etwas schlechter als die einer dichtesten Kugelpackung ist, erweist sich der CsCl-Typ damit als hervorragend geeignet für Verbindungen der Zusammensetzung 1:1. Durch die Besetzung der Punktlagen $0,0,0$ und $\frac{1}{2},\frac{1}{2},\frac{1}{2}$ mit verschiedenen Atomen ist die Struktur nicht mehr innenzentriert.

Wie in Kapitel 7 ausgeführt, ist der CsCl-Typ ein wichtiger Strukturtyp für Ionenverbindungen. Seine Bedeutung beschränkt sich jedoch keineswegs auf diese Verbindungsklasse: von weit über 200 Verbindungen mit dieser Struktur sind nur etwa 12 salzartig (z. B. CsI, TlBr), bei höherer Temperatur oder höherem Druck kommen noch weitere 15 dazu (z. B. NaCl, KCl bei höherem Druck; TlCN bei höherer Temperatur mit rotierenden CN^--Ionen). Über 200 Vertreter sind intermetallische Verbindungen, zum Beispiel MgAg, Ca Hg, AlFe, CuZn.

Überstrukturen des CsCl-Typs ergeben sich, wenn die Elementarzelle der CsCl-Struktur vervielfacht wird und die Atomlagen von vers chiedenerlei Atomen eingenommen werden. Verdoppelt man die Kanten der Eleme ntarzelle in allen drei Richtungen, so kommt man zu einer Zelle, die aus acht Teilwürfeln aufgebaut ist, in deren Mitte sich je ein Atom befindet (Abb. 1 5.3). Die 16 Atome in der Zelle können wir in vier Gruppen zu je vier Atomen aufteilen, die jeweils eine flächenzentrierte Anordnung haben. Je nachdem, wie wir die Atome verschiedener Elemente auf diese vier Gruppen auftei len, kommen wir zu verschiedenen Strukturtypen, die in Abb. 15.3 zusammeng estellt sind. Dabei sind auch Möglichkeiten berücksichtigt, bei denen bestimmte Atomlagen unbesetzt bleiben (in der Tabelle mit dem SCHOTTKY-Symbol □ gekennzeichnet). In diesem Fall verringert sich die Packungsdichte; sdange die Lagen a und b von verschiedenen Atomen als die Lagen c und d eingenommen werden, hat aber jedes Atom weiterhin nur Atome einer anderen Sorte als nächste Nachbarn. Die zugehörigen Strukturtypen sind dementsprechend für Ionenverbindungen geeignet, unter Einschluß von ZINTL-Phasen mit einfachen „Anionen" wie As^{3-}, Sb^{3-} oder Ge^{4-}.

Daß die aufgeführten Strukturtypen von rein ionischen bis zu rein metallischen Verbindungen wahrgenommen werden, zeigt die folgend e Reihe:

Fluorit-Typ und Varianten	Fe₃Al-Typ u. Varianten	W-Typ
F_2Ca Li_2O Li_2Te LiMgAs Mg_2Sn	Cu_3Sb Cu_2MnAl Fe_3Al	Fe
ionisch ————————————————————→		metallisch

Wenn kovalente Bindungen die Nachbarschaft gleicher Atome begünstigen, können in den Lagen c und d auch Atome der gleichen Sorte wie in a oder b vorkommen. Dies gilt für Diamant und für die ZINTL-Phase NaTl, die als Raumnetz von Tl^--Teilchen mit Diamantstruktur aufgefaßt werden kann, in das Na^+-Ionen eingelagert sind (vgl. Abb. 13.4, S. 199). Heusler-L egierungen der allgemeinen Zusammensetzung $MM_2'X$ finden Interesse als ferro- oder antiferromagnetische Materialien (M, M' = meist Übergangsmetall, X = Element der 3. bis 5. Hauptgruppe).

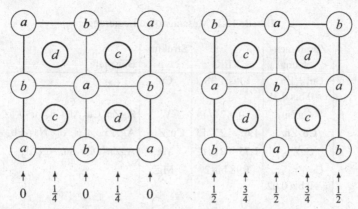

Höhe: 0 $\frac{1}{4}$ 0 $\frac{1}{4}$ 0 $\frac{1}{2}$ $\frac{3}{4}$ $\frac{1}{2}$ $\frac{3}{4}$ $\frac{1}{2}$

Abb. 15.3: Überstruktur des CsCl-Typs mit verachtfachter Elementarzelle. Links untere Hälfte, rechts obere Hälfte der Zelle in Projektion auf die Papierebene. a, b, c und d bezeichnen vier verschiedene Atomlagen, die wie folgt bese tzt sein können:

a	b	c	d	Strukturtyp	Raum-gruppe	Beispiele
Al	Fe	Fe	Fe	Fe_3Al (Li_3Bi)	$Fm\overline{3}m$	Fe_3Si, Mg_3Ce, Li_3Au, Sr_3In
Al	Mn	Cu	Cu	$MnCu_2Al$ (Heusler-Legierung)	$Fm\overline{3}m$	$LiNi_2Sn$, $TiCo_2Si$
Tl	Na	Tl	Na	NaTl (Zintl-Phase)	$Fd\overline{3}m$	LiAl, LiZn
Ag	Li	Sb	Li	Li_2AgSb (Zintl-Phase)	$F\overline{4}3m$	Li_2AuBi, Na_2CdPb
Sn	Mg	Pt	Li	LiMgSnPt	$F\overline{4}3m$	LiMgAuSn
As	□	Mg	Ag	MgAgAs (Halb-Heusler-Legierung)	$F\overline{4}3m$	LiAlSi, NiZnSb, BAlBe, SiCN
Ca	□	F	F	CaF_2 (Fluorit)	$Fm\overline{3}m$	$BaCl_2$, ThO_2, TiH_2, Li_2O, Be_2C, Mg_2Sn
Zn	□	S	□	Zinkblende	$F\overline{4}3m$	SiC, AlP, GaAs, CuCl
C	□	C	□	Diamant	$Fd\overline{3}m$	Si, α-Sn
Na	Cl	□	□	NaCl	$Fm\overline{3}m$	LiH, AgF, MgO, TiC

15.4 Hume-Rothery-Phasen

HUME-ROTHERY-Phasen (messingartige Phasen) sind Legierungen, deren Strukturen den verschiedenen Formen von Messing (CuZn-Le gierungen) entsprechen. Sie sind klassische Beispiele für den strukturbestimmenden Einfluß der Valenzelektronenkonzentration (VEK) bei Metallen . VEK = (Anzahl Valenzelektronen)/(Anzahl Atome). Tabelle 15.1 gibt einen Überblick.

Tabelle 15.1: Messingartige Legierungen

	Zusammen-setzung	VEK	Struktur-typ	Beispiele
α	$Cu_{1-x}Zn_x$, $x = 0$ bis $0{,}38$	1 bis 1,38	Cu	
β	$CuZn$	$1{,}50 = 21/14$	W	$AgZn$, Cu_3Al, Cu_5Sn
γ	Cu_5Zn_8	$1{,}62 = 21/13$	Cu_5Zn_8	Ag_5Zn_8, Cu_9Al_4, $Na_{31}Pb_8$
ε	$CuZn_3$	$1{,}75 = 21/12$	Mg	$AgZn_3$, Cu_3Sn, Ag_5Al_3
η	Cu_xZn_{1-x}, $x = 0$ bis $0{,}02$	1,98 bis 2	Mg	

α-Messing ist eine feste Lösung von Zink in Kupfer mit der Struktur des Kupfers; die Atome sind statistisch auf die Lagen der kubisch-dichtesten Kugelpackung verteilt. Auch in β-Messing, das durch Abschrecken der Schmelze erhalten wird, liegt eine statistische Atomverteilung vor, die Packung ist kubisch-innenzentriert. Die Zusammensetzung ist nicht exakt CuZn; stabil ist diese Phase nur, wenn der Anteil der Zinkatome 45 bis 48 % beträgt. Auch die γ-Phase hat eine gewisse Phasenbreite, die von $Cu_5Zn_{6,9}$ bis $Cu_5Zn_{9,7}$ reicht. Die Struktur von γ-Messing läßt sich als Überstruktur der kubisch-innenzentrierten Packung beschreiben, mit verdreifachten Gitterkonstanten und einer Elementarzelle, die somit ein $3^3 = 27$ mal größeres Volumen hat. Anstelle von $2 \cdot 27 = 54$ enthält die Zelle jedoch nur 52 Atome; es sind zwei Leerstellen vorhanden. Die Verteilung der Leerstellen ist geordnet; es gibt vier Lagen für die Metallatome im Verhältnis $3 : 2 : 2 : 6$, aber sie können zu einem gewissen Grad fehlgeordnet sein. Bei Cu_5Zn_8 ist die Verteilung $3Cu : 2Cu : 2Zn : 6Zn$. Eine Messingprobe, deren Zusammensetzung nicht innerhalb der angegebenen Grenzen liegt, besteht aus einem Gemisch der beiden angrenzenden Phasen.

Wie die Beispiele in Tab. 15.1 zeigen, können Legierungen mit recht unterschiedlicher Zusammensetzung die gleichen Strukturen annehmen. Maßgeblich ist jeweils die Valenzelektronenkonzentration, die sich folgendermaßen errechnet:

$$AgZn \quad \tfrac{1+2}{2} = \tfrac{3}{2} = \tfrac{21}{14} \qquad Ag_5Zn_8 \quad \tfrac{5+16}{13} = \tfrac{21}{13} \qquad AgZn_3 \quad \tfrac{1+6}{4} = \tfrac{7}{4} = \tfrac{21}{12}$$

$$Cu_3Al \quad \tfrac{3+3}{4} = \tfrac{6}{4} = \tfrac{21}{14} \qquad Cu_9Al_4 \quad \tfrac{9+12}{13} = \tfrac{21}{13} \qquad Cu_3Sn \quad \tfrac{3+4}{4} = \tfrac{7}{4} = \tfrac{21}{12}$$

$$Cu_5Sn \quad \tfrac{5+4}{6} = \tfrac{9}{6} = \tfrac{21}{14} \qquad Na_{31}Pb_8 \quad \tfrac{31+32}{39} = \tfrac{21}{13} \qquad Ag_5Al_3 \quad \tfrac{5+9}{8} = \tfrac{14}{8} = \tfrac{21}{12}$$

Die theoretische Interpretation für den Zusammenhang von Valenzelektronenkonzentration und Struktur wurde von H. JONES gegeben. Geht man von Kupfer aus und legiert immer mehr Zink hinzu, so nimmt die VEK zu. Die hinzukommenden Elektronen müssen immer höhere Energieniveaus einnehmen, d. h. die Energie der Fermi-Grenze steigt an und reicht immer näher an die Begrenzung der 1. Brillouin-Zone. Etwa bei VEK = 1,36 ist diese erreicht; mit höheren Werten für die VEK müßten Zustände in einem energetisch höherliegenden Band besetzt werden; ein anderer Strukturtyp wird günstiger, der eine höhere VEK innerhalb der 1. Brillouin-Zone erlaubt, nämlich die kubischinnenzentrierte Struktur, die bis etwa VEK = 1,48 stabil ist.

15.5 Laves-Phasen

Unter Laves-Phasen versteht man bestimmte nach FRITZ LAVES benannte Legierungen der Zusammensetzung MM'_2, bei denen die M-Atome größer als die M'-Atome sind. Der klassische Vertreter ist $MgCu_2$, dessen Struktur in Abb. 15.4 gezeigt ist. Im Sinne von Abb. 15.3 kann sie als Überstruktur des CsCl-Typs aufgefaßt werden, bei der die Lagen a, b, c und d folgendermaßen besetzt sind:

$$a: Mg \quad b: Cu_4 \quad c: Mg \quad d: (Cu_4)$$

Auf der Lage b ist also nicht ein Atom, sondern ein Tetraeder von vier Cu-Atomen untergebracht; bei dieser Anordnung ergibt sich auch um die Lage d ein gleichartiges Cu-Tetraeder. Die Magnesiumatome haben für sich alleine die gleiche Anordnung wie im Diamant-Typ.

Neben dieser kubischen Laves-Phase gibt es im $MgZn_2$-Typ eine Variante mit Magnesiumatomen in der Anordnung des hexagonalen Diamanten, außerdem gibt es noch weitere Stapelvarianten.

Die Kupferatome des $MgCu_2$-Typs sind miteinander zu einem Netzwerk von eckenverknüpften Tetraedern verbunden (vgl. Abb. 15.4), so daß jedes Cu-Atom mit sechs weiteren Cu-Atomen verbunden ist. Nimmt man eine Elektronenverteilung gemäß der Formulierung $Mg^{2+}(Cu^-)_2$ an, so kommt auf die Kupferatome eine Valenzelektronenkonzentration von VEK(Cu) = $\frac{1}{2}(1 \cdot 2 + 2 \cdot 11) = 12$. Nach Gleichung (13.7) (S. 192), für Übergangsmetalle abgewandelt zu $b(X) = 18 - VEK(M)$, errechnet man damit $b(X) = 18 - 12 = 6$ Bindungen pro Cu-Atom. $MgCu_2$ erfüllt somit die Regeln für eine ZINTL-Phase. Trotzdem sollte man LAVES-Phasen nicht den ZINTL-Phasen zurechnen; es sind ca. 170 intermetallische Verbindungen mit der $MgCu_2$-Struktur

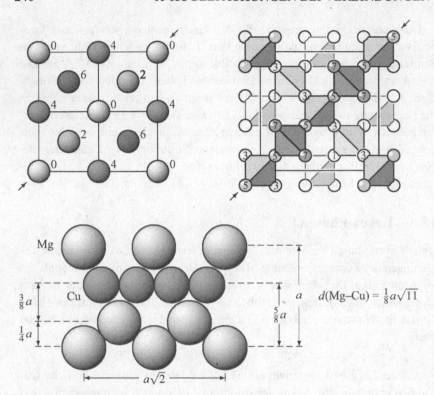

Abb. 15.4: Struktur der Laves-Phase $MgCu_2$. Links: Mg-Teilstruktur. Rechts: Cu-Teilstruktur aus eckenverknüpften Tetraedern. Die Zahlen geben die Höhe in der Elementarzelle als Vielfache von $\frac{1}{8}$ an. Unten: Schnitt diagonal durch die Zelle in der Richtung, die oben durch Pfeile markiert ist und mit Atomradien für einander berührende Atome (kleinerer Maßstab als oben)

bekannt, von denen die meisten nicht die ZINTLsche Valenzregel erfüllen (z. B. $CaAl_2$, YCo_2, $LiPt_2$).

Die Raumerfüllung im $MgCu_2$-Typ kann mit Hilfe von Gleichung (14.1) (S. 222) berechnet werden, wobei die geometrischen Gegebenheiten aus dem unteren Bild von Abb. 15.4 folgen:

Die vier Cu-Kugeln reihen sich längs der Diagonalen der Länge $a\sqrt{2}$, somit ist $r(Cu) = \frac{1}{8}\sqrt{2}\,a$;

entlang der Raumdiagonalen der Elementarzelle befinden sich zwei Mg-Kugeln im Abstand $\frac{1}{4}\sqrt{3}\,a$, somit ist $r(Mg) = \frac{1}{8}\sqrt{3}\,a$.

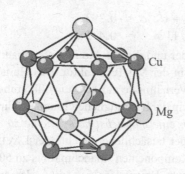 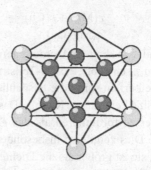

Cu

Mg

Abb. 15.5: FRANK-KASPER-Polyeder im MgCu$_2$. Das Polyeder um ein Mg-Atom (K.Z. 16) wird von vier Mg-Atomen, die für sich ein Tetraeder bilden, und von 12 Cu-Atomen aufgespannt; die Cu-Atome bilden vier Dreiecke, die sich gegenüber von den Mg-Atomen befinden. Das Polyeder um ein Cu-Atom (K.Z. 12) ist ein Ikosaeder, bei dem zwei gegenüberliegende Flächen von Cu-Atomen eingenommen werden

Der ideale Radienquotient beträgt danach

$$\frac{r(\text{Mg})}{r(\text{Cu})} = \sqrt{\frac{3}{2}} = 1,225$$

und die Raumerfüllung ist

$$\frac{4}{3}\pi \frac{1}{a^3}[8(\frac{1}{8}\sqrt{3}a)^3 + 16(\frac{1}{8}\sqrt{2}a)^3] = 0,710$$

(die Elementarzelle enthält 8 Mg- und 16 Cu-Atome). Mit 71,0 % ist die Raumerfüllung also etwas geringer als in einer dichtesten Kugelpackung (74,1 %). Die Koordinationsverhältnisse um die Atome sind die folgenden:
Mg: K.Z. 16, nämlich 4 Mg im Abstand $\frac{1}{8}\sqrt{12}a$ und 12 Cu im Abstand $\frac{1}{8}\sqrt{11}a$;
Cu: K.Z. 12, nämlich 6 Cu im Abstand $\frac{1}{8}\sqrt{8}a$ und 6 Mg im Abstand $\frac{1}{8}\sqrt{11}a$.

Die Koordinationspolyeder sind FRANK-KASPER-Polyeder. Das sind Polyeder mit gleichen oder ungleichen Dreiecksflächen, wobei an jedem Eckpunkt wenigstens fünf Dreiecke angrenzen. Solche Polyeder erlauben die Koordinationszahlen 12, 14, 15 und 16. Abb. 15.5 zeigt die beiden FRANK-KASPER-Polyeder, die im MgCu$_2$ vorkommen. FRANK-KASPER-Polyeder und die zugehörigen hohen Koordinationszahlen kennt man von zahlreichen intermetallischen Verbindungen.

Das skizzierte Modell unter Annahme harter Kugeln hat einen Schönheitsfehler: Die Summe der Atomradien von Mg und Cu ist kleiner als der kürzeste Abstand zwischen diesen Atomen:

$$r(\text{Mg}) + r(\text{Cu}) = \tfrac{1}{8}(\sqrt{3} + \sqrt{2})a = 0,393\,a$$
$$d(\text{Mg–Cu}) = \tfrac{1}{8}\sqrt{11}\,a = 0,415\,a$$

Während sich die Mg-Atome untereinander und die Cu-Atome untereinander berühren, „schwebt" die Cu-Teilstruktur in der Mg-Teilstruktur. Das Hartkugelmodell erfaßt somit die tatsächlichen Verhältnisse nur sehr unvollkommen, Atome sind keine starre Kugeln. Das Prinzip der bestmöglichen Raumerfüllung ist besser zu formulieren als das *Prinzip, eine möglichst hohe Dichte zu erreichen.* Dies zeigt sich insbesondere in der tatsächlichen Dichte der LAVES-Phasen, sie ist größer als die Dichte der Komponenten (manchmal bis zu 50% mehr); die Dichte von $MgCu_2$ beträgt zum Beispiel 5,75 $g\,cm^{-3}$, das sind 7% mehr als die mittlere Dichte von 5,37 $g\,cm^{-3}$ für 1 mol Mg + 2 mol Cu. Die Atome sind im $MgCu_2$ also dichter gepackt als in den reinen Elementen, die Atome sind effektiv kleiner. Nach dem Hartkugelmodell dürfte sich die LAVES-Phase mit ihrer Raumerfüllung von 71% gar nicht bilden, denn sowohl Magnesium wie Kupfer kristallisieren in dichtesten Kugelpackungen mit 74% Raumerfüllung.

Die Kompression der Atome betrifft vor allem die Magnesiumatome. Im Dichtezuwachs äußert sich ein Gewinn an Gitterenergie, bedingt durch stärkere Bindungskräfte zwischen den ungleichen Atomen. Diese Bindungskräfte haben einen polaren Anteil, denn in LAVES-Phasen dieses Typs ist die Kompression um so größer, je größer die Differenz der Elektronegativitäten der beteiligten Atome ist.

15.6 Übungsaufgaben

15.1 Nehmen Sie Tabelle 14.2 zu Hilfe, um zu entscheiden, ob die folgenden Paare von Metallen wahrscheinlich ungeordnete Legierungen miteinander bilden.
(a) Mg/Ca; (b) Ca/Sr; (c) Sr/Ba; (d) La/Ac; (e) Ti/Mn; (f) Ru/Os; (g) Pr/Nd; (h) Eu/Gd.

15.2 Zeichnen Sie einen Ausschnitt von jedem der auf S. 234 gezeigten Strukturtypen in Projektion auf eine Ebene, die in vertikaler Richtung der Abbildung senkrecht zur Papierebene verläuft.

15.3 Welche Strukturtypen ergeben sich, wenn die Atomlagen von Abb. 15.3 in folgender Art besetzt werden (A, B, C und D stehen für chemische Elemente): (a) a A, b A, c □, d B; (b) a A, b B, c C, d □; (c) a A, b A, c C, d D?

15.4 Wie kann es sein, daß sowohl Ag_5Zn_8 wie auch Cu_9Al_4 die γ-Messingstruktur haben, obwohl ihre Zusammensetzungen verschieden sind?

15.5 Kann man ein Ikosaeder als FRANK–KASPER-Polyeder ansehen?

16 Verknüpfte Polyeder

Mit Hilfe von Koordinationspolyedern kann die unmittelbare Umgebung einzelner Atome gut erfaßt werden, zumindest dann, wenn die Polyeder exakt oder näherungsweise ein gewisses Minimum an Symmetrie aufweisen. Die wichtigsten dieser Polyeder sind in Abb. 2.2 (S. 15) gezeigt. Größere Bauverbände lassen sich als Verbund von Polyedern auffassen. Zwei Polyeder lassen sich miteinander über eine gemeinsame Ecke, eine gemeinsame Kante oder eine gemeinsame Fläche verknüpfen, sie haben dann ein, zwei oder drei (oder mehr) gemeinsame Brückenatome (Abb. 2.3, S. 16).

Je nach Polyeder und Art der Verknüpfung ergeben sich an den Brückenatomen Bindungswinkel, die einen definierten Wert haben oder innerhalb bestimmter Grenzen liegen. Bei flächenverknüpften Polyedern ist der Bindungswinkel geometrisch festgelegt. Bei eckenverknüpften und in manchen Fällen bei kantenverknüpften Polyedern kann der Bindungswinkel durch gegenseitiges Verdrehen der Polyeder innerhalb gewisser Grenzen variieren (Abb. 16.1; s. auch Abb. 16.18, S. 264). In Tabelle 16.1 sind die Werte für die Bindungswinkel angegeben. Die Zahlen gelten für unverzerrte Tetraeder und Oktaeder und unter der Annahme, daß die Atome in den Ecken verschiedener Polyeder einander nicht näher kommen dürfen als innerhalb eines Polyeders. Verzerrungen treten häufig auf und ermöglichen eine gewisse zusätzliche Variationsbreite für die Bindungswinkel der Brückenatome. Außer der Verzerrung durch unterschiedliche Längen von Polyederkanten kann die Verzerrung auch durch ein Herausrücken des Zentralatoms aus der Polyedermitte zustande kommen, unter Änderung von Bindungswinkeln am Zentralatom und an den Brückenatomen;

Tabelle 16.1: Bindungswinkel für die Brückenatome und Abstände zwischen den Zentralatomen M von verknüpften Tetraedern und Oktaedern (ohne Berücksichtigung von eventuellen Verzerrungen). Die Abstände sind als Vielfache der Polyederkantenlänge angegeben

		Verknüpfung über		
		Ecken	Kanten	Flächen
Tetraeder	Bindungswinkel	102,1° bis 180°	66,0° bis 70,5°	38,9°
	M–M-Abstand	0,95 bis 1,22	0,66 bis 0,71	0,41
Oktaeder	Bindungswinkel	131,8° bis 180°	90°	70,5°
	M–M-Abstand	1,29 bis 1,41	1,00	0,82

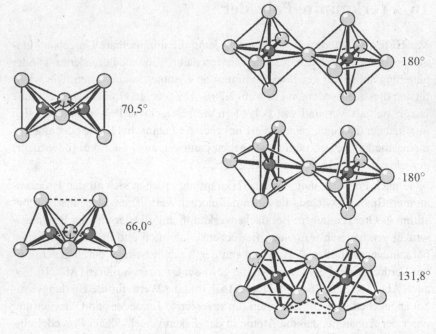

Abb. 16.1: Grenzen für die gegenseitige Verdrehung von kantenverknüpften Tetraedern und von eckenverknüpften Oktaedern und die sich ergebenden Bindungswinkel an den Brückenatomen. Als Mindestabstand zwischen Eckpunkten verschiedener Polyeder (gestrichelt) wurde die Kantenlänge im Polyeder angenommen

die Polyederkanten und -flächen können dabei (müssen aber nicht) unverändert bleiben.

Verzerrungen der Koordinationspolyeder können vielfach im Sinne der Regeln von GILLESPIE-NYHOLM und durch Betrachtung der elektrostatischen Kräfte gedeutet werden. So ist zum Beispiel in den beiden kantenverknüpften Tetraedern im $(FeCl_3)_2$-Molekül ein gegenseitiges Abrücken der Fe-Atome erkennbar, da ihnen eine positive Partialladung zukommt. Die Fe-Cl-Bindungen zu den verbrückenden Atomen sind dadurch länger als die übrigen Fe–Cl-Bindungen. Die Cl-Atome passen sich der Verzerrung durch eine leichte Deformation der Tetraeder an (Abb. 16.2). Wenn die verbrückenden Atome eine höhere negative Partialladung als die terminalen Atome haben, so wirken sie dieser Art von Verzerrung entgegen, da sie eine stärkere Anziehung auf die Zentralatome ausüben, die dann weniger aus den Polyedermitten herausrücken.

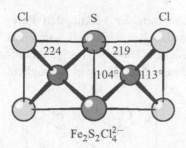
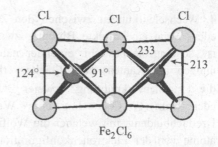

Abb. 16.2: Zwei nur wenig verzerrte, kantenverknüpfte Tetraeder im $Fe_2S_2Cl_4^{2-}$-Ion und zwei stärker verzerrte Tetraeder im Fe_2Cl_6-Molekül. Die Verzerrung beruht in erster Linie auf einer elektrostatischen Abstoßung zwischen den Fe-Atomen. Abstände in pm

Das zum $(FeCl_3)_2$ isostere $(FeSCl_2)_2^{2-}$ bietet ein Beispiel (Abb. 16.2; um die elektrostatischen Kräfte zu vergleichen, kann man vereinfachend einen Aufbau aus Ionen Fe^{3+}, Cl^- und S^{2-} annehmen).

Welche Art von Polyederverknüpfung realisiert wird, hängt von verschiedenen Faktoren ab. Zu nennen sind:

1. Die chemische Zusammensetzung; sie setzt einen engen Rahmen, da sich nur ganz bestimmte Polyederverknüpfungen mit ihr vereinbaren lassen.

2. Die Natur der Brückenatome; sie streben bestimmte Bindungswinkel an und tolerieren nur Bindungswinkel in einem bestimmten Bereich. Bei verbrückenden Schwefel-, Selen-, Chlor-, Brom- und Iodatomen (mit zwei einsamen Elektronenpaaren) sind Winkel um 100° günstig. Dieser Winkel kann bei eckenverknüpften Tetraedern und bei kantenverknüpften Oktaedern auftreten; es sind jedoch auch Beispiele mit kleineren Winkeln zwischen kantenverknüpften Tetraedern oder flächenverknüpften Oktaedern bekannt. Verbrückende Sauerstoff- und Fluoratome lassen Winkel bis 180° zu, häufig werden Winkel um 130° bis 150° beobachtet.

3. Je polarer die Bindungen sind, desto ungünstiger werden Kanten- und in noch stärkerem Maße Flächenverknüpfung, bedingt durch die zunehmende gegenseitige elektrostatische Abstoßung der Zentralatome (dritte PAULING-Regel, S. 92). Zentralatomen in hohen Oxidationszuständen begünstigen deshalb die Verknüpfung über Ecken. Sind zweierlei Zentralatome vorhanden, so vermeiden diejenigen mit der höheren Oxidationszahl die Verknüpfung ihrer Polyeder miteinander (vierte PAULING-Regel).

4. Wechselwirkungen zwischen den Zentralatomen der verknüpften Polyeder. Wenn eine direkte Bindung zwischen den Zentralatomen vorteilhaft ist, so sind sie bestrebt, einander näherzurücken. Dies begünstigt Anordnungen mit Kanten- oder Flächenverknüpfung. Zum Beispiel ermöglicht die Flächenverknüpfung zweier Oktaeder beim $[W_2Cl_9]^{3-}$-Ion eine W≡W-Dreifachbindung, mit welcher die Wolframatome von der Elektronenkonfiguration d^3 auf Edelgaskonfiguration (18 Valenzelektronen) kommen.

$$\left[\begin{array}{c} Cl \underset{\diagdown}{Cl} \quad \overset{Cl}{\diagup} \quad \overset{Cl}{\diagdown} \quad Cl \underset{\diagup}{Cl} \\ W \equiv\!\equiv W \\ \diagup \quad Cl \underset{}{Cl} \quad \diagdown \\ Cl \qquad\qquad Cl \end{array} \right]^{3-}$$

Weitergehende Einzelheiten zur Art der Verknüpfung lassen sich mit unserem heutigen Kenntnisstand oft nicht verstehen und schon gar nicht vorhersehen. Warum bildet BiF_5 lineare, polymere Ketten, SbF_5 tetramere Moleküle und AsF_5 monomere Moleküle? Warum liegen im $(WSCl_4)_2$ Chloro- und nicht Schwefelbrücken vor? Warum gibt es keine Modifikation von TiO_2 mit Quarzstruktur?

Die Zusammensetzung einer Verbindung steht in unmittelbarem Zusammenhang mit der Art, wie die Polyeder verknüpft sind. Ein Atom X mit der Koordinationszahl K.Z.(X), das die gemeinsame Ecke von K.Z.(X) Polyedern bildet, hat am einzelnen Polyeder einen Anteil von $1/$K.Z.(X). Hat ein Polyeder n dieser Atome, so kommen $n/$K.Z.(X) davon auf dieses Polyeder. Die Verhältnisse lassen sich gut mit NIGGLI-Formeln zum Ausdruck bringen, so wie in den folgenden Abschnitten gezeigt. Zur Bezeichnung der Koordinationspolyeder kann man sich der Schreibweise bedienen, die am Ende von Abschnitt 2.1 und in Abb. 2.2 (S. 15) vorgestellt wird.

16.1 Eckenverknüpfte Oktaeder

Ein einzelnes oktaedrisches Molekül hat die Zusammensetzung MX_6. Zwei Oktaeder mit einer gemeinsamen Ecke kann man als Anlagerung einer Einheit MX_5 an eine Einheit MX_6 auffassen, die Zusammensetzung ist M_2X_{11}. Setzt man die Anlagerung von MX_5-Einheiten fort, so kommt man zu ketten- oder

$$\left[\begin{array}{c} F \qquad\qquad F \\ | \qquad\qquad | \\ F-\underset{F\diagup}{\overset{|}{Sb}}\overset{\diagup F}{-}F-\underset{F\diagup}{\overset{|}{Sb}}\overset{\diagup F}{-}F \\ | \qquad\qquad | \\ F \qquad\qquad F \end{array} \right]^{-}$$

zu ringförmigen Molekülen der Zusammensetzung $(MX_5)_n$ (Abb. 16.3). In diesen hat jedes Oktaeder vier endständige Atome und zwei Atome, die ge-

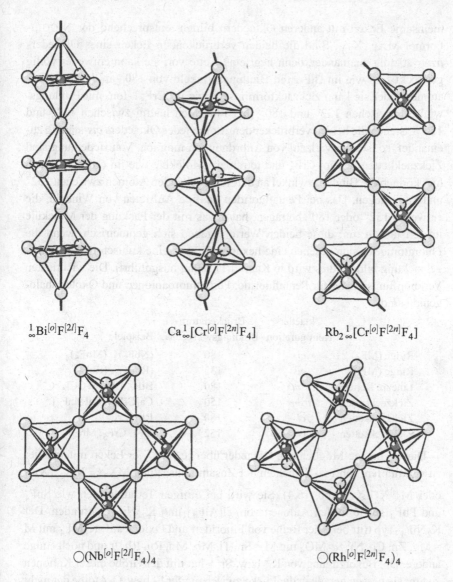

$\overset{1}{\infty} Bi^{[o]}F^{[2l]}F_4$ $Ca\overset{1}{\infty}[Cr^{[o]}F^{[2n]}F_4]$ $Rb_2\overset{1}{\infty}[Cr^{[o]}F^{[2n]}F_4]$

$\bigcirc(Nb^{[o]}F^{[2l]}F_4)_4$ $\bigcirc(Rh^{[o]}F^{[2n]}F_4)_4$

Abb. 16.3: Einige Möglichkeiten zur Verknüpfung von Oktaedern über Ecken zu MX_5-Ketten oder -Ringen

meinsame Ecken mit anderen Oktaedern bilden, entsprechend der NIGGLI-Formel $MX_{4/1}X_{2/2}$. Sind die beiden verbrückenden Ecken eines Oktaeders *trans*-ständig zueinander, dann liegt eine Kette vor; sie kann entweder völlig gestreckt sein wie im BiF_5, mit Bindungswinkeln von 180° an den Brückenatomen, oder sie kann zickzackförmig sein wie im CrF_5^{2-}-Ion, mit Bindungswinkeln zwischen 132° und 180° (bei Fluoriden häufig zwischen 132° und 150°). Stehen die beiden verbrückenden Atome jedes Oktaeders *cis*-ständig zueinander, so ist eine Vielzahl von Anordnungen möglich. Von Bedeutung sind Zickzackketten wie im CrF_5 und tetramere Moleküle wie im $(NbF_5)_4$. Auch hier können die Bindungswinkel an den verbrückenden Atomen zwischen 132° und 180° liegen. Das bei Pentafluoriden häufige Auftreten von Winkeln, die entweder 132° oder 180° betragen, hat etwas mit der Packung der Moleküle im Kristall zu tun: diese beiden Werte ergeben sich geometrisch, wenn die Fluoratome für sich gesehen eine hexagonal- bzw. eine kubisch-dichteste Kugelpackung bilden (dies wird in Kapitel 17 näher ausgeführt). Die wichtigsten Verknüpfungsmuster für Pentafluoride, Pentafluoroanionen und Oxotetrahalogenide sind:

	Oktaeder-Konfiguration	Brückenatom-Bindungswinkel ca.	Beispiele
Ringe $(MF_5)_4$	*cis*	180°	$(NbF_5)_4$, $(MoF_5)_4$
Ringe $(MF_5)_4$	*cis*	132°	$(RuF_5)_4$, $(RhF_5)_4$
Lineare Ketten	*trans*	180°	BiF_5, UF_5, $WOCl_4$
Zickzackketten	*trans*	150°	$Ca[CrF_5]$, $Ca[MnF_5]$
Zickzackketten	*cis*	180°	$Rb_2[CrF_5]$
Zickzackketten	*cis*	152°	VF_5, CrF_5, $MoOF_4$

Die wichtigste Möglichkeit, Oktaeder über jeweils vier Ecken miteinander zu verknüpfen, führt zu Schichten der Zusammensetzung $MX_4 = MX_{2/1}X_{4/2}$ oder $M^{[o]}X_2^{[2l]}X_2$ (Abb. 16.4). Sie wird bei einigen Tetrafluoriden wie SnF_4 und PbF_4 sowie in den Anionen von $Tl[AlF_4]$ und $K_2[NiF_4]$ gefunden. Der K_2NiF_4-Typ tritt bei einer Reihe von Fluoriden und Oxiden auf: K_2MF_4 mit M = Mg, Zn, Co, Ni; Sr_2MO_4 mit M = Sn, Ti, Mo, Mn, Ru, Rh, Ir und noch einige andere. Die Bevorzugung von K^+ bzw. Sr^{2+} hat mit der Größe dieser Kationen zu tun: sie passen gerade in die Lücke zwischen vier F- bzw. O-Atome der nicht verbrückenden Oktaederspitzen (Abb. 16.4). Größere Kationen wie Cs^+ oder Ba^{2+} haben Platz, wenn die Oktaeder durch Besetzung mit größeren Atomen aufgeweitet sind, zum Beispiel im Cs_2UO_4 oder Ba_2PbO_4. Die Zusammensetzung A_2MX_4 ist erfüllt, wenn alle Lücken zwischen den Oktaederspitzen auf

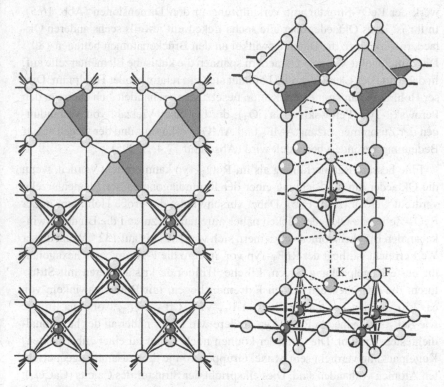

Abb. 16.4: MX_4-Schicht aus eckenverknüpften Oktaedern und die Packung solcher Schichten im K_2NiF_4-Typ. Läßt man die K^+-Ionen weg und rückt die Schichten aufeinander, so daß die Oktaederspitzen einer Schicht zwischen je vier Spitzen der nächsten Schicht kommen, so kommt man zur Packung im SnF_4

der Unter- und Oberseite der $[MX_4]^{2n-}$-Schicht mit A^{n+}-Ionen besetzt sind. Bei der Stapelung der so aufgebauten Schichten kommen die A^{n+}-Ionen der nächsten Schicht genau über die X-Atome zu liegen. Jedes A^{n+}-Ion hat dann die Koordinationszahl 9 (4 der verbrückenden X-Atome der Schicht, die vier umgebenden Oktaederspitzen sowie das X-Atom der nächsten Schicht); das Koordinationspolyeder ist ein quadratisches Antiprisma mit aufgesetzter Pyramide.

Stapelt man MX_4-Schichten Oktaederspitze auf Oktaederspitze übereinander und verschmilzt die Oktaederspitzen miteinander, dann resultiert das Netzwerk der ReO_3-Struktur mit Verknüpfung in drei Dimensionen (Abb. 16.5). In ihr ist jedes Oktaeder über alle sechs Ecken mit jeweils sechs anderen Oktaedern verknüpft; die Bindungswinkel an den Brückenatomen betragen 180°. Die Mittelpunkte von acht Oktaedern spannen die kubische Elementarzelle auf. In der Mitte der Elementarzelle befindet sich ein relativ großer Hohlraum. Dieser Hohlraum kann mit einem Kation besetzt sein, es handelt sich dann um den Perowskit-Typ (Perowskit = $CaTiO_3$), der bei einer Vielzahl von Verbindungen der Zusammensetzung AMF_3 und AMO_3 vorkommt und der wegen seiner Bedeutung gesondert behandelt wird (Abschnitt 17.4, S. 295).

Eine bessere Raumerfüllung als im ReO_3-Typ kann erreicht werden, wenn die Oktaeder um die Richtung einer der Raumdiagonalen der Elementarzelle verdreht werden (Abb. 16.5). Dabei verschwindet der große Hohlraum in der ReO_3-Zelle, die Oktaeder rücken näher aufeinander zu und die Bindungswinkel an den Brückenatomen verkleinern sich von 180° bis auf 132°. Wenn dieser Wert erreicht ist, liegt der RhF_3-Typ vor, in dem die F-Atome eine hexagonal-dichteste Kugelpackung bilden. Etliche Trifluoride kristallisieren mit Strukturen, die zwischen den beiden Extremen liegen, mit Bindungswinkeln von ca. 150° an den F-Atomen: GaF_3, TiF_3, VF_3, CrF_3, FeF_3, CoF_3 u.a. Einige wie ScF_3 sind nahe am ReO_3-Typ, andere wie MoF_3 näher an der hexagonal-dichtesten Struktur. Die Oktaeder können noch weiter zu einer „überdichten" Kugelpackung verdreht sein, wobei Gruppen von je drei zusammengequetschten Atomen vorhanden sind. Dies entspricht der Struktur des Calcits ($CaCO_3$); im Mittelpunkt zwischen drei zusammengequetschten O-Atomen befindet sich das C-Atom des Carbonat-Ions.

Die beschriebene Verdrehung der Oktaeder kann tatsächlich ausgeführt werden. Bei Atmosphärendruck ($p = 10^{-4}$ GPa) sind im FeF_3 die Oktaeder um 17,0° im Vergleich zu ReO_3 verdreht. Wie in der nebenstehenden Tabelle aufgeführt, verdrehen sie sich unter Druck fast bis auf 30°, was dem idealen RhF_3-Typ entspricht. Zugleich verringert sich der Gitterparameter a, während sich c kaum verändert.

Beobachtete Oktaeder-drehwinkel für FeF_3		
p/GPa	a/pm	c/pm	Winkel/°
10^{-4}	521	1332	17,0
1,5	504	1341	21,7
4,0	485	1348	26,4
6,4	476	1348	28,2
9,0	470	1349	29,8

Wenn im VF_3-Typ die Metallatomlagen in den Oktaedern abwechselnd von Atomen zweier verschiedener Metalle besetzt sind, liegt der $LiSbF_6$-Typ vor, der bei vielen Verbindungen AMF_6 vorkommt (z. B. $ZnSnF_6$). Abwechselnd zweierlei Atomsorten in der RhF_3-Packung treten bei PdF_3 auf (auch PtF_3),

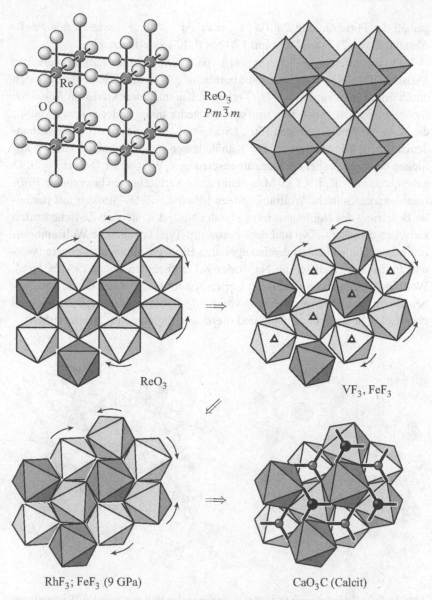

ReO$_3$
$Pm\overline{3}m$

ReO$_3$

VF$_3$, FeF$_3$

RhF$_3$; FeF$_3$ (9 GPa)

CaO$_3$C (Calcit)

Abb. 16.5: Oben: Verband von allseits eckenverknüpften Oktaedern = ReO$_3$-Typ. Mittlere und untere Reihe: Verdrehung der Oktaeder des ReO$_3$-Typs führt über den VF$_3$- und RhF$_3$-Typ zum Calcit-Typ. Die Elementarzelle beim VF$_3$-Typ wird von den dreizähligen Drehachsen durch die hell gezeichneten Oktaeder aufgespannt

gemäß der Formulierung $Pd^{II}Pd^{IV}F_6$ oder $Pd^{2+}[PdF_6]^{2-}$, wie an den Pd–F-Abständen von 217 pm (Pd^{II}) und 190 pm (Pd^{IV}) zu erkennen ist.

WO_3 tritt in einer größeren Anzahl von Modifikationen auf, die verzerrte Varianten des ReO_3-Typs sind. Darüberhinaus gibt es noch eine Form, die sich durch Entwässern von $WO_3 \cdot \frac{1}{3} H_2O$ erhalten läßt und deren Gerüst in Abb. 16.6 (links) gezeigt ist. Auch hier sind alle Oktaeder miteinander eckenverknüpft, die W–O–W-Winkel betragen $150°$. Diese Struktur ist wegen der in ihr vorhandenen Kanäle bemerkenswert. Die Kanäle lassen sich kontinuierlich mit Alkaliionen besetzen, wobei die Zusammensetzung A_xWO_3 von $x = 0$ bis $x = 0,33$ gehen kann (A = K, Rb, Cs). Man nennt diese Verbindungen hexagonale *Wolframbronzen*. Kubische Wolframbronzen haben die ReO_3-Struktur mit partieller Besetzung des Hohlraums mit Li^+ oder Na^+, d. h. sie sind Zwischenstufen zwischen dem ReO_3-Typ und dem Perowskit-Typ. Tetragonale Wolframbronzen haben Ähnlichkeit zu den hexagonalen Bronzen, haben aber engere (vier- und fünfseitige) Kanäle, die Na^+ oder K^+ aufnehmen können (Abb. 16.6). Wolframbronzen sind metallische Leiter, haben metallischen Glanz und Farben, die je nach Zusammensetzung von goldgelb bis schwarz reichen. Sie sind chemisch sehr widerstandsfähig und dienen als Pigmente in „Bronzefarben".

Abb. 16.6: Verknüpfung der Oktaeder in hexagonalen und tetragonalen Wolframbronzen M_xWO_3. Die Verknüpfung setzt sich in Blickrichtung mit deckungsgleich angeordneten Oktaedern fort. In den Kanälen in Blickrichtung sind wechselnde Mengen von Alkaliionen eingelagert

16.2 Kantenverknüpfte Oktaeder

Zwei kantenverknüpfte Oktaeder ergeben die Zusammensetzung $(MX_5)_2$ (oder $(MX_{4/1}X_{2/2})_2$). Dieser Aufbau wird von Pentahalogeniden und von Ionen $[MX_5]_2^{n-}$ bevorzugt, wenn $X = Cl$, Br oder I:

$(SbCl_5)_2$	$(NbCl_5)_2$	$(TaCl_5)_2$	$(MoCl_5)_2$	$(WCl_5)_2$	$(ReCl_5)_2$	$(OsCl_5)_2$	$(UCl_5)_2$
$<-54\,°C$	$(NbBr_5)_2$	$(TaBr_5)_2$		$(WBr_5)_2$			$(UBr_5)_2$
	$(NbI_5)_2$	$(TaI_5)_2$					$(PaBr_5)_2$
$[TiCl_5]_2^{2-}$	$[ZrCl_5]_2^{2-}$	$[MoCl_5]_2^{2-}$	$[WCl_5]_2^{2-}$			$[OsBr_5]_2^{2-}$	$(PaI_5)_2$

Es gibt auch Ausnahmen mit nicht oktaedrisch koordinierten M-Atomen: $SbCl_5$ (monomer über $-54\,°C$), PCl_5 (ionisch $PCl_4^+PCl_6^-$), PBr_5 (ionisch $PBr_4^+Br^-$). $(MX_5)_2$-Moleküle lassen sich sehr kompakt packen, wobei die X-Atome für sich eine dichteste Kugelpackung bilden.

Setzt man die Kantenverknüpfung zu einem Strang von Oktaedern fort, dann ergibt sich die Zusammensetzung $MX_{2/1}X_{4/2}$, d. h. MX_4. Jedes Oktaeder hat dann zwei gemeinsame Kanten mit anderen Oktaedern, außerdem hat es zwei terminale X-Atome. Wenn die beiden terminalen X-Atome zueinander *trans*-ständig sind, ergibt sich eine lineare Kette (Abb. 16.7). Diese Art Kette tritt bei Tetrachloriden und Tetraiodiden auf, wenn sich zwischen den M-Atomen benachbarter Oktaeder paarweise Metall–Metall-Bindungen ausbilden; die Metallatome sind dann aus den Oktaedermitten in Richtung auf die betreffenden

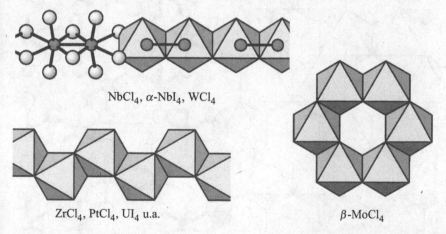

NbCl$_4$, α-NbI$_4$, WCl$_4$

ZrCl$_4$, PtCl$_4$, UI$_4$ u.a.

β-MoCl$_4$

Abb. 16.7: Einige Konfigurationen für Ketten aus kantenverknüpften Oktaedern der Zusammensetzung MX_4

Oktaederkanten herausgerückt. Vertreter sind $NbCl_4$, NbI_4, WCl_4. Die gleichen Ketten mit Metallatomen in den Oktaedermitten kommen bei $OsCl_4$ vor.

Sind die beiden terminalen X-Atome eines Oktaeders einer MX_4-Kette zueinander *cis*-ständig, so kann die Kette eine Vielzahl von Konfigurationen haben. Am häufigsten ist eine Zickzackkette (Abb. 16.7), sie kommt zum Beispiel bei $ZrCl_4$, $TcCl_4$, $PtCl_4$, PtI_4, UI_4 vor. Ketten mit anderer Gestalt, zum Beispiel beim ZrI_4, sind seltenerer. Sechs kantenverknüpfte Oktaeder können auch zu einem Ring geschlossen sein (β-$MoCl_4$, Abb. 16.7).

Bei der Kantenverknüpfung von Oktaedern zu Schichten wie in Abb. 16.8 sind alle X-Atome an der Verbrückung beteiligt, jedes X-Atom gehört zwei Oktaedern an. In dieser Art Schicht befinden sich Hohlräume, die ebenfalls oktaederförmig sind. Die Zusammensetzung der Schicht ist MX_3 ($MX_{6/2}$). Zahlreiche Trichloride, Tribromide und Triiodide sowie einige Trihydroxide sind aus Schichten dieser Art aufgebaut. Die Schichten sind so gestapelt, daß die X-Atome für sich betrachtet eine dichteste Kugelpackung bilden, und zwar:

BiI_3-Typ: hexagonal-dichteste Packung von X-Atomen

    $FeCl_3$, $CrBr_3$, $Al(OH)_3$ (Bayerit) u.a.

$AlCl_3$-Typ: kubisch-dichteste Packung von X-Atomen

    YCl_3, $CrCl_3$ (hochtemp.) u.a.

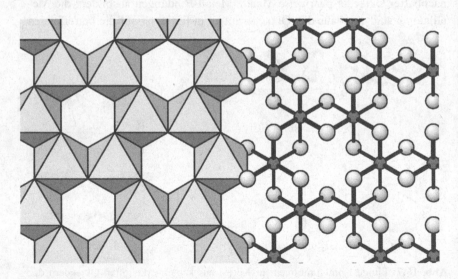

Abb. 16.8: Über Kanten zu Schichten verbundene Oktaeder im BiI_3- und $AlCl_3$-Typ

Abb. 16.9: Über Kanten zu Schichten verbundene Oktaeder im CdI_2- und $CdCl_2$-Typ

Gleichartige Schichten finden sich auch in einer zweiten Modifikation des $Al(OH)_3$, dem Hydrargillit (Gibbsit), jedoch mit einer Stapelung, bei der die benachbarten O-Atome zweier Schichten genau übereinander liegen und über H-Brücken miteinander verbunden sind.

Zu den Schichtenstrukturen gehören auch der $CdCl_2$- und der CdI_2-Typ (Abb. 16.9; weil es vom CdI_2 zahlreiche Stapelvarianten gibt, bevorzugen einigen Autoren die Bezeichnung $Cd(OH)_2$-Typ). In der Schicht sind die Oktaeder jeweils über sechs Kanten miteinander verknüpft. Die Schichtstruktur ist die gleiche wie bei einer MX_3-Schicht, wenn in dieser die Hohlräume ebenfalls mit M-Atomen besetzt sind; jedes Halogenatom gehört dann drei Oktaedern gemeinsam an ($MX_{6/3}$). Die Stapelvarianten der Schichten sind:

CdI_2-Typ ($Cd(OH)_2$-Typ): hexagonal-dichteste Packung von X-Atomen

$MgBr_2$, $TiBr_2$, VBr_2, $CrBr_2^\dagger$, $MnBr_2$, $FeBr_2$, $CoBr_2$, $NiBr_2$, $CuBr_2^\dagger$
MgI_2, CaI_2, PbI_2, TiI_2, VI_2, $CrI_2^\dagger$, MnI_2, FeI_2, CoI_2
$Mg(OH)_2$, $Ca(OH)_2$, $Mn(OH)_2$, $Fe(OH)_2$, $Co(OH)_2$, $Ni(OH)_2$, $Cd(OH)_2$
SnS_2, TiS_2, ZrS_2, NbS_2, PtS_2; $TiSe_2$, $ZrSe_2$, $PtSe_2$
Ag_2F, Ag_2O (F bzw. O in den Oktaedermitten)

$CdCl_2$-Typ: kubisch-dichteste Packung von X-Atomen

$MgCl_2$, $MnCl_2$, $FeCl_2$, $CoCl_2$, $NiCl_2$
Cs_2O (O in den Oktaedermitten)

† verzerrt durch Jahn-Teller-Effekt

Bei den Hydroxiden wie $Mg(OH)_2$ (Brucit) und $Ca(OH)_2$ weicht die
Packung der O-Atome insofern von der idealen hexagonal-dichtesten Packung
ab, als die Schichten etwas platt gedrückt sind, so daß die Bindungswinkel M–
O–M in der Schicht größer als die 90° sind, die bei unverzerrten Oktaedern zu
erwarten wären (bei $Ca(OH)_2$ z. B. 98,5°).

16.3   Flächenverknüpfte Oktaeder

Zwei über eine gemeinsame Fläche miteinander verknüpfte Oktaeder ergeben
eine Einheit der Zusammensetzung M_2X_9 (Abb. 16.10). Sie kommt bei einigen
Molekülen wie $Fe_2(CO)_9$ und vor allem bei einigen Ionen von dreiwertigen
Metallen vor. Als Ursache für eine Flächenverknüpfung kann man in einigen
Fällen Metall-Metall-Bindungen ausmachen, zum Beispiel im $[W_2Cl_9]^{3-}$, dessen geringes magnetisches Moment für eine $W{\equiv}W$-Bindung spricht (s. Bild
auf S. 246). Das ebenso aufgebaute $[Cr_2Cl_9]^{3-}$-Ion zeigt dagegen den für
die Elektronenkonfiguration d^3 zu erwartenden Paramagnetismus, $[Mo_2Cl_9]^{3-}$
nimmt eine Zwischenstellung ein. Auch die Bindungswinkel an den Brückenatomen spiegeln den Unterschied wider: 58° im $[W_2Cl_9]^{3-}$, 77° im $[Cr_2Cl_9]^{3-}$.
$[M_2X_9]^{3-}$-Ionen kennt man auch bei weiteren Vertretern ohne Metall-Metall-
Bindung, zum Beispiel $[Tl_2Cl_9]^{3-}$ oder $[Bi_2Br_9]^{3-}$. Ob sie auftreten oder nicht,
wird oft vom Gegenion, d. h. von der Packung im Kristall gesteuert. Cs^+-Ionen
und Cl^--Ionen, die von ähnlicher Größe sind, lassen sich zum Beispiel gemeinsam dicht packen, und ermöglichen das Auftreten dieser Doppeloktaeder. Auch
mit großen Kationen wie $P(C_6H_5)_4^+$ treten sie auf.

Setzt man die Verknüpfung über gegenüberliegende Flächen der Oktaeder
fort, so kommt man zu einem Strang der Zusammensetzung MX_3 (Abb. 16.10).
Stränge dieser Art treten bei einigen Trihalogeniden mit ungerader Zahl von d-
Elektronen auf. Dabei kommen paarweise Metall-Metall-Bindungen zwischen
je zwei benachbarten Oktaedern vor: β-$TiCl_3$, ZrI_3 (d^1), $MoBr_3$ (d^3), $RuCl_3$,
$RuBr_3$ (d^5). Anionische Stränge der gleichen Art sind von Verbindungen wie
$Cs[NiCl_3]$ oder $Ba[NiO_3]$ bekannt, wobei hier wieder eine ähnliche Größe der
Kationen Cs^+ bzw. Ba^{2+} und der Anionen Cl^- bzw. O^{2-} eine dichte Packung
ermöglicht.

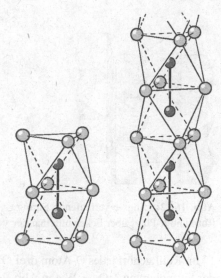

Abb. 16.10:
Zwei flächenverknüpfte Oktaeder in Ionen $[M_2X_9]^{3-}$ und ein Strang von flächenverknüpften Oktaedern im ZrI_3

16.4 Oktaeder mit gemeinsamen Ecken und Kanten

Einheiten $(MX_5)_2$ können über Ecken zu Strängen wie in Abb. 16.11 verknüpft werden. Da jedes Oktaeder dann noch über zwei terminale Atome verfügt, ergibt sich die Zusammensetzung $MX_{2/1}X_{2/2}Z_{2/2}$ oder MX_3Z, wobei die eckenverknüpfenden Atome mit Z bezeichnet wurden. Diesen Aufbau haben Verbindungen wie $NbOCl_3$ oder WOI_3, wobei sich Halogenatome auf den verbrückenden Kanten befinden und die O-Atome die verbrückenden Ecken bilden. Die Metallatome sind aus den Oktaedermitten herausgerückt, mit abwechselnd kurzen und langen M–O-Bindungen.

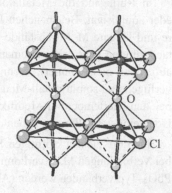

Abb. 16.11:
Verknüpfung von Oktaedern im $NbOCl_3$ mit abwechselnd kurzen und langen Nb–O-Bindungen

Rutil   α-PbO$_2$

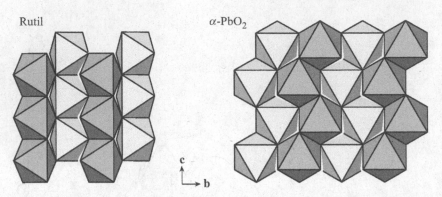

c
└──▶ b

Abb. 16.12: Längs c verlaufende Stränge von kantenverknüpften Oktaedern sind im Rutil und α-PbO$_2$ über Ecken miteinander vernetzt

Im Rutil gehört jedes O-Atom drei Oktaedern gemeinsam an, entsprechend der Formulierung TiO$_{6/3}$. Wie in Abb. 16.12 erkennbar, liegen lineare Stränge von kantenverknüpften Oktaedern vor, wie in Verbindungen MX$_4$. Die Stränge liegen parallel nebeneinander und sind über gemeinsame Oktaederecken verknüpft. Verglichen zu den Schichten des CdI$_2$-Typs ist die Zahl der gemeinsamen Kanten geringer, nämlich im Mittel eine (statt drei) pro Oktaeder. Im Sinne der dritten PAULING-Regel (S. 92) ist der Rutil-Typ damit aus elektrostatischen Gründen günstiger als der CdCl$_2$- oder CdI$_2$-Typ. Verbindungen MX$_2$ mit oktaedrisch koordinierten M-Atomen bevorzugen dementsprechend den Rutil-Typ, wenn sie stark polar sind: bei Dioxiden und Difluoriden ist der Rutil-Typ weit verbreitet, zum Beispiel bei GeO$_2$, SnO$_2$, CrO$_2$, MnO$_2$, RuO$_2$ sowie MgF$_2$, FeF$_2$, CoF$_2$, NiF$_2$, ZnF$_2$.

Im Rutil sind die Metallatome im Strang der kantenverknüpften Oktaeder äquidistant. Bei manchen Dioxiden treten dagegen abwechselnd kürzere und längere M–M-Abstände auf, d. h. die Metallatome sind aus den Oktaedermitten paarweise aufeinander zugerückt. Diese Erscheinung tritt dann auf (aber nicht immer), wenn die Metallatome noch über d-Elektronen verfügen und somit Metall-Metall-Bindungen eingehen können, zum Beispiel bei den Tieftemperatur-Modifikationen von VO$_2$, NbO$_2$, MoO$_2$, WO$_2$ (die Hochtemperatur-Formen haben die normale Rutil-Struktur).

Auch die zickzackförmigen Ketten aus kantenverknüpften Oktaedern, die bei Verbindungen MX$_4$ vorkommen, können über gemeinsame Ecken zum α-PbO$_2$-Typ verbunden werden (Abb. 16.12), der allerdings seltener vorkommt.

Verschiedenartig verknüpfte Oktaeder kommen dann öfters vor, wenn mehrere verschiedene Metallatome vorhanden sind. Li_2ZrF_6 bietet ein Beispiel. Die Li- und F-Atome sind in Schichten von BiI_3-Art angeordnet. Die Schichten sind über einzelne ZrF_6-Oktaeder miteinander verknüpft, die sich jeweils über und unter den Löchern der Schicht befinden (Abb. 16.13). Die Oktaeder der Li_2F_6-Schicht sind miteinander kantenverknüpft und mit den ZrF_6-Oktaedern eckenverknüpft.

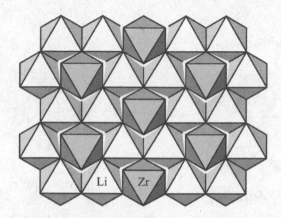

Abb. 16.13: Oktaederverknüpfung im Li_2ZrF_6 und Sn_2PbO_6

Iso- und Heteropolysäuren

Eine Vielzahl von zum Teil komplizierten Verknüpfungsmustern, in denen vorwiegend Oktaeder über Ecken und Kanten verknüpft sind, kennt man von Polyvanadaten, -niobaten, -tantalaten, -molybdaten und -wolframaten. Sofern nur eines dieser Elemente in den Polyedern vorkommt, spricht man auch von Isopolysäuren; bei Heteropolysäuren sind außerdem noch andere Elemente am Aufbau beteiligt, die tetraedrisch, oktaedrisch, quadratisch-antiprismatisch oder ikosaedrisch koordiniert sein können. Klassisches Beispiel ist das Dodekamolybdatophosphat $[PO_4Mo_{12}O_{36}]^{3-}$, dessen schwerlösliches Ammoniumsalz zum Nachweis von Phosphationen dient. Das Ion hat die KEGGIN-Struktur: zwölf MoO_6-Oktaeder sind zu einem Käfig verknüpft, wobei vier Gruppen von je drei kantenverknüpften Oktaedern miteinander über Ecken verknüpft sind (Abb. 16.14). Im Inneren des Käfigs befindet sich das tetraedrisch koordinierte Phosphoratom, an dessen Stelle auch Al(III), Si(IV),

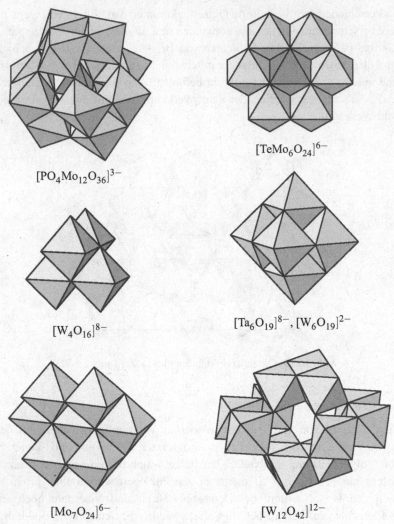

$[PO_4Mo_{12}O_{36}]^{3-}$

$[TeMo_6O_{24}]^{6-}$

$[W_4O_{16}]^{8-}$

$[Ta_6O_{19}]^{8-}$, $[W_6O_{19}]^{2-}$

$[Mo_7O_{24}]^{6-}$

$[W_{12}O_{42}]^{12-}$

Abb. 16.14: Strukturen einiger Heteropoly- und Isopolyanionen

As(V), Fe(III) u.a. treten können. Oktaedrisch koordinierte Heteroatome findet man in den Ionen $[EMo_6O_{24}]^{n-}$, zum Beispiel $[TeMo_6O_{24}]^{5-}$ (E = Te(VI), I(VII), Mn(IV) u.a.; Abb. 16.14).

Einige Isopolyanionen weisen einen kompakten Aufbau aus kantenverknüpften Oktaedern auf, einige Beispiele sind in Abb. 16.14 gezeigt. Im Inneren der Baugruppen kommen Sauerstoffatome mit hohen Koordinationszahlen vor, zum Beispiel K.Z. 6 für das O-Atom im Mittelpunkt des $[W_6O_{19}]^{2-}$-Ions. Andere Vertreter, bei denen ein Teil der Oktaeder nur über Ecken verbunden ist, haben mehr oder weniger große Hohlräume in ihrem Inneren, zum Beispiel das $[W_{12}O_{42}]^{2-}$-Ion. Isopolysäuren bilden sich in wäßrigen Lösungen in Abhängigkeit des pH-Wertes. Molybdatlösungen enthalten beispielsweise MoO_4^{2-}-Ionen bei hohen pH-Werten, $[Mo_7O_{24}]^{6-}$-Ionen bei pH ≈ 5 und noch größere Aggregate in stärker sauren Lösungen. Wenn ein Teil der Molybdänatome zu Mo(IV) reduziert wird, können „Riesenräder" enstehen, zum Beispiel in $H_{48}Mo_{176}O_{536}$; das Molekül bildet einen Reif mit einem inneren Durchmesser von 2,3 nm.

16.5 Oktaeder mit gemeinsamen Kanten und Flächen

Verknüpft man Schichten vom BiI_3-Typ so wie in Abb. 16.15 gezeigt, dann kommt man zur Korund-Struktur (α-Al_2O_3), die bei einigen Oxiden M_2O_3 vorkommt (Ti_2O_3, Cr_2O_3, α-Fe_2O_3 u.a.). Es sind Paare von flächenverknüpften Oktaedern vorhanden, außerdem hat jedes Oktaeder drei gemeinsame Kanten (innerhalb der Schicht) sowie drei gemeinsame Ecken mit anderen Oktaedern.

Abb. 16.15: Verknüpfung von Oktaedern im Korund (α-Al_2O_3) und Ilmenit ($FeTiO_3$; Fe-Oktaeder hell, Ti-Oktaeder dunkel). Links: Aufsicht auf zwei verknüpfte Schichten (nur im mittleren Teil sind beide gezeichnet). Rechts: Seitenansicht auf Ausschnitte von drei Schichten mit flächenverknüpften Oktaedern

Die Schichten können auch abwechselnd zwei verschiedene Sorten von Metallatomen enthalten, womit sich in jedem Paar von flächenverknüpften Oktaedern zwei verschiedene Metallatome befinden; dies ist der Ilmenit-Typ ($FeTiO_3$). Ilmenit ist neben Perowskit ein Strukturtyp für die Zusammensetzung $A^{II}M^{IV}O_3$. Im Perowskit ist der Platz für das A^{2+}-Ion größer. Das Ionenradienverhältnis erlaubt eine Abschätzung, welcher Strukturtyp bevorzugt wird:

$$r(A^{2+})/r(O^{2-}) < 0,7 \qquad \text{Ilmenit}$$

$$r(A^{2+})/r(O^{2-}) > 0,7 \qquad \text{Perowskit}$$

Bezüglich einer anderen Art der Abschätzung vgl. Seite 296.

Der **Nickelarsenid-Typ** (NiAs) ergibt sich, wenn Schichten von der Art des Cadmiumiodids verknüpft werden. Dabei entstehen durchgehende Stränge von flächenverknüpften Oktaedern senkrecht zu den Schichten. Die Nickelatome in den Oktaedermitten bilden für sich ein primitives hexagonales Gitter, jedes Arsenatom ist von einem trigonalen Prisma aus Ni-Atomen umgeben. Da sich die Atome in den flächenverknüpften Oktaedern recht nahe kommen, muß es zwischen ihnen Wechselwirkungen geben. Diese kommen in den elektrischen Eigenschaften zum Ausdruck: Verbindungen des NiAs-Typs sind Halbleiter oder metallische Leiter. Für diesen Strukturtyp gibt es zahlreiche Vertreter, wobei die metallische Komponente aus der Titan- bis Nickelgruppe stammen kann und an Stelle des Arsens auch Ga, Si, P und S sowie deren schwerere Homologe treten können. Beispiele sind TiS, TiP, CoS, CrSb.

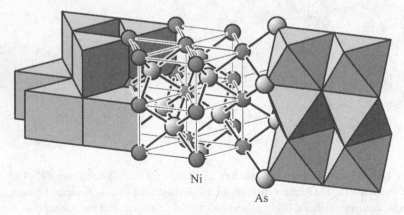

Ni

As

Abb. 16.16: Oktaeder und trigonale Prismen in der NiAs-Struktur

16.6 Verknüpfte trigonale Prismen

Im NiAs bilden die Ni-Atome ein Netzwerk von trigonalen Prismen, in denen sich die As-Atome befinden, die Ni-Atome selbst sind oktaedrisch koordiniert. Metallatome, die trigonal-prismatisch umgeben sind, findet man im MoS_2. In diesem bilden die S-Atome hexagonale Schichten mit der Stapelfolge *AABBAABB*... oder *AABBCC*... oder anderen Stapelvarianten. In jedem Paar von deckungsgleichen Schichten, zum Beispiel *AA*, liegen kantenverknüpfte trigonale Prismen vor, in denen sich die Mo-Atome befinden. Zwischen den in Abb. 16.17 abgebildeten MoS_2-Schichten, d. h. zwischen Schwefelschichten verschiedener Lage, zum Beispiel *AB*, besteht nur ein schwacher Zusammenhalt über VAN-DER-WAALS-Kräfte. Die MoS_2-Schichten lassen sich wie beim Graphit leicht gegenseitig verschieben, weshalb MoS_2 als Schmiermittel verwendet wird. Weitere Ähnlichkeiten mit Graphit bestehen in der anisotropen elektrischen Leitfähigkeit und in der Möglichkeit, Einlagerungsverbindungen zu bilden, zum Beispiel $K_{0,5}MoS_2$.

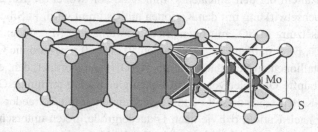

Abb. 16.17: Schicht aus kantenverknüpften trigonalen Prismen im MoS_2

16.7 Eckenverknüpfte Tetraeder. Silicate

Die Verknüpfung von Tetraedern erfolgt überwiegend über Ecken; Kanten- und erst recht Flächenverknüpfung kommen bedeutend seltener als bei Oktaedern vor.

Zwei eckenverknüpfte Tetraeder ergeben eine Einheit M_2X_7. Sie ist bei den Oxiden Cl_2O_7 und Mn_2O_7 und bei etlichen Anionen bekannt, zum Beispiel $S_2O_7^{2-}$, $Cr_2O_7^{2-}$, $P_2O_7^{4-}$, $Si_2O_7^{6-}$, $Al_2Cl_7^-$. Je nach Konformation der beiden Tetraeder kann der Bindungswinkel am Brückenatom zwischen 102,1° und 180° liegen (Abb. 16.18).

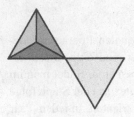
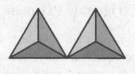
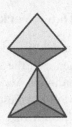

Abb. 16.18: Verschiedene Konformationen von zwei eckenverknüpften Tetraedern

Eine Kette von eckenverknüpften Tetraedern ergibt sich, wenn zu jedem Tetraeder zwei terminale und zwei verbrückende Atome gehören, die Zusammensetzung ist $MX_{2/1}X_{2/2}$ oder MX_3. Die Kette kann zu einem Ring geschlossen sein wie im $[SO_3]_3$, $[PO_3^-]_3$, $[SiO_3^{2-}]_3$ oder $[SiO_3^{2-}]_6$. Endlose Ketten haben unterschiedliche Gestalt je nach Konformation der Tetraeder zueinander (Abb. 16.19). Vor allem bei den Silicaten kommen sie vor, wobei die Kettengestalt von der Wechselwirkung mit den Kationen mitbestimmt wird. In Silicaten der Zusammensetzung $MSiO_3$ mit oktaedrisch koordinierten M^{2+}-Ionen (M^{2+} = Mg^{2+}, Ca^{2+}, Fe^{2+} und andere, Ionenradien 50 bis 100 pm) sind die Oktaeder um die Metallionen zu Schichten wie im $Mg(OH)_2$ angeordnet, d. h. es liegen kantenverknüpfte Oktaeder vor, deren Ecken gleichzeitig terminale O-Atome der SiO_3^{2-}-Ketten sind; diese O-Atome verknüpfen somit Tetraeder mit Oktaedern. Je nach Kation, d. h. je nach Oktaedergröße, treten unterschiedliche Kettenkonformationen auf (Abb. 16.19). Solche Verbindungen werden Pyroxene genannt, wenn die Silicatkette wie im Enstatit, $MgSiO_3$, eine Zweierkette ist (nach zwei Tetraedern wiederholt sich das Kettenmuster); Pyroxenoide haben kompliziertere Kettenformen, zum Beispiel die Dreierkette im Wollastonit, $CaSiO_3$.

Tetraeder, die jeweils über drei Ecken miteinander verbunden sind, ergeben die Zusammensetzung $MX_{1/1}X_{3/2}$ oder $MX_{2,5} = M_2X_5$. Bekannt sind kleine Einheiten aus vier Tetraedern im P_4O_{10}, vor allem aber Schichtstrukturen in den zahlreichen Silicaten und Aluminosilicaten mit Anionen der Zusammensetzung $[Si_2O_5^{2-}]_\infty$ bzw. $[AlSiO_5^{3-}]_\infty$. Weil die freien Spitzen der einzelnen Tetraeder in un-

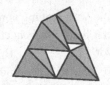

Tetraederverknüpfung
im P_4O_{10}

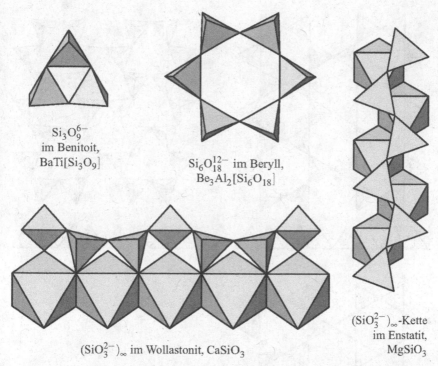

$$Si_3O_9^{6-}$$
im Benitoit,
$$BaTi[Si_3O_9]$$

$$Si_6O_{18}^{12-}$$ im Beryll,
$$Be_3Al_2[Si_6O_{18}]$$

$$(SiO_3^{2-})_\infty$$ im Wollastonit, $$CaSiO_3$$

$$(SiO_3^{2-})_\infty\text{-Kette}$$
im Enstatit,
$$MgSiO_3$$

Abb. 16.19: Einige Formen von Ringen und Ketten aus eckenverknüpften Tetraedern in Silicaten. Für die zwei Ketten ist gezeigt, wie sich ihre Konformation der Größe der Kationenoktaeder anpaßt (der Oktaederstrang ist jeweils ein Ausschnitt aus einer Schicht)

terschiedlicher Abfolge nach der einen oder anderen Seite der Schicht weisen können, ergibt sich eine sehr große Vielfalt von strukturellen Varianten; außerdem können die Schichten wellblechartig gefaltet sein (Abb. 16.20).

In der Natur kommen Schichtsilicate häufig vor, wobei vor allem die Tonmineralien (Prototyp: Kaolinit), Talk und die Glimmer (Prototyp: Muskovit) zu nennen sind. Bei diesen Mineralien sind die terminalen O-Atome einer Silicatschicht mit Kationen verbunden, die oktaedrisch koordiniert sind; es handelt sich vorwiegend um Mg^{2+}, Ca^{2+}, Al^{3+} oder Fe^{2+}. Die Oktaeder sind miteinander über Kanten zu Schichten von der Art wie im $Mg(OH)_2$ ($\hat{=}\ CdI_2$) oder $Al(OH)_3$ ($\hat{=}\ BiI_3$) verknüpft. Die Zahl der terminalen O-Atome der Silicatschicht reicht nicht für alle O-Atome der Oktaederschicht aus, die übri-

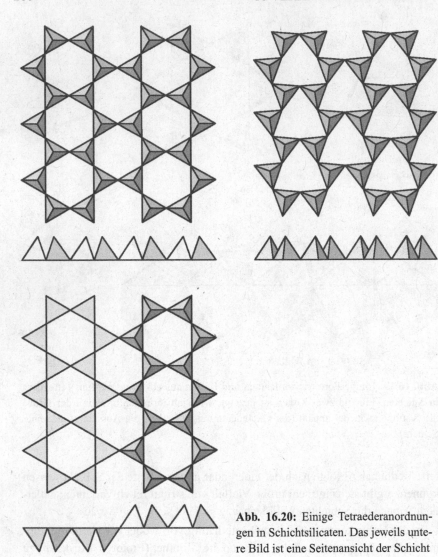

Abb. 16.20: Einige Tetraederanordnungen in Schichtsilicaten. Das jeweils untere Bild ist eine Seitenansicht der Schicht

gen Oktaederecken werden von zusätzlich vorhandenen OH⁻-Ionen eingenommen. Zwei Arten der Verknüpfung zwischen Silicatschicht und Oktaederschicht sind zu unterscheiden: in den *kationenreichen Schichtsilicaten* ist eine Oktaederschicht nur auf einer Seite mit einer Silicatschicht verknüpft, es ergibt

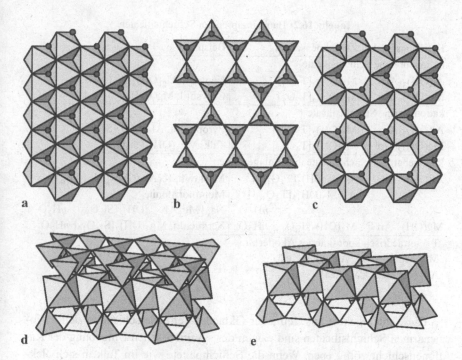

a   b   c

d   e

Abb. 16.21: Aufbau von Schichtsilicaten. **a** Kationen in $Mg(OH)_2$-artiger Schicht. **b** Silicatschicht. **c** Kationen in $Al(OH)_3$-artiger Schicht; schwarz markierte Atome bilden die gemeinsamen Polyederecken bei der Verknüpfung von Oktaeder- und Tetraederschicht. Verknüpfung der Schichten in: **d** kationenarmen Schichtsilicaten, **e** kationenreichen Schichtsilicaten. Oktaederecken, die nicht gemeinsame Ecken mit Tetraedern bilden, werden von OH^--Ionen eingenommen

sich ein Oktaeder-Tetraeder-Schichtpaket; in *kationenarmen Schichtsilicaten* sind Tetraeder-Oktaeder-Tetraeder-Schichtpakete vorhanden, in denen die Oktaederschicht von beiden Seiten mit Silicatschichten verknüpft ist (Abb. 16.21). Je nachdem, ob die Kationenschicht vom $Mg(OH)_2$- oder $Al(OH)_3$-Typ ist, ergeben sich bestimmte Zahlenverhältnisse zwischen der Anzahl der Kationen in der Oktaederschicht und der Anzahl der Silicat-Tetraeder; auch die Anzahl der OH^--Ionen, welche zur Ergänzung der Oktaeder benötigt wird, ist geometrisch festgelegt. Zusätzlich können noch Kationen zwischen den Schichtpaketen eingelagert sein; siehe Tabelle 16.2.

Tabelle 16.2: Bauprinzipien bei Schichtsilicaten

Kationenschicht	Zusammensetzung	Beispiele
kationenreiche Schichtsilicate		
$Al(OH)_3$-Art	$M_2(OH)_4[T_2O_5]$	Kaolinit, $Al_2(OH)_4[Si_2O_5]$
$Mg(OH)_2$-Art	$M_3(OH)_4[T_2O_5]$	Chrysotil, $Mg_3(OH)_4[Si_2O_5]$
kationenarme Schichtsilicate		
$Al(OH)_3$-Art	$M_2(OH)_2[T_4O_{10}]$	Pyrophyllit, $Al_2(OH)_2[Si_4O_{10}]$
$Mg(OH)_2$-Art	$M_3(OH)_2[T_4O_{10}]$	Talk, $Mg_3(OH)_2[Si_4O_{10}]$
kationenarme Schichtsilicate mit Einlagerungen		
$Al(OH)_3$-Art	$A\{M_2(OH)_2[T_4O_{10}]\}$	Muskovit, $K\{Al_2(OH)_2[AlSi_3O_{10}]\}$
	$A_x\{M_2(OH)_2[T_4O_{10}]\}$	Montmorillonit,
	$\cdot nH_2O$	$Na_x\{Mg_xAl_{2-x}(OH)_2[Si_4O_{10}]\}\cdot nH_2O$
$Mg(OH)_2$-Art	$M_3(OH)_2[T_4O_{10}]\cdot nH_2O$	Vermiculit, $Mg_3(OH)_2[Si_4O_{10}]\cdot nH_2O$

T = tetraedrisch koordiniertes Al oder Si
$M = Mg^{2+}$, Ca^{2+}, Al^{3+}, Fe^{2+} u.ä.
$A = Na^+$, K^+, Ca^{2+} u.ä.

Die Schichtpakete aus Tetraeder-Oktaeder-Tetraederschicht in den kationenarmen Schichtsilicaten sind wegen der symmetrischen Umgebung der Kationenschicht völlig eben. Wenn die Schichtpakete wie im Talk in sich elektrisch neutral sind, sind die Anziehungskräfte zwischen ihnen gering, was sich in geringer Härte und in der leichten, schichtartigen Spaltbarkeit der Kristalle äußert. Die Verwendung von Talk als Puder, Schmier- und Poliermittel sowie als Füllmaterial für Papier beruht auf dieser Eigenschaft.

Glimmer sind kationenarme Schichtsilicate, deren Schichtpakete negativ geladen sind und die durch eingelagerte, nicht hydratisierte Kationen zusammengehalten werden. Dadurch lassen sich die Schichtpakete nicht mehr wie im Talk gegenseitig verschieben, trotzdem besteht noch die schichtenweise Spaltbarkeit. Die Kristalle bilden meist dünne, steife Blättchen oder Tafeln. Technische Verwendung finden tafelförmige Kristalle (in Decimeter- bis Metergröße) wegen ihrer Zähigkeit, Transparenz, elektrischen Isolatoreigenschaften und ihrer chemischen und thermischen Widerstandsfähigkeit (Muskovit bis ca. 500°C, Phlogopit, $KMg_3(OH)_2[AlSi_3O_{10}]$, bis ca. 1000°C).

Anders verhalten sich die Tonmineralien, die sowohl zu den kationenarmen wie zu den kationenreichen Schichtsilicaten gehören können. Sie zeichnen sich durch ihre Quellfähigkeit aus, die auf der Aufnahme wechselnder Mengen von

Wasser zwischen den Schichtpaketen beruht. Wenn, wie im Montmorillonit, eingelagerte, hydratisierte Kationen vorhanden sind, wirken sie als Kationenaustauscher. Montmorillonit, vor allem wenn Ca^{2+}-Ionen eingelagert sind, hat thixotrope Eigenschaften, weshalb er zur Abdichtung von Bohrlöchern verwendet wird. Der Effekt beruht auf der Ladungsverteilung auf den Kristallblättchen: auf der Oberfläche sind sie negativ geladen, an den Kanten positiv. In Suspension orientieren sie sich deshalb Kante gegen Fläche und ergeben eine gelatineartige Masse. Durch Schütteln wird diese Ausrichtung gestört und die Masse wird dünnflüssig.

Im gequollenen Zustand sind Tonmineralien weich und formbar. Sie dienen zur Herstellung von Tonkeramik. Besonders wertvoll ist dabei Ton mit einem hohen Gehalt an Kaolinit. Beim Brennen des Tons wird zunächst das eingelagerte Wasser entfernt, ab 450 °C werden die OH-Gruppen durch Abspaltung von Wasser in oxidische O-Atome umgewandelt, schließlich entsteht über einige Zwischenstufen bei etwa 950 °C Mullit, ein Aluminium-aluminosilicat $Al_{(4-x)/3}[Al_{2-x}Si_xO_5]$ mit $x \approx 0,6$ bis 0,8.

Weil die Idealmaße von Oktaeder- und Tetraederschicht in der Regel nicht exakt übereinstimmen, führt die einseitige Verknüpfung der Schichten in den kationenreichen Schichtsilicaten zu Verspannungen. Solange die Metrik der Schichten nur wenig voneinander abweicht, erfolgt der Ausgleich durch leichte Verdrehungen der Tetraeder und die Schichtpakete bleiben eben. Dies trifft für Kaolinit zu, bei dem sich in der Kationenschicht nur Al^{3+}-Ionen befinden. Mit den größeren Mg^{2+}-Ionen stimmt die Metrik weniger gut überein; die Spannung führt dann zu einer Verkrümmung der Schichtpakete. Diese kann ausgeglichen werden, wenn die Ausrichtung der Tetraederspitzen in der Tetraederschicht periodisch nach der einen und der anderen Seite der Schicht abwechselt, wie im Antigorit (Abb. 16.22). Wenn die Verkrümmung, wie beim Chrysotil, $Mg_3(OH)_4[Si_2O_5]$, nicht ausgeglichen wird, so wickeln sich die Schichten in der Art einer Teppichrolle auf, so wie unten in Abb. 16.22 gezeigt. Weil das Schichtpaket nur Krümmungsradien innerhalb gewisser Toleranzgrenzen zuläßt und die Krümmung im Inneren der Röhre kleiner als außen ist, bleiben die Rollen innen hohl und können einen bestimmten Außendurchmesser nicht überschreiten. Beim Chrysotil liegt der Innendurchmesser bei ca. 5 nm, der Außendurchmesser bei 20 nm. Dieser Aufbau erklärt die faserigen Eigenschaften des Chrysotils, welcher das wichtigste Asbestmineral im Gebäudebau war, bis man erkannte, daß eingeatmete Fasern in Nanometergröße krebserzeugend wirken.

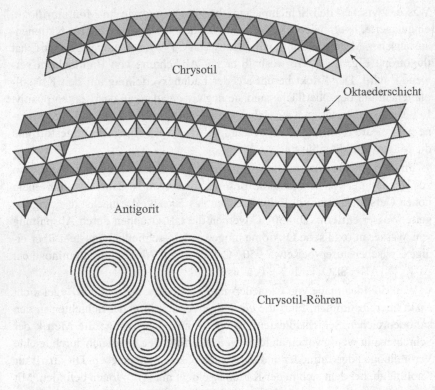

Abb. 16.22: Verkrümmte Schichtpakete aus verknüpften Oktaeder- und Tetraederschichten im Chrysotil und Antigorit. Unten: zu Röhren aufgewickelte Schichtpakete im Chrysotil

Eine Tetraederschicht kann man sich durch Verknüpfung parallel angeordneter Ketten entstanden denken. Daß diese Vorstellung kein reiner Formalismus ist, zeigt die Existenz von Zwischenstufen: Zwei zusammengelagerte Silicatketten ergeben ein Band der Zusammensetzung $[Si_4O_{11}^{6-}]_n$, in dem es zweierlei Sorten von Tetraedern gibt, nämlich solche, die über drei und solche, die über zwei Ecken verknüpft sind, $[SiO_{1/1}O_{3/2}SiO_{2/1}O_{2/2}]^{3-}$. Silicate dieser Art nennt man Amphibole. Sie haben faserigen Habitus und wurden ebenfalls als Asbest verwendet.

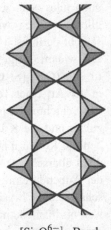

$[Si_4O_{11}^{6-}]_n$-Band

Verknüpfung von Tetraedern über alle vier Ecken. Zeolithe

Quecksilberiodid bietet ein Beispiel einer Schichtenstruktur aus eckenverknüpften Tetraedern (Abb. 16.23). Weit häufiger sind Raumnetzstrukturen, zu denen insbesondere die verschiedenen Modifikationen des SiO_2 und von Aluminosilicaten zählen, die im Abschnitt 12.5 behandelt werden. Eine weitere bedeutende Klasse von Aluminosilicaten, die hier zu nennen ist, umfaßt die Zeolithe. Sie kommen als Mineralien vor, werden aber auch industriell hergestellt. Ihnen ist ein Aufbau aus bestimmten, miteinander verknüpften Polyedern gemeinsam, wobei Hohlräume und Kanäle verschiedener Größe und Gestalt auftreten.

Abb. 16.24 zeigt die Struktur des Methylpolysiloxans $Me_8Si_8O_{12}$, das durch Hydrolyse aus $MeSiCl_3$ zugänglich ist. Das Gerüst ist ein Würfel aus Siliciumatomen, entlang jeder Kante des Würfels befindet sich ein O-Atom. Die O-Atome befinden sich neben den Würfelkanten, wodurch ein spannungsfreies Gerüst mit Bindungswinkeln von $109,5°$ an den Si-Atomen und von $148,4°$ an den O-Atomen möglich ist. Das Gerüst wird in den folgenden Bildern schematisch durch einen einfachen Würfel dargestellt. In Zeolithen kommt es als ein mögliches Bauelement vor, wobei an die Stelle der Methylgruppen O-Atome treten, welche die Verbindung zu anderen Si-Atomen herstellen. Außer dem Würfel kommen noch andere Polyeder vor, von denen einige in Abb. 16.24 gezeigt sind. In den Ecken der Polyeder muß man sich jeweils ein Si- oder Al-Atom vorstellen, jede Kante steht für ein O-Atom, das zwei der Atome in den Ecken miteinander verbindet. In einem Zeolith laufen in jeder Ecke vier Kanten zusammen, der Vierbindigkeit der tetraedrisch koordinierten Atome entsprechend.

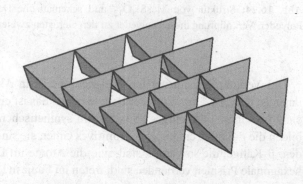

Abb. 16.23:
Ausschnitt aus einer
Schicht im HgI_2

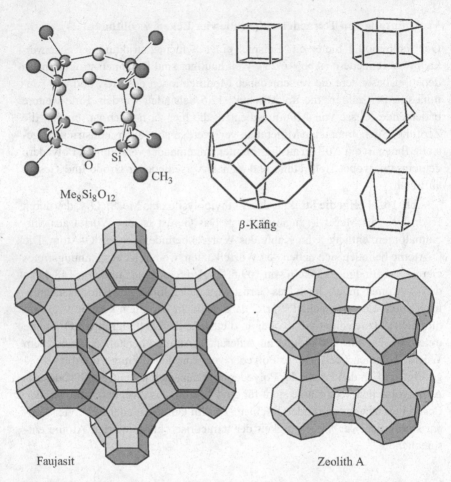

Me$_8$Si$_8$O$_{12}$

β-Käfig

Faujasit   Zeolith A

Abb. 16.24: Struktur von Me$_8$Si$_8$O$_{12}$ und schematische Darstellung einiger Si-O-Polyeder. Verknüpfung dieser Polyeder zu den Gerüsten zweier Zeolithe

Das Verknüpfungsmuster für zwei Zeolithe ist in Abb. 16.24 gezeigt. Bei ihnen ist der „β-Käfig" eines der Bauelemente; das ist ein gestutztes Oktaeder, ein 24-eckiges, 14-flächiges Polyeder. Im synthetischen Zeolith A (Linde A) bilden die β-Käfige ein kubisch-primitives Gitter, sie sind über Würfel verbunden. β-Käfige, die so verteilt sind, wie die Atome im Diamant, und die über hexagonale Prismen verbunden sind, treten im Faujasit (Zeolith X) auf.

Der Anteil der Aluminiumatome im Gerüst ist variabel. Auf jedes von ihnen kommt eine negative Ladung. Insgesamt ist das Gerüst somit ein Polyanion, die Kationen befinden sich in seinen Hohlräumen. Dies gilt im Prinzip auch für andere Aluminosilicate, im Unterschied zu diesen ist das Gerüst der Zeolithe jedoch wesentlich offener. Darauf beruht die charakteristische Eigenschaft der Zeolithe, als Kationenaustauscher zu wirken und sehr leicht Wasser aufnehmen und wieder abgeben zu können. Ein Zeolith, der durch Erhitzen im Vakuum entwässert wurde, ist sehr hygroskopisch und eignet sich, um Wasser aus Lösungsmitteln oder Gasen zu entfernen. Außer Wasser können auch andere Moleküle aufgenommen werden, wobei die Größe und Gestalt der Moleküle relativ zur Größe und Gestalt der Hohlräume des Zeoliths maßgeblich dafür ist, wie leicht dies geschieht und wie fest die Gastmoleküle vom der Wirtsstruktur festgehalten werden. Die verschiedenen Zeolithe unterscheiden sich bezüglich ihrer Hohlräume und Kanäle in weiten Grenzen; sie können für die Aufnahme bestimmter Moleküle „maßgeschneidert" werden. Man nutzt dies zur selektiven Stofftrennung und spricht deshalb auch von Molekularsieben. Zum Beispiel können unverzweigte von verzweigten Alkanen bei der Erdölraffination getrennt werden. Selbst die Trennung von O_2 und N_2 ist möglich. In den Kanälen können auch verschiedene Moleküle anwesend sein, die durch die Gestalt der Kanäle in eine bestimmte Orientierung zueinander gezwungen werden. Hierauf beruht die Wirkung der Zeolithe als selektive Katalysatoren. Der Zeolith ZSM-5 dient zum Beispiel zur katalytischen Hydrierung von Methanol zu Alkanen.

Strukturell verwandt mit den Zeolithen sind der farblose Sodalith, $Na_4Cl[Al_3Si_3O_{12}]$, und die farbigen Ultramarine (Abb. 16.25). Sie haben Aluminosilicat-Gerüste, in deren Hohlräumen sich Kationen, aber keine Wassermoleküle befinden. Ihre Besonderheit liegt in der zusätzlichen Anwesen-

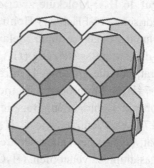

Abb. 16.25:
Sodalith- und Ultramarin-Gerüst

heit von Anionen in den Hohlräumen, zum Beispiel Cl^-, SO_4^{2-}, S_2^-, S_3^-. Die beiden letztgenannten sind farbige Radikalionen (grün bzw. blau), die für brillante Farben sorgen. Am bekanntesten ist das blaue Mineral Lapislazuli, $Na_4S_x[Al_3Si_3O_{12}]$, das auch synthetisch als Farbpigment hergestellt wird.

Gerüstsilicate werden auch Tectosilicate genannt, ihr gemeinsames Kennzeichen ist die dreidimensionale Eckenverknüpfung der Tetraeder über alle vier Ecken. Sie werden noch weiter unterschieden in:

1. Pyknolite, in denen relativ kleine Hohlräume des Gerüsts mit Kationen ausgefüllt sind; Beispiel: Feldspäte $M^+[AlSi_3O_8^-]$ und $M^{2+}[Al_2Si_2O_8^{2-}]$ wie $K[AlSi_3O_8]$ (Kalifeldspat, Sanidin), $Ca[Al_2Si_2O_8]$ (Anorthit) oder Plagioklas, $Ca_{1-x}Na_x[Al_{2-x}Si_{2+x}O_8]$. Feldspäte, insbesondere Plagioklas, sind mit Abstand die häufigsten Mineralien in der Erdkruste.

2. Clathrasile, in denen polyedrische Hohlräume vorhanden sind, deren Fenster jedoch zu klein sind, um andere Moleküle hindurchzulassen, so daß in den Hohlräumen eingeschlossene Ionen oder Fremdmoleküle nicht entweichen können; Beispiele: Ultramarine, Melanophlogit $(SiO_2)_{46} \cdot 8(N_2, CO_2, CH_4)$.

3. Zeolithe, deren Hohlräume durch weite Fenster oder Tunnel miteinander verbunden sind, durch die Fremdmoleküle oder -ionen diffundieren können.

Die zwischen SiO_2 und H_2O bestehende strukturelle Verwandtschaft (vgl. Abschnitt 12.5) zeigt sich auch bei den Clathraten (Einschlußverbindungen), zu denen die mit Fremdmolekülen belegten Clathrasile gehören. Wasser bildet analoge Clathrat-Hydrate, in denen Fremdmoleküle von einem Gerüst von H_2O-Molekülen umschlossen sind. Wie im Eis ist jedes O-Atom von vier H-Atomen umgeben. Die Strukturen sind nur in Anwesenheit der Fremdmoleküle stabil, ohne sie wäre das hohle Gerüst zu weiträumig und würde zusammenbrechen. Am bekanntesten sind die Gashydrate, in denen Teilchen wie Ar, CH_4, H_2S oder Cl_2 eingeschlossen sind; sie bestehen aus einem Gerüst, in dem auf 46 H_2O-Moleküle zwei dodekaedrische und sechs größere tetrakaidekaedrische (14-Flächner) Hohlräume kommen (Abb. 16.26; die gleiche Struktur hat der oben erwähnte Melanophlogit). Wenn alle Hohlräume gefüllt sind, ist die Zusammensetzung $(H_2O)_{46}X_8$ oder $X \cdot 5\frac{3}{4}H_2O$; wenn, wie beim Cl_2-Hydrat, nur die größeren Hohlräume gefüllt sind, ist sie $(H_2O)_{46}(Cl_2)_2$ oder $Cl_2 \cdot 7\frac{2}{3}H_2O$. Mit größeren Fremdmolekülen entstehen andere Gerüste mit noch größeren Hohlräumen; Beispiele: $(CH_3)_3CNH_2 \cdot 9\frac{3}{4}H_2O$, $HPF_6 \cdot 6H_2O$, $CHCl_3 \cdot 17H_2O$. Clathrate wie $C_3H_8 \cdot 17H_2O$, das einen Schmelzpunkt von 8,5 °C hat, können bei kaltem Wetter aus feuchtem Erdgas auskristallisieren und Erdgasleitungen verstopfen. $(H_2O)_{46}(CH_4)_8$ ist stabil bei Drücken, wie sie

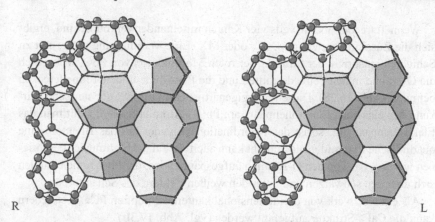

R   L

Abb. 16.26: Ausschnitt aus dem Strukturgerüst in Gashydraten vom Typ I. Jeder Eck-punkt steht für ein O-Atom, entlang jeder Kante befindet sich ein H-Atom (Stereobild)

unter 600 m Tiefe im Ozean herrschen. Es kommt dort in Mengen vor, welche die Erdgasvorkommen übertreffen; die Förderung lohnt sich aber nicht, weil der dafür notwendige Energieaufwand die Verbrennungswärme des enthalte-nen Methans übersteigt. Sehr eigenartig ist auch das Auftreten der Clathrat-Struktur bei den Verbindungen Na_8Si_{46}, K_8Si_{46}, K_8Ge_{46}, K_8Sn_{46}, in denen die Si-Atome die Lagen der Wassermoleküle einnehmen und somit alle vierbin-dig und valenzmäßig abgesättigt sind. Die Alkaliionen befinden sich in den Hohlräumen, ihre Elektronen bilden ein metallisches Elektronengas.

16.8 Kantenverknüpfte Tetraeder

Zwei Tetraeder mit einer gemeinsamen Kante ergeben die Zusammensetzung M_2X_6 wie beim Al_2Cl_6 (im Gaszustand oder in Lösung; Abb. 16.2, S. 245). Die Fortsetzung der Verknüpfung über gegenüberliegende Kanten führt zu einer linearen Kette, in der alle X-Atome verbrückend wirken. Solche Ketten kennt man vom $BeCl_2$ und SiS_2 sowie von den Anionen im $K[FeS_2]$ (Abb. 16.27).

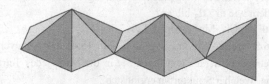

Abb. 16.27:
Tetraederverknüpfung im SiS_2

Wenn Tetraeder über jeweils vier Kanten miteinander verknüpft sind, ergibt sich die Zusammensetzung $MX_{4/4}$ oder MX. Eine Verknüpfung dieser Art zu Schichten entspricht der Struktur der roten Modifikation von PbO, wobei sich die O-Atome in den Tetraedermitten und die Pb-Atome in den Tetraederecken befinden (Abb. 16.28). Diese recht eigenartige Struktur läßt die sterische Wirkung des einsamen Elektronenpaars am Pb(II)-Atom erkennen; zählt man das Elektronenpaar mit, so ist das Koordinationspolyeder um das Bleiatom eine quadratische Pyramide. Die Schicht kann auch als Schachbrettmuster beschrieben werden, das von den O-Atomen aufgespannt wird; die Pb-Atome befinden sich über den schwarzen und unter den weißen Feldern des Schachbretts.

Als ein Netzwerk von dreidimensional kantenverknüpften FCa_4-Tetraedern kann die CaF_2-Struktur aufgefaßt werden (vgl. Abb. 17.3b).

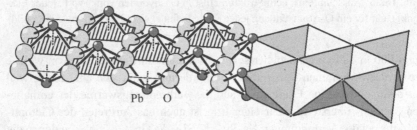

Pb   O

Abb. 16.28: Ausschnitt aus einer Schicht im roten PbO

16.9 Übungsaufgaben

16.1 Verknüpfen Sie $W_4O_{16}^{8-}$ Ionen (Abb. 16.14) zu einer Säule, die aus Paaren von kantenverknüpften Oktaedern besteht, die abwechselnd quer zueinander liegen. Welche ist die Zusammensetzung der Säule?

16.2 Verknüpfen Sie Paare von flächenverknüpften Koordinationsoktaedern über gemeinsame Ecken zu einer Kette, wobei jedes Oktaeder an einer gemeinsamen Ecke beteiligt ist, die nicht zur gemeinsamen Fläche gehört. Welche ist die Zusammensetzung?

16.3 Welche Zusammensetzung hat eine Säule aus quadratischen Antiprismen, die über gemeinsame Quadratflächen verknüpft sind?

16.4 Welche der folgenden Verbindungen könnte Säulen aus flächenverknüpften Oktaedern wie in ZrI_3 bilden?
InF_3, $InCl_3$, MoF_3, MoI_3, TaS_3^{2-}

16.5 Greifen Sie aus $MgCu_2$ (Abb. 15.4) das Netzwerk aus eckenverknüpften Cu-Tetraedern heraus und fügen Sie in die Mitte jedes Tetraeders ein zusätzliches Atom ein. Welcher Strukturtyp ergibt sich?

17 Kugelpackungen mit besetzten Lücken

Im vorigen Kapitel wurde wiederholt die Packung der polyedrischen Bauverbände angesprochen, etwa der Unterschied zwischen $CdCl_2$- und CdI_2-Typ, die beide aus gleichartigen Schichten von kantenverknüpften Oktaedern bestehen. Die Schichten sind so gestapelt, daß die Halogenatome für sich betrachtet im $CdCl_2$-Typ eine kubisch-, im CdI_2-Typ eine hexagonal-dichteste Kugelpackung bilden. Die Metallatome befinden sich in oktaedrischen Lücken der Kugelpackungen. Im vorigen Kapitel war die Betrachtung auf die Verknüpfung von Polyedern und die zugehörigen chemischen Zusammensetzungen gerichtet; die Packung im Kristall war ein sekundärer Aspekt. In diesem Kapitel entwickeln wir die gleichen Sachverhalte aus der Sicht der Gesamtpackung, wobei wir uns im wesentlichen auf das wichtigste Packungsprinzip, das der dichtesten Kugelpackungen, beschränken.

Was für die Cadmiumhalogenide gilt, gilt auch für zahlreiche andere Verbindungen: ein Teil der Atome bildet für sich gesehen eine dichteste Kugelpackung, die übrigen Atome befinden sich in Lücken dieser Packung. Die Atome, welche die Kugelpackung bilden, müssen nicht gleich sein, aber sie müssen ähnliche Größe haben (vgl. Abschnitte 15.1 und 15.2). Im Perowskit, $CaTiO_3$, bilden zum Beispiel die Calcium- und die Sauerstoffatome gemeinsam eine dichteste Kugelpackung; die Titanatome befinden sich in denjenigen oktaedrischen Lücken, die nur von Sauerstoffatomen umgeben sind. Wegen des Platzbedarfs der Atome in den Lücken und wegen ihrer Bindungsbeziehungen zu den umgebenden Atomen treten häufig gewisse Verzerrungen der Kugelpackung auf, die aber vielfach erstaunlich gering sind. Auch die Einlagerung von Atomen, die für die Lücken zu groß sind, ist möglich, wenn die Packung insgesamt aufgeweitet wird; es liegt dann strenggenommen keine dichteste Kugelpackung mehr vor (die Kugeln berühren einander nicht mehr), aber die relative Anordnung der Atome ändert sich im Prinzip nicht.

17.1 Die Lücken in dichtesten Kugelpackungen

Oktaederlücken in der hexagonal-dichtesten Kugelpackung

Abb. 17.1a zeigt den Ausschnitt zweier übereinanderliegender hexagonaler Schichten aus einer dichtesten Kugelpackung. Das Bild ist insofern unübersichtlich, als die Kugeln der Schicht A von denen der Schicht B weitgehend verdeckt sind. Für alle folgenden Abbildungen verwenden wir deshalb die Dar-

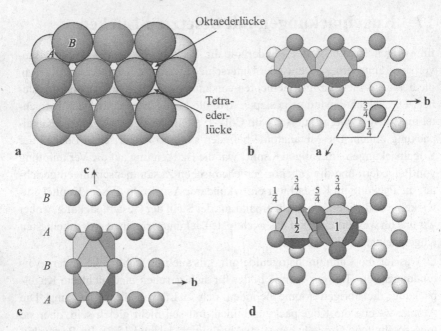

Abb. 17.1: a Relative Lage zweier hexagonaler Schichten in einer dichtesten Kugelpackung. **b** Dieselben Schichten mit kleiner gezeichneten Kugeln; zwei kantenverknüpfte Oktaeder und die Elementarzelle für die hexagonal-dichteste Kugelpackung sind eingezeichnet. **c** Seitenansicht auf eine hexagonal-dichteste Kugelpackung; zwei flächenverknüpfte Oktaeder sind eingezeichnet. **d** Zwei eckenverknüpfte Oktaeder in einer hexagonal-dichtesten Kugelpackung. Zahlen: z-Koordinaten der Kugeln bzw. Oktaedermitten

stellung gemäß Abb. 17.1**b**, die denselben Ausschnitt der Kugelpackung zeigt, jedoch mit kleiner gezeichneten Kugeln. Man sieht zwar nicht mehr, wo die in Wahrheit größeren Kugeln einander berühren, dafür erkennt man um so besser, wo sich die Oktaederlücken der Kugelpackung befinden: es sind die jetzt groß erscheinenden Löcher, die von jeweils sechs Kugeln umgeben sind. Die Kanten zweier Oktaeder sind in Abb. 17.1**b** eingezeichnet; diese beiden Oktaeder haben eine gemeinsame Kante. Abb. 17.1**c** stellt eine Seitenansicht auf die hexagonal-dichteste Kugelpackung dar (Blick auf die Schmalseiten der hexagonalen Schichten); die beiden eingezeichneten Oktaeder sind miteinander flächenverknüpft. In Abb. 17.1**d** sind zwei Oktaeder eingezeichnet, die in verschiedenen Höhen nebeneinanderliegen und die eine gemeinsame Ecke haben.

Wie aus Abb. 17.1 hervorgeht, entstehen bei der Besetzung von benachbarten Oktaederlücken in einer hexagonal-dichtesten Kugelpackung folgende Oktaederverknüpfungen:

Flächenverknüpfung, wenn die Oktaeder in Richtung c übereinanderliegen;

Kantenverknüpfung, wenn sie in der a-b-Ebene nebeneinanderliegen;

Eckenverknüpfung, wenn sie auf verschiedenen Höhen nebeneinanderliegen.

Die Bindungswinkel an den verbrückenden Atomen in den gemeinsamen Oktaederecken sind geometrisch festgelegt (Winkel M–X–M; M jeweils in der Oktaedermitte):

70,5° bei Flächenverknüpfung;

90,0° bei Kantenverknüpfung;

131,8° bei Eckenverknüpfung.

Die Anzahl der Oktaederlücken in der Elementarzelle ist aus Abb. 17.1c ersichtlich: in Richtung c liegen zwei verschieden orientierte Oktaeder übereinander, dann wiederholt sich das Muster. Auf eine Elementarzelle kommen zwei Oktaederlücken. Abb. 17.1b zeigt uns die Anwesenheit von zwei Kugeln in der Elementarzelle, je eine der Schichtlage A und B. Die Anzahl der Kugeln und der Oktaederlücken in der Elementarzelle stimmt also überein: *Auf eine Kugel kommt genau eine Oktaederlücke.*

Die Größe der Oktaederlücken ergibt sich aus der Konstruktion von Abb. 7.2 (S. 83). Dort wurden einander berührende Anionen angenommen, genauso wie bei den Kugeln einer Kugelpackung. In die Lücke zwischen sechs oktaedrisch angeordneten Kugeln mit Radius 1 paßt eine Kugel mit Radius 0,414.

Abb. 17.1 läßt auch noch folgendes erkennen. Parallel zur a-b-Ebene liegen die Oktaedermitten in Ebenen, die sich auf halbem Weg zwischen den Kugelschichten befinden. Die Lage der Oktaedermitten entspricht der Lage C, die in der Stapelfolge $ABAB\ldots$ der Kugeln nicht vorkommt. Zur Bezeichnung von Oktaederlücken in dieser Lage werden wir in den folgenden Abschnitten ein γ verwenden. Analog werden wir α und β verwenden, um Oktaederlücken zu bezeichnen, die den Lagen A bzw. B entsprechen.

Tetraederlücken in der hexagonal-dichtesten Kugelpackung

Abb. 17.2 zeigt Ausschnitte aus der hexagonal-dichtesten Kugelpackung wie in Abb. 17.1, hervorgehoben sind jedoch die Tetraeder aus je vier Kugeln. Man erkennt in der a-b-Ebene über Ecken verknüpfte Tetraeder. In Stapelrichtung sind die Tetraeder paarweise flächenverknüpft, die Paare sind miteinander eckenverknüpft. Ein Paar kann man auch als trigonale Bipyramide auffassen. Die Mitte

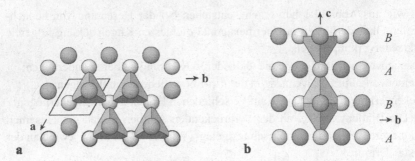

Abb. 17.2: Tetraeder in einer hexagonal-dichtesten Kugelpackung: **a** Blick auf die hexagonalen Schichten; **b** Blick parallel zu den hexagonalen Schichten (Stapelrichtung nach oben)

der trigonalen Bipyramide ist identisch mit der Lücke zwischen drei Atomen in der hexagonalen Schicht; die axialen Atome der Bipyramide sind 41 % weiter als die equatorialen von der Mitte entfernt. Zählt man nur die drei equatorialen Atome, so kann man die Lücke als Dreieckslücke auffassen; zählt man die axialen Atome mit, so ist es eine trigonal-bipyramidale Lücke. Die Tetraederlücken befinden sich jeweils über und unter dieser Lücke. Innerhalb eines Schichtenpaares AB ist ein Tetraeder, dessen Spitze nach oben weist, mit drei Tetraedern, deren Spitzen nach unten weisen, kantenverknüpft.

Die Bindungswinkel M–X–M an den Brückenatomen zwischen zwei besetzten Tetraedern betragen:

56,7° bei Flächenverknüpfung;
70,5° bei Kantenverknüpfung;
109,5° bei Eckenverknüpfung.

Wie in Abb. 17.2b erkennbar, befindet sich über und unter jeder Kugel je eine Tetraederlücke: *Auf eine Kugel kommen zwei Tetraederlücken.*

Entsprechend der Berechnung in Abb. 7.2 (S. 83) paßt in eine aus vier Kugeln mit Radius 1 gebildete Tetraederlücke eine Kugel mit Radius 0,225.

Oktaeder- und Tetraederlücken in der kubisch-dichtesten Kugelpackung

Eine Übersicht über die Anordnung der Lücken in der kubisch-dichtesten Kugelpackung erhält man am einfachsten durch Betrachtung der flächenzentrierten Elementarzelle. In der Mitte der Elementarzelle sowie in den Mitten aller Kanten der Elementarzelle befinden sich die Oktaederlücken (Abb. 17.3a). In

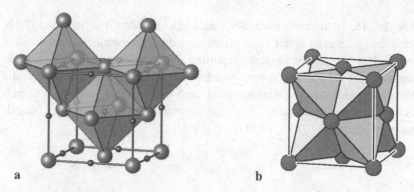

a   b

Abb. 17.3: Flächenzentrierte Elementarzelle der kubisch-dichtesten Kugelpackung.
a Mit Oktaederlücken (kleine Kugeln), b mit Tetraederlücken

den drei Richtungen parallel zu den Zellenkanten sind die Oktaeder miteinander eckenverknüpft. In den Richtungen diagonal zu den Seiten der Elementarzelle sind sie kantenverknüpft. Flächenverknüpfte Oktaeder kommen nicht vor.

Denkt man sich die Elementarzelle in acht Oktanten (Achtelswürfel) unterteilt, so kann man in der Mitte von jedem Oktanten eine Tetraederlücke erkennen (Abb. 17.3b). Die Tetraeder in zwei Fläche an Fläche aneinandergrenzenden Oktanten sind miteinander kantenverknüpft. Eckenverknüpft sind Tetraeder, deren Oktanten nur eine gemeinsame Kante oder eine gemeinsame Ecke haben. Flächenverknüpfte Tetraeder sind nicht vorhanden.

Auf eine Elementarzelle kommen vier Kugeln, vier Oktaederlücken und acht Tetraederlücken. Die Zahlenrelationen sind damit die gleichen wie bei der hexagonal-dichtesten Kugelpackung: Auf eine Kugel kommen eine Oktaeder- und zwei Tetraederlücken. Das gilt auch für alle anderen Stapelvarianten von dichtesten Kugelpackungen. Ebenso stimmt die Größe der Lücken bei allen dichtesten Kugelpackungen überein.

Die Bindungswinkel M–X–M an den Brückenatomen zwischen zwei mit Atomen M besetzten Polyedern sind:

kantenverknüpfte Oktaeder	90,0°	eckenverknüpfte Tetraeder in	
eckenverknüpfte Oktaeder	180,0°	Oktanten mit gemeinsamer Kante	109,5°
		eckenverknüpfte Tetraeder in	
kantenverknüpfte Tetraeder	70,5°	Oktanten mit gemeinsamer Ecke	180,0°

Die hexagonalen Schichten mit Stapelfolge *ABCABC*... liegen senkrecht zu den Raumdiagonalen der Elementarzelle. Ein Paar solcher Schichten, zum

Beispiel AB, ist relativ zueinander genauso angeordnet wie in Abb. 17.1b. Schicht C folgt dann in der Lage genau über den Oktaederlücken zwischen A und B. Das Muster der kantenverknüpften Oktaeder innerhalb *eines Schichtenpaares* ist unabhängig davon, welche Schichtlagen folgen. Während die Abfolge der Lagen der Oktaedermitten in Stapelrichtung in der hexagonal-dichtesten Kugelpackung $\gamma\gamma\ldots$ ist, ist sie in der kubisch-dichtesten Kugelpackung $\gamma\alpha\beta\gamma\alpha\beta\ldots$ (Abb. 17.4).

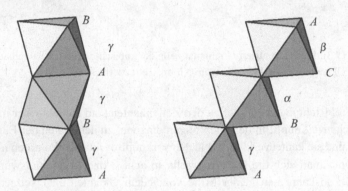

Abb. 17.4: Relative Anordnung der Oktaeder in der hexagonal- und in der kubisch-dichtesten Kugelpackung in Stapelrichtung der hexagonalen Schichten

In Tabelle 17.1 sind die kristallographischen Daten der beiden beschriebenen Kugelpackungen zusammengestellt.

Tabelle 17.1: Kristallographische Daten zur hexagonal- und kubisch-dichtesten Kugelpackung. $+F$ bedeutet $+(\frac{1}{2},\frac{1}{2},0)$, $+(\frac{1}{2},0,\frac{1}{2})$, $+(0,\frac{1}{2},\frac{1}{2})$ (Flächenzentrierung). Zahlen, die als 0 oder Bruchzahl angegeben sind, sind durch die Symmetrie fixiert (spezielle Lagen)

	Raum-gruppe	Lage der Kugeln	Mitten der Oktaederlücken	Mitten der Tetraederlücken	c/a
hexagonal-dichteste K.-P.	$P6_3/mmc$	$2d$ $\frac{2}{3},\frac{1}{3},\frac{1}{4};$ $\frac{1}{3},\frac{2}{3},\frac{3}{4}$	$2a$ $0,0,0;$ $0,0,\frac{1}{2}$	$4f$ $\pm(\frac{2}{3},\frac{1}{3},0,625);$ $\pm(\frac{1}{3},\frac{2}{3},0,125)$	$\frac{2}{3}\sqrt{6}=$ $1,633$
kubisch-dichteste K.-P.	$Fm\bar{3}m$	$4a$ $0,0,0$ $+F$	$4b$ $0,0,\frac{1}{2}$ $+F$	$8c$ $\frac{1}{4},\frac{1}{4},\frac{1}{4};$ $\frac{1}{4},\frac{1}{4},\frac{3}{4}$ $+F$	

17.2 Einlagerungsverbindungen

Die Einlagerung von Atomen in die Lücken einer Kugelpackung ist nicht einfach eine Vorstellung; bei einigen Elementen läßt sie sich tatsächlich kontinuierlich durchführen. In dieser Hinsicht ist die Aufnahme von Wasserstoff durch bestimmte Metalle unter Bildung von Metallhydriden am bekanntesten. Während der Wasserstoffaufnahme ändern sich die Eigenschaften deutlich, und meistens kommt es dabei zu Phasenumwandlungen, d. h. die Packung der Metallatome im letztlich erhaltenen Hydrid ist meistens nicht die gleiche wie die des reinen Metalls. In der Regel handelt es sich aber nach wie vor um eine der für Metalle typischen Packungen. Man spricht deshalb von Einlagerungshydriden. Der Wasserstoffgehalt ist variabel und hängt von Druck und Temperatur ab; es handelt sich also um nichtstöchiometrische Verbindungen.

Einlagerungshydride kennt man von den Nebengruppenelementen (einschließlich Lanthanoide und Actinoide). Auch Magnesiumhydrid kann man dazu zählen, da es unter Druck Wasserstoff bis zur Zusammensetzung MgH_2 aufzunehmen vermag, den es beim Erwärmen wieder abgibt. Die Grenzzusammensetzungen sind MH_3 bei den meisten Lanthanoiden und Actinoiden, sonst MH_2 oder weniger. In einigen Fällen sind die Verbindungen in bestimmten Zusammensetzungsbereichen instabil (stabil sind z. B. nur kubisches $HoH_{1,95}$ bis $HoH_{2,24}$ und hexagonales $HoH_{2,64}$ bis $HoH_{3,00}$).

Die für die Zusammensetzung MH_2 typische Struktur ist eine kubischdichteste Kugelpackung von Metallatomen, bei der alle Tetraederlücken mit H-Atomen besetzt wurden; dies ist nichts anderes als der CaF_2-Typ. Bei den wasserstoffreicheren Lanthanoidhydriden (MH_2 bis MH_3) werden zusätzlich die Oktaederlücken besetzt (Li_3Bi-Typ für LaH_3 bis NdH_3, vgl. Abb. 15.3, S. 237).

Die Einlagerungshydride der Übergangsmetalle unterscheiden sich von den salzartigen Hydriden der Alkali- und Erdalkalimetalle MH bzw. MH_2, erkennbar an ihren Dichten. Während die letzteren eine höhere Dichte als die Metalle haben, sind in den Übergangsmetallhydriden die Metallgitter aufgeweitet. Sie zeigen außerdem metallischen Glanz und sind Halbleiter. Die Alkalihydride haben NaCl-Struktur, MgH_2 hat Rutilstruktur.

Die Packungsdichte der H-Atome ist in allen wasserstoffreichen Metallhydriden sehr hoch. Im MgH_2 ist sie zum Beispiel 55 % höher als in flüssigem Wasserstoff. Jahrelange Versuche, Magnesium als Wasserstoffspeicher einzusetzen, sind bis jetzt nicht erfolgreich gewesen. Die Legierung $LaNi_5$ kann ebenfalls relativ leicht Wasserstoff aufnehmen und wieder abgeben; sie findet Verwendung als Elektrodenmaterial in Metallhydrid-Batterien.

Zu den Einlagerungsverbindungen zählt man insbesondere die Carbide und Nitride der Elemente Ti, Zr, Hf, V, Nb, Ta, Cr, Mo, W, Th und U. Ihre Zusammensetzung entspricht in vielen Fällen ungefähr der Formel M_2X oder MX. Es handelt sich in der Regel um nichtstöchiometrische Verbindungen mit einer Zusammensetzung, die innerhalb gewisser Grenzen variieren kann. Dies, sowie weitgehend übereinstimmende Strukturen und Eigenschaften bei gleicher Zusammensetzung zeigen uns den beherrschenden Einfluß der kristallchemischen Gegebenheiten bei dieser Verbindungsklasse.

Die Nitride können durch Erhitzen der Metallpulver in N_2- oder NH_3-Atmosphäre auf über 1100 °C hergestellt werden, die Carbide enstehen beim Erhitzen von Gemischen aus Metallpulver und Kohlenstoff auf Temperaturen um 2200 °C. Auch im Rahmen der chemischen Transportreaktion nach VAN ARKEL-DE BOER sind sie zugänglich, wenn die Metallabscheidung in einer Atmosphäre aus N_2 bzw. eines Kohlenwasserstoffs stattfindet. Ihre bemerkenswerten Eigenschaften sind:

Große Härte mit Werten von 8 bis 10 auf der MOHS-Skala; sie reicht also in einigen Fällen (z. B. bei W_2C) an die Härte von Diamant.

Extrem hohe Schmelzpunkte, zum Beispiel (Werte in °C):

Ti	1660	TiC	3140	TiN	2950	VC	2650
Zr	1850	ZrC	3530	ZrN	2980	NbC	2600
Hf	2230	HfC	3890	HfN	3300	TaC	3880

Vergleichswerte: Schmelzpunkt von W 3420 °C (höchstschmelzendes Metall), Sublimationspunkt von Graphit ca. 3350 °C.

Metallische elektrische Leitfähigkeit, in manchen Fällen auch Supraleitfähigkeit bei tiefen Temperaturen (z. B. NbC, Sprungtemperatur 10,1 K).

Hohe chemische Widerstandsfähigkeit, ausgenommen gegen Oxidationsmittel wie Luftsauerstoff bei Temperaturen über 1000 °C oder heiße konzentrierte Salpetersäure.

Die Einlagerung von C oder N in das Metall ist also mit einer Zunahme der Festigkeit verbunden unter Erhalt von metallischen Eigenschaften.

Die Strukturen können als Metallatompackungen aufgefaßt werden, in deren Lücken die Nichtmetallatome eingelagert sind. In der Regel sind die Metallatompackungen nicht die gleichen wie diejenigen der entsprechenden reinen Metalle. Folgende Strukturtypen treten auf:

M_2C und M_2N	hexagonal dichteste M-Packung, C- oder N-Atome in der Hälfte der Oktaederlücken
MC und MN	kubisch-dichteste M-Packung, C- oder N-Atome in allen Oktaederlücken = NaCl-Typ (gilt nicht für Mo, W)
MoC, MoN, WC, WN	WC-Typ

Beim WC-Typ bilden die Metallatome keine dichteste, sondern eine hexagonal-primitive Kugelpackung, in der die Metallatome trigonale Prismen bilden, in deren Mitten sich die C-Atome befinden.

Bei den Strukturen für M_2C und M_2N taucht die Frage auf: Ist die Verteilung der besetzten und der unbesetzten Oktaederlücken geordnet? Für geordnete Verteilungen gibt es verschiedene Möglichkeiten, von denen einige tatsächlich auftreten. So wechseln sich im W_2C besetzte und unbesetzte Oktaederlücken schichtenweise ab; das ist nichts anderes als der CdI_2-Typ. Im β-V_2N wechseln sich Schichten von Oktaederlücken ab, die jeweils zu $\frac{1}{3}$ und $\frac{2}{3}$ besetzt sind. Die Frage der geordneten Verteilung besetzter Lücken wird uns in den nächsten Abschnitten beschäftigen.

17.3 Wichtige Strukturtypen mit besetzten Oktaederlücken in dichtesten Kugelpackungen

Wir betrachten vorwiegend binäre Verbindungen MX_n, deren X-Atome eine dichteste Kugelpackung bilden und deren M-Atome sich in Oktaederlücken befinden. Da die Anzahl der Oktaederlücken mit der Anzahl der X-Atome übereinstimmt, muß genau der Bruchteil $1/n$ der Oktaederlücken besetzt sein, um der Zusammensetzung gerecht zu werden. Wie oben beschrieben, werden im folgenden die Schichtlagen der X-Atome mit A, B und C bezeichnet, die dazwischen befindlichen Schichten von Oktaederlücken mit α (zwischen B und C), β (zwischen C und A) und γ (zwischen A und B). Bruchzahlen als Indices geben an, zu welchem Bruchteil die Oktaederlücken der jeweiligen Zwischenschicht besetzt ist; eine völlig unbesetzte Zwischenschicht wird mit dem SCHOTTKY-Symbol $\square$ angezeigt.

Verbindungen MX

Strukturtyp	Stapelfolge	Raumgruppe	Beispiele
NaCl	$A\gamma B\alpha C\beta$	$Fm\overline{3}m$	LiH, KF, AgCl, MgO, PbS, TiC
NiAs	$A\gamma B\gamma$	$P6_3/mmc$	CrH, TiS, CoS, CoSb, AuSn

Bei beiden Strukturtypen sind alle Oktaederlücken der kubisch- bzw. hexagonal-dichtesten Kugelpackung besetzt. Die Koordinationszahl ist 6 für alle beteiligten Atome. Beim NaCl-Typ haben alle Atome eine oktaedrische Koordination, und es ist gleichgültig, ob man die Struktur als eine Kugelpackung von Na^+-Ionen mit eingelagerten Cl^--Ionen oder umgekehrt ansieht. Anders verhält es sich beim NiAs-Typ; hier entspricht nur die Anordnung der As-Atome der Kugelpackung, während die Nickelatome in den Oktaederlücken (γ-Lagen) genau übereinander gestapelt sind (Abb. 17.5). Nur die Nickelatome sind oktaedrisch koordiniert, die sechs Nickelatome um ein Arsenatom bilden

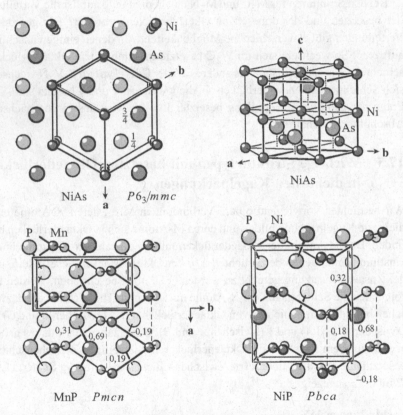

Abb. 17.5: Die NiAs-Struktur und verzerrte Varianten. Die Bilder für MnP und NiP zeigen denselben Ausschnitt wie das Bild für NiAs links oben; gestrichelt: pseudohexagonale Zellen, die der NiAs-Elementarzelle entsprechen. Zahlenwerte: z-Koordinaten (in Blickrichtung)

ein trigonales Prisma. Man kann die Struktur auch als ein hexagonal-primitives Gerüst von Ni-Atomen auffassen; darin kommen nur trigonale Prismen als Polyeder vor, und zwar doppelt so viele wie Ni-Atome. Die Hälfte dieser Prismen ist mit As-Atomen besetzt (vgl. auch Abb. 16.16, S. 262).

Wie die obengenannten Beispiele erkennen lassen, wird der NaCl-Typ vorzugsweise bei salzartigen Verbindungen, einigen Oxiden und Sulfiden und bei den im vorigen Abschnitt besprochenen Einlagerungsverbindungen angetroffen. Der NaCl-Typ ist aus elektrostatischen Gründen günstig für stark polare Verbindungen, da jedes Atom nur Atome des anderen Elements in seiner Nähe hat. Sulfide, Selenide, Telluride sowie Phosphide, Arsenide und Antimonide mit NaCl-Struktur findet man mit Erdalkalimetallen und mit Elementen der dritten Nebengruppe (MgS, CaS, ..., MgSe, ..., BaTe; ScS, YS, LnS, LnSe, LnTe; LnP, LnAs, LnSb mit Ln = Lanthanoid). Mit anderen Nebengruppenelementen bevorzugen sie dagegen den NiAs-Typ und dessen unten genannten Varianten. Das ist elektrostatisch ungünstig, da sich die Ni-Atome in miteinander flächenverknüpften Oktaedern befinden und sich somit recht nahe kommen (Ni–Ni-Abstand 252 pm, nur weniger länger als der Ni–As-Abstand von 243 pm). Dies suggeriert die Anwesenheit von bindenden Metall-Metall-Wechselwirkungen, zumal dieser Strukturtyp nur auftritt, wenn die Metallatome noch über d-Elektronen verfügen. Für die Metall-Metall-Wechselwirkungen sprechen auch folgende Befunde: metallischer Glanz und elektrische Leitfähigkeit, variable Zusammensetzung sowie die Abhängigkeit der Gitterparameter von der Elektronenkonfiguration, zum Beispiel:

Verhältnis c/a der hexagonalen Elementarzelle

TiSe	VSe	CrSe	$Fe_{1-x}Se$	CoSe	NiSe
1,68	1,67	1,64	1,64	1,46	1,46

Bei den elektronenreicheren Arseniden und Antimoniden sind die c/a-Verhältnisse noch kleiner (z. B. 1,39 für NiAs); da das ideale c/a-Verhältnis für die hexagonal-dichteste Kugelpackung 1,633 beträgt, zeigt sich eine erhebliche Schrumpfung in Richtung c, d. h. in der Richtung, in der die Metallatome einander am nächsten sind.

MnP zeigt eine verzerrte NiAs-Struktur, bei der die Metallatome auch in der a-b-Ebene zusammenrücken und Zickzacklinien bilden, so daß jedes Metallatom vier nahegelegene Metallatome um sich hat (Abb. 17.5). Zugleich rücken die P-Atome zu Zickzackketten zusammen, die im Sinne der ZINTL-Phasen als $(P^-)_\infty$-Ketten aufgefaßt werden können. Eine noch weitergehende Verzerrung tritt beim NiP auf, wo P_2-Paare auftreten (P_2^{4-}). Die genannten Verzerrungen lassen sich als PEIERLS-Verzerrung deuten. Berechnungen der elektronischen Bänderstruktur ergeben in kurzgefaßter Form: 9–10 Valenzelektronen pro Metallatom favorisieren die NiAs-, 11–14 die MnP- und mehr als 14 die NiP-Struktur (der Phosphor trägt zu 5 Valenzelektronen pro Metallatom bei); diese Aussagen gelten für Phosphide; bei Arseniden und noch mehr bei Antimoniden wird die NiAs-Struktur auch bei den größeren Elektronenzahlen bevorzugt.

Verbindungen mit NiAs-Struktur zeigen häufig eine gewisse Phasenbreite, indem einzelne Metallatome fehlen können. Die Zusammensetzung ist dann $M_{1-x}X$. Die Fehlstellen können statistisch oder geordnet verteilt sein. In letzterem Fall handelt es sich um Überstrukturen des NiAs-Typs, die man zum Beispiel bei Eisensulfiden wie Fe_9S_{10} oder $Fe_{10}S_{11}$ kennt. Erfolgt die Herausnahme der Metallatome immer nur aus jeder zweiten Schicht, so hat man in der Reihe $M_{1,0}X$ bis $M_{0,5}X$ (= MX_2) einen kontinuierlichen Übergang vom NiAs- zum CdI_2-Typ; beim $Co_{1-x}Te$ sind solche Phasen bekannt (CoTe: NiAs-Typ; $CoTe_2$: CdI_2-Typ).

Verbindungen MX_2

Die Hälfte der Oktaederlücken ist besetzt. Für die Verteilung auf die Zwischenschichten gibt es mehrere Möglichkeiten:
1. Die Zwischenschichten sind abwechselnd voll besetzt und unbesetzt. In den besetzten Schichten liegen lauter kantenverknüpfte Oktaeder vor (Abb. 16.9, S. 255).

Strukturtyp	Stapelfolge	Raumgruppe	Beispiele
$CdCl_2$	$A\gamma B\square C\beta A\square B\alpha C\square$	$R\bar{3}m$	$MgCl_2$, $FeCl_2$, Cs_2O
CdI_2	$A\gamma B\square$	$P\bar{3}m1$	$MgBr_2$, PbI_2, SnS_2, Ag_2F, $Mg(OH)_2$, $Cd(OH)_2$

Es gibt auch noch weitere Polytypen, d. h. solche mit anderen Stapelfolgen für die Halogenatome. Besonders beim CdI_2 selbst sind inzwischen sehr viele dieser Polytypen bekannt, weshalb die Bezeichnung CdI_2-Typ heute als etwas unglücklich angesehen wird und auch vom $Mg(OH)_2$- (Brucit-) oder $Cd(OH)_2$-Typ gesprochen wird. Die H-Atome der Hydroxide sind in die Tetraederlücken zwischen den Schichten ausgerichtet, sie sind nicht an H-Brücken beteiligt. Botallackit, $Cu_2(OH)_3Cl$, ist wie CdI_2 aufgebaut, wobei jede zweite Schicht der Kugelpackung zur Hälfte aus Cl-Atomen und OH-Gruppen besteht (eine zweite Modifikation der gleichen Zusammensetzung ist der Atacamit, s. u.).

So wie es vom NiAs-Typ verzerrte Varianten mit Metall-Metall-Bindungen gibt, kennt man auch solche Varianten des CdI_2-Typs. Im ZrI_2 ist zum Beispiel die CdI_2-Struktur so verzerrt, daß die Zr-Atome Zickzackketten bilden. Jedes Zr-Atom ist also an zwei Zr–Zr-Bindungen beteiligt, was mit der d^2-Konfiguration des zweiwertigen Zirconiums im Einklang steht.

2. Die Zwischenschichten sind abwechselnd zu $\frac{2}{3}$ und $\frac{1}{3}$ besetzt.

Strukturtyp Stapelfolge Raumgruppe Beispiele

ε-Fe_2N $A\gamma_{2/3}B\gamma'_{1/3}$ $P\bar{3}1m$ Cr_2N, Li_2ZrF_6, As_2MnO_6

Die zu $\frac{2}{3}$ besetzten Zwischenschichten bestehen aus kantenverknüpften Oktaedern mit Bienenwabenmuster wie im BiI_3. Die Oktaeder in den zu $\frac{1}{3}$ besetzten Schichten sind nicht miteinander verbunden, sie haben aber gemeinsame Ecken mit den Oktaedern der Nachbarschichten. Im Falle des Li_2ZrF_6 sind die Zr-Atome diejenigen in der zu $\frac{1}{3}$ besetzten Schicht (vgl. Abb. 16.13, S. 259).

3. Die Zwischenschichten sind abwechselnd zu $\frac{1}{4}$ und $\frac{3}{4}$ besetzt. Diese Anordnung findet man im Atacamit, einer Modifikation von $Cu_2(OH)_3Cl$, mit der Stapelfolge:

$A\gamma_{1/4}B\alpha_{3/4}C\beta_{1/4}A\gamma'_{3/4}B\alpha'_{1/4}C\beta'_{3/4}$.

4. Jede Zwischenschicht ist zur Hälfte besetzt.

Strukturtyp Stapelfolge Raumgruppe Beispiele

$CaCl_2$ $A\gamma_{1/2}B\gamma'_{1/2}$ $Pnnm$ $CaBr_2$, ε-$FeO(OH)$, Co_2C

α-PbO_2 $A\gamma_{1/2}B\gamma''_{1/2}$ $Pbcn$ TiO_2 (Hochdruck)

α-$AlO(OH)$ $A\gamma_{1/2}B\gamma'''_{1/2}$ $Pbnm$ α-$FeO(OH)$ (Goethit)

Im $CaCl_2$ liegen lineare Stränge aus kantenverknüpften Oktaedern vor; die Stränge sind über gemeinsame Oktaederecken miteinander verknüpft (Abb. 17.6). Markasit ist eine Modifikation von FeS_2, mit einer deformierten Abart des $CaCl_2$-Typs, in dem die Schwefelatome unter Ausbildung von S_2-Hanteln aufeinander zugerückt sind. Das Aufeinanderzurücken wird durch eine gegenseitige Verdrehung der Oktaederstränge ermöglicht (Abb. 17.6). Für diesen Strukturtyp gibt es einige Vertreter, zum Beispiel $NiAs_2$, $CoTe_2$.

Verdreht man die Oktaederstränge in umgekehrter Richtung, so kommt man zum Rutil-Typ (Abb. 17.6). Wegen dieser Verwandtschaft zum $CaCl_2$-Typ wird dem Rutil-Typ oft eine hexagonal-dichteste Packung von O-Atomen zugeschrieben. Die Abweichung von dieser Packung ist aber recht erheblich. So ist ein O-Atom nicht mehr mit zwölf anderen O-Atomen in Berührung, sondern nur noch mit elf, und die „hexagonalen" Schichten sind stark gewellt. Auch nach dem Formalismus der Gruppentheorie ist es nicht zulässig, den tetragonalen Rutil als Abkömmling der hexagonal-dichtesten Kugelpackung anzusehen (s. Kapitel 18.3). Tatsächlich entspricht die Anordnung der O-Atome

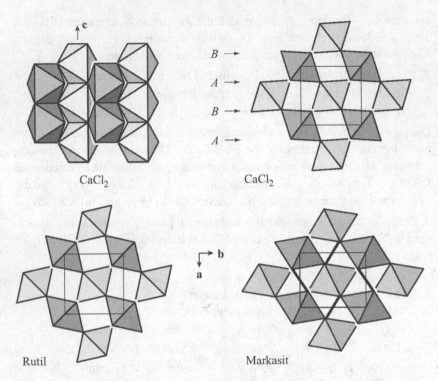

Abb. 17.6: Links oben: $CaCl_2$-Struktur, Blick senkrecht zu den hexagonalen Schichten. Rechts oben und unten: Blick entlang der Ketten kantenverknüpfter Oktaeder im $CaCl_2$, Rutil und Markasit; beim $CaCl_2$ sind die hexagonalen Schichten mit A und B bezeichnet. Dicke Striche: S–S-Bindungen im Markasit

im Rutil der tetragonal-dichten Kugelpackung. Das ist eine Kugelpackung, deren Raumerfüllung von 71,9 % nur wenig geringer ist als die einer dichtesten Kugelpackung. Man stelle sich eine Anordnung von Kugeln in Gestalt einer Leiter vor (Abb. 17.7). Solche Leitern werden mit gleicher Längsausrichtung gegenseitig querstehend aneinandergereiht, wobei Kugeln einer Leiter neben die Lücken zwischen den Sprossen der nächsten Leiter kommen. In der erhaltenen Kugelpackung hat jede Kugel die Koordinationszahl $11: 2 + 4 + 2$ Kugeln aus den drei benachbarten Leitern sowie drei Kugeln innerhalb der eigenen Leiter. Die Lücken zwischen den Sprossen ergeben die Oktaederlücken, die im Rutil mit Ti-Atomen besetzt sind, die Leitern ergeben die Stränge von kanten-

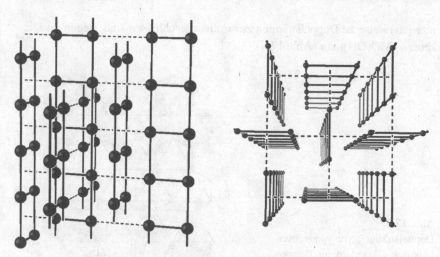

Abb. 17.7: Tetragonal-dichte Kugelpackung

verknüpften Oktaedern. Im Vergleich zu einer dichtesten Kugelpackung (K.Z. 12) ist die Koordinationszahl um 8 %, die Packungsdichte aber nur um 3 % verringert; dies läßt erahnen, warum der Rutil-Typ die günstigere Packung für stark polare Verbindungen bietet (Dioxide, Difluoride).

Die Ähnlichkeit der Strukturen von Rutil, $CaCl_2$ und Markasit zeigt auch der Vergleich ihrer Kristallstrukturdaten (Tab. 17.2). Die Raumgruppen von $CaCl_2$ und Markasit (beide $Pnnm$) sind Untergruppen der Raumgruppe von Rutil. Durch die gegenseitige Verdrehung der Oktaederstränge ist die tetragonale Symmetrie des Rutils gebrochen (s. S. 55 und Abschnitt 18.4). Auch im α-PbO_2 liegen miteinander verbundene Stränge aus kantenverknüpften Oktaedern vor, die Stränge sind zickzackförmig (Abb. 16.12, S. 258). Lineare Stränge von kantenverknüpften Oktaedern wie im $CaCl_2$-Typ, die jedoch im-

Tabelle 17.2: Kristalldaten von Rutil, $CaCl_2$ und Markasit

	Raum-gruppe	a pm	b pm	c pm	M-Atom x y z	Anion x y z
Rutil	$P4_2/mnm$	459,3	459,3	295,9	0 0 0	0,305 0,305 0
$CaCl_2$	$Pnnm$	625,9	644,4	417,0	0 0 0	0,275 0,325 0
Markasit	$Pnnm$	444,3	542,4	338,6	0 0 0	0,200 0,378 0

mer paarweise zu Doppelsträngen zusammengeschlossen sind, liegen im Diaspor, α-AlO(OH), vor (Abb. 17.8).

Abb. 17.8:
Doppelstränge von kantenverknüpften Oktaedern im Diaspor, α-AlO(OH)

Verbindungen MX_3

Ein Drittel der Oktaederlücken ist besetzt. Auch hier gibt es mehrere Möglichkeiten für die Verteilung auf die Zwischenschichten:

1. Jede dritte Zwischenschicht ist voll besetzt, die übrigen sind unbesetzt. In den besetzten Schichten liegen wieder lauter kantenverknüpfte Oktaeder wie im CdI_2 vor. Dieser Aufbau tritt im Cr_2AlC auf, die Schichtenfolge ist:

$$A_{Cr}\gamma B_{Cr}\square A_{Al}\square B_{Cr}\gamma A_{Cr}\square B_{Cr}\square$$

Wie zu erkennen, sind die Kohlenstoffatome nur in Oktaeder aus einer Atomsorte, und zwar in derjenigen des Übergangsmetalls, eingelagert.

2. Jede zweite Zwischenschicht ist zu zwei dritteln besetzt.

Strukturtyp	Stapelfolge	Raumgruppe	Beispiele
$AlCl_3$	$A\gamma_{2/3}B\square C\beta_{2/3}A\square B\alpha_{2/3}C\square$	$C2/m$	YCl_3, HT-$CrCl_3$
BiI_3	$A\gamma_{2/3}B\square$	$R\bar{3}$	$FeCl_3$, TT-$CrCl_3$

Bei beiden Strukturtypen ist die Gestalt der Schichten aus kantenverknüpften Oktaedern die gleiche (Abb. 16.8). Bei den schichtartigen Trihalogeniden ist eine Fehlordnung der Packung der Halogenatome weit verbreitet, d. h. die Stapelfolge der hexagonalen Schichten ist nicht streng AB oder ABC, sondern es treten häufige Stapelfehler auf. Dies gilt auch für $AlCl_3$ und BiI_3 selbst, wobei die Häufigkeit der Stapelfehler von den Wachstumsbedingungen des einzelnen Kristalls abhängt. An einem durch Sublimation entstandenen BiI_3-Kristall wurde zum Beispiel ein Überwiegen der hexagonalen Stapelfolge *hhh*... gefunden, aber im statistischen Mittel trat alle 16 Schichten ein Stapelfehler mit einer *c*-Schicht auf.

3. Jede Zwischenschicht ist zu einem drittel besetzt.

Strukturtyp	Stapelfolge	Raumgruppe	Beispiele
$RuBr_3$	$A\gamma_{1/3}B\gamma_{1/3}$	$Pmnm$	β-$TiCl_3$, ZrI_3, $MoBr_3$
RhF_3	$A\gamma_{1/3}B\gamma'_{1/3}$	$R\bar{3}c$	IrF_3, PdF_3, $TmCl_3$

Im $RuBr_3$-Typ sind in *c*-Richtung übereinanderliegende Oktaeder zu Strängen von flächenverknüpften Oktaedern verbunden; zwischen benachbarten Oktaedern sind die Metallatome paarweise aus den Oktaedermitten aufeinander gerückt und bilden Metall-Metall-Bindungen (Abb. 16.10, S. 257). Dies scheint Voraussetzung für das Auftreten dieses Strukturtyps zu sein, d.h. er kommt nur bei Übergangsmetallen mit einer ungeradzahligen *d*-Elektronenkonfiguration vor.

Im RhF_3-Typ sind alle Oktaeder miteinander eckenverknüpft und der hexagonal-dichtesten Packung der F-Atome entsprechend betragen die Rh–F–Rh-Winkel etwa 132°. Durch Verdrehung der Oktaeder kann der Winkel bis 180° aufgeweitet werden, die Packung ist dann aber weniger dicht. Dies wird beim VF_3-Typ beobachtet (V–F–V-Winkel bei 150°), der bei einer Reihe von Trifluoriden vorkommt (GaF_3, TiF_3, FeF_3 u.a.); vgl. dazu Abb. 16.5, S. 251. Im PdF_3 sind die Pd–F-Abstände in den Oktaedern abwechselnd größer und kleiner (217 und 190 pm) im Sinne der Formulierung $Pd^{II}Pd^{IV}F_6$.

Verbindungen M_2X_3

Zwei Drittel der Oktaederlücken sind besetzt. Die möglichen Strukturtypen sind gewissermaßen „Inverse" zu den MX_3-Strukturen, denn in diesen sind $\frac{2}{3}$ der Oktaederlücken unbesetzt. Wenn also die bei einem MX_3-Typ besetzten Lücken frei gelassen werden und die freien besetzt werden, kommt man zu einer M_2X_3-Struktur. Die Art der Verknüpfung der besetzten Oktaeder ist dann allerdings anders. So entspricht die Anordnung der freien Oktaederlücken des RhF_3-Typs derjenigen der besetzten Lücken im Korund, Al_2O_3. Dessen besetzte Oktaeder sind sowohl über Kanten wie über Flächen miteinander verbunden (Abb. 16.15, S. 261). Die Schichtenabfolge ist:

$$A\gamma_{2/3}B\gamma'_{2/3}A\gamma''_{2/3}B\gamma_{2/3}A\gamma'_{2/3}B\gamma''_{2/3}$$

Verbindungen MX$_4$, MX$_5$ und MX$_6$

Es sind $\frac{1}{4}$, $\frac{1}{5}$ bzw. $\frac{1}{6}$ der Oktaederlücken besetzt. Es gibt viele Varianten für die Verteilung der Besetzung, und die Angabe der Besetzungsfolge alleine ist nicht sehr informativ. Abb. 17.9 zeigt einige Beispiele, die ein wichtiges Prinzip bei der Packung von Molekülen erkennen lassen: Alle Oktaederlücken, die das Molekül direkt umgeben, müssen unbesetzt bleiben, daran anschließend müssen wieder besetzte Lücken folgen, damit keine Atome der Kugelpackung übrigbleiben, die zu keinem Molekül gehören. So selbstverständlich diese Feststellung klingen mag, schränkt sie doch die Anzahl möglicher

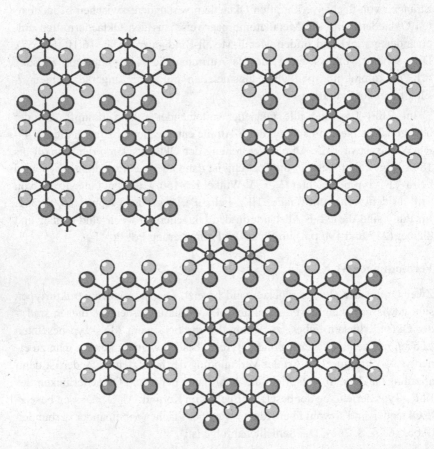

Abb. 17.9: Einige Beispiele für Packungen von Verbindungen MX$_4$, MX$_5$ und MX$_6$

Packungsvarianten für eine bestimmte Molekülsorte sehr ein. Für Tetrahalogenide, die aus Ketten von kantenverknüpften Oktaedern bestehen, wird auf Seite 254 auf die Vielzahl möglicher Kettenkonfigurationen hingewiesen. Manche davon lassen sich wegen der genannten Einschränkungen nicht mit einer dichtesten Kugelpackung vereinbaren; für sie sind keine Beispiele bekannt.

17.4 Perowskite

Im Perowskit-Typ ($CaTiO_3$; Abb. 17.10) bilden die Ca- und O-Teilchen zusammen eine kubisch-dichteste Kugelpackung, mit einer Verteilung wie in der geordneten Legierung $AuCu_3$ (Abb. 15.1, S. 233). Die Kugelpackung besteht aus hexagonalen Schichten gemäß des Bildes auf Seite 234. Als Bestandteil der Kugelpackung hat ein Ca^{2+}-Ion die Koordinationszahl 12. Die Titanatome besetzen ein viertel der Oktaederlücken, und zwar nur diejenigen, die ausschließlich von O-Atomen aufgespannt werden.

Wenn an Stelle des Ca^{2+}-Ions ein Hohlraum vorhanden ist, bleibt das Gerüst des ReO_3-Typs übrig (Abb. 16.5, S. 251). Die Analogie ReO_3–$CaTiO_3$ ist nicht einfach ein Formalismus, denn die Besetzung der Ca-Lagen mit variablen Mengen von Metallionen läßt sich tatsächlich realisieren, und zwar bei den kubischen Wolframbronzen, A_xWO_3 (A = Alkalimetall, $x = 0,3$ bis 0,93). Bei ihnen hängt die Farbe und der Oxidationszustand des Wolframs vom Wert x ab. Sie haben metallischen Glanz; mit $x \approx 1$ sind sie goldgelb, mit $x \approx 0,6$ rot und mit $x \approx 0,3$ tiefviolett.

Im normalen, kubischen Perowskit haben die hexagonalen CaO_3-Schichten die Stapelfolge $ABC\ldots$ oder $c\ldots$ und es kommen nur eckenverknüpfte Okta-

$Pm\overline{3}m$
Ca $1b$ $\frac{1}{2}, \frac{1}{2}, \frac{1}{2}$
Ti $1a$ $0, 0, 0$
O $3d$ $0, 0, \frac{1}{2}$

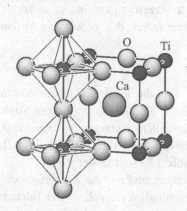

Abb. 17.10: Die Perowskit-Struktur

eder vor. Zur Strukturfamilie der Perowskite gehören noch zahlreiche weitere Stapelvarianten, mit c- und h-Schichten in verschiedenen Abfolgen. An einer h-Schicht treten flächenverknüpfte Oktaeder auf. In einer Abfolge wie $chhc$ ist eine Gruppe von drei an den h-Schichten flächenverknüpften Oktaedern vorhanden, die an den c-Schichten mit anderen Oktaedern eckenverknüpft sind. Wie groß die Gruppen von flächenverknüpften Oktaedern sind, hängt von der Natur der Metallatome in den Oktaedern und vor allem von den Ionenradienverhältnissen ab. Abb. 17.11 zeigt einige Vertreter.

Die ideale, kubische Perowskit-Struktur wird relativ selten angetroffen; selbst im Mineral Perowskit, $CaTiO_3$, liegt eine leichte Verzerrung vor. Unverzerrt ist $SrTiO_3$. Wie in Abb. 16.5 (S. 251) gezeigt, kommt man bei Verdrehung der Oktaeder des ReO_3-Typs zu einer dichteren Packung, bis beim RhF_3-Typ eine hexagonal-dichteste Packung der Anionen erreicht ist. Bei dieser Verdrehung wird der Hohlraum des ReO_3-Typs immer kleiner und wird schließlich im RhF_3-Typ zu einer Oktaederlücke der Kugelpackung. Wenn diese Oktaederlücke besetzt ist, so hat man den Ilmenit-Typ ($FeTiO_3$). Durch geeignete Verdrehung der Oktaeder kann eine Anpassung an die Größe des A-Ions im Perowskit erfolgen. Unterschiedliche Verkippungen der Oktaeder ermöglichen außerdem eine Variation von Koordinationszahl und Koordinationspolyeder. Verzerrte Perowskite haben eine geringere Symmetrie, die für die elektrischen und magnetischen Eigenschaften dieser Verbindungen von Bedeutung ist. Wegen dieser Eigenschaften sind Perowskite von großer technischer Bedeutung, insbesondere das ferroelektrische $BaTiO_3$. Näheres hierzu wird in Kapitel 19 ausgeführt.

Der *Toleranzfaktor* t für Perowskite AMX_3 ist eine Zahl, um das Ausmaß der Verzerrung abschätzen zu können. Seine Berechnung erfolgt mit Hilfe der Ionenradien, d. h. es wird ein Aufbau aus Ionen zugrundegelegt:

$$t = \frac{r(A) + r(X)}{\sqrt{2}[r(M) + r(X)]}$$

Für die ideale kubische Struktur ergibt sich geometrisch ein Wert von $t = 1$. Tatsächlich wird diese Struktur beobachtet, wenn $0,89 < t < 1$. Verzerrte Perowskite treten auf, wenn $0,8 < t < 0,89$. Werte unter $0,8$ führen zum Ilmenit-Typ (Abb. 16.15, S. 261). Bei den hexagonalen Stapelvarianten wie in Abb. 17.11 ist in der Regel $t > 1$. Da Perowskite keine reinen Ionenverbindungen sind und das Ergebnis auch davon abhängt, welche Werte man für die Ionenradien einsetzt, ist der Toleranzfaktor nur eine grobe Richtzahl.

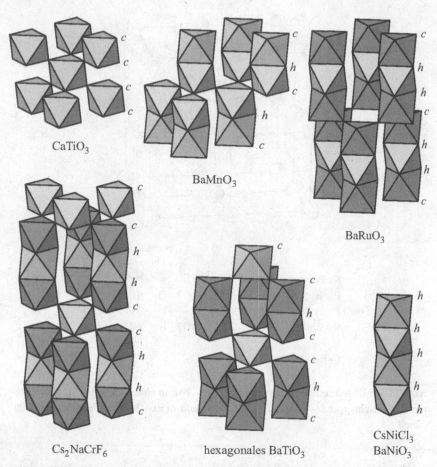

CaTiO₃

BaMnO₃

BaRuO₃

Cs₂NaCrF₆						hexagonales BaTiO₃

CsNiCl₃
BaNiO₃

Abb. 17.11: Verknüpfung der Oktaeder bei einigen Vertretern aus der Strukturfamilie der Perowskite mit verschiedenen Stapelfolgen

Überstrukturen des Perowskit-Typs

Verachtfacht man die Elementarzelle des Perowskits durch Verdoppeln aller drei Kanten, so bietet sich die Möglichkeit, Atome verschiedener Elemente auf gleichwertigen Positionen unterzubringen. Abb. 17.12 zeigt einige Vertreter der Elpasolith-Familie. Im Elpasolith, K₂NaAlF₆, bilden die Kalium- und die Fluoridionen zusammen die kubisch-dichteste Kugelpackung, d. h. K⁺ und F⁻ kommen auf die Ca- bzw. O-Positionen des Perowskits. Man erkennt die

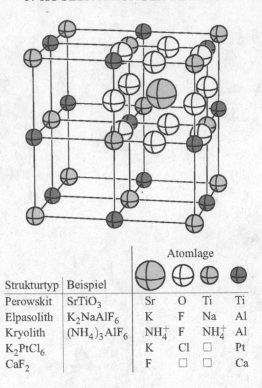

Strukturtyp	Beispiel	Sr	O	Ti	Ti
Perowskit	$SrTiO_3$	Sr	O	Ti	Ti
Elpasolith	K_2NaAlF_6	K	F	Na	Al
Kryolith	$(NH_4)_3AlF_6$	NH_4^+	F	NH_4^+	Al
K_2PtCl_6		K	Cl	□	Pt
CaF_2		F	□	□	Ca

(Kopfzeile der Atomlage-Spalten: Atomlage)

Abb. 17.12: Überstrukturen des Perowskit-Typs. Nur in einem Oktanten sind alle Atome eingezeichnet, die Atome auf den Kanten und in den Mitten aller Oktanten sind gleich

1:1-Beziehung beim Vergleich mit der verdoppelten Formel des Perowskits, $Ca_2Ti_2O_6$. Der Vergleich zeigt uns auch die Aufteilung der oktaedrischen Ti-Lagen auf zwei verschiedene Elemente, Na und Al. Im Kryolith, Na_3AlF_6, nehmen die Na-Ionen zwei verschiedene Lagen ein, nämlich die Na- und die K-Lagen des Elpasoliths, d. h. Positionen mit Koordinationszahl 6 und 12. Da dies nicht gut zu Ionen gleicher Größe paßt, kommt es zu einer Verzerrung des Gitters.

„Hochtemperatur"-Supraleiter haben supraleitende Eigenschaften bei Temperaturen über dem Siedepunkt von flüssigem Stickstoff (77 K). Strukturell handelt es sich um Überstrukturen des Perowskits mit Kupferatomen in den oktaedrischen Positionen und mit einem Sauerstoffdefizit, $ACuO_{3-\delta}$.

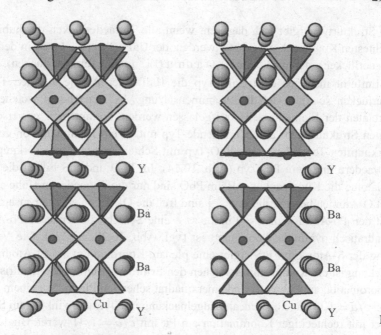

Abb. 17.13: Struktur von $YBa_2Cu_3O_7$. Zur Perowskit-Struktur kommt man, wenn O-Atome zwischen die Stränge der Y-Atome und zwischen den CuO_4-Quadraten eingefügt werden. In jeder Richtung sind zwei Elementarzellen gezeigt (Stereobild)

Die A-Lagen werden von Erdalkaliionen und von dreiwertigen Kationen (Y^{3+}, Lanthanoide, Bi^{3+}, Tl^{3+}) eingenommen. Typische Zusammensetzung: $YBa_2Cu_3O_{7-x}$ mit $x \approx 0,04$. Etwa $\frac{2}{9}$ der Sauerstoffpositionen sind unbesetzt, so daß $\frac{2}{3}$ der Cu-Atome quadratisch-pyramidal und $\frac{1}{3}$ quadratisch-planar koordiniert sind (Abb. 17.13). Die Strukturen anderer Vertreter dieser Verbindungsklasse sind zum Teil erheblich komplizierter, mit Fehlordnungserscheinungen und anderen Besonderheiten.

17.5 Besetzung von Tetraederlücken in dichtesten Kugelpackungen

Bei Besetzung aller Tetraederlücken in einer hexagonal-dichtesten Kugelpackung käme es zu flächenverknüpften Koordinationstetraedern und somit zu einer energetisch ungünstigen Anordnung. Ein elektrostatisch günstigerer Strukturtyp ergibt sich dagegen, wenn alle Tetraederlücken der kubisch-dichtesten Kugelpackung besetzt werden: der CaF_2-Typ (F^--Ionen in den Tetraederlücken), der auch beim Li_2O auftritt (Li^+ in den Tetraederlücken).

Entfernt man aus dem CaF_2-Typ die Hälfte der Atome aus den Tetraederlücken, so ergibt sich die Zusammensetzung MX. Je nachdem, welche vier Oktanten der Elementarzelle frei gelassen werden, kommt man zu verschiedenen Strukturtypen: dem Zinkblende-Typ mit einem Raumnetz von eckenverknüpften Tetraedern, dem PbO-Typ mit Schichten von kantenverknüpften Tetraedern und dem PtS-Typ (Abb. 17.14). Im PbO und PtS bilden die Metallatome die Kugelpackung. Beim PbO sind nur die Tetraeder in Höhe $z = \frac{1}{4}$ mit O-Atomen besetzt, die in $z = \frac{3}{4}$ sind frei; die O-Atome ergeben zusammen mit den Pb-Atomen in $z \approx 0$ und $z \approx \frac{1}{2}$ eine Schicht, in der jedes Pb-Atom quadratisch-pyramidal koordiniert ist (vgl. Abb. 16.28, S. 276). Die Verteilung der S-Atome im PtS ergibt eine planare Koordination am Pt-Atom. Die Packung ist ein Kompromiß zwischen den Erfordernissen einer tetraedrischen Koordination am Schwefel und einer quadratischen am Platin. Mit einem Wert von $c/a = 1,00$ läge eine ideale Kugelpackung mit Tetraderwinkeln am S vor, aber mit rechteckiger Koordination am Pt; mit $c/a = 1,41$ wären Bindungswinkel von $90°$ am Pt aber auch am S erreicht, tatsächlich ist $c/a = 1,24$.

HgI_2 und α-$ZnCl_2$ bieten je ein Beispiel für eine kubisch-dichteste Packung von Halogenatomen, in der $\frac{1}{4}$ der Tetraederlücken besetzt ist. Die Tetraederlücken sind eckenverknüpft, jede Tetraederecke gehört jeweils zwei Tetraedern an, mit Bindungswinkeln um $109,5°$ an den Brückenatomen. Die HgI_2-Struktur entspricht einer PbO-Struktur, aus der die Hälfte der O-Atome entfernt wurde und Kationen mit Anionen vertauscht wurden (Abb. 17.14). Es liegen Schichten vor, alle Hg-Atome einer Schicht befinden sich in der gleichen Höhe (vgl. auch Abb. 16.23, S. 271).

Entfernt man die Hälfte der Atome aus der Zinkblende, so wie im rechten Teil von Abb. 17.14 gezeigt, so kommt man zur α-$ZnCl_2$-Struktur. In ihr liegt ein Raumnetz aus eckenverknüpften Tetraedern vor, wobei die Zinkatome Spiralen in Richtung c bilden. Die c-Achse ist verdoppelt. Verdreht man die Tetraeder gegenseitig, so weitet sich das Gitter auf, und die Bindungswinkel an den Brückenatomen werden größer; das Ergebnis ist die Cristobalit-Struktur (Abb. 17.15). Die in Abb. 12.9 (S. 184) gezeigte, flächenzentrierte Elementarzelle ist doppelt so groß wie die innenzentrierte Zelle in Abb. 17.15; die Achsen **a** und **b** der flächenzentrierten Zelle verlaufen diagonal zu denen der innenzentrierten Zelle.

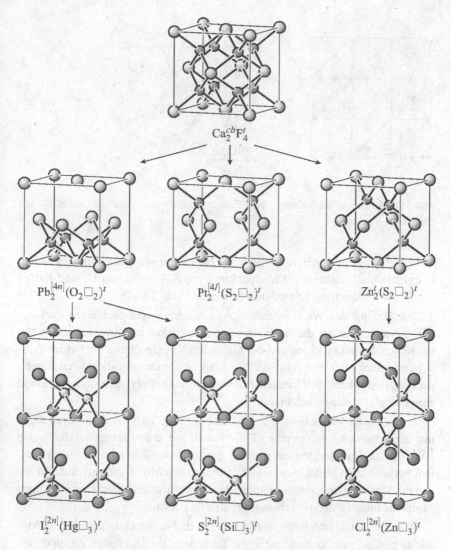

$Ca_2^{cb}F_4^t$

$Pb_2^{[4n]}(O_2\square_2)^t$ $Pt_2^{[4l]}(S_2\square_2)^t$ $Zn_2^t(S_2\square_2)^t$

$I_2^{[2n]}(Hg\square_3)^t$ $S_2^{[2n]}(Si\square_3)^t$ $Cl_2^{[2n]}(Zn\square_3)^t$

Abb. 17.14: Verwandtschaft zwischen den Strukturen von CaF_2, PbO, PtS, ZnS, HgI_2, SiS_2 und $ZnCl_2$. In der obersten Reihe sind alle Tetraederlücken (= Mitten der Oktanten des Würfels) besetzt. Jeder Pfeil symbolisiert einen Schritt, bei dem die Anzahl der besetzten Tetraederlücken halbiert wird, wobei die Elementarzellen in der unteren Reihe verdoppelt sind. Metallatome hell, Nichtmetallatome dunkel schattiert. Die in den Formeln erstgenannten Atome bilden die kubisch-dichteste Kugelpackung

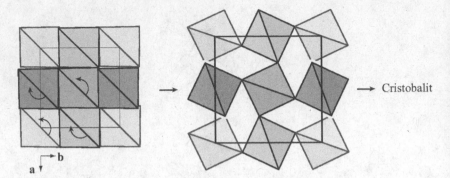

a ↑ ⌐→ b

→ Cristobalit

Abb. 17.15: Durch Verdrehung der Tetraeder kommt man von der α-$ZnCl_2$- zur Cristobalit-Struktur

Im SiS_2 liegt eine weitere Variante zur Besetzung von $\frac{1}{4}$ der Tetraederlücken in einer kubisch-dichtesten Kugelpackung von S-Atomen vor. Es sind Ketten von kantenverknüpften Tetraedern vorhanden (Abb. 17.14).

Die Struktur des Wurtzits entspricht einer hexagonal-dichtesten Packung von S-Atomen, in der die Hälfte der Tetraederlücken mit Zn-Atomen besetzt ist. Neben der hexagonalen und der kubischen Kugelpackung der beiden ZnS-Typen können auch beliebige andere Stapelvarianten von dichtesten Kugelpackungen mit besetzten Tetraederlücken auftreten. Polytypen dieser Art sind zum Beispiel vom SiC bekannt.

Tetraedrische Moleküle wie $SnCl_4$, $SnBr_4$, SnI_4, $TiBr_4$ kristallisieren meist mit einer kubisch-, in manchen Fällen auch mit einer hexagonal-dichtesten Packung von Halogenatomen, in der $\frac{1}{8}$ der Tetraederlücken besetzt ist. Vor allem bei leichteren Molekülen wie CCl_4 treten auch Modifikationen auf, bei denen die Moleküle im Kristall rotieren; diese im zeitlichen Mittel kugelförmigen Moleküle bilden eine kubisch-innenzentrierte Packung.

Während $AlCl_3$ und $FeCl_3$ nur in Lösung und in der Gasphase dimere Moleküle bilden (zwei kantenverknüpfte Tetraeder), aber im festen Zustand eine Schichtenstruktur mit oktaedrisch koordinierten Metallatomen aufweisen, sind Al_2Br_6, Al_2I_6 und die Galliumtrihalogenide auch im festen Zustand dimer. Die Halogenatome bilden eine hexagonal-dichteste Kugelpackung, in der $\frac{1}{6}$ der Tetraederlücken besetzt ist. Auch sonstige Moleküle, die aus verknüpften Tetraedern aufgebaut sind, packen sich oft nach dem Prinzip der dichtesten Kugelpackung mit besetzten Tetraederlücken, zum Beispiel Cl_2O_7 oder Re_2O_7.

17.6 Spinelle

Kugelpackungen, in denen sowohl Tetraeder- wie auch Oktaederlücken besetzt sind, treten meist dann auf, wenn Atome verschiedener Elemente vorhanden sind, von denen die einen eine oktaedrische, die anderen eine tetraedrische Koordination mit den Atomen der Kugelpackung eingehen. Häufig sind solche Kombinationen bei den Strukturen der Silicate (vgl. Abschnitt 16.7). Ein weiterer wichtiger Strukturtyp dieser Art ist der Spinell-Typ. Spinell ist die Verbindung $MgAl_2O_4$, und allgemein haben Spinelle die Zusammensetzung AM_2X_4. Es handelt sich überwiegend um Oxide, außerdem gibt es Sulfide, Selenide, Halogenide und Pseudohalogenide dieses Typs.

Im folgenden wollen wir zunächst einmal einen Aufbau aus Ionen annehmen. Im Spinell bilden die Sauerstoffionen eine kubisch-dichteste Kugelpackung. $\frac{2}{3}$ der Metallionen besetzen Oktaederlücken, der Rest Tetraederlücken. In einem „normalen" Spinell befinden sich die A-Ionen in den Tetraeder-, die M-Ionen in den Oktaederlücken, was wir mit den Indices T und O zum Ausdruck bringen, zum Beispiel $Mg_T[Al_2]_OO_4$. Da die Tetraederlücken kleiner als die Oktaederlücken sind, sollten die A-Ionen kleiner als die M-Ionen sein. Auffälligerweise wird diese Bedingung in vielen Spinellen nicht erfüllt, und genauso auffällig ist das Auftreten der „inversen" Spinelle, bei denen die M-Ionen je zur Hälfte Tetraeder- und Oktaederplätze und die A-Ionen Oktaederplätze einnehmen. Tabelle 17.3 gibt eine Übersicht, in der auch eine Einteilung nach den Oxidationszahlen der Metallionen erfolgt.

Zwischen normalen und inversen Spinellen gibt es auch beliebige Zwischenstufen, die man durch den *Inversionsgrad* λ kennzeichnen kann:

$$\lambda = 0: \text{normaler Spinell;} \qquad \lambda = 0,5: \text{inverser Spinell}$$

Tabelle 17.3: Übersicht über Spinell-Typen mit Beispielen

Oxidationszahlen-kombination	normale Spinelle $A_T[M_2]_OX_4$	inverse Spinelle $M_T[AM]_OX_4$		
II, III	$MgAl_2O_4$	$MgIn_2O_4$		
II, III	Co_3O_4	Fe_3O_4		
IV, II	$GeNi_2O_4$	$TiMg_2O_4$		
II, I	$ZnK_2(CN)_4$	$NiLi_2F_4$		
VI, I	WNa_2O_4			
Ionenradien:	Mg^{2+} 72 pm	Fe^{2+} 78 pm	Co^{2+} 75 pm	
	Al^{3+} 54 pm	Fe^{3+} 65 pm	Co^{3+} 61 pm	

Die Verteilung der Kationen auf Tetraeder- und Oktaederplätze wird dann folgendermaßen zum Ausdruck gebracht: $(Mg_{1-2\lambda}Fe_{2\lambda})_T[Mg_{2\lambda}Fe_{2(1-\lambda)}]_OO_4$. Der Wert von λ ist temperaturabhängig. Zum Beispiel ist $MgFe_2O_4$ bei Raumtemperatur mit $\lambda = 0,45$ weitgehend invers.

Die Schwierigkeiten, die Kationenverteilung und das Auftreten von inversen Spinellen auf der Basis von Ionenradien zu verstehen, zeigt uns, wie unzureichend die Betrachtung nur aufgrund von Ionenradien ist. Etwas aussagekräftiger sind Werte für den elektrostatischen Anteil der Gitterenergie, wobei die berechnete MADELUNG-Konstante als Richtwert dienen kann. Für einen II,III-Spinell mit einer unverzerrten Kugelpackung ist die MADELUNG-Konstante des normalen Spinells 1,6 % kleiner als die des inversen, d. h. die inverse Verteilung ist danach etwas günstiger. Die Verhältnisse kehren sich aber um, wenn kleine Verzerrungen der Kugelpackung berücksichtigt werden, die bei den meisten Spinellen beobachtet werden (Aufweitung der Tetraederlücken). Tatsächlich sind Spinelle keine reinen Ionenverbindungen, und es reicht nicht aus, nur elektrostatische Wechselwirkungen zu beachten. Bei Übergangsmetallverbindungen kommen die Aspekte der Ligandenfeldtheorie hinzu, was am Beispiel der Spinelle Mn_3O_4, Fe_3O_4 und Co_3O_4 erläutert werden möge. Die relativen Ligandenfeld-Stabilisierungsenergien betragen, als Vielfache von Δ_O ausgedrückt (vgl. Tab. 9.1, S. 120):

Mn_O^{2+}	0	Fe_O^{2+}	$\frac{2}{5} = 0,4$	Co_O^{2+}	$\frac{4}{5} = 0,8$
Mn_T^{2+}	0	Fe_T^{2+}	$\frac{3}{5}\cdot\frac{4}{9} = 0,27$	Co_T^{2+}	$\frac{6}{5}\cdot\frac{4}{9} = 0,53$
Mn_O^{3+}	$\frac{3}{5} = 0,6$	Fe_O^{3+}	0	Co_O^{3+}	$\frac{2}{5} = 0,4$
Mn_T^{3+}	$\frac{2}{5}\cdot\frac{4}{9} = 0,18$	Fe_T^{3+}	0	Co_T^{3+}	$\frac{3}{5}\cdot\frac{4}{9} = 0,27$

Dabei wurde für tetraedrische Ligandenfelder $\Delta_T = \frac{4}{9}\Delta_O$ gesetzt. Mn_3O_4 ist ein normaler Spinell, $Mn_T^{II}[Mn_2^{III}]_OO_4$. Bei Übergang zum inversen Spinell müßte die Hälfte der Mn^{III}-Atome aus der Oktaeder- in die Tetraederumgebung wechseln, was für diese Atome eine verringerte Ligandenfeld-Stabilisierung bedeuten würde (Tab. 17.4); für die Mn^{II}-Atome wäre der Wechsel ohne Bedeutung. Fe_3O_4 ist ein inverser Spinell, $Fe_T^{III}[Fe^{II}Fe^{III}]_OO_4$. Für die Fe^{III}-Atome würde der Platzwechsel nichts bringen; für die Fe^{II}-Atome wäre der Wechsel dagegen nachteilig ($0,4\Delta_O \rightarrow 0,27\Delta_O$).

Im Falle des Co_3O_4, welcher ein normaler Spinell ist, $Co_T^{II}[Co_2^{III}]_OO_4$, ist die Situation anders, weil oktaedrisch koordiniertes Co^{III} fast nie in High-Spin-Komplexen vorkommt (bei seiner d^6-Konfiguration hat die Ligandenfeld-Stabilisierungsenergie ihr Maximum im Low-Spin-Zustand). Wenn Co_O^{3+} einen

Tabelle 17.4: Ligandenfeld-Stabilisierungsenergien für Mn_3O_4, Fe_3O_4 und Co_3O_4. In allen Fällen Werte für High-Spin-Komplexe, außer für oktaedrisch koordiniertes Low-Spin-Co^{III}

	normal	invers
	$Mn^{II}_T[Mn^{III}_2]_O O_4$	$Mn^{III}_T[Mn^{II}Mn^{III}]_O O_4$
Mn^{II}	0	0
Mn^{III}	$2 \times 0,6 = 1,2$	$0,18 + 0,6 = 0,78$
	$1,2\,\Delta_O$	$0,78\,\Delta_O$
	$Fe^{II}_T[Fe^{III}_2]_O O_4$	$Fe^{III}_T[Fe^{II}Fe^{III}]_O O_4$
Fe^{II}	0,27	0,40
Fe^{III}	0	0
	$0,27\,\Delta_O$	$0,40\,\Delta_O$
	$Co^{II}_T[Co^{III}_2]_O O_4$	$Co^{III}_T[Co^{II}Co^{III}]_O O_4$
Co^{II}	0,53	0,80
Co^{III}_T		0,27
Co^{III}_O low spin	$2 \times 2,4 = 4,80$	2,40
	$5,33\,\Delta_O$	$3,47\,\Delta_O$

High-Spin-Zustand in Co_3O_4 annehmen würde, sollte ein inverser Spinell begünstigt sein. Im Low-Spin-Zustand ist der normale Spinell bevorzugt (Tabelle 17.4). Zusätzlich wirkt sich der Ionenradius aus; er nimmt in der Reihe Mn^{2+}–Fe^{2+}–Co^{2+}–Ni^{2+}–Cu^{2+}–Zn^{2+} ab, wodurch die tetraedrische Koordination gegen Ende der Reihe günstiger wird. Bei Co^{2+} macht sich die Tendenz zur tetraedrischen Koordination auch bei seinen sonstigen Verbindungen bemerkbar. In Abb. 9.4 (S. 121) wurde der Beitrag der Ionengröße berücksichtigt, indem die gestrichelte Kurve für den fiktiven Vergleichszustand (kugelförmige Verteilung der d-Elektronen), auf den sich die Ligandenfeld-Stabilisierungsenergie bezieht, für oktaedrische Koordination gekrümmt ist. Nach Abb. 9.4 ist Co^{2+} in tetraedrischer Umgebung stabiler.

Abb. 17.16 zeigt die Spinell-Struktur. Je vier Al^{3+}- und vier O^{2-}-Ionen befinden sich in den Ecken eines Al_4O_4-Würfels. Jedes Al^{3+}-Ion gehört zwei solchen Würfeln an, so daß jeder Würfel mit vier weiteren Würfeln verknüpft ist und jedes Al^{3+}-Ion oktaedrisch koordiniert ist. Jedes O^{2-}-Ion gehört außerdem je einem MgO_4-Tetraeder an. Jedes dieser Tetraeder ist mit vier der Würfel eckenverknüpft. Die kubische Elementarzelle enthält acht MgO_4-Tetraeder und acht Al_4O_4-Würfel. Die Metallionen haben für sich die gleiche Anordnung wie in der kubischen LAVES-Phase $MgCu_2$ (vgl. Abb. 15.4, S. 240).

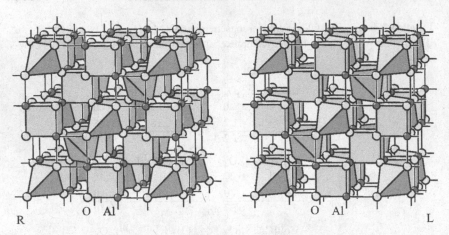

Abb. 17.16: Die Spinellstruktur (eine Elementarzelle). Die Mg^{2+}-Ionen befinden sich in den Mitten der Tetraeder (Stereobild)

$Fd\bar{3}m$;　Mg $8a$ $0,0,0$;　Al $16d$ $\frac{5}{8},\frac{5}{8},\frac{5}{8}$;　O $32e$ $0,387, 0,387, 0,387$

Die Koordination eines O^{2-}-Ions ist: innerhalb des Al_4O_4-Würfels an drei Al^{3+}-Ionen, außerdem an ein Mg^{2+}-Ion. Damit erfüllt es die elektrostatische Valenzregel (zweite PAULING-Regel, vgl. S. 90); die Summe der elektrostatischen Bindungsstärken der Kationen ergibt genau die Ladung für ein O^{2-}:

$$z(O) = -(\underbrace{3 \cdot \tfrac{3}{6}}_{3\,Al^{3+}} + \underbrace{1 \cdot \tfrac{2}{4}}_{1\,Mg^{2+}}) = -2$$

Auch bei inversen Spinellen ist die PAULING-Regel erfüllt. Der in der PAULING-Regel geforderte lokale Ladungsausgleich zwischen Kationen und Anionen bedingt die Auswahl der besetzten Oktaeder- und Tetraederlücken der Kugelpackung.

Der oben erwähnte Einfluß des Ligandenfelds auf die Metallatome ist erkennbar, wenn Metallatome mit JAHN-TELLER-Verzerrung im Spinell vorhanden sind. Das genannte Mn_3O_4 ist ein Beispiel, seine Oktaederlücken sind gedehnt, die Struktur ist nicht mehr kubisch, sondern tetragonal. Weitere Beispiele mit tetragonaler Verzerrung sind die normalen Spinelle $NiCr_2O_4$ und $CuCr_2O_4$ (Ni bzw. Cu in Tetraederlücken); in ersterem sind die Tetraeder gedehnt, in letzterem gestaucht.

Olivin $(Mg,Fe)_2SiO_4$ ist das häufigste Mineral des oberen Erdmantels. Bei ihm bilden die Sauerstoffatome eine hexagonal-dichteste Kugelpackung. Ein

Achtel der Tetraederlücken ist mit Si-Atomen besetzt. Die Hälfte der Okta-ederlücken ist mit Mg- und Fe-Atomen in statistischer Verteilung besetzt. Die Magnesiumatome nehmen also die andere Sorte von Lücken ein als im Spi-nell. Damit hängt die ca. 6 % geringere Dichte des Olivins zusammen. Unter Druck wandelt sich Olivin in einen Spinell um. Diese Umwandlung findet in 410 km Tiefe dort statt, wo sich der Erdmantel in einer Subduktionszone unter eine Kontinentalplatte schiebt. Dabei bilden sich zunächst „Linsen" aus Spinell mit Grenzflächen zum noch nicht umgewandelten Olivin. An den Grenzflächen können Olivin und Spinell aneinandergleiten. Die Linsen stellen deshalb eine Schwächezone dar, die sich so ähnlich verhält wie eine Zone mit Rissen (man nennt sie auch „Antirisse" weil die Dichte in ihnen größer ist als im umgeben-den Material). Solche Zonen sind die Herde für tiefliegende Erdbeben.

17.7 Übungsaufgaben

17.1 Nehmen Sie an, die in Abb. 17.2(a) gezeigte Verknüpfung der Tetraeder werde zu einer Schicht fortgesetzt. Welche Zusammensetzung ergibt sich?

17.2 Warum sind die in Abb. 16.10 gezeigten MX_3-Stränge nur mit einer hexagonal-dichtesten Packung von X-Atomen vereinbar?

17.3 Welche Strukturtypen sind für TiN, FeP, FeSb, CoS und CoSb zu erwarten?

17.4 Warum kommen bei CdI_2 und bei BiI_3 viel häufiger Stapelfehler vor als bei $CaBr_2$ oder RhF_3?

17.5 Welcher Bruchteil der Tetraederlücken ist in festem Cl_2O_7 besetzt?

17.6 Welcher der folgenden Spinelle sollte aufgrund der Ligandenfeld-Stabilisierungs-energie normal oder invers sein: MgV_2O_4, VMg_2O_4, $NiGa_2O_4$, $ZnCr_2S_4$, $NiFe_2O_4$?

18 Symmetrie als Ordnungsprinzip für Kristallstrukturen

18.1 Kristallographische Gruppe-Untergruppe-Beziehungen

Als eine Menge von Symmetrieoperationen erfüllt eine Raumgruppe stets die Bedingungen, nach denen eine Gruppe in der Mathematik definiert ist. Die Gruppentheorie bietet ein mathematisch klares und sehr leistungsfähiges Konzept, um die Vielfalt der Kristallstrukturen nach ihren Raumgruppen zu ordnen. Zu diesem Zwecke wollen wir einige Begriffe kennenlernen, ohne auf die Gruppentheorie im einzelnen einzugehen. Mit der folgenden Beschreibung wird versucht, die Verhältnisse in anschaulicher Weise darzulegen, was im streng mathematischen Sinne nicht immer ganz korrekt ist, für unsere Betrachtungen aber zu keinen Fehlern führt. Die exakte mathematische Behandlung ist dadurch erschwert, daß Raumgruppen unendlich große Gruppen sind. Eine genaue Behandlung findet man bei [199].

Eine Raumgruppe G_1 besteht aus einer Menge von Symmetrieoperationen. Wenn eine andere Raumgruppe G_2 aus einer Untermenge dieser Symmetrieoperationen besteht, dann ist sie eine (echte) *Untergruppe* von G_1; zugleich ist G_1 eine *Obergruppe* von G_2. Die in der Raumgruppe G_1 vorhandenen Symmetrieoperationen vervielfachen ein Atom, das sich in einer allgemeinen Punktlage befindet, um den Faktor n_1. Ein Atom in einer allgemeinen Punktlage in der Untergruppe G_2 wird um den Faktor n_2 vervielfacht. Weil G_2 über weniger Symmetrieoperationen als G_1 verfügt, ist $n_1 > n_2$. Der Bruch n_1/n_2 ist der *Index* der Symmetriereduktion von G_1 nach G_2. Der Index ist immer ganzzahlig. Er dient uns dazu, die Raumgruppen hierarchisch zu ordnen. Beim Übergang vom Rutil zum Trirutil (vgl. Ende von Abschnitt 3.3) besteht zum Beispiel eine Symmetriereduktion vom Index 3.

G_2 ist eine *maximale Untergruppe* von G_1, wenn es keine Raumgruppe gibt, die als Zwischengruppe zwischen G_1 und G_2 auftreten kann. G_1 ist dann eine *minimale Obergruppe* von G_2. Der Index der Symmetriereduktion von einer Gruppe zu einer maximalen Untergruppe ist immer eine Primzahl oder eine Primzahlpotenz. Nach dem Satz von C. HERMANN ist eine maximale Untergruppe entweder translationengleich oder klassengleich.

Translationengleiche Untergruppen sind solche, deren Translationengitter unverändert ist, d. h. die Translationsvektoren und damit auch die Größe der

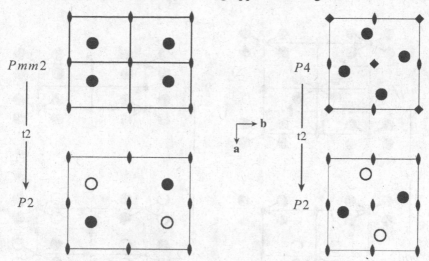

Abb. 18.1: Beispiele für translationengleiche Untergruppen: Links: Fortfall von Spiegelebenen; Rechts: Verringerung der Zähligkeit von Drehachsen von 4 auf 2. Die Kreise O bzw. ● bezeichnen jeweils symmetrieäquivalente Positionen

primitiven Elementarzelle von Gruppe und Untergruppe stimmen überein. Der Symmetrieabbau erfolgt in diesem Fall durch Fortfall von anderen Symmetrieoperationen, zum Beispiel durch Verringerung der Zähligkeit von Symmetrieachsen. Dies impliziert den Übergang zu einer anderen Kristallklasse. Das Beispiel in Abb. 18.1 rechts zeigt, wie die Symmetrie einer vierzähligen zu einer zweizähligen Drehachse abgebaut wird, wenn vier ursprünglich symmetrieäquivalente Atome durch zwei Paare verschiedener Atome ersetzt werden; die Translationsvektoren bleiben unberührt.

Bei *klassengleichen* Untergruppen gehören Gruppe und Untergruppe der gleichen Kristallklasse an. Die Symmetriereduktion erfolgt durch Fortfall von Translationssymmetrie, d. h. durch Vergrößerung der Elementarzelle oder indem Zentrierungen weggenommen werden. Abb. 18.2 zeigt zwei Beispiele. Im rechten Beispiel von Abb. 18.2 ist außerdem gezeigt, wie bei der Vergrößerung der Elementarzelle die Symmetrie einer Spiegelebene zu der einer Gleitspiegelebene abgebaut werden kann. Bei Verlust von Translationssymmetrie in der Richtung einer Drehachse kann in ähnlicher Weise ein Symmetrieabbau von der Symmetrie einer Drehung zu der einer Schraubung erfolgen (s. Übungsaufgabe 18.1, S. 326).

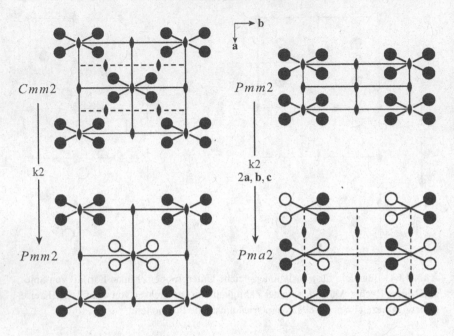

Abb. 18.2: Beispiele für klassengleiche Untergruppen: Links: Fortfall einer Zentrierung, zugleich Verlust von Gleitspiegelebenen und zweizähligen Achsen. Rechts: Vergrößerung der Elementarzelle, zugleich Abbau der Spiegelebenen senkrecht zu **b** zu Gleitspiegelebenen. Die Punkte O bzw. ● bezeichnen jeweils symmetrieäquivalente Positionen

Ein Spezialfall der klassengleichen Untergruppen sind die *isomorphen* Untergruppen. Bei ihnen gehören Gruppe und Untergruppe dem gleichen oder dem enantiomorphen Raumgruppentyp an. Sie haben somit das gleiche Hermann-Mauguin-Symbol oder das des enantiomorphen Raumgruppentyps (z. B. $P3_1$ und $P3_2$). Die Untergruppe hat eine vergrößerte Elementarzelle. Rutil und Trirutil bieten ein Beispiel (Abb. 3.11, S. 40).

Gruppe-Untergruppe-Beziehungen werden zweckmäßigerweise in einem Stammbaum dargestellt, in dem durch abwärts verlaufende Pfeile Beziehungen von einer Raumgruppe zu ihren maximalen Untergruppen aufgezeigt werden. In der Mitte des Pfeils wird vermerkt, welcher Art die Beziehung und wie groß der Index des Symmetrieabbaus ist, zum Beispiel:

t2 = translationengleiche Untergruppe vom Index 2

k2 = klassengleiche Untergruppe vom Index 2

i3 = isomorphe Untergruppe vom Index 3

Außerdem wird gegebenenfalls vermerkt, wie sich die neue Elementarzelle aus der alten ergibt (Basisvektoren der Untergruppe als Vektorsummen der Basisvektoren der vorausgehenden Obergruppe). Vergleiche Abb. 18.2. Manchmal muß auch noch eine Ursprungsverschiebung vermerkt werden. Das ist dann der Fall, wenn nach den Konventionen der *International Tables for Crystallography* [53] der Ursprung der Untergruppe anders gelegt werden muß als in der Ausgangsgruppe. Die Ursprungsverschiebung wird als Zahlentripel angegeben, das die Lage des neuen Ursprungs im Koordinatensystem der Obergruppe bezeichnet, zum Beispiel $0, \frac{1}{2}, -\frac{1}{4}$ = Verschiebung um $0, \frac{1}{2}\mathbf{b}, -\frac{1}{4}\mathbf{c}$, wobei $\mathbf{b}$ und $\mathbf{c}$ Basisvektoren der Obergruppe sind.

18.2   Das Symmetrieprinzip in der Kristallchemie

In kristallinen Festkörpern ist eine Tendenz zu beobachten, Anordnungen mit hoher Symmetrie zu bilden. Das von FRITZ LAVES so formulierte *Symmetrieprinzip* wurde von H. BÄRNIGHAUSEN genauer gefaßt:

1. Im festen Zustand besteht eine ausgeprägte Tendenz nach möglichst hochsymmetrischen Anordnungen der Atome.

2. Durch spezielle Eigenschaften von Atomen oder deren Baugruppen kann die höchstmögliche Symmetrie oft nicht erreicht werden; die Abweichungen von der Idealsymmetrie sind meist recht klein (Stichwort *Pseudosymmetrie*).

3. Bei Phasenumwandlungen und bei Festkörperreaktionen, die zu Produkten mit niedrigerer Symmetrie führen, werden häufig Symmetrieeigenschaften der Ausgangssubstanz indirekt konserviert, und zwar durch eine entsprechende Orientierung von Domänen.

Der Aspekt 1 ist etwa gleichbedeutend mit der Formulierung von G. O. BRUNNER:

Atome der gleichen Sorte tendieren dazu, äquivalente Lagen einzunehmen.

Diese Formulierung gibt uns den Hinweis darauf, was physikalisch hinter dem Symmetrieprinzip steckt: Unter gegebenen Bedingungen, d. h. je nach chemischer Zusammensetzung, Art der chemischen Bindung, Elektronenkonfiguration der Atome, relativer Größe der Atome, Druck, Temperatur usw. gibt es für Atome einer Sorte *eine* energetisch günstigste Umgebung, die von allen Atomen dieser Sorte angestrebt wird. Gleiche Atome sind im Sinne der Quantenmechanik ununterscheidbare Teilchen. Die Ununterscheidbarkeit von Atomen im Kristall ist aber nur dann gewährleistet, wenn sie symmetrieäquivalent sind, denn nur dann ist ihre Umgebung gleich.

Am Beispiel der dichtesten Kugelpackungen wird das deutlich: nur in der kubisch- und in der hexagonal-dichtesten Kugelpackung sind alle Atome jeweils symmetrieäquivalent. In anderen Stapelvarianten von dichtesten Kugelpackungen sind mehrere nichtäquivalente Atomlagen vorhanden; diese Packungen kommen relativ selten vor.

Nicht immer lassen die gegebenen Bedingungen für alle Atome äquivalente Lagen zu. Nehmen wir als Beispiel folgende Bedingungen: Zusammensetzung MX_5, kovalente M–X-Bindungen, alle X-Atome an M-Atome gebunden. In diesem Fall können alle X-Atome nur dann äquivalent sein, wenn jeweils fünf davon ein regelmäßiges Fünfeck um ein M-Atom bilden; wenn die Bindungsverhältnisse dies nicht zulassen, so muß es wenigstens zwei nichtäquivalente X-Atomlagen geben. Nach dem Symmetrieprinzip wird die Anzahl dieser nichtäquivalenten Lagen möglichst klein sein.

18.3   Strukturverwandtschaften durch Gruppe-Untergruppe-Beziehungen

Wie in mehreren vorangegangenen Kapiteln gezeigt wurde, kann man sehr viele Festkörperstrukturen als Abkömmlinge einfacher, hochsymmetrischer Strukturtypen auffassen. Es sei an folgende Beispiele erinnert:

Kubisch-innenzentrierte Kugelpackung $\Rightarrow$ CsCl-Typ $\Rightarrow$ Überstrukturen des CsCl-Typs (Abschnitt 15.3)

Diamant $\Rightarrow$ Zinkblende $\Rightarrow$ Chalkopyrit (Abschnitte 12.2 und 12.4)

Dichteste Kugelpackungen $\Rightarrow$ Dichteste Kugelpackungen mit besetzten Oktaederlücken (z.B. CdI_2-Typ) (Abschnitt 17.3)

In allen Fällen gehen wir von einer einfachen Struktur mit hoher Symmetrie aus. Jeder der Pfeile ($\Rightarrow$) in den vorstehenden Beispielen markiert eine Verringerung der Symmetrie, d. h. eine Gruppe-Untergruppe-Beziehung. Da diese in ganz klarer und mathematisch scharfer Form definiert sind, stellen sie ein ideales Werkzeug zur systematischen Erfassung von Strukturverwandtschaften dar. Der Symmetrieabbau kann unter anderem durch folgende Veränderungen bedingt sein:

- Atome eines Elements in symmetrieäquivalenten Positionen werden durch Atome mehrerer Elemente substituiert. Beispiel: CC (Diamant) → ZnS (Zinkblende).

- Atome werden durch Lücken ersetzt oder Lücken werden mit Atomen gefüllt. Beispiel: hexagonal-dichteste Kugelpackung → CdI_2-Typ. Wenn man Lücken als „Null-Atome" ansieht, kann man dies auch als „Substitution" von Lücken gegen Atome ansehen.

- Atome eines Elements werden durch solche eines anderen Elements substituiert, das veränderte Bindungsverhältnisse erfordert. Beispiel: $KMgF_3$ (Perowskit-Typ) → $CsGeCl_3$ (einsames Elektronenpaar am Ge-Atom, Ge-Atom aus Oktaedermitte auf eine Oktaederfläche zugerückt im Sinne von $GeCl_3^-$-Ionen).

- Verzerrungen durch den JAHN–TELLER Effekt. Beispiel: $CdBr_2$ (CdI_2-Typ) → $CuBr_2$ (verzerrter CdI_2-Typ).

- Auftreten neuer Wechselwirkungen. Beispiel: Iod (Hochdruck, metallisch, Kugelpackung) → I_2-Moleküle (Normaldruck).

- Verzerrungen durch kovalente Bindungen. Beispiel: $RuCl_3$ (Hochtemperatur, hexagonaler TiI_3-Typ) → $RuCl_3$ (Tieftemperatur, orthorhombisch, Ru–Ru Bindungen).

- Phasenumwandlungen. Beispiele: $BaTiO_3$ ($> 120\,°C$, kubischer Perowskit-Typ) → $BaTiO_3$ ($< 120\,°C$, tetragonal; Abb. 19.5, S. 334); $CaCl_2$ ($> 217\,°C$, Rutil-Typ) → $CaCl_2$ ($< 217\,°C$), vgl. Abb. 4.1, S. 56. Bei Phasenumwandlungen nach der zweiten Ordnung ist es zwingend erforderlich, daß die beteiligten Raumgruppen in einer Gruppe–Untergruppe-Beziehung zueinander stehen (Abschnitt 18.4).

Die Strukturverwandtschaften lassen sich übersichtlich mit Hilfe von Stammbäumen von Gruppe-Untergruppe-Beziehungen nach BÄRNIGHAUSEN aufzeigen. Ihre Erstellung ist mit Hilfe der *International Tables for Crystallography*, Band *A*1 [199] möglich. Dort sind die maximalen Untergruppen zu jeder Raumgruppe vollständig aufgelistet. An der Spitze des Stammbaums steht der *Aristotyp* (oder Basisstruktur), die höchstsymmetrische Struktur, von der sich alle Strukturtypen einer Strukturfamilie ableiten. Die *Hettotypen* (abgeleitete Strukturen) sind die durch Verringerung der Symmetrie abgeleiteten Strukturen. Weil das Raumgruppensymbol alleine nur etwas zur Symmetrie, aber nichts über die Atomlagen aussagt, gehören zu jedem Glied des Stammbaums auch Angaben zu den Atomlagen (Wyckoff-Symbol, Punktlagensymmetrie, Atomkoordinaten). Ohne diese Angaben ist die Aussagekraft eines Stammbaums gering. In einfacheren Fällen kann man diese Angaben in den Stammbaum mit aufnehmen, in komplizierteren Fällen geschieht es mit Hilfe einer zusätzlichen Tabelle. In den folgenden Beispielen ist gezeigt, wie man die Angaben zur Punktlagenbesetzung machen kann. Wegen des höheren Informationsgehalts ist es zweckmäßig, die Raumgruppen mit ihren vollständigen Hermann-Mauguin-Symbolen zu bezeichnen.

An den Atomlagen läßt sich sehr gut verfolgen, wie sich die Symmetrie schrittweise von Gruppe zu Untergruppe verringert. Im Aristotyp befinden sich die Atome in der Regel auf speziellen Lagen, d. h. sie befinden sich auf bestimmten Symmetrieelementen mit festgelegten Zahlenwerten für die Koordinaten, und ihnen kommt eine definierte Punktlagensymmetrie zu. Von Gruppe zu Untergruppe tritt bei jedem Schritt des Symmetrieabbaus bei jeder Atomlage mindestens eine der folgenden Veränderungen auf:

1. Die Punktlagensymmetrie verringert sich. Dabei können einzelne Werte der Koordinaten x, y, z frei werden, d. h. die Atome können von den festen Werten einer speziellen Punktlage abrücken.

2. Die Punktlage spaltet sich in symmetrieunabhängige Punktlagen auf.

Detailliertere Anweisungen zum Aufstellen von Bärnighausen-Stammbäumen kann man im Internet bei [203] finden.

Diamant–Zinkblende

Die Gruppe-Untergruppe-Beziehung für den Symmetrieabbau von Diamant zu Zinkblende ist in Stammbaum 18.1 gezeigt. Dort finden sich auch einige erläuternde Kommentare zur Terminologie. In beiden Strukturen haben die Atome identische Koordinaten und Punktlagensymmetrien. Die Diamant-Elementarzelle enthält acht symmetrieäquivalente C-Atome in der Punktlage 8a. Bei der Symmetrieerniedrigung spaltet sich die Punktlage in die voneinander unabhängigen Lagen 4a und 4c auf, die in der Zinkblende von Zink- und Schwefelatomen eingenommen werden. Die Raumgruppen sind translationengleich, die Maße der Elementarzellen entsprechen einander. Der Index des Symmetrieabbaus ist 2; es fällt genau die Hälfte aller Symmetrieoperationen fort, darunter alle Inversionszentren, die sich im Diamanten in den Mitten der C–C-Bindungen befinden.

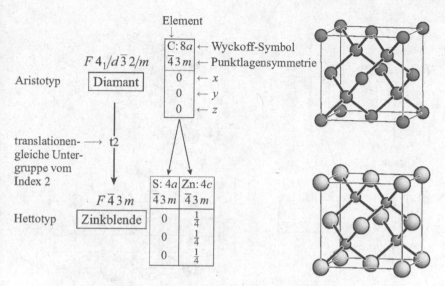

Stammbaum 18.1: Gruppe-Untergruppe-Beziehung Diamant–Zinkblende

Der Symmetrieabbau kann noch weitergeführt werden. Eine (nichtmaximale) Untergruppe von $F\bar{4}3m$ unter Verdoppelung des Gitterparameters c ist $I\bar{4}2d$. Auf dem Weg $F\bar{4}3m \rightarrow I\bar{4}2d$ spaltet sich die Punktlage der Zinkatome noch einmal auf und kann dann von Atomen zweier verschiedener Elemente eingenommen werden. Das entspricht dem Strukturtyp des Chalkopyrits, $CuFeS_2$. Eine andere tetragonale Untergruppe von $F\bar{4}3m$ mit verdoppelter c-Achse ist $I\bar{4}2m$. Bei ihr hat sich die Punktlage $4c$ der Zinkblende in drei Lagen aufgespalten, $2a$, $2b$ und $4d$. Ihre Besetzung mit Atomen von drei Elementen entspricht der Struktur von Stannit, $FeSnCu_2S_4$.

Die Beziehung zwischen NiAs und MnP

Der Symmetrieabbau bei den genannten Hettotypen des Diamanten ist notwendig, damit die Lagen der C-Atome mit den Atomen verschiedener Elemente substituiert werden können. Keine Aufspaltung von Punktlagen, sondern die Erniedrigung der Punktlagensymmetrie ist erforderlich, um die Verzerrung einer Struktur zu ermöglichen. Als Beispiel greifen wir noch einmal MnP als verzerrte Variante des Nickelarsenid-Typs auf (Abb. 17.5, S. 286). In Stammbaum 18.2 ist der Bärnighausen-Stammbaum zusammen mit Bildern der Strukturen gezeigt.

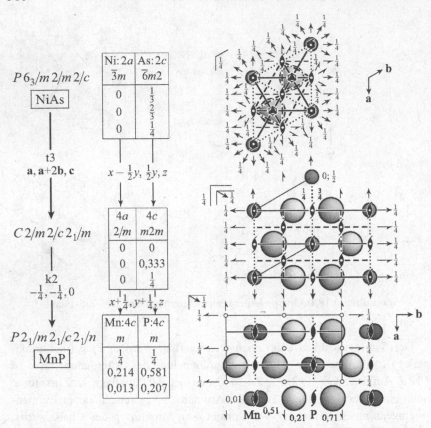

Stammbaum 18.2: Die Beziehung zwischen NiAs und MnP. Zahlen in den Bildern: z-Koordinaten

Im ersten Schritt geht die hexagonale Symmetrie verloren, wozu eine leichte Verzerrung des Gitters ausreichen würde. Um den Konventionen zu entsprechen, müssen wir für die orthorhombische Untergruppe eine C-zentrierte Zelle verwenden. Wegen der Zentrierung ist die Zelle translationengleich, obwohl sie doppelt so groß ist. Die zugehörige Zellentransformation ist in der Mitte des Gruppe-Untergruppe Pfeils vermerkt. Beim zweiten Schritt wird die Zentrierung aufgehoben, womit die Hälfte der Translationen verlorengeht; es handelt sich also um eine klassengleiche Reduktion vom Index 2.

Den Bildern in Stammbaum 18.2 kann man ersehen, welche Symmetrieelemente bei den beiden Schritten des Symmetrieabbaus verlorengehen. Im zweiten Schritt entfällt unter anderem die Hälfte der Inversionszentren. Die entfallenden Inversionszentren der Raumgruppe $C2/m2/c2_1/m$ (kurz $Cmcm$) sind diejenigen der Punktlagen $4a$ $(0,0,0)$ und $4b$ $(\frac{1}{2},0,0)$, während diejenigen in der Punktlage $8d$ $(\frac{1}{4},\frac{1}{4},0)$ erhalten bleiben. Da auch in der Untergruppe $P2_1/m2_1/c2_1/n$ (kurz $Pmcn$) der Ursprung in einem Inversionszentrum liegen soll, ist eine Ursprungsverschiebung um $-\frac{1}{4},-\frac{1}{4},0$ erforderlich. Diese ist im Gruppe-Untergruppe-Pfeil vermerkt. Diese Verschiebung bedingt eine Addition von $\frac{1}{4},\frac{1}{4},0$ bei den Koordinaten. Die notwendigen Koordinatenumrechnungen sind zwischen den Kästchen mit den Koordinatenwerten angegeben.

Nach Addition von $\frac{1}{4},\frac{1}{4},0$ zu den in Stammbaum 18.2 genannten Koordinaten für die Raumgruppe $Cmcm$ kommen wir zu Idealwerten einer unverzerrten Struktur in $Pmcn$. Wegen der fehlenden Verzerrung wäre die Symmetrie aber immer noch $Cmcm$. Erst durch die Verrückung der Atome von den Idealwerten kommen wir zur Raumgruppe $Pmcn$. Die Abweichungen betreffen vor allem die y-Koordinate des Mn-Atoms ($0,214$ statt $\frac{1}{4}$) und die z-Koordinate des P-Atoms ($0,207$ statt $\frac{1}{4}$). Das sind recht kleine Abweichungen, so daß man MnP mit gutem Grund als Verzerrungsvariante des NiAs-Typs bezeichnen kann.

Die oben aufgezeigte Beziehung zwischen Diamant und Zinkblende ist eine formale Betrachtung. Die Substitution von Kohlenstoffatomen gegen Zink- und Schwefelatome ist nicht tatsächlich ausführbar. Die Verzerrung der NiAs-Struktur gemäß Stammbaum 18.2 läßt sich hingegen tatsächlich ausführen. Dies geschieht bei Phasenumwandlungen (Abschnitt 18.4). Bei MnAs findet diese Phasenumwandlung zum Beispiel bei 125 °C statt (NiAs-Typ oberhalb von 125 °C, Phasenumwandlung zweiter Ordnung; MnAs wandelt sich bei 45 °C nochmals um, s. S. 346).

Besetzung von Oktaederlücken in der hexagonal-dichtesten Kugelpackung

Wie in Abschnitt 17.3 ausgeführt, lassen sich viele Strukturen von der hexagonal-dichtesten Kugelpackung herleiten, wenn darin ein Bruchteil der Oktaederlücken mit Atomen besetzt wird. Bei einer Verbindung MX_n, deren X-Atome die Kugelpackung bilden, muß $1/n$ der Oktaederlücken besetzt werden. Da in der hexagonalen Elementarzelle zwei Oktaederlücken vorhanden sind, muß in der Regel eine Zellenvergrößerung erfolgen. Zellenvergrößerung bedeutet Verlust von Translationssymmetrie, es müssen also klassengleiche Gruppe-Untergruppe-Beziehungen auftreten. Nur für die Zusammensetzungen MX und MX_2 sind Strukturen ohne Zellenvergrößerung möglich.

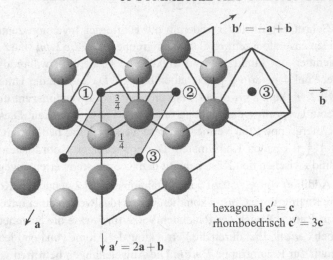

Abb. 18.3: Ausschnitt aus der hexagonal-dichtesten Kugelpackung. Grau unterlegt: Elementarzelle, Raumgruppe $P6_3/m2/m2/c$. Große Zelle: Basisfläche der verdreifachten Zelle mit $c' = c$ für hexagonale und $c' = 3c$ für rhomboedrische Untergruppen (mit hexagonaler Achsenaufstellung). Die angegebenen z-Koordinaten der Kugeln beziehen sich auf $c' = c$. Die mit ①, ② und ③ markierten schwarzen Punkte bezeichnen sechs Oktaederlücken in $z = 0$ und $z = \frac{1}{2}$ (bei $c' = c$) bzw. $z = 0$ und $z = \frac{1}{6}$ (bei $c' = 3c$)

Als Aristotyp kann man entweder die Kugelpackung selbst ansehen, bei der sich aus den anfangs symmetrieäquivalenten Lücken nichtäquivalente Lagen ergeben, wenn Atome eingefügt werden, oder man kann vom NiAs-Typ ausgehen. Bei diesem sind alle Oktaederlücken (Punktlage $2a$) besetzt, die Raumgruppe ist die gleiche wie die der Kugelpackung, die Untergruppen ergeben sich durch Herausnahme oder Substitution von Ni-Atomen.

Die einzige maximale Untergruppe von $P6_3/m2/m2/c$, der Raumgruppe der hexagonal-dichtesten Kugelpackung, bei der es zu einer Aufspaltung der Lage $2a$ in zwei unabhängige Lagen kommt, ist $P\overline{3}2/m1$. Ist die eine Lage davon besetzt, die andere nicht, ist das der CdI_2-Typ.

In Abb. 18.3 ist gezeigt, wie man die Elementarzelle der hexagonal-dichtesten Kugelpackung verdreifachen kann. Bleibt der Basisvektor c (in Blickrichtung) unverändert, so ist die neue Zelle hexagonal oder trigonal. Wird c verdreifacht, verbunden mir einer Zentrierung in $\frac{2}{3},\frac{1}{3},\frac{1}{3}$ und $\frac{1}{3},\frac{2}{3},\frac{2}{3}$, dann ist die neue Zelle rhomboedrisch. Die Zelle selbst ist dann zwar verneunfacht, wegen der Zentrierung ist die primitive Zelle aber ebenfalls nur verdreifacht. In beiden Fällen enthält die primitive Zelle sechs Kugeln (X-Atome) und sechs Oktaederlücken. Werden zwei der Oktaederlücken besetzt und vier frei gelassen, ergibt sich die Zusammensetzung M_2X_6 oder MX_3.

Stammbaum 18.3 zeigt, wie sich die Strukturen einiger Verbindungen MX_3 und M_2X_3 mit den genannten, verdreifachten Zellen von der hexagonal-dichtesten Kugelpackung ableiten lassen.

Anstelle von numerischen Angaben zu den Punktlagen sind bei den Raumgruppen zwei oder sechs Kästchen gezeigt, die für die Oktaederlücken in der Elementarzelle stehen. Das Bildchen links oben gibt an, auf welche Koordinaten sich die zugehörigen Oktaederlücken beziehen (vgl. Abb. 18.3). Die Punktlagen der Oktaedermitten sind durch die Wyckoff-Buchstaben bezeichnet; gleiche Buchstaben bedeuten symmetrieäquivalente Oktaeder. Der Symmetrieabbau von oben nach unten läßt sich an der Zunahme der Menge verschiedener Buchstaben erkennen.

Im rechten Zweig des Stammbaums sind rhomboedrische Untergruppen aufgeführt. Beim klassengleichen Abbau $P\overline{3}12/c$ —k3→ $R\overline{3}2/c$ erfolgt die Verdreifachung der Elementarzelle. Aus den zwei Oktaederlücken der Punktlage $2b$ von $P\overline{3}12/c$ ergeben sich sechs Oktaederlücken der Punktlagen $2b$ und $4c$ von $R\overline{3}2/c$. Wird die Punktlage $2b$ besetzt und $4c$ frei gelassen, so ist das der RhF_3-Typ. Wird umgekehrt $4c$ besetzt und $2b$ frei gelassen, entspricht das dem Korund (α-Al_2O_3). Beim nächsten Schritt $R\overline{3}2/c$ —t2→ $R\overline{3}$ spalten sich die Punktlagen weiter auf. Je nachdem, welche davon besetzt werden, ergeben sich die Strukturtypen BiI_3, Ilmenit ($FeTiO_3$), WCl_6 und $LiSbF_6$.

Im linken Zweig sind drei Strukturtypen der Zusammensetzung MX_3 genannt. Das hexagonale TiI_3 hat Stränge aus flächenverknüpften, besetzten Oktaedern in Richtung **c** (übereinanderliegende graue Kästchen; vgl. auch Abb. 16.10, S. 257). Bei OAg_3 sind die Oktaeder schichtenweise kantenverknüpft wie im BiI_3-Typ (nebeneinanderliegende graue Kästchen; vgl. auch Abb. 16.8, S. 254). Bei NNi_3 sind die besetzten Oktaeder eckenverknüpft.

In der unteren Reihe des linken Zweigs tauchen drei MX_3-Strukturen auf, deren Besetzungsmuster genauso ist wie bei TiI_3, OAg_3 und NNi_3. Die Symmetrie ist jedoch noch weiter abgebaut, weil in allen drei Fällen die Atome aus den Oktaedermitten herausgerückt sind, was durch die Punkte • angedeutet ist. Beim $RuBr_3$ sind die Ru-Atome paarweise aufeinander zugerückt (Ru–Ru-Bindungen). Bei PI_3 haben die P-Atome einsame Elektronenpaare. Die P-Atome sind jeweils in Richtung $+\mathbf{c}$ auf eine Oktaederfläche zugerückt, womit sich drei kurze P–I-Bindungen und drei lange P$\cdots$I-Kontakte ergeben. Ähnlich

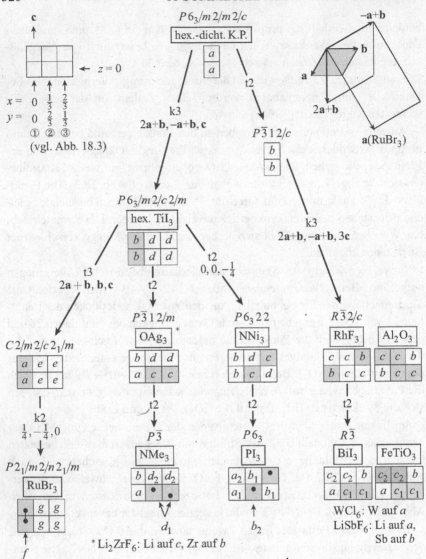

Stammbaum 18.3: Gruppe-Untergruppe-Beziehungen von der hexagonal-dichtesten Kugelpackung zu einigen MX_3- und M_2X_3-Strukturen. Die Kästchen symbolisieren die Oktaederlücken, mit Koordinaten wie links oben angegeben. Die Punktlagen der Oktaedermitten sind durch ihre Wyckoff-Buchstaben bezeichnet; verschiedene Orbits derselben Punktlage sind durch Indices a_1, a_2 usw. unterschieden. Graue Kästchen: besetzte Oktaederlücken. Die Punkte • deuten an, wie die Atome Ru, P und N aus den Oktaedermitten parallel zu **c** herausgerückt sind

ist die Situation bei kristallinem Trimethylamin, dessen Methylgruppen eine hexagonal-dichteste Kugelpackung bilden. Die N-Atome sind abwechselnd in Richtung +c und −c aus den Oktaedermitten herausgerückt.

In Tab. 18.1 sind die Kristalldaten den Erwartungswerten ohne Verzerrung gegenübergestellt. Beim Vergleich der Atomkoordinaten erkennt man, wie gering die Verzerrungen der Kugelpackung sind. Wie zu erwarten, sind die Abweichungen bei den Molekülverbindungen PI_3 und NMe_3 am größten.

18.4 Symmetriebeziehungen bei Phasenumwandlungen. Zwillingskristalle

Wie in Abschnitt 4.4 (S. 54) erläutert, verlaufen rekonstruktive Phasenumwandlungen immer nach der ersten Ordnung. Die Umwandlung beginnt an einem Keim, etwa an einem Ort mit einer Leerstelle im Kristall, wo die Bewegung der Atome und der Umbau der Struktur einsetzt. Darauf folgt das Wachstum des Keims zu Lasten der ursprünglichen Struktur. An der Grenze zwischen den beiden Phasen werden Bindungen in der alten Struktur gebrochen und neue Bindungen der neuen Struktur geknüpft, verbunden mit der dazu notwendigen Diffusion von Atomen. Bei solchen Umwandlungen spielen Gruppe-Untergruppe-Beziehungen keine Rolle. Gelegentlich angestellte Spekulationen über den Ablauf von Phasenumwandlungen erster Ordnung über eine intermediär auftretende gemeinsame Untergruppe der beteiligten Raumgruppen entbehren jeglicher physikalischen Grundlage; es ist unmöglich, die Atomanordnung entlang einer Phasengrenze mit einer Raumgruppe zu erfassen.

Anders ist das bei Phasenumwandlungen nach der zweiten Ordnung. Diese können nur ablaufen, wenn die Raumgruppe der einen Phase eine (nicht notwendigerweise maximale) Untergruppe der anderen ist. Zu den Phasentransformationen zweiter Ordnung gehören viele displazive Umwandlungen, bei denen Atomgruppen nur relativ kleine gegenseitige Bewegungen ausführen. In Abb. 4.1 (S. 56) ist als Beispiel die Phasenumwandlung zweiter Ordnung des Calciumchlorids vom Rutil-Typ zum $CaCl_2$-Typ gezeigt. Alles was dabei geschieht, ist die gegenseitige Verdrehung der Stränge von kantenverknüpften Oktaedern. Dabei kommt es zum „Bruch" der Symmetrie, die nicht tetragonal bleiben kann. Die Raumgruppe des $CaCl_2$-Typs ist notwendigerweise eine Untergruppe der Raumgruppe $P4_2/m\,2_1/n\,2/m$ des Rutil-Typs. Da ein Wechsel der

Tabelle 18.1: Kristalldaten für Strukturen zu Stammbaum 18.3. Die Idealkoordinaten würden für eine unverzerrte Kugelpackung gelten. Koordinatenwerte, die durch die Symmetrie fixiert sind, sind als 0 oder Bruchzahl angegeben, sonst als Dezimalzahlen

	Raumgruppe	$\dfrac{a}{\text{pm}}$	$\dfrac{c}{\text{pm}}$	Punktlage		x	y	z	Idealkoordinaten x	y	z
TiI_3-hex.	$P6_3/mmc$	715	650	Ti	$2b$	0	0	0	0	0	0
				I	$6g$	0,313	0	0	0,333	0	0
$RuBr_3$	$Pmnm$	1126	650	Ru	$4f$	$\frac{1}{4}$	0,746	0,015	$\frac{1}{4}$	0,75	0,0
		$b = 587$		Br	$2a$	$\frac{1}{4}$	0,431	$\frac{1}{4}$	$\frac{1}{4}$	0,417	$\frac{1}{4}$
				Br	$2b$	$\frac{1}{4}$	0,052	$\frac{3}{4}$	$\frac{1}{4}$	0,083	$\frac{3}{4}$
				Br	$4e$	0,597	0,407	$\frac{1}{4}$	0,583	0,417	$\frac{1}{4}$
				Br	$4e$	0,408	0,903	$\frac{1}{4}$	0,417	0,917	$\frac{1}{4}$
OAg_3	$P\bar{3}1m$	532	495	O	$2c$	0	0	0	0	0	0
				Ag	$6k$	0,699	0	0,276	0,667	0	0,25
Li_2ZrF_6	$P\bar{3}1m$	497	466	Zr	$1b$	0	0	$\frac{1}{2}$	0	0	$\frac{1}{2}$
				Li	$2c$	$\frac{1}{3}$	$\frac{2}{3}$	0	$\frac{1}{3}$	$\frac{2}{3}$	0
				F	$6k$	0,672	0	0,245	0,667	0	0,25
NMe_3	$P\bar{3}$	614	685	N	$2c$	$\frac{1}{3}$	$\frac{2}{3}$	0,160	$\frac{1}{3}$	$\frac{2}{3}$	0,0
				C	$6g$	0,576	$-0,132$	0,227	0,667	0,0	0,25
NNi_3	$P6_322$	463	431	N	$2c$	$\frac{1}{3}$	$\frac{2}{3}$	$\frac{1}{4}$	$\frac{1}{3}$	$\frac{2}{3}$	$\frac{1}{4}$
				Ni	$6g$	0,328	0	0	0,333	0	0
PI_3	$P6_3$	713	741	P	$2b$	$\frac{1}{3}$	$\frac{2}{3}$	0,146	$\frac{1}{3}$	$\frac{2}{3}$	0,25
				I	$6c$	0,686	0,034	0	0,667	0,0	0
RhF_3	$R\bar{3}c$	487	1355	Rh	$6b$	0	0	0	0	0	0
				F	$18e$	0,652	0	$\frac{1}{4}$	0,667	0	$\frac{1}{4}$
α-Al_2O_3	$R\bar{3}c$	476	1300	Al	$12c$	$\frac{1}{3}$	$\frac{2}{3}$	0,019	$\frac{1}{3}$	$\frac{2}{3}$	0,0
				O	$18e$	0,694	0	$\frac{1}{4}$	0,667	0	$\frac{1}{4}$
BiI_3	$R\bar{3}$	752	2070	Bi	$6c$	$\frac{1}{3}$	$\frac{2}{3}$	$-0,002$	$\frac{1}{3}$	$\frac{2}{3}$	0,0
				I	$18f$	0,669	0,000	0,246	0,667	0,0	0,25
$FeTiO_3$	$R\bar{3}$	509	1409	Ti	$6c_1$	$\frac{1}{3}$	$\frac{2}{3}$	0,020	$\frac{1}{3}$	$\frac{2}{3}$	0,0
				Fe	$6c_2$	0	0	0,145	0	0	0,167
				O	$18f$	0,683	$-0,023$	0,255	0,667	0,0	0,25
α-WCl_6	$R\bar{3}$	609	1668	W	$3a$	0	0	0	0	0	0
				Cl	$18f$	0,628	$-0,038$	0,247	0,667	0,0	0,25
$LiSbF_6$	$R\bar{3}$	518	1360	Li	$3a$	0	0	0	0	0	0
				Sb	$3b$	$\frac{1}{3}$	$\frac{2}{3}$	$\frac{1}{6}$	$\frac{1}{3}$	$\frac{2}{3}$	$\frac{1}{6}$
				F	$18f$	0,598	$-0,014$	0,246	0,667	0,0	0,25

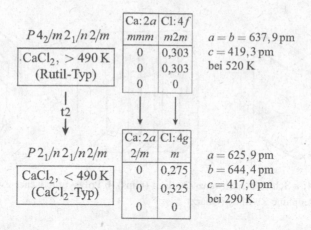

Stammbaum 18.4: Die Gruppe–Untergruppe-Beziehung zwischen den Modifikationen von Calciumchlorid (vgl. Abb. 4.1, S. 56)

Kristallklasse von tetragonal nach orthorhombisch erfolgt, ist die Untergruppe translationengleich. Die zugehörige Beziehung ist in Stammbaum 18.4 gezeigt.

Bei der Umwandlung von der tetragonalen in die orthorhombische Struktur kommt es zu einer Differenzierung der Gitterparameter a und b. Je nachdem, in welcher Richtung die Verdrehung der Oktaederstränge erfolgt, wird $a > b$ oder $a < b$. Bei der Phasenumwandlung findet beides statt; mit statistischer Wahrscheinlichkeit entstehen Domänen, in denen entweder $a > b$ oder $a < b$ ist. Der entstandene Kristall ist ein *Zwillingskristall*, bestehend aus Domänen. Die Zwillingsdomänen stehen in einer Symmetriebeziehung zueinander: ihre gegenseitige Orientierung entspricht einer der Symmetrieoperationen, die bei der Symmetriereduktion verloren gegangen sind. Vergleiche dazu Aspekt 3 des auf Seite 311 genannten Symmetrieprinzips.

Definition: Ein Zwillings- oder Mehrlingskristall besteht aus zwei oder mehr makroskopischen Individuen derselben Kristallart, die in einer kristallographisch-gesetzmäßigen gegenseitigen Orientierung miteinander verwachsen sind. Die Individuen werden Zwillingspartner, Zwillingskomponenten oder Zwillingsdomänen genannt.

Das Auftreten von Zwillingskristallen ist ein weitverbreitetes Phänomen. Es können zwei makroskopisch erkennbare Individuen sein wie die „Schwalbenschwanz-Zwillinge" beim Gips, bei denen das eine Individuum

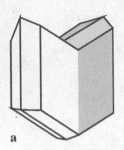
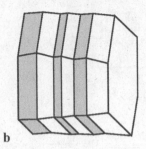

a　　　　　　　　　　　　b　　　　　　　　　　　　c

Abb. 18.4: a Schwalbenschwanz-Zwilling (Gips). **b** Polysynthetischer Zwilling (Feldspat). **c** Dauphiné-Zwilling (Quarz)

spiegelbildlich zum anderen angeordnet ist (Abb. 18.4). Es können auch zahlreiche einander abwechselnde Domänen vorhanden sein, die sich manchmal durch ein gestreiftes Aussehen der Kristalle zu erkennen geben (polysynthetischer Zwilling). Das eine Zwillingsindividuum wird in das andere durch irgendeine Symmetrieoperation überführt, beim Schwalbenschwanz-Zwilling zum Beispiel durch eine Spiegelung. Bei den „Dauphiné-Zwillingen" beim Quarz sind es zweizählige Drehungen (Abb. 18.4). Auch drei- oder vierzählige Achsen sind als Symmetrieelemente (Zwillingselemente) zwischen den Individuen möglich, die Kristalle sind dann Drillinge oder Vierlinge. Das Zwillingselement ist *nicht* ein Symmetrieelement der Raumgruppe der Struktur, es muß aber mit den strukturellen Gegebenheiten vereinbar sein.

　Mit der Bildung von Zwillingen muß man rechnen, wenn eine Phasenumwandlung von einer höher- zu einer niedrigersymmetrischen Raumgruppe stattfindet und dabei eine *translationengleiche* Gruppe-Untergruppe-Beziehung vorkommt. Handelt es sich um eine translationengleiche Untergruppe vom Index 2, so entstehen Zwillinge, bei Index 3 Drillinge und bei Index 4 Vierlinge (höhere Indices gibt es bei translationengleichen maximalen Untergruppen nicht). Wenn in mehreren Schritten des Symmetrieabbaus zwei translationengleiche Untergruppen vom Index 2 vorkommen, können Zwillinge von Zwillingen entstehen. Bei temperaturinduzierten Phasenumwandlungen hat in aller Regel die Hochtemperaturmodifikation die höhere Symmetrie.

　Die Dauphiné-Zwillinge des Quarzes entstehen, wenn sich Quarz bei 573 °C von seiner Hochtemperaturform (β- oder Hochquarz) in die Tieftemperaturform (α- oder Tiefquarz) umwandelt. Die Raumgruppe von Tiefquarz ist eine

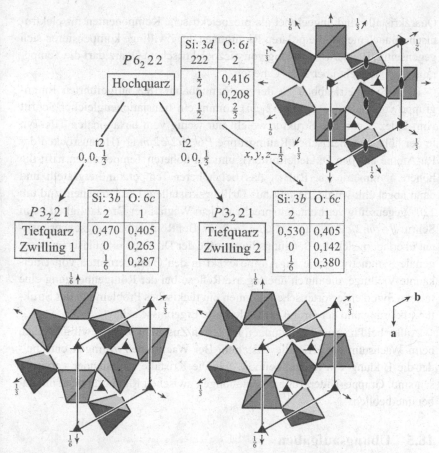

$P6_22\,2$	Si: $3d$	O: $6i$
	222	2
Hochquarz	$\frac{1}{2}$	0,416
	0	0,208
	$\frac{1}{2}$	$\frac{2}{3}$

t2
$0, 0, \frac{1}{3}$

t2
$0, 0, \frac{1}{3}$

$x, y, z - \frac{1}{3}$

$P3_2\,2\,1$	Si: $3b$	O: $6c$
	2	1
Tiefquarz	0,470	0,405
Zwilling 1	0	0,263
	$\frac{1}{6}$	0,287

$P3_2\,2\,1$	Si: $3b$	O: $6c$
	2	1
Tiefquarz	0,530	0,405
Zwilling 2	0	0,142
	$\frac{1}{6}$	0,380

Stammbaum 18.5: Gruppe-Untergruppe-Beziehung und Zwillingsbildung bei der Phasenumwandlung β-Quarz $\to$ α-Quarz (Dauphiné-Zwillinge)

translationengleiche Untergruppe vom Index 2 von derjenigen des Hochquarzes (Stammbaum 18.5). Beim Symmetrieabbau entfallen zweizählige Drehachsen (letzte 2 im Raumgruppensymbol $P6_22\,2$). Diese, nur in der höhersymmetrischen Raumgruppe vorhandenen Achsen, ergeben das Zwillingselement. Wären sie vorhanden, dann würde ein Atom vom Ort x, y, z auf die Orte $x, x - y, \frac{2}{3} - z$; $y - x, y, \frac{1}{3} - z$ und $-y, -x, -z$ abgebildet werden, im Koordinatensystem von $P3_2\,2\,1$. Man vergleiche dies mit den Atomkoordinaten der beiden Zwillingskomponenten in Stammbaum 18.5. In dieser Art verzwillingte

Quarzkristalle sind ungeeignet als piezoelektrische Komponenten für elektronische Bauelemente, die polaren Richtungen der Zwillinge kompensieren sich gegenseitig. Bei der Herstellung von piezoelektrischem Quarz darf die Temperatur deshalb nicht über 573 °C liegen.

Beim Symmetrieabbau zu der in Stammbaum 18.3 aufgeführten Raumgruppe von $RuBr_3$ ($P2_1/m2/n2_1/m$) kommt ein translationengleicher Schritt vom Index 3 vor. Die Struktur weicht nur wenig vom hexagonalen TiI_3-Typ in der höhersymmetrischen Raumgruppe $P6_3/m2/c2/m$ ab (Herausrücken der Ru-Atome aus den Oktaedermitten), und bei höheren Temperaturen trifft die höhere Symmetrie zu. $RuBr_3$, das bei höherer Temperatur hergestellt und dann abgekühlt wurde, besteht aus Drillingskristallen. Die Domänen sind um 120° gegenseitig verdreht, entsprechend dem Wegfall der Dreizähligkeit beim Schritt $P6_3/m2/c2/m$ —t3→ $C2/m2/c2_1/m$. Bei Röntgenbeugungsexperimenten überlagern sich die Beugungsdiagramme der Drillinge und täuschen hexagonale Symmetrie sowie Ru-Atome exakt in den Oktaedermitten vor. Unerkannte Viellinge, die durch überlagerte Reflexe bei der Röntgenbeugung eine falsche Symmetrie vortäuschen, können ein tückisches Problem bei der Strukturaufklärung und der Grund für fehlerhafte Ergebnisse sein.

Außer bei Phasenumwandlungen im festen Zustand können Zwillinge auch beim Wachstum der Kristalle enstehen. Bei Wachstumszwillingen entscheidet die Bildung von Kristallkeimen, wie die Kristalle miteinander verwachsen sind. Gruppe–Untergruppe-Beziehungen zwischen Raumgruppen sind dabei unerheblich.

18.5 Übungsaufgaben

18.1 Zu den Lösungen der folgenden Aufgaben kann man schnell gelangen, wenn man Bilder von Symmetrieachsen in der Art wie in Abb. 3.4, S. 31, zu Hilfe nimmt.

(a) Eine Raumgruppe (z. B. $P3$) möge dreizählige Drehachsen parallel zu **c** haben. Welche Art von Schraubenachsen können übrigbleiben, wenn c verdreifacht wird?

(b) Die Raumgruppe $P3_1$ hat dreizählige Schraubenachsen parallel zu **c**. Welche Schraubenachsen bleiben in der maximalen Untergruppe bei verdoppeltem c?

(c) Eine Raumgruppe (z. B. $P2_1$) möge zweizählige Schraubenachsen parallel zu **b** haben. Kann diese Raumgruppe klassengleiche oder isomorphe, maximale Untergruppen haben, bei denen b verdoppelt oder verdreifacht ist?

18.2 Ermitteln Sie, ob die folgenden Gruppe-Untergruppe-Beziehungen translationengleich, klassengleich oder isomorph sind. Wenn die Elementarzelle der Untergruppe vergrößert ist, ist dies im Pfeil angegeben.

(a) $Cmcm \rightarrow Pmcm$; (b) $P2_1/c \rightarrow P\bar{1}$; (c) $Pbcm \xrightarrow{-2a,b,c} Pbca$; (d) $C12/m1$ $\xrightarrow{-a,3b,c} C12/m1$; (e) $P6_3/mcm \rightarrow P6_322$; (f) $P2_1/m2_1/m2/n \rightarrow Pmm2$; (g) $P2_1/m2_1/m2/n \rightarrow P12_1/m1$.

18.3 Stellen Sie den Bärnighausen-Stammbaum für die Beziehung von ungeordnetem zu geordneten $AuCu_3$ auf, einschließlich der Punktlagenbeziehungen (Abb. 15.1, S. 233). Sie benötigen dazu *International Tables for Crystallography* [53], Band A, und zweckmäßigerweise auch Band $A1$ [199]. Wird $AuCu_3$ Zwillinge bilden?

18.4 Stellen Sie den Bärnighausen-Stammbaum für die Beziehung von Perowskit zu Elpasolith auf, einschließlich der Punktlagenbeziehungen (Abb. 17.10, S. 295 und Abb. 17.12, S. 298). Nehmen Sie *International Tables*, Bände A und $A1$ [53, 199] zu Hilfe.

18.5 Stellen Sie den Bärnighausen-Stammbaum für die Beziehung von kubischem $BaTiO_3$ (Perowskit-Typ, Abb. 17.10) zu tetragonalem $BaTiO_3$ auf (Abb. 19.5, S. 334). Hinweis: die Untergruppe ist nicht maximal. Muß man bei der Phasenumwandlung von der kubischen zur tetragonalen Form mit dem Auftreten von Mehrlingskristallen rechnen? Atomkoordinaten für tetragonales $BaTiO_3$: Ba $\frac{1}{2}\frac{1}{2}\frac{1}{2}$; Ti 0 0 0,020; O1 0 0 0,474; O2 $\frac{1}{2}$ 0 $-0,012$. Nehmen Sie *International Tables*, Bände A und $A1$ [53, 199] zu Hilfe.

18.6 Mit der Phasenumwandlung α-Zinn $\rightarrow \beta$-Zinn ist ein Wechsel der Raumgruppe $F4_1/d\bar{3}2/m \xrightarrow{\text{t3}} I4_1/a2/m2/d$ verbunden. Sollte β-Zinn Zwillinge oder Mehrlinge bilden?

18.7 Die Phasenumwandlung von $NaNO_2$ bei 164 °C von der paraelektrischen zur ferroelektrischen Form ist mit einem Wechsel der Raumgruppe von $I2/m2/m2/m$ nach $Imm2$ verbunden. Wird die ferroelektrische Phase verzwillingt sein?

19 Physikalische Eigenschaften von Festkörpern

Die Mehrzahl der Stoffe, denen wir im Alltag begegnen und mit denen wir uns beschäftigen, sind fest. Wir machen uns ihre physikalischen Eigenschaften in vielfältiger Weise zunutze. Im folgenden gehen wir nur in knapper Form auf solche Eigenschaften ein, die in engem Zusammenhang mit der Struktur stehen. Viele andere Eigenschaften wie elektrische und thermische Leitfähigkeit, optische Transparenz, Farbe, Lumineszenz usw. erfordern eine eingehendere Diskussion entsprechender Theorien, die den Rahmen dieses Buches sprengen würden.

19.1 Mechanische Eigenschaften

Elastizität, Zug- und Druckfestigkeit, Verformbarkeit, Härte und Kompressibilität, Abriebfestigkeit, Sprödigkeit und Spaltbarkeit sind wesentliche Eigenschaften, von denen die Einsetzbarkeit eines Materials für irgendeine Aufgabe mitbestimmt wird. Noch so gute elektrische, magnetische, chemische oder sonstige Eigenschaften nützen nichts, wenn ein Material den stets auch vorhandenen mechanischen Ansprüchen nicht gerecht wird. Struktur und Art der chemischen Bindungen haben hierauf maßgeblichen Einfluß. Mechanische Eigenschaften sind im allgemeinen anisotrop, d. h. sie hängen von der Richtung der Krafteinwirkung ab.

Ein Netzwerk von starken kovalenten Bindungen wie im Diamant sorgt für hohe Härte und Druckfestigkeit. Dies gilt auch für die Zugfestigkeit, wobei es hierfür ausreicht, wenn die kovalenten Bindungen in Zugrichtung vorhanden sind. Qualitativ wird die Härte durch Ritzversuche nach MOHS ermittelt, wonach ein Material, mit dem ein anderes geritzt werden kann, eine größere Härte hat. Als untere Grenze (Härte 1) dient Talk, als obere Diamant (Härte 10). Talk ist weich wegen seines Aufbaus aus elektrisch neutralen Schichten; zwischen den Schichten wirken nur VAN-DER-WAALS-Kräfte (vgl. Abb. 16.21). Die Schichten lassen sich leicht gegenseitig verschieben. Dies gilt auch für Graphit und MoS_2, die als Schmiermittel genutzt werden. Kristalle aus parallel gebündelten Kettenmolekülen haben einen starken Zusammenhalt in Kettenrichtung, aber einen geringen senkrecht dazu. Sie lassen sich zu Faserbüscheln spalten.

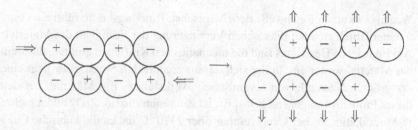

Abb. 19.1: Scherkräfte auf einen Ionenkristall (links) führen zur Spaltung (rechts)

Ionenkristalle haben mäßige bis mittlere Härte, wobei solche mit höher geladenen Ionen härter sind (z. B. NaCl Härte 2, CaF_2 Härte 4). Quarz mit seinem Netzwerk von polaren kovalenten Bindungen ist härter (Härte 7). Die Oberflächen von Stoffen mit Härte unter 7 werden im Alltag matt, weil sie von Quarzteilchen im Staub allmählich verkratzt werden. Der unterschiedlich starke Zusammenhalt aufgrund von kovalenten Bindungen und durch Ionenanziehung wird beim Verhalten der Glimmer deutlich. Glimmer bestehen aus anionischen Schichten, die durch kovalente Bindungen zusammengehalten werden. Zwischen den Schichten befinden sich Kationen. Glimmer lassen sich leicht parallel zu den Schichten spalten, wobei Platten mit Flächen von mehreren Quadratdecimetern und einer Dicke von weniger als 0,01 mm möglich sind.

Ionenkristalle lassen sich in definierten Richtungen spalten. Abb. 19.1 zeigt, warum es bei einer äußeren Krafteinwirkung zur Spaltung kommt: Wird durch Scherkräfte ein Teil eines Kristalls gegen den anderen verschoben, so kommen Ionen gleicher Ladung nebeneinander zu liegen und stoßen sich ab. Die Verschiebung erfolgt am leichtesten entlang von Ebenen, an denen es die geringste Anzahl von Kation-Anion-Kontakten gibt. Im Kochsalz hat zum Beispiel ein Na^+-Ion einen Cl^--Nachbarn, wenn man in Richtung parallel zu einer Elementarzellenkante blickt, zwei Nachbarn in Richtung diagonal dazu und drei in Richtung der Raumdiagonalen. Ein NaCl-Kristall spaltet sich am leichtesten senkrecht zur Zellenkante.

Metalle verhalten sich anders, weil die Metallatome in ein Elektronengas eingebettet sind. Die anziehenden Bindungskräfte bleiben auch erhalten, wenn es zu einer gegenseitigen Verschiebung von Kristallteilen kommt. Metalle sind deshalb ohne Bruch verformbar.

Keramische Werkstoffe sind überwiegend Oxide (MgO, Al_2O_3, Silicate, ZrO_2), zum Teil auch Nitride (BN, AlN, Si_3N_4) oder Carbide (B_4C, SiC, WC).

Wegen der kurzen Reichweite der chemischen Bindungskräfte führt ein einge-
tretener Bruch zu einer drastischen Verringerung der Festigkeit des Materials.
Am Ende eines Haarrisses sind die mechanischen Kräfte am größten, dort reißt
das Material weiter ein. In der sich daraus ergebenden Sprödigkeit liegt einer
der größten Nachteile von keramischen Werkstoffen. Ein Material, bei dem
dieses Problem weitgehend gelöst ist, ist Zirconiumdioxid. ZrO_2 bildet mehrere Modifikationen: bei Temperaturen über 2370 °C hat es die kubische CaF_2-
Struktur (Zr-Atome mit K.Z. 8), zwischen 1170 und 2370 °C liegt eine leicht
verzerrte, tetragonale CaF_2-Struktur vor (Zr-Koordination $4+4$) und unterhalb
von 1170 °C ist Baddeleyit die stabile Form; das ist eine stärker verzerrte Variante des CaF_2-Typs, bei der ein Zr-Atom nur noch die Koordinationszahl 7
hat. Durch Zusatz von wenigen Prozent Y_2O_3 kann die tetragonale Form auch
bei Raumtemperatur stabilisiert werden. Die Baddeleyit-Struktur beansprucht
ein um 7 % größeres Volumen als die tetragonale Modifikation, und deshalb ist
reines ZrO_2 ungeeignet für Hochtemperaturkeramik; es springt, wenn es über
den Umwandlungspunkt bei 1170 °C erhitzt wird. Gerade den Volumeneffekt
macht man sich aber zunutze, um die Sprödigkeit zu verringern, womit ZrO_2
zu einem keramischen Hochleistungsmaterial wird. Solches Material besteht
aus „partiell stabilisiertem" tetragonalem ZrO_2, d. h. es wird durch Zusätze in
dieser Modifikation metastabil gehalten. Tritt an einem Haarriß eine starke mechanische Beanspruchung auf, dann wandelt sich das ZrO_2 an dieser Stelle in
die Baddeleyit-Form um, und durch die Volumenzunahme heilt der Riß aus.

19.2   Piezo- und ferroelektrische Eigenschaften

Piezoelektrischer Effekt

Betrachten wir ein Atom mit positiver Partialladung, das in einem Kristall tetraedrisch von Atomen mit negativer Partialladung umgeben ist. Der Schwerpunkt der negativen Ladungen befindet sich in der Tetraedermitte. Übt man auf
den Kristall in einer geeigneten Richtung einen äußeren Druck aus, so wird das
Tetraeder deformiert, und der negative Ladungsschwerpunkt stimmt nicht mehr
mit der Lage des positiven Zentralatoms überein (Abb. 19.2); es ist ein elektrischer Dipol entstanden. Sind in der Struktur Symmetriezentren vorhanden,
so kommt auf jedes Tetraeder ein zweites Tetraeder, das genau entgegengesetzt
orientiert ist, und die elektrischen Felder der Dipole kompensieren sich. Wenn
dagegen alle Tetraeder gleich orientiert sind oder sonstige Orientierungen haben, die zu keiner Kompensation führen, dann summiert sich die Wirkung al-

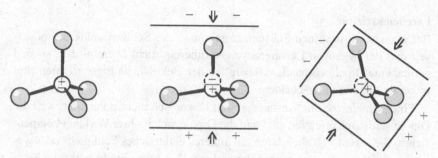

Abb. 19.2: Zur Deutung des piezoelektrischen Effektes: Durch äußeren Druck verursachte Deformation eines Koordinationstetraeders und die resultierende Verschiebung der Ladungsschwerpunkte

ler Dipole: der Gesamtkristall wird zu einem Dipol. Zwei entgegengesetzte Flächen des Kristalls haben entgegengesetzte elektrische Ladungen. Je nach der Richtung, in welcher der Druck ausgeübt wird, laden sich entweder die Flächen auf, auf die der Druck lastet (Longitudinaleffekt), oder zwei Flächen senkrecht dazu (Transversaleffekt).

Der beschriebene *piezoelektrische Effekt* ist umkehrbar. Bringt man den Kristall in ein äußeres elektrisches Feld, so deformiert er sich. Zinkblende, Turmalin, Ammoniumchlorid und Quarz sind Beispiele. Technisch wird der Effekt bei den Schwingquarzen genutzt, die in jeder elektronischen Uhr und in jedem Rechner als Taktgeber dienen. Der Schwingquarz ist eine Platte, die in der geeigneten Richtung aus einem Quarzkristall geschnitten wurde und auf die zwei Metallbeläge als elektrische Kontakte aufgebracht wurden. Durch elektrische Impulse wird der Quarz zu mechanischen Schwingungen angeregt, die eine genau definierte Frequenz haben und die ein entsprechendes elektrisches Wechselfeld erzeugen. Neben Quarz wird vor allem $Pb(Ti,Zr)O_3$ (PZT) eingesetzt, dessen Eigenschaften sich durch das Mengenverhältnis Ti/Zr steuern lassen. Es hat eine verzerrte Perowskitstruktur (Raumgruppe $P4mm$, Abb. 19.5, oder $R3c$, je nach Zusammensetzung). Piezoelektrische Kristalle werden immer dann eingesetzt, wenn es darauf ankommt, mechanische in elektrische Signale oder umgekehrt umzusetzen, zum Beispiel in Seismometern, Beschleunigungsmessern, Drucktasten, Mikrophonen oder zur Erzeugung von Ultraschall.

Kristalle können nur dann piezoelektrisch sein, wenn sie nicht zentrosymmetrisch sind; außerdem dürfen sie nicht der Kristallklasse 4 3 2 angehören. Der Effekt kann also nur in 20 der 32 Kristallklassen auftreten.

Ferroelektrizität

Bei manchen kristallinen Substanzen stimmen die Schwerpunkte der positiven und der negativen Ladungen von vornherein nicht überein, d. h. es sind permanente Dipole vorhanden. Bezüglich der elektrischen Eigenschaften sind folgende Fälle zu unterscheiden.

Eine *paraelektrische* Substanz ist makroskopisch nicht polarisiert, weil die Dipole statistisch orientiert sind und die Dipole sich in ihrer Wirkung kompensieren. Sie lassen sich aber durch ein äußeres elektrisches Feld mehr oder weniger ausrichten (Orientierungspolarisation). Der Ausrichtung wirkt die Temperaturbewegung entgegen, d. h. je höher die Temperatur, desto geringer ist die Polarisation.

Ein *Elektret* ist ein Kristall, dessen Dipole dauerhaft alle in eine Richtung ausgerichtet sind. Der Kristall ist damit ein makroskopischer Dipol.

In einer *ferroelektrischen* Substanz sind die Dipole ebenfalls gleichmäßig ausgerichtet, sie können aber durch ein von außen angelegtes elektrisches Feld umgepolt werden. Ein vorher unbehandelter („jungfräulicher") Kristall besteht häufig aus Domänen, und die gleiche Ausrichtung der Dipole ist innerhalb einer Domäne erfüllt. Von Domäne zu Domäne unterscheidet sie sich. Insgesamt können sich die Dipolmomente der einzelnen Domänen in einer Probe kompensieren. Wirkt ein äußeres elektrisches Feld auf die Probe, dann wachsen die Domänen, deren Polarisation der Richtung des elektrischen Feldes entspricht, auf Kosten der übrigen Domänen; die Gesamtpolarisation des Kristalls nimmt zu (Kurve j in Abb. 19.3). Schließlich ist im ganzen Kristall nur noch eine große Domäne vorhanden, und die Polarisation vergrößert sich mit zunehmen-

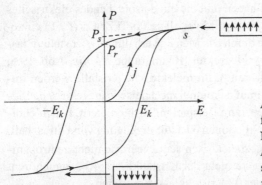

Abb. 19.3: Hysteresekurve eines ferroelektrischen Kristalls. j = Neukurve (jungfräuliche Kurve), P_r = remanente Polarisation, P_s = spontane Polarisation, E_k = Koerzitivfeld

dem elektrischen Feld nur noch wenig (Kurve s; die weitere Zunahme ist durch die normale dielektrische Polarisation bedingt, die bei allen Substanzen durch Polarisation der Elektronen auftritt). Verschwindet das äußere elektrische Feld, dann bleibt eine *remanente Polarisation* P_r, d. h. der Kristall ist ein makroskopischer Dipol. Um die remanente Polarisation zu beseitigen, muß ein entgegengesetztes elektrisches Feld mit der Feldstärke E_k angelegt werden, das Koerzitivfeld. Der Wert P_s, die spontane Polarisation, entspricht der Polarisation innerhalb einer Domäne.

Oberhalb einer definierten Temperatur, der CURIE-Temperatur, wird eine ferroelektrische Substanz paraelektrisch, weil die thermische Schwingung der Ausrichtung der Dipole entgegenwirkt. Das bei der ferroelektrischen Polarisation auftretende koordinierte Ausrichten der Dipole ist ein *kooperatives Phänomen*. Das beschriebene Verhalten ist demjenigen von ferromagnetischen Substanzen analog, daher die Bezeichnung ferroelektrisch; der Effekt hat nichts mit Eisen zu tun (er wird auch Seignettesalz- oder Rochellesalzelektrizität genannt).

Die durch das elektrische Feld induzierte Polarisation ist erheblich größer als bei nicht-ferroelektrischen Substanzen, und demzufolge sind die Dielektrizitätskonstanten erheblich größer. Vor allem $BaTiO_3$ wird wegen dieser Eigen-

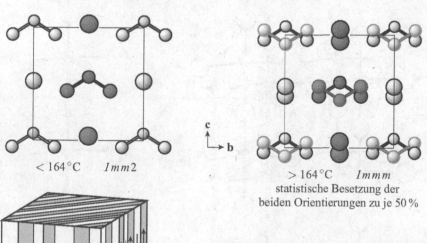

< 164 °C   *Imm*2

c
↑
└→ b

> 164 °C   *Immm*
statistische Besetzung der
beiden Orientierungen zu je 50 %

Abb. 19.4: Struktur von $NaNO_2$ unterhalb und oberhalb des CURIE-Punktes. Unten: Domänen in einem ferroelektrischen $NaNO_2$-Kristall

schaft genutzt, um Kondensatoren mit hoher Kapazität herzustellen. Weitere Beispiele sind SbSI, KH_2PO_4 und $NaNO_2$ sowie bestimmte Substanzen mit verzerrter Perowskitstruktur wie $LiNbO_3$ und $KNbO_3$. In Abb. 19.4 ist gezeigt, wie die Nitritionen im Natriumnitrit unterhalb von 164 °C alle in eine Richtung orientiert sind und damit ein makroskopisches Dipolmoment hervorrufen. Es ist auch gezeigt, wie sich die Domänen unterschiedlicher Orientierung abwechseln, solange nicht durch ein elektrisches Feld alle NO_2^--Ionen gleichsinnig ausgerichtet wurden. Oberhalb der CURIE-Temperatur von 164 °C sind die NO_2^--Ionen statistisch orientiert und $NaNO_2$ ist paraelektrisch.

Im Natriumnitrit tritt die ferroelektrische Polarisierung nur in einer Richtung auf. Im $BaTiO_3$ ist sie nicht auf eine Richtung beschränkt. $BaTiO_3$ hat zwischen 5 und 120 °C die Struktur eines verzerrten Perowskits. Bedingt durch die Größe der Ba^{2+}-Ionen, die zusammen mit den Sauerstoffatomen eine dichteste Kugelpackung bilden, sind die oktaedrischen Lücken etwas zu groß für die Titanatome, und diese befinden sich nicht genau in den Oktaedermitten. Das Titanatom ist in einem Oktaeder auf eines der O-Atome zugerückt, und zwar innerhalb einer Domäne in allen Oktaedern in derselben Richtung (Abb. 19.5).

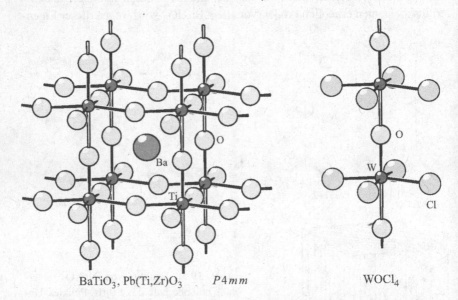

$BaTiO_3$, $Pb(Ti,Zr)O_3$ $P4mm$ $WOCl_4$

Abb. 19.5: Struktur von ferroelektrischem $BaTiO_3$ und $Pb(Ti,Zr)O_3$ sowie der analoge Aufbau im Elektret $WOCl_4$

Tabelle 19.1: Kristallklassen, in denen ferroelektrische Kristalle möglich sind

Kristallklasse	Richtung der Polarisation
1	beliebig
2	parallel zur monoklinen Achse
m	senkrecht zur monoklinen Achse
*mm*2	
4, 4*mm*	
3, 3*m*	parallel zur *c*-Achse
6, 6*mm*	

Hierdurch kommt es zur Polarisation in der Domäne. Das Herausrücken ist so ähnlich wie bei den W-Atomen im $WOCl_4$, in dem quadratisch-pyramidale Moleküle zu einem Strang mit alternierend langen W–O-Abständen assoziiert sind. Oberhalb der CURIE-Temperatur von 120 °C hat $BaTiO_3$ die kubische Perowskitstruktur, bei der die Titanatome die Oktaedermitten einnehmen. Eine erheblich höhere CURIE-Temperatur (1470 °C) und auch eine viel größere Polarisation wurde bei $LiNbO_3$ gefunden.

Wenn sich die Dipole im Kristall aufgrund der Kristallsymmetrie kompensieren, kann keine Ferroelektrizität auftreten. Alle zentrosymmetrischen, alle kubischen und noch einige weitere Kristallklassen sind ausgeschlossen; die möglichen Kristallklassen sind in Tabelle 19.1 zusammengestellt. Alle ferroelektrischen Stoffe sind immer auch piezoelektrisch.

Das mechanische Analogon zur Ferroelektrizität ist die *Ferroelastizität*. Ein Kristall ist ferroelastisch, wenn er bei Abwesenheit von mechanischer Belastung zwei oder mehr verschieden orientierte Zustände aufweist, die sich durch mechanische Belastung ineinander umklappen lassen. $CaCl_2$ ist ein Beispiel. Bei der Phasenumwandlung vom Rutil-Typ zum $CaCl_2$-Typ können sich die Oktaeder in der einen Richtung oder auch in der Gegenrichtung verdrehen (Abb. 4.1, S. 56, und Abschn. 18.4). Wenn in verschiedenen Teilen des Kristalls die eine oder die andere Verdrehung stattfindet, entsteht ein Kristall mit Domänen beider Orientierungen. Durch Druck kann man erreichen, daß sich alle Domänen in nur eine der beiden Richtungen ausrichten.

19.3   Magnetische Eigenschaften

Ein Elektron führt eine Rotationsbewegung um seine eigene Achse aus, es hat einen Spin. Zu einem mechanischen Drehimpuls gehört ein Impulsvektor, der die Richtung der Drehachse und den Betrag des Impulses erfaßt. Der Impulsvektor s eines Elektrons hat einen genau definierten Betrag von

$$|\mathbf{s}| = \frac{h}{2\pi} \sqrt{s(s+1)} = \frac{h}{4\pi} \sqrt{3}$$

Zur Charakterisierung bedient man sich der Zahl s, der Spinquantenzahl, die nur den einen Zahlenwert $s = \frac{1}{2}$ haben kann. $h = 6,6262 \cdot 10^{-34}$ Js = PLANCK-Konstante.

Mit dem Spin ist ein magnetisches (Dipol-)Moment verbunden, d. h. ein Elektron verhält sich wie ein kleiner Stabmagnet. Ein äußeres Magnetfeld übt auf ein Elektron eine Kraftwirkung aus, die wie bei einem Kreisel zu einer Präzessionsbewegung des Elektrons um die Richtung des Magnetfeldes führt, d. h. die Drehachse des Elektrons ist gegen die Richtung des Magnetfeldes geneigt. Die Quantentheorie erlaubt dabei nur zwei Orientierungen, die mit der Magnet-Spinquantenzahl von $m_s = +s = +\frac{1}{2}$ oder $m_s = -s = -\frac{1}{2}$ zum Ausdruck gebracht werden. Die beiden Orientierungen werden auch „parallel" und „antiparallel" genannt, obwohl die Impulsvektoren keineswegs genau parallel oder antiparallel zum Magnetfeld ausgerichtet sind.

Das magnetische Moment eines isolierten Elektrons hat einen definierten Wert von

$$\mu_s = 2\mu_B \sqrt{s(s+1)} = 2\mu_B \sqrt{3} \qquad (19.1)$$

$$\text{mit} \qquad \mu_B = \frac{eh}{4\pi m_e} = 9,274 \cdot 10^{-24} \text{ JT}^{-1} \qquad (19.2)$$

e = Elementarladung, h = PLANCK-Konstante, m_e = Masse des Elektrons; 1 Tesla ist die Einheit der magnetischen Flußdichte, 1 T = 1 Vsm^{-2}

μ_B wird BOHRsches Magneton genannt. Magnetische Momente werden als Vielfache von μ_B angegeben.

Ein auf einer Bahn in einem Atom umlaufendes Elektron stellt einen elektrischen Kreisstrom dar, der ebenfalls von einem Magnetfeld umgeben ist. Auch dieses kann nach der Quantentheorie nur bestimmte Orientierungen in einem äußeren Magnetfeld annehmen.

Der Zustand eines Elektrons in einem Atom wird durch seine vier Quantenzahlen charakterisiert:

Hauptquantezahl $n = 1, 2, 3, \ldots$

Bahndrehimpulsquantenzahl (Nebenquantenzahl) $l = 0, 1, 2, \ldots, n-1$

Magnet-(Bahndrehimpuls-)Quantenzahl $m_l = -l, \ldots, 0, \cdots +l$

Magnet-Spinquantenzahl $m_s = -\frac{1}{2}, +\frac{1}{2}$

Die Elektronen in einem Atom beeinflussen sich gegenseitig, ihre Spins und ihre Bahndrehimpulse sind miteinander gekoppelt. Zwei gepaarte Elektronen sind solche, die in allen ihren Quantenzahlen übereinstimmen, außer in der Magnet-Spinquantenzahl. In solch einem Elektronenpaar kompensieren sich die magnetischen Momente der beiden Elektronen. Ungepaarte Elektronen in verschiedenen Orbitalen tendieren dazu, sich parallel auszurichten und ein entsprechend stärkeres Magnetfeld zu erzeugen (HUNDsche Regel); sie haben die gleiche Magnet-Spinquantenzahl und unterscheiden sich in irgendeiner anderen Quantenzahl.

Substanzen, in denen nur gepaarte Elektronen vorkommen, sind *diamagnetisch*. Bringt man sie in ein äußeres Magnetfeld ein, so werden in den Molekülorbitalen elektrische Ströme induziert, deren Magnetfelder dem äußeren Magnetfeld entgegengesetzt sind (LENZsche Regel). Die Substanz wird dadurch vom Magnetfeld abgestoßen; die zugehörigen Kräfte sind nur gering, aber stets vorhanden.

In einer *paramagnetischen* Substanz sind ungepaarte Elektronen vorhanden. Sehr häufig kann man die ungepaarten Elektronen bestimmten Atomen oder Ionen zuordnen. Wirkt ein äußeres Magnetfeld auf eine paramagnetische Substanz ein, so richten sich die magnetischen Momente der Elektronen in die Richtung dieses Feldes aus, die Probe wird magnetisiert, und eine Kraft zieht die Substanz in das Feld. Durch Messung dieser Kraft kann die Magnetisierung quantitativ ermittelt werden. Die thermische Bewegung wirkt der Ausrichtung entgegen; je höher die Temperatur, desto geringer fällt die Magnetisierung der Probe aus.

Als Maß für die Magnetisierung M dient das zusätzliche, durch die Ausrichtung erzeugte Magnetfeld. Es ist, abgesehen von sehr starken Magnetfeldern, proportional zum äußeren Magnetfeld H:

$$M = \chi H$$

Die dimensionslose Proportionalitätskonstante χ ist die *magentische Volumen-Suszeptibilität*. Die Magnetisierung und damit auch die Volumen-Suszeptibilität ist von der Anzahl der orientierbaren Teilchen pro Volumeneinheit abhängig. Eine davon unabhängige, stoffbezogene Größe ist die *molare magnetische Suszeptibilität* χ_m:

$$\chi_m = \chi V_m = \chi_g M$$

Dabei ist V_m das molare Volumen, M die Molmasse und $\chi_g = \chi/\rho$ die üblicherweise erfaßte Massensuszeptibilität (ρ = Dichte).

Mit Hilfe der Suszeptibilität kann man die Stoffe bezüglich ihrer magnetischen Eigenschaften folgendermaßen einteilen:

$$\chi_m < 0 \qquad \text{diamagnetisch}$$
$$\chi_m > 0 \qquad \text{paramagnetisch}$$
$$\chi_m \gg 0 \qquad \text{ferromagnetisch}$$

Paramagnetismus

Die Temperaturabhängigkeit der molaren Suszeptibilität einer paramagnetischen Substanz folgt (bei nicht zu starkem Magnetfeld) dem CURIE-WEISS-Gesetz:

$$\chi_m = \frac{C}{T - \Theta} \tag{19.3}$$

T = absolute Temperatur, C = CURIE-Konstante, Θ = WEISS-Konstante.

Der Graph bei Auftragung des Kehrwerts der gemessenen Suszeptibilität $1/\chi_m$ gegen T ist eine Gerade mit der Steigung $1/C$, welche die Abszisse bei $T = \Theta$ schneidet (Abb. 19.6). Für $\Theta = 0$ vereinfacht sich die Beziehung zum klassischen CURIE-Gesetz $\chi_m = C/T$. Werte $\Theta \neq 0$ werden im allgemeinen dann gefunden, wenn bei tieferen Temperaturen kooperative Effekte auftreten (Ferro-, Ferri- oder Antiferromagnetismus). Die Gerade muß dann von höheren zu tieferen Temperaturen extrapoliert werden (gestrichelte Linien in Abb. 19.6).

Für die weitere Diskussion beschränken wir uns auf den Fall einer Substanz, in der nur eine Sorte von paramagnetischen Atomen (Atome mit ungepaarten Elektronen) vorhanden ist. Mit dem *atomaren magnetischen (Dipol-)Moment* μ_a wird erfaßt, wie stark magnetisch ein Atom ist. Je größer das atomare magnetische Moment, desto größer ist die Suszeptibilität; der quantitative Zusammenhang ist über die CURIE-Konstante gegeben:

$$C = \mu_0 \frac{N_A^2 \mu_a^2}{3R} \tag{19.4}$$

μ_0 = magnetische Feldkonstante (Vakuumpermeabilität) = $4\pi \cdot 10^{-7}$ VsA^{-1}m^{-1}; N_A = AVOGADRO-Konstante, R = Gaskonstante

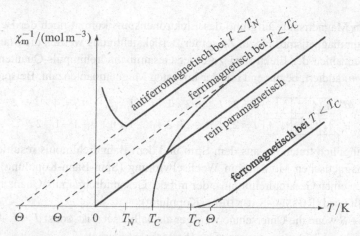

Abb. 19.6: Verlauf (schematisch) der reziproken molaren Suszeptibilität in Abhängigkeit der Temperatur

Das experimentell bestimmte magnetische Moment μ_{eff} für eine Probe, als Vielfaches von μ_B ausgedrückt, erhält man durch Auflösung von Gleichung (19.4) nach μ_a und Division durch μ_B:

$$\mu_{\mathrm{eff}} = \frac{\mu_a}{\mu_B} = \frac{1}{\mu_B}\sqrt{\frac{3R}{\mu_0 N_A^2}\chi_m(T-\Theta)} = 800\sqrt{\frac{\chi_m}{\mathrm{mol^{-1}m^3}}\frac{(T-\Theta)}{K}} \tag{19.5}$$

Die Kopplung der Spins der Elektronen in einem Atom wird rechnerisch durch Addition ihrer Magnet-Spinquantenzahlen erfaßt. Da sie sich in gepaarten Elektronen jeweils auf Null addiert, genügt es, die ungepaarten Elektronen zu betrachten. Die Spins von n ungepaarten Elektronen addieren sich im Sinne der HUNDschen Regel zu einer Gesamtspinquantenzahl $S = \frac{1}{2}n$. Das magnetische Moment dieser n Elektronen ist nicht die skalare Summe der einzelnen magnetischen Momente der Elektronen; die Drehimpulse müssen vektoriell addiert werden, unter Beachtung der speziellen Richtungen, die sie nach der Quantentheorie haben können. Die Addition der Drehimpulsvektoren ergibt einen Gesamtdrehimpulsvektor mit dem Betrag:

$$|S| = \frac{h}{2\pi}\sqrt{S(S+1)}$$

Dazu gehört ein atomares magnetisches Moment von

$$\mu_a = 2\mu_B\sqrt{S(S+1)} \tag{19.6}$$

Zum Magnetismus aufgrund des Elektronenspins kommt noch der Beitrag des Bahnmagnetismus hinzu. Zu seiner Berücksichtigung werden die Magnet-Quantenzahlen der Elektronen zu einer Gesamtbahndrehimpuls-Quantenzahl $L = \sum m_l$ addiert, beginnend mit der höchsten Magnetquantenzahl. Beispiele:

Cr^{2+}: d^4 | ↑ | ↑ | ↑ | ↑ | | $\quad l = 2; \quad L = +2+1+0-1 = 2; \quad S = 4 \times \tfrac{1}{2} = 2$

Cu^{2+}: d^9 | ↑↓ | ↑↓ | ↑↓ | ↑↓ | ↑ | $\quad l = 2; \quad L = +2+2+1+1+0+0-1-1-2 = 2; \quad S = \tfrac{1}{2}$

Schließlich treten die aus dem Spin und dem Bahndrehimpuls resultierenden magnetischen Momente in Wechselwirkung (Spin-Bahn-Kopplung) und ergeben einen Gesamtdrehimpuls, der mit der Gesamtdrehimpuls-Quantenzahl J erfaßt wird (RUSSEL-SAUNDERS-Kopplung): $J = L - S$ wenn die Unterschale weniger als halbbesetzt ist, sonst $J = L + S$.

Das zugehörige atomare magnetische Moment beträgt:

$$\mu_a = g\mu_B \sqrt{J(J+1)} \tag{19.7}$$

$$\text{mit} \quad g = 1 + \frac{J(J+1) + S(S+1) - L(L+1)}{2J(J+1)} \quad \text{(LANDÉ-Faktor)}$$

Für vollbesetzte Unterschalen ist immer $L = 0$ und $S = 0$. Innere Elektronen eines Atoms tragen also nicht zum Magnetismus bei. Bei halbbesetzten Unterschalen ist $L = 0$ und $g = 2$, und es bleibt ein reiner Spin-Paramagnetismus gemäß Gleichung (19.6).

Ein fast reiner Spin-Magnetismus wird aber auch bei Verbindungen leichter Elemente einschließlich der $3d$-Übergangsmetalle beobachtet. Die Elektronenbahnen stehen nämlich unter dem Einfluß des Ligandenfelds und können sich nicht frei im Magnetfeld ausrichten. Das Ligandenfeld löscht die Bahnanteile zum magnetischen Moment ganz oder teilweise aus. Tab 19.2 zeigt, daß die „Spin-only"-Näherung nach Gleichung (19.6) für $3d$-Ionen mit Elektronenkonfiguration $3d^1$ bis $3d^5$ recht gut erfüllt ist; bei den Konfigurationen $3d^6$ bis $3d^9$ macht sich die Spin-Bahn-Wechselwirkung ein wenig bemerkbar.

Bei Verbindungen der schwereren $4d$-Übergangsmetalle und noch mehr bei den $5d$-Metallen erfaßt der Spin-only-Wert den tatsächlichen Magnetismus weniger gut. Die Spin-Bahn-Kopplung hat größere Bedeutung; sie hängt von der Elektronenkonfiguration und bei manchen Konfigurationen auch von der Temperatur ab. Für d^1 bis d^4 führt sie oft zu einem verringerten, für d^5 bis d^9 zu einem erhöhten magnetischen Moment verglichen zum Spin-only-Wert. Wegen Einzelheiten sei auf die Spezialliteratur verwiesen.

Tabelle 19.2: Berechnete Werte für $2\sqrt{S(S+1)}$ und $g\sqrt{J(J+1)}$ für einige High-Spin-Ionen und Vergleich mit den entsprechenden experimentellen Werten $\mu_{eff} = \mu_a/\mu_B$

		Spin-only $2\sqrt{S(S+1)}$	μ_{eff}			Spin-Bahn $g\sqrt{J(J+1)}$	μ_{eff}
Sc^{3+}	$3d^0$	0	0	Ce^{3+}	$4f^1$	2,54	2,3 – 2,5
Ti^{3+}	$3d^1$	1,73	1,7 – 1,8	Pr^{3+}	$4f^2$	3,58	3,4 – 3,6
V^{3+}	$3d^2$	2,83	2,8 – 2,9	Nd^{3+}	$4f^3$	3,62	3,5 – 3,6
Cr^{3+}	$3d^3$	3,87	3,7 – 3,9	Sm^{3+}	$4f^5$	0,85	1,6*
Cr^{2+}, Mn^{3+}	$3d^4$	4,90	4,8 – 5,0	Eu^{3+}	$4f^6$	0	3,3 – 3,5*
Mn^{2+}, Fe^{3+}	$3d^5$	5,92	5,7 – 6,1	Gd^{3+}	$4f^7$	7,94	7,9 – 8,0
Fe^{2+}, Co^{3+}	$3d^6$	4,90	5,1 – 5,7	Tb^{3+}	$4f^8$	9,72	9,7 – 9,8
Co^{2+}	$3d^7$	3,87	4,3 – 5,2	Dy^{3+}	$4f^9$	10,65	10,2 – 10,6
Ni^{2+}	$3d^8$	2,83	2,8 – 3,0	Er^{3+}	$4f^{11}$	9,58	9,4 – 9,5
Cu^{2+}	$3d^9$	1,73	1,7 – 2,0	Yb^{3+}	$4f^{13}$	4,54	4,5

* Abweichung weil der erste angeregte Zustand nur wenig über dem Grundzustand liegt und ein Teil der Atome angeregt ist; für $T \to 0$ geht $\mu_{eff} \to 0$

Die $4f$-Elektronen von Lanthanoidionen werden von den vollbesetzten, kugelsymmetrischen Unterschalen $5s$ und $5p$ gegen das Ligandenfeld abgeschirmt. Sie werden kaum vom Ligandenfeld beeinflußt, so daß der Bahnanteil des Magnetismus voll zum tragen kommt. Hier ergibt sich eine recht gute Übereinstimmung der experimentellen Werte mit den Berechnungen nach der RUSSELL-SAUNDERS-Kopplung gemäß Gleichung (19.7) (Tab. 19.2).

Ferro-, Ferri- und Antiferromagnetismus

Der Name Ferromagnetismus ist auf die Beobachtung dieses Effekts beim Eisen zurückzuführen, er ist aber keineswegs auf Eisen oder Eisenverbindungen beschränkt. Es handelt sich um ein *kooperatives Phänomen*, d. h. das Verhalten vieler Teilchen in einem Festkörper ist gekoppelt. Paramagnetische Atome oder Ionen beeinflussen sich gegenseitig über größere Bereiche.

In einer ferromagnetischen Substanz stellen sich die magnetischen Momente benachbarter Atome parallel zueinander ein. Meistens zeigt eine magnetisch nicht vorbehandelte Probe trotzdem kein makroskopisches magnetisches Moment. Das beruht auf dem Vorliegen zahlreicher Domänen (WEISSsche Bezirke). In jeder Domäne sind die Spins jeweils parallel ausgerichtet, aber von Domäne zu Domäne verschieden. Ein äußeres Magnetfeld bewirkt ein Wachsen der mit dem Magnetfeld ausgerichteten Domänen zu Lasten anderer

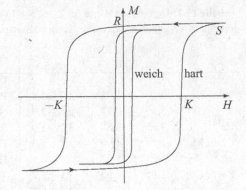

Abb. 19.7: Hystereseschleifen für ein magnetisch „hartes" und ein magnetisch „weiches" ferromagnetisches Material. S = Sättigungsmagnetisierung, R = Remanenz, K = Koerzitivkraft

Domänen. Wenn die Spins aller Teilchen der Probe ausgerichtet sind, ist die Sättigungsmagnetisierung erreicht. Um diesen Zustand zu erreichen, benötigt man ein Magnetfeld mit einer Mindestfeldstärke, die vom Material abhängt.

Die Verhältnisse werden mit der Hysteresekurve verdeutlicht, die der Hysteresekurve von ferroelektrischen Stoffen entspricht (Abb. 19.7). Ausgehend von einer unbehandelten Probe, wird mit zunehmendem Magnetfeld eine zunehmende Magnetisierung bewirkt bis die Sättigung erreicht ist. Nach Abschalten des Magnetfeldes fällt die Magnetisierung zwar ab, es verbleibt aber eine remanente Magnetisierung R. Durch Umkehr des Magnetfeldes kommt es zu einer Umkehr der Spinorientierung. Das dafür mindestens benötigte Magnetfeld hat die Koerzitiv-Feldstärke oder Koerzitivkraft K. Je nach Anwendung benötigt man magnetische Materialien mit unterschiedlicher magnetischer „Härte". Ein Permanentmagnet in einem Gleichstrom-Elektromotor soll zum Beispiel eine hohe Koerzitivkraft aufweisen, damit er seine Magnetisierung nicht verliert. Kleine Koerzitivkräfte werden dort benötigt, wo häufige und schnelle Ummagnetisierungen erfolgen, zum Beispiel in Schreibköpfen von Festplatten.

Oberhalb einer kritischen Temperatur T_C, der CURIE-Temperatur, wird ein ferromagnetischer Stoff paramagnetisch, weil die thermische Bewegung die Ausrichtung der magnetischen Momente verhindert. Die magnetische Suszeptibilität folgt dann dem CURIE-WEISS-Gesetz mit einem positiven Wert für die WEISS-Konstante, $\Theta > 0$ (Abb. 19.6).

Die Kopplung zwischen den magnetischen Momenten verschiedener Teilchen kann auch zu Spins mit entgegengesetzter Ausrichtung führen, die Substanz ist dann *antiferromagnetisch* (Abb. 19.8). Bei sehr tiefen Temperaturen ist dann insgesamt ein magnetisches Moment von Null gegeben. Nimmt die

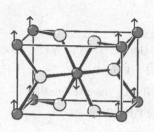
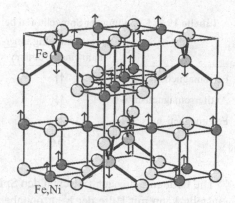

Abb. 19.8: Orientierung der Spins im antiferromagnetischen MnF_2 (Rutil-Typ) und im ferrimagnetischen Invers-Spinell $NiFe_2O_4$ (ein Achtel der Elementarzelle); die oktaedrisch koordinierten Plätze sind statistisch mit Fe und Ni besetzt

Temperatur zu, verhindert die thermische Bewegung eine antiparallele Ausrichtung aller Teilchen, und die magnetische Suszeptibilität steigt an. Bei weiter steigender Temperatur sorgt die Temperaturbewegung dann zunehmend für eine statistische Gleichverteilung der Spinorientierungen; die Suszeptibilität nimmt wie bei einer paramagnetischen Substanz wieder ab. Charakteristisch für eine antiferromagnetische Substanz ist somit ein Maximum für die Suszeptibilität bei einer bestimmten Temperatur, der NÉEL-Temperatur T_N.

Die Symmetrie unter Einschluß der Spinorientierung kann bei antiferromagnetischen Kristallen mit *Schwarzweiß-Raumgruppen* (Schubnikow-Gruppen, Antisymmetrie-Raumgruppen) beschrieben werden. Sie stellen eine Erweiterung der Raumgruppen dar. Bei jedem Punkt im Raum wird unterschieden, ob er schwarz oder weiß ist. Die üblichen Symmetrieoperationen können dann mit einem Farbwechsel gekoppelt sein. Im Hermann-Mauguin-Symbol bringt man das durch einen Strich ' zum Ausdruck. Eine zweizählige Drehung, die mit einem Farbwechsel (oder mit einer Spinumkehr) gekoppelt ist, erhält zum Beispiel das Symbol $2'$. Es gibt 1191 Schwarzweiß-Raumgruppentypen.

Bei einer *ferrimagnetischen* Substanz liegt der gleiche Sachverhalt wie bei einer antiferromagnetischen Substanz vor, die Teilchen mit den entgegengesetzten magnetischen Momenten haben aber unterschiedliche Häufigkeit oder/und verschieden große magnetische Momente. Dadurch kompensieren sie sich auch bei sehr tiefen Temperaturen nicht, und im Magnetfeld zeigt sich ein Verhalten wie beim Ferromagnetismus.

Tabelle 19.3: Kopplung der Spinvektoren bei kooperativen magnetischen Effekten

	Spinorientierung innerhalb einer Domäne	Beispiele
Ferromagnetismus	↑↑	α-Fe, Ni, Gd; EuO (NaCl-Typ)
Antiferromagnetismus	↑↓	MnF_2, FeF_2 (Rutil-Typ)
Ferrimagnetismus	↑↓	Fe_3O_4, $NiFe_2O_4$ (inverse Spinelle)
	↑↑↑↓↓	$Y_3Fe_5O_{12}$ (Granat)

Die Ordnung, die sich zwischen den Spins der Atome in der Elementarzelle einstellt, kann mit Hilfe der Neutronenbeugung experimentell bestimmt werden. Weil ein Neutron selbst einen Spin und ein magnetisches Moment hat, wird es von einem Atom je nach Orientierung des magnetischen Moments verschieden stark gebeugt.

Tabelle 19.3 gibt eine Übersicht über die verschiedenen Arten der Spin-Kopplung.

Wovon hängt es ab, wie die Spins miteinander gekoppelt sind? Parallelstellung tritt stets ein, wenn sich die betreffenden Atome gegenseitig direkt beeinflussen. Dies ist in reinen Metallen wie Eisen oder Nickel der Fall, aber auch beim EuO (NaCl-Typ). Antiparallelstellung tritt meistens ein, wenn zwischen zwei paramagnetischen Teilchen eine indirekte Wechselwirkung über die Elektronen eines zwischen ihnen liegenden, selbst nicht paramagnetischen Teilchens vermittelt wird; dieser Mechanismus wird *Superaustausch* genannt. Das trifft für die technisch wichtigen Spinelle und Granate zu.

Im $NiFe_2O_4$, einem inversen Spinell $Fe_T^{3+}[Ni^{2+}Fe^{3+}]_OO_4$, sind die Spins auf den Oktaederplätzen untereinander parallel, ebenso die auf den Tetraederplätzen (Abb. 19.8). Die Wechselwirkung zwischen den beiden Platzsorten erfolgt durch Superaustausch über die O-Atome. Ein Fe^{3+}-Ion (d^5, high-spin) hat fünf, ein Ni^{2+}-Ion (d^8) zwei ungepaarte Elektronen. Die parallel gekoppelten Teilchen auf zwei Oktaederplätzen haben zusammen einen Spin von $S = \frac{7}{2}$, dem steht $S = \frac{5}{2}$ eines Fe^{3+}-Teilchens auf einem Tetraederplatz entgegen. Es verbleibt also ein Gesamtspin von $S = 1$, der zwei ungepaarten Elektronen pro Formeleinheit entspricht.

Granat ist ein Orthosilicat, $Al_2Mg_3(SiO_4)_3$, mit einer komplizierten kubischen Struktur. Die Struktur bleibt erhalten, wenn alle Metallatome dreiwertig sind, im Sinne einer Substitution folgender Art:

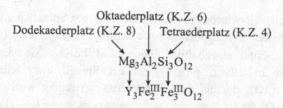

Im Yttrium-Eisen-Granat $Y_3Fe_5O_{12}$ („YIG" = yttrium iron garnet) liegt eine ferrimagnetische Kopplung (Superaustausch) zwischen Oktaeder- und Tetraederplätzen vor. Weil letztere im Überschuß sind, kompensieren sich die magnetischen Momente nicht. Durch Substitution des Yttriums gegen Lanthanoide können die magnetischen Eigenschaften variiert werden.

Technisch wichtige magnetische Materialien

Eisen ist ein Werkstoff, dessen ferromagnetische Eigenschaften schon lange genutzt werden. Beim Erhitzen wird es bei der CURIE-Temperatur von 766 °C paramagnetisch, ohne daß sich dabei die kubisch-innenzentrierte Struktur verändert (eine Phasenumwandlung zur kubisch-dichtesten Kugelpackung erfolgt bei 906 °C). Als magnetisch weiche Materialien werden Eisenlegierungen mit Silicium, Cobalt oder Nickel in Transformatoren und Elektromotoren eingesetzt. Fein verteiltes Eisenpulver („Eisen-Pigment") dient als magnetisches Material zur Datenspeicherung (da es pyrophor ist, wird es durch Aufdampfen einer Co–Cr-Legierung stabilisiert). Ein Nachteil des Eisens ist seine elektrische Leitfähigkeit; ein alternierendes Magnetfeld induziert elektrische Wirbelströme, die eine Erhitzung des Eisens und damit Energieverluste mit sich bringen. Durch Verwendung von Stapeln aus gegenseitig isolierten Blechen lassen sich die Wirbelströme verringern, aber nicht völlig unterdrücken.

Wo keine oder nur geringe magnetische Wechselfelder auftreten, stört die metallische Leitfähigkeit nicht, zum Beispiel bei manchen Anwendungen von Dauermagneten. Dauermagneten mit besonders hoher Magnetisierung und Koerzitivkraft werden aus $SmCo_5$ oder Sm_2Co_{17} hergestellt.

In magnetischen Materialien, die elektrische Isolatoren sind, kommt es nur zu minimalen Wirbelstromverlusten. Dies ist ein Grund für die Bedeutung von oxidischen Materialien, vor allem von Spinellen und Granaten. Ein weiterer Grund liegt in der Variationsbreite der magnetischen Eigenschaften, die durch verschieden zusammengesetzte Spinelle und Granate erreicht werden kann. Die Toleranz der Spinellstruktur gegen Substitution auf den Metallatomplätzen und das Wechselspiel zwischen normalen und inversen Spinellen ermöglichen es, die Eigenschaften den gegebenen Anforderungen anzupassen. *Spinell-Ferrite* sind eisenhaltige Spinelle $M^{II}Fe_2O_4$. Sie sind magnetisch weich bis mittelhart. γ-Fe_2O_3 ist ein Spinell mit Defektstruktur, $Fe_T^{III}[Fe_{1,67}^{III}\square_{0,33}]_OO_4$, der als Speichermaterial verwendet wird (Disketten, Tonbänder). Fe_3O_4 findet Anwendung in „magnetischen Flüssigkeiten", die zum Beispiel zur Abdichtung von Drehlagern gegen Vakuum dienen; es handelt sich um Suspensionen von Magnetpigmenten in Öl; in einem Magnetfeld sammelt sich das Pigment im Bereich der höchsten Feldstärke und erhöht dort die Dichte und Viskosität der Flüssigkeit. In der Hochfrequenztechnik (Nachrichtentechnik) werden magnetisch weiche Materialien benötigt; hier haben Mangan-Zink-Ferrite die größte Bedeutung.

Als magnetisch harte Materialien kommen hexagonale Ferrite vom Magnetoplumbit-Typ zum Einsatz. Sie zeichnen sich durch eine hohe Koerzitivkraft bei niedriger Remanenz aus. Sie dienen als elektrisch nicht leitende Permanentmagnete, zum Beispiel in Elektromotoren, Dynamos, Schrankverschlüssen. Strukturell sind sie mit den Spinellen verwandt, jedoch sind die Sauerstoffatome partiell durch große Kationen wie Ba^{2+} oder Pb^{2+} substituiert. Die beiden Haupttypen sind: $BaFe_{12}O_{19}$ („*M*-Phase") und $Ba_2Zn_2Fe_{12}O_{22}$ („*Y*-Phase").

Der magnetokalorische Effekt

Eine Phasenumwandlungen bei einem magnetischen Material kann mit einer Transformation der magnetischen Struktur verbunden sein (magnetostrukturelle Phasenumwandlung). In manchen Fällen kann die Phasenumwandlung durch ein äußeres Magnetfeld erzwungen werden. Diese Erscheinung wird magnetokalorischer Effekt genannt, wenn es sich um eine Transformation erster Ordnung handelt und somit Umwandlungsenthalpie mit der Umgebung ausgetauscht wird. MnAs zeigt diese Erscheinung. Oberhalb von 125 °C hat es die NiAs-Struktur. Beim Abkühlen findet bei 125 °C eine Phasenumwandlung zweiter Ordnung zum MnP-Typ statt (vgl. Stammbaum 18.2, S. 316). Das ist ein normales Verhalten wie bei vielen anderen Substanzen auch. Ungewöhnlich ist dagegen eine zweite Phasenumwandlung bei 45 °C, bei der als Tieftemperaturmodifikation wieder die höhersymmetrische NiAs-Struktur entsteht. Diese zweite Umwandlung verläuft nach der ersten Ordnung, mit einem Volumensprung ΔV und Umwandlungsenthalpie ΔH. Außerdem ist sie mit einer Umorientierung der Elektronenspins von low-spin nach high-spin verbunden. Die High-Spin-Struktur ($< 45\,°C$) ist ferromagnetisch, die Low-Spin-Struktur paramagnetisch. Durch ein Magnetfeld kann die ferromagnetische Struktur auch oberhalb von 45 °C stabilisiert werden.

Kühlgeräte, die den magnetokalorischen Effekt nutzen, sind in der Entwicklung. Dazu benötigt man Materialien mit einem starken magnetokalorischen Effekt bei einer gewünschten Temperatur. Als vielversprechend gilt $Gd_5Si_xGe_{4-x}$. Gd_5Si_4 und Gd_5Ge_4 haben sehr ähnliche Strukturen, die sich aber in einem kleinen, entscheidenden Punkt unterscheiden. Es sind Schichten vorhanden, in denen Würfel und Paare von trigonalen Prismen aus Gd-Atomen verknüpft sind (Abb. 19.9). In jedem Würfel befindet sich ein weiteres Gd-Atom, und in jedem Prismenpaar ist eine Si_2- oder Ge_2-Hantel mit einer kovalenten Si–Si oder Ge–Ge-Bindung. Die Schichten sind versetzt gestapelt, und zwischen den Schichten befinden sich weitere Si_2- oder Ge_2-Hanteln, die schräg gegen die Schichten geneigt sind. In diesen letztgenannten Hanteln liegt der Unterschied. Bei Gd_5Si_4 ist ihre Si–Si-Bindung 247 pm lang, was für eine kovalente Bindung spricht. Mit einer Rechnung nach dem ZINTL-Konzept entspricht das der Formulierung $(Gd^{3+})_5(Si_2^{6-})_2(e^-)_3$. Bei Gd_5Ge_4 ist der Ge···Ge-Abstand in diesen Hanteln dagegen 363 pm, was für eine Bindung zu lang ist. Die ZINTL-Formulierung wäre $(Gd^{3+})_5(Ge_2^{6-})(Ge^{4-})_2e^-$, wobei die Annahme von Ge^{4-}-Ionen allerdings nicht realistisch ist. Der Unterschied bringt erheblich abweichende Eigenschaften mit sich: Gd_5Si_4 ist unterhalb von 62 °C ferromagnetisch; Gd_5Ge_4 wird unterhalb der NÉEL-Temperatur von -148 °C antiferromagnetisch und unterhalb von 20 K ferromagnetisch.

$Gd_5Si_2Ge_2$ hat eine Struktur mit kurzen und langen Hanteln und kristallisiert in der monoklinen Raumgruppe $P 1 1 2_1/a$ (Abb. 19.9); das ist eine Untergruppe von $Pnma$, der orthorhombischen Raumgruppe von Gd_5Si_4 und Gd_5Ge_4. Si- und Ge-Atome sind statistisch auf beide Sorten von Hanteln verteilt. $Gd_5Si_2Ge_2$ ist unterhalb der Curie-Temperatur von 26 °C ferrimagnetisch, mit kleinem magnetischen Moment. Beim Abkühlen tritt bei 3 °C eine Phasenumwandlung erster Ordnung auf, bei der die Atome in den langen Hanteln zusammenrücken, also alle Hanteln kurze Bindungen haben wie im Gd_5Si_4. Die Tieftemperaturform ist ferromagnetisch, mit dem vollen magnetischen Moment der Gd^{3+}-Ionen. Diese Umwandlung zeigt einen starken magnetokalorischen Effekt. Mischkristalle $Gd_5Si_xGe_{4-x}$ mit $0,2 < x < 0,5$ haben die gleiche Struktur wie $Gd_5Si_2Ge_2$ und die gleichen Eigenschaften, wobei man durch den Zahlenwert von x die Umwandlungstemperatur steuern kann (je höher der Ge-Anteil, desto tiefer die Umwandlungstemperatur).

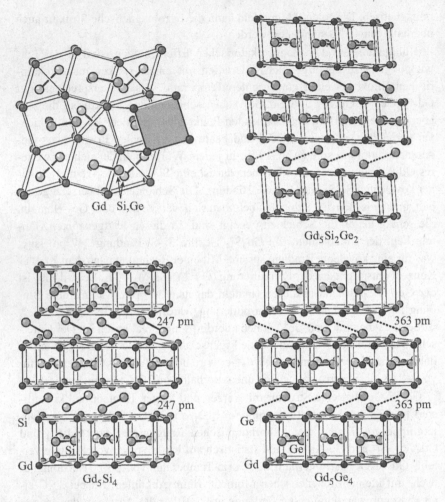

Gd   Si,Ge

$Gd_5Si_2Ge_2$

247 pm

247 pm

Si

Si

Gd

Gd_5Si_4

363 pm

363 pm

Ge

Ge

Gd

Gd_5Ge_4

Abb. 19.9: Links oben: Aufsicht auf eine Schicht aus Würfeln und trigonalen Doppelprismen in $Gd_5(Si,Ge)_4$, über der sich $(Si,Ge)_2$-Hanteln befinden; das graue Quadrat gehört zur nächsten Schicht und zeigt an, wie die Schichten zueinander versetzt gestapelt sind. Übrige Bilder: Seitenansichten parallel zu den Schichten

20 Nanostrukturen

Unter nanostrukturierten und nanokristallinen Materialien versteht man Substanzen aus Partikeln oder mit Strukturmerkmalen (wie Poren), die 2 bis 1000 Nanometer groß sind. Da der Durchmesser eines Atoms in der Größenordnung von 0,25 nm liegt, geht es also um Längen, die 8 bis 4000 Atomlagen entsprechen. Substanzen aus Teilchen in dieser Größe verhalten sich anders als dieselben Substanzen in größeren Aggregaten. Bei einem Kristall der Größe $1 \times 1 \times 1$ mm^3 befindet sich ein Anteil von ca. 10^{-6} der Atome an der Oberfläche; ist der Kristall nur $100 \times 100 \times 100$ nm^3 groß, sind es ca. 1 % der Atome. Die Oberfläche ist die massivste aller Störungen im periodischen Aufbau eines Kristalls. Oberflächenatome sind anders gebunden und unterscheiden sich elektronisch von inneren Atomen. Die Materialeigenschaften einer nanostrukturierten Probe werden in starkem Maße von den Oberflächenatomen mitbestimmt. Es kommt zu geänderten mechanischen, elektrischen, magnetischen, optischen und chemischen Eigenschaften, die von der Teilchengröße und -form abhängen. Bei noch kleineren Maßen kommen außerdem noch quantenmechanische Effekte hinzu. Ist die Leuchtfarbe eines Halbleiters bei einem Teilchendurchmesser von 8 nm rot, wird sie bei 2,5 nm grün. Will man bestimmte Eigenschaften erzielen, müssen die Teilchen eine einheitliche Größe, Gestalt und Ausrichtung haben.

Die Terminologie geht etwas durcheinander. Die Vorsilbe „nano" kam in den 1990er Jahren in Gebrauch. Die bis dahin übliche Bezeichnung *mesoskopische Strukturen* wird nach wie vor verwendet. Nach einer IUPAC-Norm von 1985 gelten für poröse Materialien folgende Bezeichnungen: mikroporös, < 2 nm Porendurchmesser; mesoporös, 2–50 nm; makroporös, > 50 nm.

Nanostrukturierte Materialien sind nichts neues. Die Chrysotil-Fasern gehören dazu (Abb. 16.22), ebenso Knochen, Zähne und Muschelschalen. Letztere sind *Verbundmaterialien* (Kompositmaterialien), die aus Proteinen und eingebetteten harten, nanokristallinen anorganischen Substanzen wie Apatit bestehen. Wie bei den ihnen nachgeahmten Verbundwerkstoffen kommt die besondere Festigkeit erst durch den Verbund der Komponenten zustande.

Chemiker gehen schon lange mit Teilchen in der Größe von Nanometern um. Neuartig ist, daß man jetzt beginnt, die Herstellung von nanostrukturierten Substanzen mit *einheitlicher* Partikelgröße und in geordneten Mustern zu beherrschen. Damit eröffnet sich die Möglichkeit, Materialien mit ganz bestimmten und reproduzierbaren, von der Teilchengröße abhängigen Eigenschaften herzustellen. Begonnen hat diese Entwicklung mit der Entdeckung der Kohlenstoff-Nanoröhren durch IJIMA im Jahre 1991 (Abb. 11.15, S. 172).

Zur Gewinnung von nanostrukturierten Materialien gibt es neben den auf Seite 171 für Kohlenstoff-Nanoröhren genannten Methoden eine Reihe von Möglichkeiten, von denen wir im folgenden eine Auswahl behandeln.

Beim LAMER-Prozeß erzeugt man Teilchen aus Lösung, wobei die Bildung von Kristallkeimen und ihr Wachstum strikt getrennt werden. Zuerst werden in sehr kurzer Zeit viele Kristallkeime aus einer übersättigten Lösung erzeugt, dann läßt man die Keime langsam wachsen unter Vermeidung weiterer Keimbildung. Mit oberflächenaktiven Zusatzstoffen wie Thiolen oder Aminen mit langkettigem Alkylgruppen kann das Kristallwachstum beeinflußt werden. Man kann so einheitlich große, sphärische Partikel mit einem Durchmesser von 3 bis 15 nm erhalten.

Will man auch die Form der Teilchen kontrollieren, beeinflußt man die Wachstumsgeschwindigkeit der Kristallflächen. Kristallflächen, die schnell wachsen, verschwinden nach einiger Zeit (Abb. 20.1). Liganden wie langkettige Carbonsäuren lagern sich selektiv an bestimmte Kristallflächen an und unterdrücken deren Wachstum, so daß am Schluß nur diese Flächen übrigbleiben. Ist bei einem kubischen Kristall das Wachstum in Richtung der Würfelecken schneller, erhält man Würfel. Wachsen die Würfelflächen schneller, erhält man Oktaeder. Wachsen beide gleich schnell, bilden sich Kuboktaeder. Zum Beispiel kann man Nanowürfel aus Silber erhalten, wenn Silbernitrat in alkoholischer Lösung reduziert wird. Diese Würfel können als formgebende Schablone zur Erzeugung von Hohlkörpern benutzt werden. Dazu werden sie durch Um-

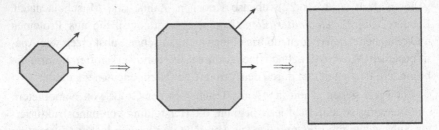

Abb. 20.1: Schnell wachsende Flächen eines Kristallkeims verschwinden beim Kristallwachstum

setzung mit Tetrachlorogoldsäure, HAuCl$_4$, mit Gold überzogen, während sich das Silber auflöst. Man erhält Nano-Goldkästchen in Form von leeren Kuboktaedern.

Nanodrähte aus hexagonalem Cobalt kann man herstellen, wenn man durch selektiv adsorbierte Liganden das Wachstum aller Kristallflächen unterbindet, mit Ausnahme der Flächen senkrecht zur gewünschten Drahtrichtung.

Ein anderes Herstellungsverfahren nutzt die gerichtete Erstarrung aus eutektischen Schmelzen. Bei der Erstarrung eines eutektischen Gemisches scheiden sich die beiden Komponenten gleichzeitig aus (S. 60). In einem BRIDGMAN-Ofen stellt man gewöhnlich große Einkristalle her, indem man einen Tiegel mit einer Schmelze langsam nach unten aus dem Ofen zieht (Abb. 20.2). Die untere Spitze des Tiegels kühlt sich zuerst ab, so daß dort der Kristallkeim entsteht. Zwischen dem bereits entstandenen Kristall und der überstehenden Flüssig-

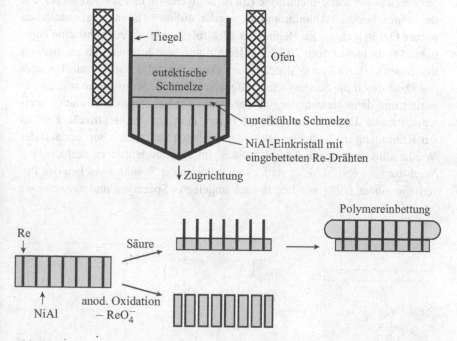

Abb. 20.2: Oben: BRIDGMAN-Verfahren zur Herstellung von großen Einkristallen. Aus einer eutektischen Schmelze kann man einen Einkristall mit eingelagerten Drähten erhalten. Unten: Mögliche Bearbeitungsschritte

keit gibt es eine dünne Zone mit unterkühlter Schmelze. Handelt es sich um ein eutektisches Gemisch, findet die Separation der Phasen durch Diffusion in waagerechter Richtung in der unterkühlten Schmelze statt. In der Zugrichtung bilden sich durchgehende Einkristalle. Hat die eine Komponente einen kleinen Volumenanteil, so erstarrt sie in Form von parallelen, einheitlich dicken Nanodrähten, die in der anderen Phase eingebettet sind. Zum Beispiel können Rheniumdrähte in einer einkristallinen Matrix von NiAl aus einer eutektischen Schmelze von NiAl/Re hergestellt werden. Das Ergebnis läßt sich durch den Temperaturgradienten und die Zuggeschwindigkeit beeinflussen. Die Drähte lassen sich freilegen, indem die NiAl-Matrix ganz oder teilweise mit Säure weggeätzt wird. Ein Nanofilter aus NiAl erhält man durch elektrochemische Oxidation, bei der das Rhenium als Perrhenat herausgelöst wird.

Die anodische Oxidation von Aluminiumblech wird schon lange genutzt, um Aluminium mit einer festhaftenden Oxidschicht vor Korrosion zu schützen. Verwendet man saure Elektrolyte (meist Schwefel- oder Phosphorsäure), die das abgeschiedene Aluminiumoxid wieder auflösen können, so entstehen poröse Oxidschichten. Zu Beginn der Elektrolyse entsteht zunächst eine kompakte Oxidschicht (Abb. 20.3). Zugleich nimmt die Stromstärke ab, bedingt durch den elektrischen Widerstand des Oxids. Es folgt ein Prozeß, bei dem das Oxid durch die Säure wieder aufgelöst wird, die Stromstärke wieder zunimmt und dann gleichbleibt, während die elektrochemische Oxidation weiter stattfindet. Dabei bilden sich die Poren. Dort wo das elektrische Feld an der Krümmung im Ende einer Pore den stärksten Gradienten hat, verläuft der Wiederauflösungsprozeß am schnellsten. Im Porenende gibt es deshalb kein Wachstum der Oxidschicht; stattdessen wachsen die Wände zwischen den Poren, die immer höher werden. Je nach angelegter Spannung und verwendeter

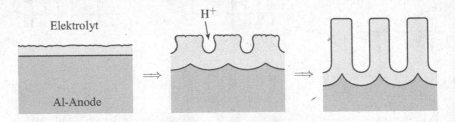

Abb. 20.3: Entstehung von mesoporösem Aluminiumoxid durch anodische Oxidation von Aluminium in sauren Elektrolyten

5 µm

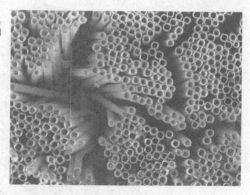

Abb. 20.4: Nanoröhren aus Zinn. (Rasterelektronenmikroskopische Aufnahme; S. SCHLECHT, Freie Universität Berlin)

Säure ergibt sich eine bestimmte Krümmung im Porenende, so daß die Poren schließlich alle denselben Durchmesser haben und völlig regelmäßig angeordnet sind. Es werden Porendurchmesser von 25 bis 400 nm und Porentiefen bis 0,1 mm erzielt. Die Porenwände haben etwa die Zusammensetzung AlOOH, sie enthalten noch Elektrolyt-Anionen, und sie sind amorph.

Das poröse Aluminiumoxid kann als Schablone („Templat") zur Herstellung von Nanodrähten und Nanoröhren genutzt werden. Metalle können zum Beispiel an den Porenwänden mit folgenden Verfahren abgeschieden werden: Abscheidung aus der Gasphase, elektrochemisch oder mit chemischen Reduktionsmitteln aus Lösung oder durch Thermolyse von Substanzen, mit denen die Poren zuvor gefüllt wurden. Bei Porendurchmessern bis 25 nm erhält man Drähte, bei größeren Durchmessern Röhren mit Wandstärken bis hinunter zu 3 nm. Elektrochemisch lassen sich zum Beispiel Nanodrähte und -röhren aus Nickel, Cobalt, Kupfer oder Silber herstellen. Die Aluminiumoxidschablone kann zum Schluß mit einer Base weggelöst werden.

Man kann auch Reaktionen mit der Porenwand nutzen. Sind die Aluminiumoxid-Porenwände zum Beispiel mit $Sn(SePh)_4$ benetzt, so reagieren sie mit diesem bei 650 °C, und man erhält Nanodrähte aus SnO_2. Macht man dasselbe in einer mesoporösen Schablone aus Silicium, so wirkt das Silicium als Reduktionsmittel. Es entstehen, je nach Temperatur, Nanoröhren aus SnSe oder aus Zinn (Abb. 20.4).

Zur Templatsynthese eigen sich auch Tenside, Cyclodextrine oder Proteine als Schablonenmaterial. Die Moleküle von Tensiden bestehen aus einer langen hydrophoben Alkylkette und einer hydrophilen Endgruppe ($-SO_3^-$, $-CO_2^-$, $-NR_3^+$). In wäßriger Lösung assoziieren sie zu *Mizellen*, wenn die Kon-

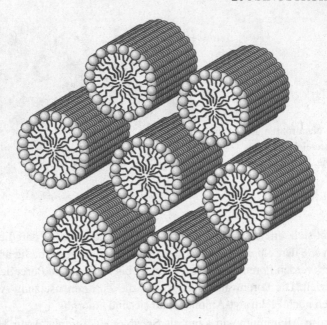

Abb. 20.5: Stäbchenförmige Mizellen aus Tensidmolekülen in einer flüssig-kristallinen Ordnung. Zwischen den Mizellen befindet sich die wäßrige Lösung. Kugeln = hydrophile Enden der Tensidmoleküle, schwarze Zickzacklinien = lange Alkylgruppen

zentration einen kritischen Schwellenwert überschreitet. Zunächst bilden sich annähernd kugelförmige Mizellen, mit den hydrophilen Gruppen an der Oberfläche und nach innen weisenden Alkylgruppen. Bei höheren Konzentrationen werden die Mizellen stabförmig und ordnen sich in einem flüssig-kristallinen Zustand in der Art einer hexagonalen Stabpackung (Abb. 20.5). Durch eine Fällungsreaktion aus der Lösung bildet sich ein Feststoff, in dem die Mizellen eingeschlossen sind. Ist der Festkörper ausreichend vernetzt und stabil, können die Mizellenmoleküle zum Beispiel durch trockenes Erhitzen entfernt werde.

Als Beispiel sei die Herstellung von mesoporösem Silica (amorphes SiO_2) mit einheitlicher Porengröße genannt. In einer wäßrigen Lösung eines Alkyltrimethylammoniumhalogenids entstehen stäbchenförmige Mizellen. Die Mizellen sind an ihrer Oberfläche positiv elektrisch geladen und ordnen sich parallel aus. Die Gegenionen befinden sich in der wäßrigen Lösung zwischen den Mizellen. Durch langsame Hydrolyse von Tetraethylorthosilicat, $Si(OC_2H_5)_4$, bei $pH \approx 11$ bei 100 bis 150 °C kommt es zur Fällung von SiO_2 (hydrothermale

Bedingungen, d. h. unter Druck). Die eingeschlossenen Mizellen werden durch Erhitzen auf 540 °C entfernt, und es verbleibt mesoporöses Silica. Die Porengröße kann durch die Länge der Alkylketten gesteuert werden.

Tenside in Gemischen aus wenig Wasser und viel unpolarem Lösungsmittel bilden umgekehrte, kugelförmige Mizellen, bei denen sich die hydrophilen Gruppen im Inneren der Mizelle befinden und in der Mitte ein Wassertropfen eingeschlossen ist. Durch Hydrolyse unter kontrollierten Bedingungen (pH, Konzentration, Temperatur) können in den Wassertröpfchen aus einer Ausgangssubstanz („Precursor") Metalloxide mit einheitlicher Teilchengröße erzeugt werden. Ist die Ausgangssubstanz ein Titanalkoxid, so entstehen zum Beispiel Titandioxidkügelchen, $Ti(OR)_4 + 2\,H_2O \rightarrow TiO_2 + 4\,ROH$.

Für nanostrukturierte Substanzen gibt es eine Reihe von Anwendungen, und weitere zeichnen sich ab, zum Beispiel:

- Verkapselung in Nanobehältern, die unter Druck aufbrechen und den eingeschlossenen Stoff freigeben. Dazu gehören Klebstoffe, die unter Druck wirksam werden, oder Parfüm, das beim verreiben freigesetzt wird.

- Nanopartikel aus TiO_2 in Sonnencreme haften besser auf der Haut und wandern nicht in Hautfalten ab; sie sorgen für einen besseren Sonnenschutz.

- Wasser- und schmutzabweisende Beschichtungen haben nach außen weisende Nanospitzen. Wasser berührt die Oberfläche nur an den Spitzen und zieht sich aufgrund der Oberflächenspannung zu Tröpfchen zusammen, die abrollen („Lotus-Effekt").

- Nanokugeln aus SiO_2 werden auf einer Glasoberfläche bei 650 °C angeschmolzen, worauf diese fast kein Licht mehr reflektiert.

- Ferroelektrische $Pb(Ti,Zr)O_3$-Nanoteilchen zur elektronischen Datenspeicherung.

21 Sprachliche und andere Verirrungen

Im Sprachgebrauch und in der Literatur sind allerlei unkorrekte, ungenaue, irreführende oder einfältige Bezeichnungen anzutreffen. Im folgenden werden einige aufgezählt, die Sie hoffentlich nie verwenden.

Verwechseln Sie nicht die Begriffe *Kristallstruktur* und *Kristallgitter*. Die Kristallstruktur bezeichnet eine regelmäßige Anordnung von Atomen, das Kristallgitter bezeichnet eine unendliche Menge von Translationsvektoren (S. 19). Die Begriffe sollten auch nicht miteinander vermengt werden. Es gibt keine „Gitterstruktur" und kein „Diamantgitter", sondern eine Diamantstruktur.

Cäsiumchlorid ist *nicht* kubisch-*innenzentriert* sondern kubisch-primitiv. Innenzentriert ist eine Struktur nur, wenn es in der Elementarzelle für jedes Atom in der Lage x, y, z ein *symmetrieäquivalentes* und somit gleiches Atom in $x + \frac{1}{2}, y + \frac{1}{2}, z + \frac{1}{2}$ gibt. Die Bezeichnung „zentrierter Cluster" für einen Cluster mit eingelagertem Atom ist unglücklich, da der wohldefinierte Begriff ‚zentriert' so zu einem schwammigen Begriff aufgeweicht wird.

Verwechseln Sie nicht *Symmetrieoperation* und *Symmetrieelement* (S. 26).

Verwechseln Sie nicht *Raumgruppe* und *Raumgruppentyp* (S. 38).

Identisch hat etwas mit Identität zu tun und bedeutet „ein und dasselbe". Symmetrieäquivalente oder translatorisch gleichwertige Atome sind keine „identischen Atome". Identisch kann man auch nicht steigern oder abschwächen; „nahezu identisch" ist eine unsinnige Aussage.

Ein Kristall, der nur aus einer Sorte von Atomen besteht, ist kein „monoatomarer Kristall", denn er besteht aus mehr als nur einem Atom.

Ein Polyeder ist sächlich: *das* Oktaeder, nicht der Oktaeder.

Ein Molekül enthält keine „Wasserstoffe", „Sauerstoffe" oder „Bore", sondern Wasserstoffatome, Sauerstoffatome oder Boratome.

Der „Bindungsabstand" ist der Abstand zwischen zwei Bindungen. Der Abstand zwischen zwei aneinandergebundenen Atomen ist die *Bindungslänge*.

Man sage nicht „oktaedrisch koordinierter Komplex", wenn man ein oktaedrisch koordiniertes *Atom* in einer Komplexverbindung meint. Ein „oktaedrisch koordinierter Komplex" könnte allenfalls ein komplexes *Molekül* sein, das von sechs anderen Molekülen umgeben ist.

In Molekülen mit planarer Koordinationsfigur gibt es keine „planaren Atome". Atome sind immer dreidimensional ausgedehnt. Genauso unsinnig sind „tetraedrische Atome".

Es gibt keine „eindimensionale Struktur". Strukturen sind immer dreidimensional. Akzeptabel ist die Bezeichnung eindimensional im Zusammenhang mit ausdrücklich genannten, stark anisotropen Eigenschaften, zum Beispiel ‚eindimensionale Leitfähigkeit', ‚eindimensionale Verknüpfung', ‚eindimensionale Fehlordnung'. Die „Dimensionalität" einer Struktur ist eine sinnlose Phrase.

Eine Struktur kann entweder tetragonal sein oder nicht. Zwischenzustände gibt es nicht. Eine orthorhombische, annähernd tetragonale Struktur hat keine „Tetragonalität".

Die Abbildung eines *einzelnen Moleküls*, dessen Struktur durch eine Kristallstrukturanalyse ermittelt wurde, zeigt eine *Molekülstruktur*, aber keine „Kristallstruktur" und erst recht keine „Röntgenstruktur". Zur Kristallstruktur gehört immer auch die Packung und die räumliche Anordnung der Moleküle im Kristall. „Röntgenstruktur" könnte man sagen, wenn der anatomische Aufbau von Wilhelm Röntgen gemeint ist.

Stöchiometrie ist die *Lehre* der Mengenverhältnisse der Elemente in Verbindungen und bei chemischen Reaktionen. Sie ist nicht das Mengenverhältnis selbst. Eine Verbindung hat keine Stöchiometrie, sondern eine *Zusammensetzung*.

Geometrie ist die Lehre der Körper im Raum. Sie ist eine mathematische Disziplin, untergliedert in Teildisziplinen wie euklidische Geometrie, sphärische Geometrie, analytische Geometrie usw., sie ist aber nie die *Eigenschaft* eines Körpers. Ähnliches gilt für die *Architektur*. Ein Molekül hat einen Aufbau, eine Struktur, eine Konstitution, eine Konfiguration, eine Atomanordnung, eine Gestalt, aber keine Geometrie und keine Architektur. Als „Molekülgeometrie" oder „Koordinationsgeometrie" könnte man eventuell die Lehre der geometrischen Verhältnisse in Molekülen bezeichnen, nicht aber den räumlichen Aufbau eines Moleküls. Es gibt weder eine „tetraedrische Geometrie" noch eine „chirale Geometrie", und die quantenchemische Berechnung einer Molekülstruktur ist ganz gewiß keine „Geometrieoptimierung".

Der Sprachwandel im Alltag läßt auch die Chemie nicht unberührt. Neben der Verdrängung deutscher Bezeichnungen durch englische Ausdrücke (Tab. 21.1) breiten sich alberne Modewörter aus. Eines davon ist „Zentrum" anstelle von Atom. Danach befinden sich 10^{23} „Zentren" in einem Gramm Wasser, und ein C_{60}-Molekül hat 60 „Zentren", von denen sich keines im Zentrum befindet. Manche Verfechter des „Zentrums" meinen, nur so könne man Atome und einatomige Ionen mit einem Ausdruck erfassen. Das ist falsch: Auch Ionen (einatomige) sind Atome! Sie haben nur die Eigenschaft, elektrisch geladen zu

Tabelle 21.1: Einige aus dem Englischen eingedeutschte Ausdrücke

eingedeutscht	deutscher Ausdruck
lone Pair	einsames Elektronenpaar
Intercalationsverbindung	Einlagerungsverbindung
Least-Squares-Verfeinerung	Verfeinerung nach den kleinsten Quadraten*
Least-Squares-Ebene	beste Ebene
Site-Symmetrie	Lagesymmetrie
das Isomer, das Tetramer	das Isomere, das Tetramere
quenchen	abschrecken
Templat	Schablone
Plot	Zeichnung, Auftragung
Vakuumlinie	Vakuumapparatur
Bench	Labortisch
Technologie	Technik
Technik	Arbeitsverfahren
es macht Sinn	es hat Sinn
das meint	das bedeutet

Sprachlich falsche Eindeutschungen	
falsch	richtig
tetrahedral, oktahedral	tetraedrisch, oktaedrisch
Dihedralwinkel	Diederwinkel
es wurde in 1996 entdeckt	es wurde 1996 entdeckt

* Exakt: Verfeinerung nach der GAUSSschen Methode der kleinsten
  Fehlerquadratesumme

sein. Besonders albern sind „angeregte Zentren", „periphere Zentren", „saure
Zentren", „tetraedrische Zinkzentren" usw.

Ein anderes überflüssiges Modewort ist die „Selbstorganisation", womit eine (mehr oder weniger geordnete) atomare oder molekulare Assoziation, Kri-
stallkeimbildung oder Kristallisation gemeint ist. Wenn sich Atome oder Moleküle zusammenlagern, geschieht dies immer von selbst. „Selbstorganisation"
ist ein beliebter Ausdruck in der Nanostrukturforschung geworden. Die Vorsilbe „selbst-" ist immer überflüssig, und in einem Text kann man Wörter wie
„Selbstorganisation" oder „selbstorganisiert" („self-assembled") fast immer er-
satzlos streichen, ohne den geringsten Einfluß auf Sinngehalt, Verständlichkeit
oder Lesbarkeit. Eine „selbsorganisierte" Monoschicht von Molekülen („self-
assembled monolayer") ist schlicht eine Monoschicht von Molekülen (einla-

gige Molekülschicht); es bedarf keines Wortes, daß sich die Moleküle zusammengelagert („organisiert") haben und daß dies von selbst geschehen ist. Die Schicht ist übrigens auch nicht „monomolekular".

Korrekter Umgang mit Maßeinheiten

Wissenschaft ist ohne ein exaktes, weltweit verbindliches und einheitliches System von Maßeinheiten unmöglich. Maßeinheiten werden international über das *Bureau International des Poids et Mesures* in Sèvres und die *International Organization for Standardization* in Genf abgestimmt und in nationale Gesetze übernommen. Das SI-Einheitensystem ist international verbindlich (auch in den USA). Die gültigen Normen kann man bei den gesetzlich zuständigen Behörden einsehen:

Deutschland: Physikalisch-Technische Bundesanstalt, www.ptb.de

Österreich: Nationales Metrologie Institut, www.bev.gv.at

Schweiz: Bundesamt für Metrologie und Akkreditierung, www.metas.ch

USA: National Institute of Standards and Technology, www.physics.nist.gov /Pubs/SP811/

International: Bureau International des Poids et Mesures, www.bip.fr

Eine Maßangabe in der Art „d = 235 pm" bedeutet: die Länge d beträgt 235 mal 1 Picometer. Das ist rechnerisch eine Multiplikation des Zahlenwertes mit der Maßeinheit. In Tabellen und Diagrammen verzichtet man im allgemeinen auf die Wiederholung der Maßeinheit bei jedem Zahlenwert. Die Werte sind dann durch die Maßeinheit dividiert worden. Deshalb schreibt man in den Tabellenkopf oder an die Diagrammachse: d/pm oder $\frac{d}{\mathrm{pm}}$ oder $d\,\mathrm{pm}^{-1}$. Die noch häufig anzutreffende Schreibweise d [pm] ist nach den SI-Normen nicht korrekt. Eckige Klammern haben im SI-System eine eigene Bedeutung, nämlich: „$[d]$ = pm" bedeutet, „die gewählte Maßeinheit für d ist Picometer".

Die Verwendung von Nicht-SI-Einheiten sollte man vermeiden. Für diese Einheiten gibt es oft keine maßgeblichen Festlegungen, und historisch bedingt ist mit derselben Bezeichnung manchmal verschiedenerlei Maß gemeint. So ist es in der theoretischen Chemie immer noch gebräuchlich, Energiewerte in Kilocalorien anzugeben. Für die Umrechnung auf die SI-Einheit Joule gibt es aber mehrere unverbindliche Größen, u. a.: 1 cal = 4,1868 J („internationale Calorie") oder 1 cal = 4,184 J („thermochemische Calorie"). Welche gilt?

Einige nicht-SI-Einheiten sind ausdrücklich erlaubt. Bei kristallographischen Angaben betrifft das: 1 Å = 10^{-10} m = 100 pm und $1° = \pi/180$ rad (ebener Winkel). Erlaubt ist auch der Liter (Abkürzung L oder l).

Die immer noch weitverbreitete Bezeichnung „Molarität" anstelle von Stoff-
mengenkonzentration (amount-of-substance concentration, kurz amount concentration oder concentration) ist nicht normenkonform. Ebensowenig sind
Angaben wie „0,5 M" zu verwenden; korrekt heißt es $c = 0,5$ mol/L.

Hinweise zur Dokumentation von Kristallstrukturdaten

Die Kristallstrukturbestimmung mittels Röntgenbeugung hat sich zur aussa-
gekräftigsten Methode zur Ermittlung chemischer Strukturen entwickelt. Bei
der Dokumentation der Ergebnisse sollten gewisse Regeln beachtet werden,
unter Einhaltung der in der Kristallographie üblichen Normen. Die *wichtigste Information* sind die *Gitterparameter*, die *Raumgruppe* und **alle Atomkoordinaten**. Wenn die Parameter der thermischen Auslenkung (thermische
Schwingung) für alle Atome nicht tabelliert sind, sollte wenigstens eine Abbildung die entsprechenden Ellipsoide zeigen, denn ungewöhnliche Ellipsoide
weisen auf Fehler bei der Strukturbestimmung oder auf besondere strukturelle Gegebenheiten. Wer Ellipsoide nicht abbildet, setzt sich dem Verdacht aus,
etwas verschleiern zu wollen. Auch bei sorgfältiger Arbeit sind Kristallstruk-
turbestimmungen keineswegs immer fehlerfrei (falsche Raumgruppen sind ein
häufiger Fehler, mit der Folge von unzuverlässigen Atomkoordinaten).

Die meisten Daten werden heute in Datenbanken deponiert. Die gut funk-
tionierenden Datenbanken sind sehr nützlich, aber auch trügerisch. Wegen
der schnellen technischen Entwicklung bei der Datenverarbeitung und -spei-
cherung bleiben die Daten nur erhalten, solange sie ununterbrochen gepflegt
werden. Das finanzielle Ende einer Datenbank, Computerviren und anderes
können zu einem völligen Verlust der Daten führen, und anderweitig gespei-
cherte Daten (z. B. auf CD) bleiben nur für die wenigen Jahre erhalten, solange
es Geräte zum Lesen der Datenträger gibt. Deshalb sollten die Strukturergeb-
nisse, ganz besonders die Atomkoordinaten, immer auch in einer Form publi-
ziert werden, die ohne Geräte lesbar ist und die ohne die Lizenz für eine Datenbank allgemein zugänglich bleibt. Es ist ein Unding, daß wissenschaftliche
Ergebnisse, die fast ausschließlich unter Einsatz von Steuergeldern erarbeitet
wurden, nur gegen jährlich wiederholt zu zahlende Lizenzgebühren erhältlich
sind. Problematisch bleibt auch die unvollständige Erfassung der bekannten
Daten bei den Datenbanken. Die *Inorganic Crystal Structure Database* (ICSD)
ist sicher ein sehr nützliches Hilfsmittel, aber sie ist einerseits unvollständig,
andererseits enthält sie viele Dubletten und leider auch viele Fehler.

Literatur

Allgemeine Literatur, Lehrbücher

[1] A. F. Wells, Structural Inorganic Chemistry, 5. Aufl. Clarendon, 1984.

[2] A. R. West, Solid State Chemistry, 2. Aufl. Wiley 1999.

[3] R. C. Ropp, Solid State Chemistry. Elsevier 2003.

[4] L. Smart, E. Moore, Einführung in die Festkörperchemie. Vieweg-Lehrbuch, 1997.

[5] H. Krebs, Grundzüge der Anorganischen Kristallchemie. F. Enke, 1968.

[6] G. M. Clark, The Structures of Non-molecular Solids. Applied Science Publishers, 1972.

[7] D. M. Adams, Inorganic Solids. Wiley, 1974.

[8] A. K. Cheetham, Solid State Chemistry and its Applications, Wiley, 1984.

[9] A. K. Cheetham, P. Day, Solid State Chemistry: Compounds. Oxford University Press, 1992.

[10] B. K. Vainshtein, V. M. Fridkin, V. L. Indenbom, Modern Crystallography II: Structure of Crystals. 3. Aufl. Springer, 2000.

[11] K. Schubert, Kristallstrukturen zweikomponentiger Phasen. Springer, 1964.

[12] B. G. Hyde, S. Andersson, Inorganic Crystal Structures. Wiley, 1989.

[13] M. O'Keeffe, B. G. Hyde, Crystal Structures. I. Patterns and Symmetry. Mineralogical Society of America, 1996.

[14] H. D. Megaw, Crystal Structures, a Working Approach. Saunders, 1973.

[15] D. L. Kepert, Inorganic Stereochemistry. Springer, 1982.

[16] E. Parthé, Elements of Inorganic Structural Chemistry. 2. Aufl. Sutter-Parthé, Petit-Lancy (Schweiz) 1996.

[17] A. Weis, H. Witte, Kristallstruktur und chemische Bindung. Verlag Chemie, 1983.

[18] D. M. P. Mingos, Essential Trends in Inorganic Chemistry. Oxford University Press, 1998.

[19] H. F. Franzen, Physical Chemistry of Solids. Basic Principles of Symmetry and Stability of Crystalline Solids. World Scientific, 1994.

[20] J. I. Gersten, F. W. Smith, The Physics and Chemistry of Materials. Wiley, 2001.

Sammlungen von Molekül- und Kristallstrukturdaten

[21] R. W. G. Wyckoff, Crystal Structures, Bd. 1–6. Wiley, 1962–1971.

[22] J. Donohue, The Structures of the Elements. Wiley, 1974.

[23] Strukturbericht 1–7. Akadem. Verlagsges., 1931–1943. Structure Reports 8–58. Kluwer, 1956–1990. Jährlich erschienene Sammlung von Kristallstrukturdaten eines Jahres.

[24] Molecular Structures and Dimensions (O. Kennard, Hrsg.). D. Reidel, 1970ff.

[25] Landolt-Börnstein, Numerical Data and Functional Relationships in Science and
      Technology, New Series. Springer:.
      Group II, Vols. 7, 15, 21, 23, 25 A–D, Structure Data of Free Polyatomic Mole-
      cules (W. Martiensen, Hrsg.), 1976–2003.
      Gruppe III, Band 6, Strukturdaten der Elemente und intermetallischen Phasen (P.
      Eckerlin, H. Kandler, K. Hellwege, A. M. Hellwege, Hrsg.), 1971.
      Group III, Vols. 7; 43 A1, A2, Crystal Structures of Inorganic Compounds (K. H.
      Hellwege, Hrsg.; P. Villars, K. Cenzual, Hrsg.), 1973–1986; 2004, 2005.
      Group IV, Vol. 14, Zeolite-Type Crystal Structures and their Chemistry (W. H.
      Baur, R. X. Fischer, Hrsg.), 2000, 2002, 2006.

[26] P. Villars, L. D. Calvert, Pearson's Handbook of Crystallographic Data for Inter-
      metallic Phases, 2. Aufl., Bd. 1–4. ASM International, 1991.
      P. Villars, Pearson's Handbook: Desk Edition of Crystallographic Data for Inter-
      metallic Phases. ASM International, 1997.

[27] J. L. C. Daams, P. Villars, J. H. N. van Vucht, Atlas of Crystal Structure Types for
      Intermetallic Phases, Bd. 1–4. ASM International, 1991.

[28] Molecular Gas Phase Documentation (MOGADOC). Chemieinformationssyste-
      me, Universität Ulm. Elektronische Datenbank über Molekülstrukturen in der
      Gasphase. www.uni-ulm.de/strudo/mogadoc/.

[29] Inorganic Crystal Structure Database (ICSD). Fachinformationszentrum Karlsru-
      he. Elektronische Datenbank über Kristallstrukturen anorganischer Substanzen.
      www.fiz-karlsruhe.de/icsd.html.

[30] Pearson's Crystal Data (PCD). Crystal Impact, Bonn. Elektronische Daten-
      bank über Kristallstrukturen anorganischer Materialien und Verbindungen.
      www.crystalimpact.de/pcd.

[31] Cambridge Structural Database (CSD). Cambridge Crystallographic Data Cen-
      tre, University Chemical Laboratory, Cambridge (England). Elektronische Da-
      tenbank über Kristallstrukturen organischer und metallorganischer Substanzen.
      www.ccdc.cam.ac.uk.

[32] Metals Crystallographic Data File (CRYSTMET). Toth Information Systems
      Inc., Ottawa, Canada. Elektronische Datenbank über Kristallstrukturen von Me-
      tallen, intermetallischen Verbindungen und Mineralien. www.Tothcanada.com.

Literatur zu einzelnen Kapiteln

Kapitel 2

[33] G. O. Brunner, D. Schwarzenbach, Zur Abgrenzung der Koordinationssphäre
      und Ermittlung der Koordinationszahl in Kristallstrukturen. Z. Kristallogr. 133
      (1971) 127.

[34] F. L. Carter, Quantifying the concept of coordination number. Acta Crystallogr. **B 34** (1978) 2962.

[35] R. Hoppe, Effective coordination numbers and mean fictive ionic radii. Z. Kristallogr. **150** (1979) 23.

[36] R. Hoppe, Die Koordinationszahl – ein anorganisches Chamäleon. Angew. Chem. **82** (1970) 7.

[37] J. Lima-de-Faria, E. Hellner, F. Liebau, E. Makovicky, E. Parthé, Nomenclature of inorganic structure types. Ácta Crystallogr. **A 46** (1990) 1.

[38] E. Parthé, L. M. Gelato, The standardization of inorganic crystal-structure data. Acta Crystallogr. **A 40** (1984) 169.

[39] S. W. Bailey, V. A. Frank-Kamentski, S. Goldsztaub, H. Schulz, H. F. W. Taylor, M. Fleischer, A. J. C. Wilson, Report of the International Mineralogical Association – International Union of Crystallography joint committee on nomenclature. Acta Crystallogr. **A 33** (1977) 681.

[40] J. Lima-de-Faria, Crystal chemical formulae for inorganic structure types. In: Modern Perspectives in Inorganic Crystal Chemistry (E. Parthé, Hrsg.), S. 117. Kluwer, 1992.

[41] S. Andersson, Eine Beschreibung komplexer anorganischer Kristallstrukturen. Angew. Chem. **95** (1983) 67.

[42] S. Alvarez, Polyhedra in (inorganic) chemistry. J. Chem. Soc. Dalton **2005**, 2209.

Kapitel 3

[43] S. F. A. Kettle, Symmetrie und Struktur. Teubner, 1994.

[44] D. Steinborn, Symmetrie und Struktur in der Chemie. VCH Verlagsges., 1993.

[45] W. Kleber, H. H. Bautsch, J. Bohm, Einführung in die Kristallographie. 18. Aufl. Oldenbourg, 1998.

[46] W. Borchardt-Ott, Kristallographie, eine Einführung für Naturwissenschaftler, 6. Aufl. Springer, 2002.

[47] D. Schwarzenbach, G. Chapuis, Cristallographie, 2e éd. Presses Polytechniques et Universitaires Romandes, Lausanne, 2006.

[48] D. Schwarzenbach, Crystallography. Wiley, 1996.

[49] H. Burzlaff, H. Zimmermann, Kristallographie. G. Thieme, 1977.

[50] H. L. Monaco, D. Viterbo, F. Sordari, G. Grilli, G. Zanotti, M. Catti, Fundamentals of Crystallography, 2. Aufl. Oxford University Press, 2002.

[51] B. K. Vainshtein, Modern Crystallography I: Fundamentals of Crystals: Symmetry and Methods of Structural Crystallography. 2. Aufl. Springer, 1994.

[52] G. Burns, A. M. Glazer, Space Groups for Solid State Scientists, 2. Aufl. Academic Press, 1990.

[53] International Tables for Crystallography, Band A: Space-group Symmetry (T. Hahn, Hrsg.). 5. Aufl. Kluwer, korrigierter Nachdruck 2005.

[54] International Tables for Crystallography, Band E: Subperiodic Groups. (V. Kopský, D. B. Litvin, Hrsg.). Kluwer, 2002.

[55] B. Grünbaum, G. C. Shephard, Tilings and Patterns. Freeman, 1987.

[56] A. I. Kitaigorodsky, Molecular Crystals and Molecules. Academic Press, 1973.

[57] A. Yamamoto, Crystallography of quasiperiodic crystals. Acta Crystallogr. A 52 (1996) 509.

[58] S. v. Smaalen, An elementary introduction to superspace crystallography. Z. Kristallogr. 219 (2004) 681.

[59] S. v. Smaalen, Incommensurate Crystallography. Oxford University Press, 2007.

[60] T. Janssen, G. Chapuis, M. de Boisseau, Aperiodic Crystals. Oxford University Press, 2007.

[61] W. Steurer, Twenty years of research on quasicrystals. Z. Kristallogr. 219 (2004) 391.

[62] W. Steurer, S. Deloudi, Fascinating quasicrystals. Acta Crystallogr. A 64 (2008) 1.

Kapitel 4

[63] International Tables for Crystallography, Band D: Physical Properties of Crystals (A. Authier, Hrsg.), Kapitel 3.1 (J.-C. Tolédano, V. Janovec, V. Kospký, J. F. Scott, P. Boěk): Structural phase transitions. Kluwer, 2003.

[64] Binary Alloy Phase Diagrams (T. B. Massalski, H. Okamoto, P. R. Subramanian, L. Kapczak, Hrsg.). ASM International, 1990.

[65] P. Paufler, Phasendiagramme. Vieweg 1982.

[66] U. F. Petrenko, R. W. Whitworth, Physics of Ice. Oxford Univ. Press, 1999.

Kapitel 5

[67] A. J. Pertsin, A. I. Kitaigorodskii, The Atom-Atom Potential Method. Springer, 1987.

[68] T. C. Waddington, Lattice energies and their significance in inorganic chemistry. Advan. Inorg. Chem. Radiochem. 1 (1959) 157.

[69] M. F. C. Ladd, W. H. Lee, Lattice energies and related topics. Progr. Solid State Chem. 1 (1964) 37; 2 (1965) 378; 3 (1967) 265.

[70] R. Hoppe, Madelung constants as a new guide to the structural chemistry of solids. Adv. Fluor. Chem. 6 (1970) 387.

[71] A. Gavezzoti, The crystal packing of organic molecules. Crystallogr. Reviews 7 (1998) 5.

[72] A. Gavezzoti, G. Filippini, Energetic aspects of crystal packing: experiment and computer simulations. In: Theoretical Aspects and Computer Modeling (A. Gavezzoti, Hrsg.). Wiley, 1997.

[73] A. Gavezzoti, Calculation of lattice energies of organic crystals. Z. Kristallogr. 220 (2005) 499.

Kapitel 6

[74] A. Bondi, Van der Waals volumes and radii. J. Phys. Chem. **68** (1964) 441.

[75] S. C. Nyborg, C. H. Faerman, A Review of van der Waals atomic radii for molecular crystals. I: N, O, F, S, Se, Cl, Br and I bonded to carbon. Acta Crystallogr. **B 41** (1985) 274. II: Hydrogen bonded to carbon. Acta Crystallogr. **B 43** (1987) 106.

[76] R. S. Rowland, R. Taylor, Intemolecular nonbonded contact distances in organic crystal structures. J. Chem. Phys. **100** (1996) 7384.

[77] B. Cordero, V. Gómez, A. E. Platero-Prats, M. Revés, J. Echevarría, E. Cremades, F. Barragán, S. Alvarez, Covalent radii revisited. Dalton Trans. **2008**, 2832.

[78] S. Israel, R. Saravanan, N. Srinivasam, R. K. Rajaram, High resolution electron density mapping for LiF and NaF. J. Phys. Chem. Solids **64** (2003) 43.

[79] R. D. Shannon, Revised effective ionic radii and systematic studies of interatomic distances in halides and chalcogenides. Acta Crystallogr. **A 32** (1976) 751.

[80] R. D. Shannon, Bond distances in sulfides and a preliminary table of sulfide crystal radii. In: Structure and Bonding in Crystals, Bd. II (M. O'Keeffe, A. Navrotsky, Hrsg.). Academic Press, 1981.

[81] G. P. Shields, P. R. Raithby, F. H. Allen, W. D. S. Motherwell, The assignment and validation of metal oxidation states in the Cambridge Structural Database. Acta Crystallogr. **B 46** (2000) 244.

[82] A. Simon, Intermetallische Verbindungen und die Verwendung von Atomradien zu ihrer Beschreibung. Angew. Chem. **95** (1983) 94.

Kapitel 7

[83] L. Pauling, Die Natur der Chemischen Bindung. Verlag Chemie, 1968.

[84] W. H. Baur, Bond length variation and distortred coordination polyhedra in inorganic crystals. Trans. Amer. Crystallogr. Assoc. **6** (1970) 129.

[85] W. H. Baur, Interatomic distance predictions for computer simulation of crystal structures, in: Structure and Bonding in Crystals, Bd. II, S. 31 (M. O'Keeffe, M. Navrotsky, Hrsg.). Academic Press, 1981.

[86] V. S. Urusov, I. P. Orlov, State-of-the-art and perspectives of the bond-valence model in inorganic chemistry. Crystallogr. Reports **44** (1999) 686.

Kapitel 8

[87] R. J. Gillespie, I. Hargittai, VSEPR Model of Molecular Geometry. Allyn & Bacon, 1991.

[88] R. J. Gillespie, P. L. P. Popelier, Chemical Bonding and Molecular Geometry. Oxford University Press, 2001.

[89] R. J. Gillespie, The VSEPR model revisited. J. Chem. Soc. Rev. **21** (1992) 59.

[90] R. J. Gillespie, E. A. Robinson, Elektronendomänen und das VSEPR-Modell der Molekülgeometrie. Angew. Chem. **108** (1996) 539.

[91] J. R. Edmundson, On the distribution of point charges on the surface of a sphere. Acta Crystallogr. **A 48** (1991) 60.

[92] M. Hargittai, Molecular structure of the metal halides. Chem. Rev. **100** (2000) 2233.

Kapitel 9

[93] H. L. Schläfer, C. Gliemann, Einführung in die Ligandenfeldtheorie. Akad. Verlagsges., 1967.

[94] P. Schuster, Ligandenfeldtheorie. Verlag Chemie,1973.

[95] R. Demuth, F. Kober, Grundlagen der Komplexchemie. 2. Aufl. Salle-Sauerländer, 1992.

[96] C. J. Ballhausen, Ligand Field Theory. McGraw-Hill, 1962.

[97] B. N. Figgis, M.A. Hitchman, Ligand Field Theory and its Applicationss. Wiley, 2000.

[98] I. B. Bersuker, Electronic Structure and Properties of Transition Metal Compounds. Wiley, 1996.

[99] I. B. Bersuker, The Jahn-Teller Effect. Cambridge University Press, 2006.

[100] L. H. Gade, Koordinationschemie. Wiley–VCH, 1998.

Kapitel 10

[101] R. Hoffmann, Solids and Surfaces. A Chemist's View of Bonding in Extended Structures. VCH, 1988.

[102] D. Pettifor, Bonding and Structure of Molecules and Solids. Clarendon, 1995.

[103] J. M. Burdett, Chemical Bonding in Solids. Oxford University Press 1995.

[104] R. V. Dronskowski, Computational Chemistry of Solid State Materials. Wiley, 2005.

[105] J. A. Duffy, Bonding, Energy Levels and Bands in Inorganic Chemistry. Longman Scientific & Technical, 1990.

[106] H. Jones, The Theory of Brillouin Zones and Electronic States in Crystals. North Holland, 1962.

[107] P. A. Cox, The Electronic Structure and Chemistry of Solids. Clarendon, 1987.

[108] S. L. Altmann, Band Theory of Solids. An Introduction from the Point of View of Symmetry. Clarendon, 1991.

[109] J. M. Burdett, Perspectives in structural chemistry. Chem. Rev. **88** (1988) 3.

[110] A. Savin, R. Nesper, S. Wengert, T. F. Fässler, Die Elektronen-Lokalisierungs-Funktion. Angew. Chem. **109** (1997) 1893.

[111] T. F. Fässler, A. Savin, Chemische Bindung anschaulich: die Elektronen-Lokalisierungs-Funktion. Chemie uns. Zeit **31** (1997) 110.

[112] T. F. Fässler, The role of non-bonding electron pairs in intermetallic compounds. Chem. Soc. Rev. **32** (2003) 80.

[113] G. A. Landrum, R. Dronskowki, Orbitale als Ausgangspunkt des Magnetismus: von Atomen über Moleküle zu ferromagnetischen Legierungen. Angew. Chem. **112** (2000) 1598.

Kapitel 11, 12

[114] A. Krüger, Neue Kohlenstoffmaterialien. Teubner, 2007.

[115] H. Zabel, S. A. Solin, Graphite Intercalation Compounds I; Structure and Dynamics. Springer, 1990.

[116] H. Selig, L.B. Ebert, Graphite intercalation compounds. Advan. Inorg. Chem. Radiochem. **23** (1980) 281.

[117] H. W. Kroto, Buckminsterfulleren, die Himmelssphäre, die zur Erde fiel. Angew. Chem. **104** (1992) 113.

[118] C. N. R. Rao, A. Govindaraj, Carbon nanotubes from organometallic precursors. Acc. Chem. Res. **35** (2002) 998.

[119] M. Makha, A. Purich, C. L. Raston, A. N. Sbolev, Strucutral diversity of host-guest and intercalation complexes of fullerene C_{60}. Eur. J. Inorg. Chem. **2006**, 507.

[120] W. B. Pearson, The crystal structures of semiconductors and a general valence rule. Acta Crystallogr. **17** (1964) 1.

[121] R. Steudel, B. Eckert, Solid sulfur allotropes. Topics Current Chem. **230** (2003) 1.

[122] U. Schwarz, Metallic high-pressure modifications of main group elements. Z. Kristallogr. **219** (2004) 376.

[123] U. Häusermann, High-pressure structural trends of group 15 elements. Chem. Eur. J. **9** (2003) 1471.

[124] M. McMahon, R. Nelmes, Incommensurate crystal structures in the elements at high pressures. Z. Kristallogr. **219** (2004) 742.

[125] J. S. Tse, Crystallography of selected high pressure elemental solids. Z. Kristallogr. **220** (2005) 521.

Kapitel 13

[126] H. G. v. Schnering, W. Hönle, Bridging chasms with polyphosphides, Chem. Rev. **88** (1988) 243.

[127] H. G. v. Schnering, Homonucleare Bindungen bei Hauptgruppenelementen. Angew. Chem. **93** (1981) 44.

[128] W. S. Sheldrick, Network self-assembly patterns in main group metal chalcogenides. J. Chem. Soc. Dalton **2000**, 3041.

[129] P. Böttcher, Tellurreiche Telluride. Angew. Chem. **100** (1988) 781.

[130] M. G. Kanatzidis, Von cyclo-Te_8 zu Te_x^{n-}-Schichten: sind klassische Polytelluride klassischer als wir dachten? Angew. Chem. **107** (1995) 2281.

[131] H. Schäfer, B. Eisenmann, W. Müller, Zintl-Phasen: Übergangsformen zwischen Metall- und Ionenbindung. Angew. Chem. **85** (1973) 742.

[132] H. Schäfer, Semimetal clustering in intermetallic phases. J. Solid State Chem. **57** (1985) 97.

[133] R. Nesper, Structure and chemical bonding in Zintl phases containing lithium. Progr. Solid State Chem. **20** (1990) 1.

[134] R. Nesper, Chemische Bindungen — Intermetallische Verbindungen. Angew. Chem. **103** (1991) 805.

[135] S. M. Kauzlarich (Hrsg.), Chemistry, Structure and Bonding of Zintl Phases and Ions. Wiley-VCH, 1996.

[136] G. A. Papoian, R. Hoffmann, Hypervalenzbindungen in einer, zwei und drei Dimensionen: Erweiterung des Zintl-Klemm-Konzepts auf nichtklassische elektronenreiche Netze. Angew. Chem. **112** (2000) 2500.

[137] T. Fässler, S. D. Hoffmann, Endohedrale Zintl-Ionen: intermetallische Cluster. Angew. Chem. **116** (2004) 6400.

[138] R. J. Gillespie, Ring, cage, and cluster compounds of the main group elements. J. Chem. Soc. Rev. **1979**, 315.

[139] J. Beck, Rings, cages and chains – the rich structural chemitry of the polycations of the chalcogens. Coord. Chem. Rev. **163** (1997) 55.

[140] K. Wade, Structural and bonding patterns in cluster chemistry. Advan. Inorg. Chem. Radiochem. **18** (1976) 1.

[141] S. M. Owen, Electron counting in clusters: a view of the concepts. Polyhedron **7** (1988) 253.

[142] B. K. Teo, New topological electron-counting theory. Inorg. Chem. **23** (1984) 1251.

[143] D. M. P. Mingos (Hrsg.), Structural and electronic paradigms in cluster chemistry. Structure and Bonding **93** (1999).

[144] D. M. P. Mingos, T. Slee, L. Zhenyang, Bonding models for ligated and bare clusters. Chem. Rev. **90** (1990) 383.

[145] J. W. Lauher, The bonding capabilites of transition metals clusters. J. Amer. Chem. Soc. **100** (1978) 5305.

[146] D. M. P. Mingos, D. J. Wals, Introduction to Cluster Chemistry. Prentice-Hall, 1990.

[147] C. E. Housecroft, Cluster Molecules of the *p*-Block Elements. Oxford University Press, 1994.

[148] G. González-Moraga, Cluster Chemistry. Springer, 1993.

[149] J.D. Corbett, Polyatomic Zintl anions of the post-transition elements. Chem. Rev. **85** (1985) 383.

[150] R. Chevrel, in: Superconductor materials sciences metallurgy, fabrication and applications (S. Foner, B.B. Schwarz, Hrsg.), Kap. 10. Plenum Press, 1981.

[151] R. Chevrel, Chemistry and structure of ternary molybdenum chalcogenides. Topics in Current Physics **32** (1982) 5.

[152] R. Chevrel, Cluster solid state chemistry. In: Modern Perspectives in Inorganic Crystal Chemistry (E. Parthé, Hrsg.), S. 17. Kluwer, 1992.

[153] J.D. Corbett, Polyanionische Cluster und Netzwerke der frühen *p*-Metalle im Festkörper: jenseits der Zintl-Grenze. Angew. Chem. **112** (2000) 682.

[154] J.-C.P. Gabriel, K. Boubekeur, S. Uriel, O. Batail, Chemistry of hexanuclear rhenium chalcogenide clusters. Chem. Rev. **101** (2001) 2037.

[155] A. Simon, Strukturchemie metallreicher Verbindungen, Chemie in uns. Zeit **10** (1976) 9.

[156] A. Simon, Kondensierte Metall-Cluster. Angew. Chem. **93** (1981) 23.

[157] A. Simon, Cluster valenzelektronenarmer Metalle – Strukturen, Bindung, Eigenschaften. Angew. Chem. **100** (1988) 164.

[158] J.D. Corbett, Extended metal-metal bonding in halides of the early transition metals. Acc. Chem. Res. **14** (1981) 239.

[159] J.D. Corbett, Structural and bonding principles in metal halide cluster chemistry. In: Modern Perspectives in Inorganic Crystal Chemistry (E. Parthé, Hrsg.), S. 27. Kluwer, 1992.

[160] T. Hughbanks, Bonding in clusters and condesed cluster compounds that extend in one, two and three dimensions. Prog. Solid State Chem. **19** (1990) 329.

[161] M. Ruck, Vom Metall zum Molekül – Ternäre Subhalogenide des Bismuts. Angew. Chem. **113** (2001) 1223.

[162] A. Schnepf, H. Schnöckel, Metalloide Aluminium- und Galliumcluster: Elementmodifikationen im molekularen Maßstab? Angew. Chem. **114** (2002) 3683.

Kapitel 14, 15

[163] W. Hume-Rothery, R.E. Sallmann, C.W. Haworth, The Structures of Metals and Alloys, 5. Aufl. Institute of Metals, 1969.

[164] W.B. Pearson, The Crystal Chemistry and Physics of Metals and Alloys. Wiley, 1972.

[165] F.C. Frank, J.S. Kasper, Complex alloy structures regarded as sphere packings. I: Definitions and basic principles, Acta Crystallogr. **11** (1958) 184. II: Analysis and classification of representative structures, Acta Crystallogr. **12** (1959) 483.

[166] W.B. Holzapfel, Physics of solids under strong compression. Rep. Prog. Phys. **59** (1996) 29.

[167] M. I. McMahon, R. J. Nelmes, High-pressure structures and phase transformations in elemental metals. Chem. Soc. Rev. **35** (2006) 943.

[168] R. L. Johnston, R. Hoffmann, Structure bonding relationships in the Laves phases. Z. Anorg. Allg. Chem. **616** (1992) 105.

Kapitel 16, 17

[169] O. Muller, R. Roy, The Mayor Ternary Structural Families. Springer, 1974.

[170] D. J. M. Bevan, P. Hagenmuller, Nonstoichiometric Compounds: Tungsten Bronzes, Vanadium Bronzes and Related Compounds. Pergamon, 1975.

[171] K. Wold, K. Dwight, Solid State Chemistry – Synthesis, structure and properties of selected oxides and sulfides. Chapman & Hall, 1993.

[172] F. Liebau, Structural Chemistry of Silicates. Springer, 1985.

[173] J. Lima-de-Faria. Structural Mineralogy, Kluwer, 1994.

[174] D. W. Breck, Zeolite Molecular Sieves. Wiley, 1974.

[175] T. Lundström, Preparation and crystal chemistry of some refractory borides and phosphides. Arkiv Kemi **31** (1969) 227.

[176] P. Hagenmuller, Les bronzes oxygénés, Progr. Solid State Chem. **5** (1971) 71.

[177] M. Greenblatt, Molybdenum oxide bronzes with quasi low-dimensional properties. Chem. Rev. **88** (1988) 31.

[178] M. Figlharz, New oxides in the MoO_3–WO_3 system. Progr. Solid State Chem. **19** (1989) 1.

[179] F. Hulliger, Crystal chemistry of the chalcogenides and pnictides of the transition metals. Structure and Bonding **4** (1968) 82.

[180] S. C. Lee, R. H. Holm, Nichtmolekulare Metallchalcogenid/Halogenid-Festkörperverbindungen und ihre molekularen Cluster-Analoga. Angew. Chem. **102** (1990) 868.

[181] A. Kjeskhus, W. B. Pearson, Phases with the nickel arsenide and closely-related structures, Progr. Solid State Chem. **1** (1964) 83.

[182] D. Babel, A. Tressaud, Crystal chemistry of fluorides. In: Inorganic Solid Fluorides (P. Hagenmuller, Hrsg.). Academic Press, 1985.

[183] G. Meyer, The syntheses and structures of complex rare-earth halides, Progr. Solid State Chem. **14** (1982) 141.

[184] D. M. P. Mingos (Hrsg.), Bonding and charge distribution in polyoxometalates. Structure and Bonding **87** (1997).

[185] D. G. Evans, R. C. T. Slade, Structural aspects of layered double hydroxides. Structure and Bonding **119** (2000) 1.

[186] M. T. Pope, A. Müller, Chemie der Polyoxometallate: Aktuelle Variationen über eine altes Thema mit interdisziplinaren Bezügen. Angew. Chem. **103** (1991) 56.

[187] A. Müller, F. Peters, M. T. Pope, D. Gatteschini, Polyoxometallates: very large clusters – nanoscale magnets. Chem. Rev. **98** (1998) 239.

[188] H. Müller-Buschbaum, Kristallchemie von Kupferoxometallaten. Angew. Chem. **103** (1991) 741.

[189] H. Müller-Buschbaum, Zur Kristallchemie der Oxoargentate und Silberoxometallate, Z. Anorg. Allg. Chem. **630** (2004) 2175; — Oxoplatinate, **630** (2004) 3; — Oxopalladate, **630** (2004) 339; — Oxoiridate, **631** (2005) 1005; — Oxorhutenate, **632** (2006) 1625; — Oxorhodate, **633** (2007) 1289; — Oxorhenate, **633** (2007) 2491.

[190] W. Schnick, Festkörperchemie mit Nichtmetallnitriden. Angew. Chem. **105** (1993) 846.

[191] W. Bronger, Komplexe Übergangsmetallhydride, Angew. Chem. **103** (1991) 776.

[192] B. Krebs, Thio- und Selenoverbindungen von Hauptgruppenelementen – neue anorganische Oligomere und Polymere. Angew. Chem. **95** (1983) 113.

[193] B. Krebs, G. Henkel, Übergangsmetallthiolate — von Molekülfragmenten sulfidischer Festkörper zu Modellen aktiver Zentren in Biomolekülen. Angew. Chem. **103** (1991) 785.

[194] K. Mitchell, J. A. Ibers, Rare-erath transition-metal chalcogenides. Chem. Rev. **102** (2002) 1929.

[195] B. Ewald, Y.-X. Huang, R. Kniep, Structural chemistry of borophosphates and related compounds. Z. Anorg. Allg. Chem. **633** (2007) 1517.

[196] J. V. Smith, Topochemistry of zeolite and related materials. Chem. Rev. **88** (1988) 149.

[197] M. T. Telly, Where zeolites and oxides merge: semi-condensed tetrahedral frameworks. J. Chem. Soc. Dalton **2000**, 4227.

[198] A. K. Cheetham, G. Férey, L. Loiseau, Anorganische Materialien mit offenen Gerüsten. Angew. Chem. **111** (1999) 3467.

Kapitel 18

[199] International Tables for Crystallography, Band A1: Symmetry Relations between Space Groups. (H. Wondratschek, U. Müller, Hrsg.). Kluwer, 2004.

[200] H. Bärnighausen, Group-subgroup relations between space groups: a useful tool in crystal chemistry. MATCH, Communications in Mathematical Chemistry **9** (1980) 139.

[201] G. C. Chapuis, Symmetry relationships between crystal structures and their practical applications. In: Modern Perspectives in Inorganic Crystal Chemistry (E. Parthé, Hrsg.), S. 1. Kluwer, 1992.

[202] U. Müller, Kristallographische Gruppe-Untergruppe-Beziehungen und ihre Anwendung in der Kristallchemie. Z. Anorg. Allg. Chem. **630** (2004) 1519.

[203] U. Müller, Symmetry relations between crystal structures:
www.crystallography.fr/mathcryst/gargnano2008.htm

[204] G. O. Brunner, An unconventional view of the closest sphere packings. Acta Crystallogr. A 27 (1971) 388.

[205] International Tables for Crystallography, Band D: Physical Properties of Crystals (A. Authier, Hrsg.), Kapitel 3.1 (J.-C. Tolédano, V. Janovec, V. Kospký, J. F. Scott, P. Boěk): Structural phase transitions; Kapitel 3.2 (V. Janovec, Th. Hahn, H. Klapper): Twinning and domain structures. Kluwer, 2003.

Kapitel 19

[206] C. N. R. Rao, B. Raveau, Transition Metal Oxides; Structures, Properies, and Synthesis of Ceramic Oxides. Wiley, 1998.

[207] R.È, Newnham, Properties of Materials. Oxford University Press, 2004.

[208] High-performance non-oxidic ceramics I, II (M. Jansen, Hrsg.). Structure and Bonding **101, 102** (2002).

[209] R. L. Carlin, Magnetochemistry. Springer, 1986.

[210] H. Lueken, Magnetochemie. Teubner, 1999.

[211] A. F. Orchard, Magnetochemistry. Oxford Universiry Press, 2003.

[212] J. Parr, Magnetochemistry. Oxford Universiry Press, 1999.

[213] D. W. Bruce, D. O'Hare, Inorganic Materials. Wiley, 1992.

[214] W. Bronger, Ternäre Sulfide: Ein Modellfall für die Beziehung zwischen Kristallstruktur und Magnetismus. Angew. Chem. **93** (1981) 12.

Kapitel 20

[215] G. A. Ozin, A. C. Arsenault, Nanochemistry. RSC Publishing, 2005.

[216] C. N. R. Rao, A. Müller, A. K. Cheetham (Hrsg.), The Chemistry of Nanomaterials. Wiley-VCH, 2004.

[217] G. Schmid (Hrsg.), Nanoparticles. Wiley-VCH, 2004.

[218] G. Cao, Nanostructures & Nanomaterials. Imperial College Press, 2004.

[219] P. Yang, Chemistry of Nanostructured Materials. World Scientific, 2003.

[220] H. Dai, Carbon nanotubes: synthesis, integration, and properties. Acc. Chem. Res. **35** (2002) 1035.

[221] J. Hu, T. W. Odom, C. M. Lieber, Chemistry and physics in one dimension: synthesis, and properties of nanowires and nanotubes. Acc. Chem. Res. **32** (1999) 435.

[222] G. Patzke, F. Krumeich, R. Nesper, Nanoröhren und Nanostäbe auf Oxidbasis. Angew. Chem. **114** (2002) 2555.

[223] G. J. de A. Soler-Illia, C. Sánchez, B. Lebeau, J. Patari, Chemical strategies to design textured materials: from microporous and mesoporous oxides to nanonetworks and hierarchical structures. Chem. Rev. **102** (2002) 4093.

[224] C. Burda, X. Chen, R. Narayanan, M. A. El-Sayed, Chemistry and properties of nanocrystals of different shapes. Chem. Rev. **105** (2005) 1025.

[225] C. N. R. Rao, Inorganic nanotubes. J. Chem. Soc. Dalton **2003**, 1.

[226] B. L. Cushing, V. L. Koesnichenko, C. J. O'Connor, Recent advances in the liquid-phase syntheses of inorganic nanoparticles. Chem. Rev. **104** (2004) 3093.

[227] E. A. Turner, Y. Huang, J. F. Corrigan, Synthetic routes to the encapsulation of II-VI semiconductores in mesoporous hosts. Eur. J. Inorg. Chem. **2005**, 4465.

[228] R. Tenne, Fortschritte bei der Synthese anorganischer Nanoröhren und fulleren-artiger Nanopartikel. Angew. Chem. **115** (2003) 5280.

[229] H. Cölfen, M. Antonietti, Mesokristalle: anorganische Überstrukturen durch hochparallele Kristallisation und kontrollierte Ausrichtung. Angew. Chem. **117** (2005) 5714.

[230] F. Hoffmann, M. Cornelius, J. Morell, M. Fröba, Silica-based Mesoporöse organisch–anorganische Hybridmaterialiem auf Silicabasis. Angew. Chem. **118** (2006) 3290.

[231] Y. Wan, D. Zhao, On the controllable soft-templating approach to mesoporous silicates. Chem. Rev. **107** (2007) 2821.

Lösungen zu den Übungsaufgaben

2.1 (a) 5,18; (b) 5,91; (c) 12,53.

2.2 (a) $Fe^{o}Ti^{o}O_3^{[2n,2n]}$ oder
$Fe^{[6o]}Ti^{[6o]}O_3^{[2n,2n]}$;

(b) $Cd^{o}Cl_2^{[3n]}$; (c) $Mo^{[6p]}S_2^{[3n]}$;

(d) $Cu_2^{[2l]}O^{t}$; (e) $Pt^{[4l]}S^{[4t]}$ oder $Pt^{s}S^{t}$;

(f) $Mg^{[16FK]}Cu_2^{i}$; (g) $Al_2^{o}Mg_3^{do}Si_3^{o}O_{12}$;

(h) $U^{[6p3c]}Cl_3^{[3n]}$.

2.3 CaC_2, I; K_2PtCl_6, F; Cristobalit, F; $CuAu_3$, P (nicht F, die Atome sind verschieden!); K_2NiF_4, I; Perowskit, P.

2.4 CsCl, 1; ZnS, 4; TiO_2, 2; $ThSi_2$, 4; ReO_3, 1; α-$ZnCl_2$, 4.

2.5 271,4 pm.

2.6 I(1)–I(2) 272,1 pm; I(2)–I(3) 250,0 pm; Winkel 178,4°.

2.7 210,2 und 213,2 pm; Winkel 101,8°.

2.8 W=O 177,5 pm; W···O 216,0 pm; W–Br 244,4 pm; Winkel O=W–Br 97,2°; das Koordinationspolyeder ist ein verzerrtes Oktaeder (Abb. 19.5, S. 334).

2.9 Zr–O(1), 205,1, 216,3 und 205,7 pm; Zr–O(2), 218,9, 222,0, 228,5 und 215,1 pm; K.Z. 7.

3.1 H_2O, $mm2$; $HCCl_3$, $3m$; BF_3, $\bar{6}2m$; XeF_4, $4/m2/m2/m$ (kurz $4/mmm$); $ClSF_5$, $4mm$; SF_6, $4/m\bar{3}2/m$ ($m\bar{3}m$); cis-$SbF_4Cl_2^-$, $mm2$; trans-N_2F_2, $2/m$; $B(OH)_3$, $\bar{6}$; $Co(NO_2)_6^{3-}$, $2/m\bar{3}$ ($m\bar{3}$).

3.2 Si_4^{6-}, $mm2$; As_4S_4, $\bar{4}2m$; P_4S_3, $3m$; Sn_5^{2-}, $\bar{6}2m$; As_4^{6-}, 1; As_4^{4-}, $4/m2/m2/m$ (kurz $4/mmm$); P_6^{6-}, $\bar{3}2/m1$ ($\bar{3}m$); As_7^{3-}, $3m$; P_{11}^{3-}, 3; Sn_9^{2-}, $4mm$; Bi_8^{2+}, $\bar{8}2m$.

3.3 Verknüpfte Tetraeder, $2/m2/m2/m$ (kurz mmm) und $mm2$; verknüpfte Oktaeder, $4/m2/m2/m$ ($4/mmm$), $\bar{8}2m$ und 2.

3.4 In Richtung der Kette: Translation, 2_1-Achse und eine Spiegelebene durch jedes O-Atom (die Spiegelebenen verlaufen senkrecht zur Bezugsrichtung); in Richtung senkrecht zur Papierebene: Spiegelebene und eine 2-Achse durch jedes Hg-Atom; vertikal in der Papierebene: Gleitspiegelebene und eine 2-Achse durch jedes O-Atom; ein Inversionszentrum in jedem Hg-Atom. Wenn wir ein Koordinatensystem a, b, c definieren mit a senkrecht zur Papierebene und c = Translationsvektor, dann ist das Hermann-Mauguin-Symbol $P(2/m2/c)2_1/m$; die Klammern beziehen sich auf die Richtungen ohne Translationssymmetrie. Das ist eine Balkengruppe.

3.5 Hexagonales M_xWO_3, $P6/m2/m2/m$ (dies ist eine idealisierte Symmetrie; tatsächlich sind die Oktaeder leicht verkippt und die wahre Raumgruppe ist $P6_322$); tetragonales M_xWO_3, $P4/m2_1/b2/m$ (kurz $P4/mbm$); CaC_2, $I4/m2/m2/m$ (kurz $I4/mmm$); CaB_6, $P4/m\bar{3}2/m$ (kurz $Pm\bar{3}m$).

3.6 (a) $2/m2/m2/m$ (kurz mmm), orthorhombisch; (b) $4/mmm$, tetragonal; (c) $\bar{3}2/m$ ($\bar{3}m$), trigonal; (d) $2/m$, monoklin; (e) $6/m$, hexagonal; (f) 622, hexagonal; (g) 222, orthorhombisch; (h) $mm2$, orthorhombisch; (i) $4/m\bar{3}2/m$ ($m\bar{3}m$), kubisch.

3.7 Ti, $2a$, mmm; O, $4f$, $m2m$. In der Zelle befinden sich 2 Ti- und 4 O-Atome ($Z = 2$).

3.8 Eine Lage Pflastersteine, $\bar{10}2m$; zwei Lagen, $\bar{5}2/m$ (kurz $\bar{5}m$).

4.1 β-Cristobalit könnte sich in α- und β-Quarz umwandeln.

4.2 Bei 1000 °C verläuft die Rekristallisation schneller.

4.3 BeF_2.

4.4 Erste Ordnung (Hysterese beobachtet).

4.5 Bei der Umwandlung vom NaCl- zum CsCl-Typ erhöht sich die Koordinationszahl der Atome von 6 auf 8; es handelt sich also um eine rekonstruktive Phasenumwandlung, die nur nach der ersten Ordnung verlaufen kann.

4.6 Bei -10°C wird Eis bei ca. 100 MPa schmelzen und bei ca. 450 MPa wieder gefrieren, wobei sich Modifikation V bildet. Dieses wird sich bei ca. 600 MPa in Eis VI umwandeln, dann bei ca. 1,9 GPa in Eis VIII und bei ca. 18 GPa in Eis VII.

4.7 Bei 40 °C wird Wasser bei ca. 1,2 GPa unter Bildung von Modifikation VI gefrieren; diese wandelt sich dann bei ca. 2 GPa in Eis VII um.

4.8 $H_2O\cdot HF$ wird kristallisieren, dann wird zusätzlich H_2O bei -72°C gefrieren.

4.9 β-Quarz wird sich bei ca. 0,5 GPa direkt in β-Cristobalit umwandeln.

5.1 $-\frac{8}{1} + \frac{6\sqrt{3}}{2} + \frac{12\sqrt{3}}{2\sqrt{2}} - \frac{24\sqrt{3}}{\sqrt{10}}$.

5.2 (a) 687 kJ mol^{-1}; (b) 2965 kJ mol^{-1}; (c) 3517 kJ mol^{-1}.

6.1 F$\cdots$F in SiF_4 253 pm, Van-der-Waals-Abstand 294 pm; Cl$\cdots$Cl in $SiCl_4$ 330 pm, Van-der-Waals-Abstand 350 pm; I$\cdots$I in SiI_4 397 pm, Van-der-Waals-Abstand 396 pm; in SiF_4 und $SiCl_4$ sind die Halogenatome zusammengequetscht.

6.2 WF_6 193, WCl_6 241, PCl_6^- 219, PBr_6^- 234, SbF_6^- 193, MnO_4^{2-} 166 pm; TiO_2 201, ReO_3 195, EuO 257, $CdCl_2$ 276 pm.

7.1 NiF_2 und CdF_2 Rutil; GeO_2 keine (GeO_2 ist tatsächlich polymorph und nimmt den Rutil- und den Quarztyp an); K_2S anti-CaF_2.

7.2 Mg^{2+} K.Z. 8, Al^{3+} K.Z. 6, Si^{4+} K.Z. 4 (Bei Austausch der Koordinationszahlen von Mg^{2+} und Si^{4+} wäre die PAULING-Regel ebenfalls erfüllt, aber K.Z. 8 ist recht unwahrscheinlich für Si^{4+}).

7.3 Da alle Kationen die gleiche Ladung (+3) haben, hilft die elektrostatische Valenzregel nicht weiter. Die größeren Y^{3+}-Ionen werden die Lagen mit K.Z. 8 bevorzugen.

7.4 Nein.

7.5 N ist an Ag koordiniert.

7.6 $s(Rb^+) = \frac{1}{10}$; $s(V^{4+}) = \frac{4}{5}$ $s(V^{5+}) = \frac{5}{4}$; $p_1 = 1{,}20$; $p_2 = 2{,}25$; $p_3 = 2{,}70$; $p_4 = 1{,}55$; $\bar{p}(V^{4+}) = 2{,}04$; $\bar{p}(V^{5+}) = 2{,}19$; zu erwartende Bindungslängen: V^{4+}–O(1) 159 pm, V^{4+}–O(2) 197 pm, V^{5+}–O(2) 173 pm, V^{5+}–O(3) 180 pm, V^{5+}–O(4) 162 pm.

8.1 Linear: $BeCl_2$, Cl_3^-; gewinkelt: O_3^- (Radikal), S_3^{2-}; trigonal-planar: BF_3; trigonal-pyramidal PF_3, $TeCl_3^+$; T-förmig: BrF_3, XeF_3^+; tetraedrisch: $GeBr_4$, $AsCl_4^+$, O_3BrF; quadratisch-planar: ICl_4^-; trigonal-bipyramidal mit einer fehlenden equatorialen Ecke: SbF_4^-, BrF_4^+, $O_2ClF_2^-$ (F axial); trigonal-bipyramidal: $SbCl_5$, $SnCl_5^-$, O_2ClF_3 und O_3XeF_2 (O equatorial); quadratisch-pyramidal: $OClF_4^-$, TeF_5^-; oktaedrisch: $ClSF_5$.

8.2

Cl—Be   Be—Cl

(bridged Cl structures)

Br_2Al ... $AlBr_2$ (with bridging Br)

Cl ... I ... Cl (with bridging structure)

$$\left[\begin{array}{c} Cl \\ Cl-As-Cl-As-Cl \\ Cl \end{array}\right]^{2-}$$

Ta_2I_{10} wie Nb_2Cl_{10} (vgl. S. 103).

8.3 Trigonale Bipyramide, CH_2 Gruppe in equatorialer Position senkrecht zur Äquatorebene. Leiten Sie die Struktur von einem Oktaeder mit gebogenen S=C-Bindungen ab.

8.4 (a) $SF_2 < SCl_2 < S_3^{2-} < S_3^- \approx OF_2$;
(b) $H_3CNH_2 < [(H_3C)_2NH_2]^+$;
(c) $PCl_2F_3 < PCl_3F_2$ (=180°).

8.5 Bindungslängen Al–Cl(terminal) < Al–Cl(Brücke); Winkel Cl(Brücke)–Al–Cl(Brücke) ≈ 95°
< Cl(Brücke)–Al–Cl(terminal) ≈ 110°
< Cl(terminal)–Al–Cl(terminal) ≈ 120°.

8.6 $SnCl_3^-$; PF_6^-; $SnCl_6^{2-}$.

8.7 $BiBr_5^{2-}$ und TeI_6^{2-}.

9.1 $[Cr(OH_2)_6]^{2+}$, $[Mn(OH_2)_6]^{3+}$, $[Cu(NH_3)_6]^{2+}$.

9.2 $CrCl_4^-$ und $NiBr_4^{2-}$, gedehnte Tetraeder; $CuBr_4^{2-}$, gestauchtes Tetraeder; $FeCl_4^{2-}$ könnte schwach verzerrt sein.

9.3 Tetraedrisch: $Co(CO)_4^-$, $Ni(PF_3)_4$, $Cu(OH)_4^{2-}$ (verzerrt); quadratisch: $PtCl_2(NH_3)_2$, $Pt(NH_3)_4^{2+}$, Au_2Cl_6.

9.4 $PtCl_2(NH_2)_2(NO_2)_2$, Punktgruppe 1; $[Co(H_2N(CH_2)_2NH_2)_3]^{3+}$, Punktgruppe 3 2; $[Rh(SO_2(NH)_2)_2(H_2O)_2]^-$, Punktgruppe 2; in allen drei Fällen sind keine Inversionsachsen (einschließlich m und $\bar{1}$) vorhanden.

10.1 Das Band wird breiter und die DOS wird geringer.
10.2 Es wird wie der rechte Teil von Abb. 10.7 aussehen.
10.3 Das s-, das p_y- und das p_z-Band rückt zu niedrigeren Energiewerten bei Γ und X', und zu höheren Werten bei X und M; das p_x-Band rückt zu höheren Werten bei Γ und X', und zu niedrigeren Werten bei X und M.

12.1 Kürzer: BeO, BN; gleich: BeS, BP, AlN; länger: AlP.
12.2 Längere Bindungen (höhere Koordinationszahl).
12.3 Unter Druck könnte AgI die NaCl-Struktur annehmen (dies ist tatsächlich der Fall).
12.4 3.
12.5 Hg_2C sollte die Cu_2O-Struktur haben.

13.1 (a) Einfach ionisch;
(b) polyanionisch; (c) polyanionisch; (d) polyanionisch; (e) polykationisch; (f) polyanionisch; (g) polykationisch; (h) einfach ionisch.
13.2 (a), (b), (d).

13.3 (a)

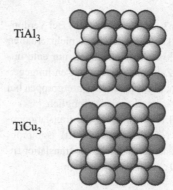

Te⁻ ... Te⁻ ... Te⁻
Al ... Al
Te⁻ ... Te⁻ ... Te⁻

(b)

$2\ominus$ $2\ominus$ $2\ominus$ $2\ominus$
Sb Sb Sb Sb
Sn ... Sn
Sb ... Sb ... Sb

(c) Schichten wie in elementarem Sb

(d)

$2\ominus$
Si
Si ... Si   (e) $|\underline{\overline{P}} - \underline{\overline{P}}|$

13.4 (a) Wade (26 e^-); (b) elektronenpräzis (84 e^-); (c) $2e3c$ (56 e^-); (d) Wade (86 e^-).

14.1 (a) *hhccc* oder 41; (b) *hhhc* oder 211.
14.2 (a) *ABACBC*; (b) *ABCACABCBCAB*; (c) *ABCBABACAB*.

15.1 (a) Nein (wegen unterschiedlicher Strukturen); (b) ja; (c) nein; (d) nein; (e) nein; (f) ja; (g) ja; (h) nein.

15.2

AuCu₃

SnNi₃

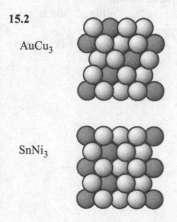

$TiAl_3$

$TiCu_3$

15.3 (a) CaF_2; (b) MgAgAs; (c) $MgCu_2Al$.
15.4 In beiden Verbindungen besetzt jedes der Elemente zwei der vier verschiedenen Positionen, jedoch mit verschiedenen Multiplizitäten: 3Cu:2Cu:2Zn:6Zn und 3Cu:2Al:2Al:6Cu.
15.5 Ja.

16.1 WO_3.
16.2 MX_4; dies ist die Struktur einer Form von $ReCl_4$.
16.3 MX_4.
16.4 MoI_3 und TaS_3^{2-}.
16.5 Cristobalit.

17.1 MX_2.
17.2 Stränge von flächenverknüpften Oktaedern kommen nur in der hexagonaldichtesten Kugelpackung vor.
17.3 TiN, NaCl-Typ; FeP, MnP-Typ; FeSb, NiAs-Typ; CoS, NiP-Typ; CoSb, NiAs-Typ.
17.4 In $CaBr_2$ und RhF_3 sind die Oktaeder dreidimensional verknüpft; CdI_2 und BiI_3 bestehen aus Schichten, bei denen Stapelfehler auftreten können.
17.5 $\frac{1}{7}$.
17.6 MgV_2O_4, normal; VMg_2O_4, invers; $NiGa_2O_4$, invers; $ZnCr_2S_4$, normal; $NiFe_2O_4$, invers.

18.1 (a) 3_1 und 3_2. (b) 3_2. (c) Bei Verdoppelung können 2_1-Achsen nicht erhalten bleiben; bei Vervielfachung um eine ungerade Zahl bleiben 2_1-Achsen hingegen möglich; klassengleiche Untergruppen bei Verdreifachung sind also möglich.

18.2 (a) klassengleich; (b) translationengleich; (c) klassengleich; (d) isomorph; (e) translationengleich; (f) translationengleich; (g) translationengleich.

18.3

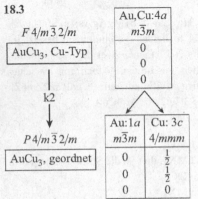

$F\,4/m\,\overline{3}\,2/m$	Au,Cu:$4a$
AuCu$_3$, Cu-Typ	$m\overline{3}m$
	0
	0
	0

k2

$P\,4/m\,\overline{3}\,2/m$	Au:$1a$	Cu: $3c$
AuCu$_3$, geordnet	$m\overline{3}m$	$4/mmm$
	0	$\frac{1}{2}$
	0	$\frac{1}{2}$
	0	0

AuCu$_3$ bildet keine Zwillinge (keine translationengleiche Beziehung).

18.4

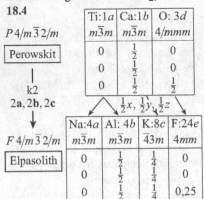

$P\,4/m\,\overline{3}\,2/m$	Ti:$1a$	Ca:$1b$	O: $3d$
Perowskit	$m\overline{3}m$	$m\overline{3}m$	$4/mmm$
	0	$\frac{1}{2}$	0
	0	$\frac{1}{2}$	0
	0	$\frac{1}{2}$	$\frac{1}{2}$

k2
2a, 2b, 2c

$\frac{1}{2}x, \frac{1}{2}y, \frac{1}{2}z$

$F\,4/m\,\overline{3}\,2/m$	Na:$4a$	Al: $4b$	K:$8c$	F:$24e$
Elpasolith	$m\overline{3}m$	$m\overline{3}m$	$\overline{4}3m$	$4mm$
	0	$\frac{1}{2}$	$\frac{1}{4}$	0
	0	$\frac{1}{2}$	$\frac{1}{4}$	0
	0	$\frac{1}{2}$	$\frac{1}{4}$	0,25

18.5

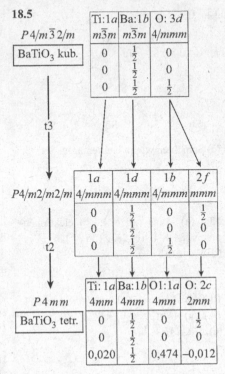

$P\,4/m\,\overline{3}\,2/m$ BaTiO$_3$ kub.	Ti:$1a$ $m\overline{3}m$	Ba:$1b$ $m\overline{3}m$	O: $3d$ $4/mmm$
	0	$\frac{1}{2}$	0
	0	$\frac{1}{2}$	0
	0	$\frac{1}{2}$	$\frac{1}{2}$

t3

$P\,4/m\,2/m\,2/m$	$1a$ $4/mmm$	$1d$ $4/mmm$	$1b$ $4/mmm$	$2f$ mmm
	0	$\frac{1}{2}$	0	$\frac{1}{2}$
	0	$\frac{1}{2}$	0	0
	0	$\frac{1}{2}$	$\frac{1}{2}$	0

t2

$P\,4\,m\,m$ BaTiO$_3$ tetr.	Ti: $1a$ $4mm$	Ba:$1b$ $4mm$	O1:$1a$ $4mm$	O: $2c$ $2mm$
	0	$\frac{1}{2}$	0	$\frac{1}{2}$
	0	$\frac{1}{2}$	0	0
	0,020	$\frac{1}{2}$	0,474	$-0,012$

Es sind Zwillinge von Drillingen zu erwarten, d. h. sechs Domänensorten (t3- und t2-Untergruppen).

18.6 β-Sn sollte Drillinge bilden (t3-Untergruppe).

18.7 Es wird Zwillinge mit zwei Sorten von Domänen geben.

Sachverzeichnis

Abbildung (mathematisch) 26
Abgeleitete Struktur 313
Abstand, interatomarer 11, **22**, **73ff.**, 94, 105f., 108ff., 177, 244
Abstoßende Kräfte 67ff., 73, 82, 98ff., 114, 118
Abstoßung zwischen Valenzelektronenpaaren 98ff., 118
Abstoßungsenergie 68ff., 98, 118
Abzählregeln für Elektronen 206ff.
Abzählung des Zellinhaltes 21f.
Achsenverhältnis 23, 43
Acht-minus-N-Regel 97, 153, 191
　verallgemeinerte 190ff.
Ag_3O-Typ 319f.
Aktivierungsenergie 52
AlB_2-Typ 199f.
$AlCl_3$-Typ 254, 292
Alkalihalogenide 82ff.
Alkalimetalle 229f.
Alkalioxide 86
Alkalisuboxide 219
Allgemeine Punktlage 41
α-Al_2O_3-Typ (Korund) 261, 239, 319f.
Aluminosilicate 185, 188, 264, 268f., 271ff.
Amorph 49
Amphibole 270
Anatas 92
Anorthit 274
Antibindende Molekülorbitale 129ff., 137ff., 142, 144
Antiferromagnetismus 339, 342ff.
Antifluorit-Typ 86
Antigorit 269f.
Antikuboktaeder 15, 224
Antimon 163, 167
Antimonide 196f., 203, 287
Antiprisma, quadratisches 15, 99
Antisymmetrie-Raumgruppen 343
Antityp 24
Anziehende Kräfte 67f., 73, 82, 129ff.
Aperiodische Kristalle 44
Apikale Position 110
Approximante 44

Äquivalente Punkte 42
Arachno-Cluster 216
Aristotyp 313, 315
Arrhenius-Gleichung 52
Arsen 162f., 167
Arsenide 196f., 286ff., 346
Asbest 269f.
Asymmetriezentrum 127
Asymmetrisch substituiertes C-Atom 126
Asymmetrische Einheit 22
Atacamit 289
Atomabstand 11, **22**, **73ff.**, 94, 105f., 108ff., 177, 244
Atomgröße 74ff., 101, 231f.
Atomkoordinaten **21f.**, 41f., 360
Atomradien 74f.
　Metalle 75, 231f.
AuCd-Typ 234
AuCu-Typ 232ff.
$AuCu_3$-Typ 233f.
Aufenthaltswahrscheinlichkeit, Atom 11
　Elektron 129
Axiale Position 100, 109f.
Azide 88f.

Baddeleyit 25, 330
Bahnmagnetismus 340f.
Balkengruppe 49
Band (Energie-) 138ff.
Bandbreite, Banddispersion 138, 143
Bändertheorie 134ff.
Bandlücke 141
Bandstruktur 138ff.,
Barium 229f.
Bärnighausen-Stammbaum 313ff.
Basisstruktur 313
Basisvektoren **19f.**, 27, 38, 43
Basiszentriert 21, 27
Baufehler 10
Baur-Regeln 94
Benitoit 265
Berry-Rotation 110f.
Beryll 265

Beschreibung von Kristallstrukturen 18ff.
Beta-Käfig 272
Bezugsrichtung für Symmetrieelemente 34
BiI_3-Typ 254, 292, 319f.
Bildsymbole, Symmetrieelemente 26, 28ff.
Bindende Molekülorbitale 129ff., 137ff., 142, 144
Bindung, kovalente 64f., 73, 97, 129ff., 190ff., 207ff.
    metallische 151f., 222
Bindungsisomere 124f.
Bindungslänge, Berechnung **22**, 78, 94
    kovalente Bindungen 65, 76, 105f., 108ff., 177
    polare Bindungen 76ff., 81, 94, 105f., 244f.
Bindungsordnung 130
Bindungsstärke, elektrostatische 91f.
Bindungswinkel 23, 65, **100**ff., 107ff.
    bei verknüpften Polyedern 103, 243ff., 248, 263, 279ff.
Bipyramide, trigonale 15, 98f., **109**f., 123
Bismut 163, 167
Bismut-Cluster 216, 219
Blickrichtung bei Symmetrieelementen 34
Bloch-Funktion 137
Bohrsches Magneton 336
Bor 173f.
Borane 214f.
Borate 89
Boride 215
Bornitrid 178, 329
Bornscher Abstoßungsexponent 68
Botallackit 288
Brasilianer Zwilling (Quarz) 186
Bridgman-Verfahren 351
Brillouin-Zone 148f.
Brom 153
Brookit 92
Brucit 256, 288
Brückenatom 16, 106ff., 243ff., 263, 279ff.
Buckminsterfulleren 170

CaB_6-Typ 215
CaC_2-Typ 88
$CaCl_2$-Typ 55f., 289, 321f.
CaF_2-Typ (Fluorit) 72, **86**, 236f., 276, 300f.

Calcit (Kalkspat, $CaCO_3$) 89f., 91, 250f.
Calcium 229f.
Carbide 284f., 329
Carborane 215
Carnegieit 185
$CaSi_2$-Typ 194f.
Cäsium 228ff.
$CdCl_2$-Typ 72, **255**, 289
CdI_2-Typ 72, **255**, 289, 318
Chalkogene 155ff.
Chalkopyrit 183
Chelatkomplexe 127
Chevrel-Phasen 211
Chiralität 126f.
Chiralitätszentrum 127
Chlor 153
Chloride 82ff., 93, 122, **253**ff., 275, 288f., 292ff., 302, 319f.
Chrysotil 268ff.
Cis-Konfiguration 125
Cis-trans-Isomere 125f.
Cisoide Konformation 156
Clathrasile 274
Clathrate 274f.
Cluster 206, 208
    arachno 216
    closo 206, 214, 216
    Elektronenzahl 208, 215
    endoedrische 219
    hypho 216
    hypoelektronische 217
    kondensierte 220f.
    mit $2e3c$-Bindungen 212f.
    mit eingelagerten Atomen 217f., 356
    nido 216
    Wade 213ff.
Coesit 187
COOP 144
Coulomb-Energie 68ff., 84
Cristobalit 184f., 300
Crystal orbital overlap population 144
CsCl-Typ 72, **82**ff., **235**
    Überstrukturen 236
Cuprit (Cu_2O) 188f.
Curie-Gesetz 338
Curie-Konstante 338

Curie-Temperatur 333, 342
Curie-Weiss-Gesetz 338
Cu-Typ 224
Cu_2O-Typ (Cuprit) 188f.
Cu_5Zn_8-Typ 238

Datenbanken 360, 362
Datenspeicherung 345
Dauphiné-Zwilling (Quarz) 324f.
De-Broglie-Beziehung 137
Debye-Festkörper 67
Deckoperation 26
Defektstruktur 183
Delokalisierte Bindungen 139, 143
Deltaeder 206
Density of states (DOS) 138f.
Diamagnetismus 337
Diamant 51, **175f.**, 236f., 314f., 328
Diaspor (α-AlOOH) 289, 292
Diastereomere 125
Dichte und Stabilität 51, 242
Dichteste Kugelpackung 18, **222ff.**, 233f., **277ff.**
   mit besetzten Oktaederlücken 285ff., 317ff.
   mit besetzten Tetraederlücken 299ff.
Diederwinkel 156
Differenzthermoanalyse 63
Difluoride 86, 122, 258, 291
Dihalogenide 86, 122, 255, 288f.
Dihydoxide 255f., 288
Dimensionalität 357
Dioxide 86, 93, 258, 289, 291
Dipol-Dipol-Anziehung 67f.
Dispersionsenergie **68ff.**, 70, 84
Dispersionskraft **67ff.**, 73
Displazive Phasenumwandlung 55, 321
Dodekaeder 15
Domäne 311, 323, 333ff., 341
Doppelbindung 74, 104ff.
Doppelt-hexagonal-dichteste Kugelpackung 224
d-Orbitale 98, 112ff., 145ff., 151
DOS (Zustandsdichte) 138f.
Dotierung 142
Drehachse, Drehung 27f., 36

Drehinversion, Drehinversionsachse 29
Drehspiegelachse, Drehspiegelung 30
Dreieck (Koordinationspolyeder) 15, 99, 123
Dreierkette 264
Dreifachbindung 74, 104
Dreizentrenbindung 173, 206, 212f.
Drillingskristall 324
Druck und Bandbreite 143
   und chemische Bindung 140, 143, 155, 229
   kritischer 56
   und Phasenumwandlungen 51, 54, 155, 179
   und Stabilität 51
   und Struktur 155, 164ff., 178ff., 224f., 229f., 250
Druck-Abstands-Paradoxon 179
Druck-Koordinations-Regel 179

EAN-Regel 207
Eckenverknüpfte Oktaeder 16, 220, **243ff.**, 246ff., 257, 279, 281, 295
   Tetraeder 16, 184ff., 200, 239, **243ff.**, 263ff., 279ff., 300ff.,
Eckenverknüpfung 16, 93, 243, 246f., 263f., 279ff.
ECoN 13f.
Edelgase 64, 229
Effektive Koordinationszahl 13f.
Eigenschaften, mechanische 328ff.
   ferroelektrische 332f.
   magnetische 336ff.
   piezoelektrische 330
Eindimensionale Fehlordnung 49
Eindimensionale Struktur 357
Einfache Ionenverbindung 82ff., 192f.
Einfältige Ausdrücke 356ff.
Eingedeutschte Fachausdrücke 358
Eingelagerte Atome in Clustern 208, 217f., 356
Einlagerungscarbide 284f.
Einlagerungshydride 283
Einlagerungsnitride 284f.
Einlagerungsverbindungen 169f., 263, 274, 283ff.
Einsame Elektronenpaare 17, **100ff.**, 134f., 191, 216

Einschlußverbindungen 274
Eis 58, 67, 187f.
Eisenpigment 345
Elektret 332
Elektrische Leitfähigkeit 139, 199, 262
Elektron, Wellenfunktion 128ff.
Elektron-Phonon-Kopplung 140
Elektronegativität 101, 103, 114
Elektronen-Abzählregeln 206ff.
Elektronenbeugung 11
Elektronendichte 77f., 133
Elektronen-Lokalisierungs-Funktion 133, 215
Elektronenmangelverbindungen 206, 212
Elektronenpaare und Struktur **100ff.**, **112ff.**
Elektronenpaarungsenergie 114, 116
Elektronenpräzis 206ff.
Elektronenreiche Mehrzentrenbindung 202
Elektrostatische Bindungsstärke 91
Elektrostatische Energie 68ff., 84
Elektrostatische Kräfte 67ff., 73, 244
Elektrostatische Valenzregel 90f.
Elementarzelle 19ff.
Elementstrukturen 153ff., 175ff., 178ff.,
    224f., 227ff.; Statistik 228
ELF 133, 215
Ellipsoid der thermischen Schwingung 11,
    184, 360
Elpasolith 297f.
Enantiomere 126f.
Enantiotrope Phasenumwandlung 54
Endoedrische Cluster 219
Energieband 138ff.
Energielücke 141, 143
Energieniveaus 138
Enstatit 264f.
Enthalpie 54
    Umwandlungs- 51, 232
Equatoriale Position 100, 109f.
Erdalkalimetalle 229f.
Eutektikum 60f.

Facial 126
Falsche Ausdrücke 356ff.
Falten von Bandstrukturdiagrammen 140f.
Famatinit 183
Faujasit 272

Fe_3Al-Typ 237
Fehlerhafte Strukturbestimmung 360
Fehlordnung 47f., 169, 226, 292
Fehlstellen 183, 288
f-Elektronen 224f., 341
Feldspat 274
Fermi-Grenze 139, 144f., 151f.
Fernordnung 44, 65
Ferrimagnetismus 339, 343f.
Ferroelastizität 335
Ferroelektrizität 332
Ferromagnetismus 339, 344ff.
Feste Lösung 59, 231f.
Flächenverknüpfte Oktaeder 16, 243, 246,
    256, 261f., 278f., 286f., 293, 296,
    319
    Tetraeder 243, 279f.
Flächenverknüpfung 16, 93, 243, 246
Flächenzentriert 21, 27
Fluor 153
Fluoridchloride 87f.
Fluoride 47, 51, 84ff., 122, **246ff.**, 258, 291,
    297, 319f.
Fluorit-Typ (CaF_2) 72, **86**, 236f., 276, 300f.
Flüssigkristall 47, 354
Formalladung 105f., 196
Formeleinheit 21
Frank-Kasper-Polyeder 17, 241
Freie Enthalpie 54
Freie Reaktionsenthalpie 51
Fullerene 170f.

Gap 141
Gallium 228
Gashydrate 274f.
Gekoppelte Symmetrieoperation 29
Gemittelte Struktur 49
Geometrie 357
Geometrieoptimierung 357
Geordnete Legierungen 232
Germanium 175, 178f.
Gerüstsilicate 185, 271ff.
Gesamtdrehimpuls-Quantenzahl 340
Gewinkelte Anordnung 15
Gibbsit 255
Gibbssches Phasengesetz 57

Gillespie-Nyholm-Theorie 98ff.
Gitterenergie **66ff.**, 122
  Berechnung 68ff.
  Ionenverbindungen 70ff., 84f.
  Molekülverbindungen 67ff.
Gitterparameter, Gitterkonstanten 19ff., 43
Gitterstruktur 356
Gläser 49, 52
Gleichgewichtsabstand 70, 73
Gleitspiegelebene, Gleitspiegelung 30
Glimmer 265, 268, 329
Goethit 289
Goldschmidt-Regel 227
Granat 94, 344f.
Graphische Symbole für Symmetrieelemente
  26, 28ff.
Graphit 51, **168**, 328
  Einlagerungsverbindungen 169
Graphitfluorid 175
Grimm-Sommerfeld-Regel 177
Gruppe-Untergruppe-Beziehung 56, **308ff.**
Gruppentheorie 308

Hägg-Symbol 223f.
Halbleiter 178, 199, 262, 283
Halogene 153ff.
Halogenide 84ff., 122, 253ff., 288f., 292ff., 319f.
Härte 178, 284, 328f.
  magnetische 342
Hauptachse 34
Hermann, Satz von 308
Hermann-Mauguin-Symbole 26ff.
  gekürzte 33, 36
  Punktgruppen 33
  Raumgruppen 38
  vollständige 33, 36
Heteropolysäuren 259f.
Hettotyp 313
Heusler-Legierung 236
Hexafluoride 47, 51
Hexagonal 43
Hexagonal-dichteste Kugelpackung 18,
  224ff., 229, 250, 254f., **278ff.**, 318
Hexagonale Perowskite 296f.
Hexagonale Schicht 18, 222, 277f., 281f.
Hexagonaler Diamant 175f.

Hexahalogenide 294
HgI_2-Typ (rot) 271, 300f.
High-Spin-Komplexe 114f.
Hittorfscher Phosphor 160f.
Hochdruck-Modifikationen 51, 228f.
Hochtemperatur-Modifikationen 51, 228f.,
  324
Hochtemperatur-Supraleiter 298f.
Hochquarz (β-Quarz) 324
HOMO 138
Homöotyp 23
Hume-Rothery-Phasen 237
Hundsche Regel 114, 337
Hybridisierung 65, 131f.
Hydrargillit 255
Hydratisomere 125
Hydride 101, 283
Hydridhalogenide 88
Hydrothermalsynthese 186
Hydroxide 288f., 254ff., 292
Hyperoxide 88
Hypervalente Atome 106, 201
Hypho-Cluster 216
Hypoelektronische Cluster 217
Hysterese 54, 332, 342

Idealkristall 27
Identische Atome 356
Ikosaeder 38, 99, 173
Ilmenit 261f., 296, 319f.
Index der Symmetriereduktion 308
Inert 52
Inkommensurabel modulierte Struktur 44,
  155, 165f.
Inkommensurable Kompositstruktur 45, 167,
  229
Inkongruentes Erstarren 61
Innenzentriert 21, 27, 235
Interatomarer Abstand 11, 22
Intercalationsverbindungen 169f., 263, 274,
  283ff.
Intermetallische Verbindungen 231ff.
Internationale Symmetriesymbole 26
Interstitielles Atom 208, 217, 356
Inverse Spinelle 303ff., 343f.
Inversion, Inversionszentrum 29, 34, 36, 126

Inversionsachse 29, 126
Inversionsgrad bei Spinellen 303f.
Iod 153ff.; metallisch 155
Ionen, Packung 66, 82ff.
Ionenaustauscher 269, 273
Ionenbindung 64
Ionenradien **77ff.**, 82, 119, 122
Ionenradienquotient **82ff.**, 90, 262, 296
Ionenverbindungen 66, **82ff.**, 192, 236, 329
    Gitterenergie 70ff.
    mit Komplexionen 88f.
    ternäre 87f.
Ionisationsisomere 125
Isomerie 124ff.
Isomorphe Untergruppe 310
Isopolysäuren 259f.
Isotype Strukturen 23

Jagodzinski-Symbol 223f.
Jahn-Teller-Effekt 115ff., 306, 313

Käfigmolekül, Symbol 18
Kalium 230
Kalkspat (Calcit, $CaCO_3$) 89f., 91, 250f.
Kantenverknüpfte Oktaeder 16, 221, 243f.,
    253ff., **278ff.**, 281, 289ff.
    Tetraeder 16, 200, **243ff.**, **275f.**, **280f.**,
    301f.
    trigonale Prismen 263
Kantenverknüpfung 16, 93, 243f.
Kaolinit 92, 265, 268f.
Kationenarme Schichtsilicate 267f.
Kationenaustauscher 269, 273
Kationenreiche Schichtsilicate 266ff.
Keatit 187
Keggin-Struktur 259
Keimbildungsarbeit 53
Keramik 329f, 269
Ketten, Symbol 17f.
Kettenfragment, Symbol 18
Kettenstrukturen 65, 246ff., 253, 256, 264f.
Kinetische Stabilität 52
Klassengleiche Untergruppe 309ff.
K_2NiF_4-Typ 248f.
Koerzitivkraft 332f., 342
Kohlenstoff 168ff., 175f.
    Nanoröhren 171ff., 350

Komplexe Ionen, Packung 88ff.
Kompositkristall, inkommensurabler 45f, 167
Kompositmaterial 349
Kondensierte Cluster 220f.
Konfiguration 125
Konformation 65, 156, 264
Konstitution 97, 124
Konstitutionsisomere 124f.
Konventionen zur Elementarzellenwahl 19
Kooperatives Phänomen 333, 338, 341
Koordinaten von Atomen **21ff.**, 41f., 360
Koordinatensystem, kristallographisches 21
Koordinatentripel 22, 41f.
Koordinationsisomere 125
Koordinationspolyeder **14ff.**, 84, 86, 90,
    98ff., 113ff., **122ff.**, 243ff.
    in dichtesten Kugelpackungen 224
    Symbole 15ff.
Koordinationszahl **13ff.**, 84, 86, 90, **98f.**, 123
    und Bindungslänge 105
    in dichtesten Kugelpackungen 224
    und Druck 179
    effektive 13
    und Ionenradius 79, 82f.
    in kubisch-innenzentrierter
        Kugelpackung 227
    und Temperatur 227
Koordinierte Atome 13
Korund-Typ (α-Al_2O_3) 261, 293, 319f.
Kovalente Bindung 64f., 73, 97, 129ff.,
    190ff., 207ff.
Kovalenzradius 76f.
K_2PtCl_6-Typ 89f., 298
k-Raum 148
Kristall 26f.
    aperiodische 44ff.
    fehlgeordnete 47ff.
    plastische 47
Kristall-Überlappungs-Population 144
Kristallchemisch isotyp 23
Kristallfeldtheorie 112
Kristallflächen, Wachstum 350
Kristallgitter 19, 356
    zentrierte 27
Kristallisationsbedingungen 53, 350
Kristallisationskeim 53, 326, 350

Kristallklasse 43
    ferroelektrische 335
Kristallographische Gruppe-Untergruppe-
    Beziehungen 56, **308ff.**
Kristallographisches Orbit 42
Kristallstruktur 19, 356
Kristallsystem 43
Kritische Temperatur 56
Kritischer Druck 55
Kritischer Exponent 56
Kryolith 298
Kryptand 198
Kubisch 43
Kubisch-dichteste Kugelpackung 18, **224ff.**,
    229, 254f., **280ff.**
Kubisch-innenzentrierte Kugelpackung 227,
    229, 235
Kubisch-primitiv 19
Kubische Punktgruppen 34
Kuboktaeder 15, 224
Kugelpackung 222, 231, 277
    dichteste 18, **222ff.**, 233, 250, 254f., **277ff.**
    mit besetzten Oktaederlücken 285ff.,
        317ff.
    mit besetzten Tetraederlücken 299ff.
    kubisch-innenzentrierte 227, 235
    tetragonal-dichte 290f.
    bei Verbindungen 233f., 277, 285ff., 299ff.
Kupferkies 183
Kupfer-Typ 224

Lambda-Typ-Umwandlung 233, 235
LaMer-Prozeß 350
Landau-Theorie 56
Landé-Faktor 340
Lanthanoiden 224f., 341
Lapislazuli 274
Laves-Phasen 239ff.
Legierungen 231ff.
Leitfähigkeit 139, 199, 262
Li_2AgSb-Typ 237
Li_3Bi-Typ 237
Libration 48
Liganden, Elektronenabzählung 207ff.
    Größe 101f.
Ligandenfeld, oktaedrisches 113ff., 119ff.

quadratisches 117f.
tetraedrisches 116f., 119f.
Stabilisierungsenergie 119ff., 304f.
Ligandenfeldtheorie 112ff.
Lineare Anordnung 15, 99, 123f., 203
Linearkombination von Wellenfunktionen
    128, 132
Liquiduskurve 59f.
$LiSbF_6$-Typ 250, 319f.
Lithium 230
Li_2ZrF_6-Typ 259, 289, 320
Loewenstein-Regel 185
Lokalisierte Bindung 64, 132, 143
London-Kraft 67f., 73
Lonsdaleit 175
Lösung, feste 231
Lotus-Effekt 355
Low-Spin-Komplexe 114f.

Madelung-Konstante 71f., 82, 84
Magnesium 229f.
Magnesium-Typ 224
Magnet-Spinquantenzahl 336ff.
Magnetische Flüssigkeit 346
    Härte 342
    Materialien 345ff.
    Suszeptibilität 337f.
Magnetisches Moment 336, 338ff.
Magnetisierung 337
Magnetismus 336ff.
Magnetokalorischer Effekt 346ff.
Magnetoplumbit 346
Magnetostrukturelle Phasenumwandlung 346
Magnetpigment 346
Makromolekulare Verbindungen 65
Mangan 228
Markasit 289f.
Maßeinheiten 359
Maximale Untergruppe 308
Maximale Vernetzung 153
Mechanische Eigenschaften 328ff.
Mehrfachbindungen und Molekülstruktur
    104, 106
Mehrlingskristall 323
Mehrzentrenbindung 132, 173, 206
    elektronenreiche 202

Melanophlogit 274
Meridional 126
Mesoporös 349
Mesoporöse Schicht 352f.
Mesostrukturen 349
Messing 235, 237f.
Metall-Metall-Bindung 93, 207ff., 216f.,
   220f., 246, 253, 256, 287, 319
Metalle, Atomradien 75f.
   Bindungsverhältnisse 151f., 222
   Schmelzpunkte 152
   Strukturen 222ff.; Tabelle 229
Metallhydride 283
Metastabil 52
MgAgAs-Typ 237
$MgCu_2$-Typ 239ff.
$MgZn_2$-Typ 239
Mikrowellenspektroskopie 11
Millonsche Base 188
Minimale Obergruppe 308
Mischkristall 59, 232
Mischungslücke 60, 231
Mizelle 353f.
MnP-Typ 286f., 315f.
Modifikation 52
Modulierte Struktur 44
Moganit (SiO_2) 187
Mohs-Skala 328
Molare Suszeptibilität 337f.
Molekularsieb 273
Molekülorbital-Theorie 128ff.
Molekülpackung 65, 158, 294, 302
Molekülstrukturen 65, 97ff., 112ff.
   Gitterenergie 67ff.
Molybdän-Cluster 209ff.
Monoklin 43
Monotrope Phasenumwandlung 54
Montmorillonit 268f.
MoS_2-Typ 263
Mulliken-Überlappungspopulation 130
Mullit 269
Multipol 67f.
Muskovit 268

NaCl-Typ 22, 72, **82ff.**, 237, 285f.
   Gitterenergie 70

Nahordnung 65
NaN_3-Typ 88f.
Nanodrähte 351f.
Nanoröhren 171f., 353
Nanostrukturierte Materialien 349ff.
NaTl-Typ 199, 236f.
Natrium 230
Natriumcarbonat 45
$NbOCl_3$-Typ 257
Néel-Temperatur 343
Nephelin 185
Neutronenbeugung 9, 11f., 344
NiAs-Typ 262, 285ff., 315f., 346
Nichtbindende Elektronen 100ff., 112ff.
Nichtbindende Molekülorbitale 130
Nichtmetalle, Strukturen 153ff.
Nichtstöchiometrische Verbindungen 283
Nido-Cluster 216
Niggli-Formel 18
Ni_3O-Typ 319f.
Niob-Cluster 212f.
Nitride 284f., 329
Nitrate 89
Nomenklatur 11, 52f., 125ff.
Normale Valenzverbindung 190
Normen, Elementarzellenwahl 20
   Beschreibung von Kristallstrukturen 20f.,
   360
   Umgang mit Maßeinheiten 359
Nullpunktsenergie 67

Oberflächenenergie 53
Obergruppe 308
OD-Struktur 49
OD-Umwandlung 55, 232, 235
Oktaeder 15, 35, 38, 99, 113ff., 122f.
   verknüpfte 12, 16, 92f., 103, 215, 220f.,
   243ff., **246ff.**, **253ff.**, 256, 278f.,
   281ff., 290f., 294ff., 319
Oktaederlücke 278ff., 285, 317ff.
Oktaedrisches Ligandenfeld 113ff., 119ff.
Oktettregel 190, 192
   Abweichung von 201
Olivin 94, 306f.
Optische Aktivität 126
Optische Isomere 126

Orbit, kristallographisches 42
Orbital 128ff.
  d 112f.
  e, t_2 116
  e_g, t_{2g} 113
Orbitalenergie 73
Ordnung 51, 232
  einer Phasenumwandlung 54f.
Ordnungsparameter 56
Ordnungs-Unordnungs-Struktur 49
Ordnungs-Unordnungs-Umwandlung 55,
  232, 235
Orientierungsfehlordnung 48
Orientierungspolarisation 332
Orthorhombisch 43
Orthosilicate 93
Ostwaldsche Stufenregel 53
Oxidationszahl 77, 80, 122f.
Oxide 86, 250ff., 258, 261, 289, 291, 295ff.,
  303f., 319f.
  Bindungslängen 94f.
Oxidhalogenide 88, 248, 257

Packung, Ionen 66, 82ff.
  komplexe Ionen 88ff.
  Metalle 222ff., 231ff.
  Moleküle 65, 158, 294, 302
Packungsdichte 222, 232
Packungssymbole 18
Paraelektrisch 332
Parallelepiped 19
Paramagnetismus 337ff.
Partialladung 68f., 244
Pauli-Abstoßung 73, 98
Pauling-Regeln 90ff., 245
PbFCl-Typ 87
PbO-Typ (rot) 276, 300
α-PbO$_2$-Typ 92f., 258, 289
Pearson-Symbol 53
Peierls-Verzerrung 140, 164, 203
Penrose-Pflasterung 46
Pentafluoride 248
Pentagondodekaeder 38
Pentahalogenide 253, 294
Peritektikum 62
Perowskit 250, 296

Perowskit-Typ 17, 250, 262, 277, **295f.**
Peroxide 88
Phasendiagramm 58ff.
  Ag/Cu 61
  Al/Si 60f.
  Bi/Sb 59
  Ca/Mg 61f.
  Cs/K 59f.
  H$_2$O 58
  H$_2$O/HF 62
  SiO$_2$ 187
Phasengesetz 57
Phasenumwandlung **54ff.**, 311, **321ff.**
  displazive 55, 321
  Druckabhängigkeit 51
  enantiotrope 54
  erster Ordnung 54, 321
  experimentelle Bestimmung 62f.
  magnetostrukturelle 346
  monotrope 54
  Ordnungs-Unordnugs- 55, 232, 235
  rekonstruktive 55, 321
  und Symmetrie 321ff.
  Temperaturabhängigkeit 51, 324
  zweiter Ordnung 55f., 321ff.
Phlogopit 268
Phosphide 196f., 287
Phosphor 160ff.
Physikalische Eigenschaften 328ff.
Piezoelektrischer Effekt 330f.
Plagioklas 274
Plastische Kristalle 47
Polare Bindungen, Länge 76f., 94, 105
Polarität, Einfluß auf Stabilität 93, 245
Polonium 159, 164
Polyacetylen 142
Polyanionen 192ff.
Polyantimonide 196f., 203
Polyarsenide 196f.
Polyeder 15f., 98f., 122ff.
  verknüpfte 16f., 92f., 243ff., 278ff.
Polyederskelett-Elektronenpaar-Theorie 217
Polyedersymbole 15ff.
Polyiodide 201
Polykationen 192, 204f.
Polymolybdate 259

Polymorphie, polymorphe Formen 52
Polyniobate 259
Polyphosphide 196ff., 287
Polysilicate 264ff.
Polysilicide 194ff.
Polystannide 198
Polysynthetischer Zwilling 49, 324
Polytantalate 259
Polytelluride 202
Polytypen 53, 178
Polyvanadate 259
Polywolframate 259
Poröse Materialien 170, 352ff.
Potentialfunktion 69f., 73
Precursor 355
Primitive Zelle 20f., 27
Prinzip der dichtesten (raumerfüllenden)
        Packung 66, 158, 226, 232, 242
    der maximalen Symmetrie 226, **311**
    der maximalen Vernetzung 153
    der möglichst hohen Dichte 158, 242
Prisma, trigonales 15, 208
    überkapptes trigonales 15, 99
Pseudorotation (Berry-Rotation) 110f.
Pseudosymmetrie 311
PtS-Typ 300f.
Punktgruppen 32ff.
Punktgruppensymbole 33ff., 36f.
Punktlage 41
Punktlagensymbol (Wyckoff-Symbol) 42
Punktlagensymmetrie 41
Pyknolite 274
Pyramide, quadratische 15, 98f., 110f., 123
Pyrophyllit 268
Pyroxene, Pyroxenoide 264

Quadrat (Koordinationspolyeder) 15, 117f.,
        123
Quadratische Pyramide 15, 98f., 110f., 123
Quadratische Schicht 18
Quadratisches Antiprisma 15, 99
Quadratisches Ligandenfeld 117ff.
Quarz 185ff., 324f., 328
Quasikristall 45f.

Radienquotient 82ff., 90, 262, 279, 280
Raumerfüllung **222**, 250

dichteste Kugelpackungen 226
kubisch-innenzentrierte Kugelpackung
        227
Laves-Phase 241
tetragonal-dichte Kugelpackung 290
Raumerfüllungsprinzip 66, 158, 226, 232,
        242
Raumgruppe 40, 308
    Schwarzweiß- 343
Raumgruppensymbole 38
Raumgruppentyp 38ff.
Raumnetzstrukturen 17, 65, 175ff., 184ff.,
        250ff., 258, 261ff., 271ff., 300
Raumzentriert (innenzentriert) 21, 27
Reaktionsenthalpie, freie 51
Reaktionsmechanismen 9
Rekonstruktive Phasenumwandlung 55, 321
Remanente Polarisation 332f.
Remanenz 342
ReO_3-Typ 250f., 295
Reziproker Raum 148
RhF_3-Typ 250f., 293, 319f.
Rhombisch (orthorhombisch) 43
Rhomboedrisch 21, 27, 318
Ringförmige Moleküle 18, 156f., 247f., 253,
        264f.
Rochellesalz-Elektrizität 333
Röntgenbeugung 9, 11f., 45, 46, 49
Rotationssymmetrie 27f.
Rubidium 229f.
$RuBr_3$-Typ 256, 293, 319f., 326
Russel-Saunders-Kopplung 340
Rutil-Typ 40, 56, 72, **86**, 92f., **258**, **289**ff.,
        321ff.

Samarium-Typ 224
Sanidin 274
Satellitenreflexe 45
Sättigungsmagnetisierung 342
Sauerstoff 155f.
Schichten, Symbol 17
Schichtenstrukturen 65, 162f., 168ff., 221,
        248f., 254f., 263, 264ff., 288f., 292
Schichtgruppe 49
Schichtsilicate 264ff.
Schoenflies-Symbole 26, 28ff., 36f.

Schottky-Symbol 236
Schraubenachse, Schraubung 30
Schubnikow-Gruppen 343
Schwalbenschwanz-Zwilling 323f.
Schwarzweiß-Raumgruppen 343
Schwefel 156f., 166
Schwefel-Kationen 204
Schwingquarz 326, 331
Schwingung, thermische 11
Schwingungen einer Atomkette 135f.
Schwingungsellipsoid 11, 360
Sechszentren-Bindung 212
Seignettesalz-Elektrizität 333
Selbstorganisation 358
Selen 158f.
Selen-Kationen 204
Selenide 287
Shomaker-Stevenson-Korrektur 76f.
SI-Einheiten 359
Silica (SiO_2), mesoporös 354
Silicate 92f., 264ff.
Silicium 175, 178ff.
Siliciumcarbid 178
Siliciumdioxid 184ff, 324, 354
SiS_2-Typ 275, 301f.
Site symmetry 41
SnF_4-Typ 248f.
$SnNi_3$-Typ 234
Sodalith 273
Soliduskurve 59f.
Spaltbarkeit 268, 328f.
Spektrochemische Serie 114
Spezielle Punktlage 41
Spezifische Wärme 55, 232f.
Sphalerit-Typ (Zinkblende-Typ) 72, **82ff.**, 176ff., 237, 300f., **314f.**
Spiegelebene, Spiegelung 29, 126
Spin-Bahn-Kopplung 340
Spinell 303ff., 344ff.
Spinell-Ferrite 346
Spinmagnetismus 339ff.
Spinpaarungsenergie 114, 116
Spinquantenzahl 336
Split-Lage 48
Spontane Polarisation 332f.
Sprödigkeit 330

$SrSi_2$-Typ 194f.
Stabilität und Druck 51, 54
    Ionenverbindungen 82ff., 93
    kinetische 52
    und Temperatur 51, 54
    thermodynamische 51
Standardabweichung 23
Standardisierte Beschreibung von
    Kristallstrukturen 20
Stannit 183
Stapelfehlordnung 48, 169, 178, 226, 288, 292f.
Stapelfolge, dichteste Kugelpackungen 223f., 281f.
    dichteste Kugelpackungen mit besetzten
        Lücken 285, 288f., 292f., 296f.
    intermetallische Verbindungen 234
    MoS_2 263
    ZnS-Modifikationen 177f.
Starke Elektron-Phonon Kopplung 140
Statistik der Elementstrukturen 228
Stereobilder, Betrachtung von 87
Stereochemie 9
Stereogenes Atom 126
Stereoisomere 125
Sterische Wirkung von d-Elektronen 112f.
    von Elektronenpaaren 100ff., 108
Stickstoff 160
Stishovit 187
Strontium 229f.
Strukturaufklärung 9, 12
Strukturtypen 11
    AlB_2 199f.
    $AlCl_3$ 254, 292
    Ag_3O 319f.
    α-AlOOH (Diaspor) 289, 292
    α-As 162f.
    AuCd 234
    AuCu 233f.
    $AuCu_3$ 233f.
    Bi-III 167
    BiI_3 254, 292, 319f.
    CaB_6 215
    CaC_2 88f.
    $CaCl_2$ 55f., 289, 321f.
    CaF_2 72, **86**, 236f., 276, 300f.

Strukturtypen (Fortsetzung)
    Calcit ($CaCO_3$) 89f., 91, 250f.
    $CaSi_2$ 194f.
    $CdCl_2$ 72, **255**, 288
    $CdGa_2S_4$ 183
    CdI_2 ($Cd(OH)_2$) 72, **255**, 288, 318
    Chalkopyrit ($CuFeS_2$) 183
    Cristobalit (SiO_2) 184f., 300
    CsCl 72, **82ff.** 235
    $CsNiCl_3$ 297
    Cu 224
    β-Cu_2HgI_4 183
    Cu_2O (Cuprit) 188f.
    Cu_5Zn_8 238
    Diamant **175f.**, 236f., 314f.
    Diaspor (α-AlOOH) 289, 292
    Elpasolith (K_2NaAlF_6) 297f.
    Famatinit (Cu_3SbS_4) 183
    Fe_3Al (Li_3Bi) 237
    ε-Fe_2N 289
    Fluorit (CaF_2) 72, **86**, 236f., 276, 300f.
    Gashydrat-I 274f.
    Graphit 168
    HgI_2 (rot) 271, 300f.
    Ilmenit ($FeTiO_3$) 261f., 296, 319f.
    Iod 153f.
    K_2NiF_4 248f.
    Korund (α-Al_2O_3) 261, 293, 319f.
    K_2PtCl_6 89f., 298
    Li_2AgSb 237
    $LiSbF_6$ 250, 319f.
    Li_2ZrF_6 259, 289, 320
    Markasit (FeS_2) 289f.
    Mg 224
    MgAgAs 237
    $MgCu_2$ 239ff.
    $MgZn_2$ 239
    α-Mn 228
    $MnCu_2Al$ 237
    MnP 286ff., 315f.
    MoS_2 263
    NaCl 22, 72, **82ff.**, 237, 285f.
    NaN_3 88f.
    NaTl 199, 236f.
    $NbOCl_3$ 257
    NiAs 262, 285ff., 315f., 346

Ni_3N 319f.
NiP 286ff.
P 160ff.
PbFCl 87
PbO (rot) 276, 300f.
α-PbO_2 92f., 258, 289
Perowskit ($CaTiO_3$) 250, 262, 277, **295f.**
PI_3 319f.
α-, β-Po 159
PtS 300f.
Quarz (SiO_2) 185ff., 324f., 328
ReO_3 250f., 295
RhF_3 250f., 293, 319f.
$RuBr_3$ (ZrI_3) 256, 293, 319f., 326
Rutil (TiO_2) 40, 56, 72, **86**, 92f., **258**, **289ff.**, 321ff.
α-Se 158f.
SiS_2 275, 301f.
Sm 224
α-Sn 175, 178
β-Sn 178f.
SnF_4 248f.
$SnNi_3$ 234
Sodalith 273
Sphalerit (Zinkblende, ZnS) 72, **82ff.**, **176ff.**, 237, 300f., **314f.**
Spinell ($MgAl_2O_4$) 303ff., 344ff.
Stannit (Cu_2FeSnS_4) 183
TaRh 234
Te-II, Te-III 165f.
α-$ThSi_2$ 194f.
$TiAl_3$ 234
$TiCu_3$ 234
Tridymit (SiO_2) 185
Trirutil 40
VF_3 250f., 293
W 227
WC 285
WCl_6 319f.
Wurtzit (ZnS) 72, 82, **176ff.**, 302
α-$ZnCl_2$ 300ff.
Zinkblende (Sphalerit, ZnS) 72, **82ff.**, **176ff.**, 237, 300f., **314f.**
Subperiodische Gruppen 49
Sulfide 84, 177, 183, 194f., 287
Superaustausch 344

Superraumgruppe 44
Supraleiter 171, 200, 211, 284, 298f.
Suszeptibilität 337f.
Symbole, Baugruppen 17f.
  dichteste Kugelpackungen 18, 223f.
  Hägg 223f.
  Hermann-Mauguin 26ff.
  internationale 26
  Jagodzinski 223f.
  Koordinationspolyeder 15ff.
  Packungen 18
  Pearson 53
  Punktgruppen 33ff.
  Punktlagen (Wyckoff) 42
  Raumgruppentypen 38f.
  Schoenflies 26, 36
  Ždanov 223
  zentrierte Elementarzellen 21, 27
Symmetrie 26ff.
Symmetrieäquivalente Lagen 42, 312f.
Symmetriebruch 55, 321
Symmetrieelement 27
Symmetrieoperation 26f.
  gekoppelte 29
Symmetrieprinzip 226, **311**
Symmetriereduktion 308ff., 312ff.
Symmetriesymbole 26ff.
Symmetrie-Translation 27
Symmetriezentrum 29, 34, 36, 126

Talk 265, 268, 328
TaRh-Typ 234
Tectosilicate 274
Tellur 159, 164ff.
Tellur-Kationen 204
Telluride 202, 287
Temperatur und Baufehler 10
  und Koordinationszahl 227
  kritische 56
  und Magnetismus 338f., 342f., 346f.
  und Ordnungsgrad 51, 232f., 235
  und Phasenumwandlung 51, 227, 324
  und Stabilität 51
  und Struktur 51, 227, 232f.
Templat 353
Templatsynthese 353f.

Terminales Atom 97
Ternäre Ionenverbindungen 87f.
Ternäre Zintl-Phasen 200
Tetraeder 15, 35, 38, 84, 99, 116ff., 123f., 208, 212, 214
  verknüpfte 16, 106, 184ff., 200, 239f., **243ff.**, **263ff.**, 275f., **279ff.**, 300ff.
Tetraederlücke 279ff., 299ff.
Tetraedrisches Ligandenfeld 116f., 119f.
Tetrafluoride 248f.
Tetragonal 43
Tetragonal-dichte Kugelpackung 290f.
Tetragonale (quadratische) Pyramide 15, 98f., 110f., 123
Tetrahalogenide 253, 294, 302
Thermische Schwingung 11, 184, 360
Thermochrom 183
Thermodynamische Stabilität 51, 54
Thixotrop 269
α-ThSi$_2$-Typ 194f.
Tiefquarz (α-Quarz) 186f., 324
Toleranzfaktor 296
Tonkeramik 269
Tonmineralien 265, 268f.
Topotaxie 9
Trans-Konfiguration 125f.
Trans-Einfluß 108f.
Translation 19, 27
Translationengleiche Untergruppe 308f.
Translationssymmetrie 27
Translationsvektor 19, 27
Transoide Konformation 156
Tridymit 185
Trifluoride 93, 250f., 293
Trigonal 43
Trigonal-bipyramidale Lücke 280
Trigonale Bipyramide 15, 99, **109ff.**, 123, 279, 292f.
Trigonales Prisma 15, 262f.
  überkapptes 15, 99
  verknüpfte 262f., 285, 287
Trihalogenide 93, 254, 292f., 302, 319f.
Trihydroxide 254
Triklin 43
Trimethylamin 320f.
Tripelpunkt 58

Trirutil 40

Übergangsmetallcarbide 284f.
Übergangsmetalle 151f., 228f.
Übergangsmetallhydride 283
Übergangsmetallnitride 284f.
Überkapptes trigonales Prisma 15, 99
Überlappungsintegral 129
Überlappungspopulation 129, 144
Überstruktur 236, 297
Ultramarin 273f.
Umgekehrte Mizelle 355
Umwandlungsenthalpie 51, 54, 232, 346f.
Umwandlungsentropie 51, 54, 232
Umwandlungsgeschwindigkeit 52
Ungeordnete Legierung 231
Untergruppe 56, 308ff.
Ursprung der Zelle 20

Valenzelektronenkonzentration 75, 191, 222, 237
Valenzelektronenpaar-Abstoßung 98ff.
Valenzstrichformel 11, 97f.
Van-der-Waals-Energie 64
Van-der-Waals-Kräfte 69
Van-der-Waals-Radius 74f.
Verallgemeinerte 8–N-Regel 190ff.
Verbrückende Atome 16, 106ff., 243ff. 263, 279ff.
Verknüpfte Oktaeder 12, 16, 92f., 103, 215, 220f., 243ff., **246ff.**,**253ff.**, 256, 278f., 281ff., 290f., 294ff.
  Polyeder 16, 92f., **243ff.**
  Tetraeder 16, 106, 184ff., 200, 239f., **243ff.**, **263ff.**, 275f., **279ff.**, 300ff.
  trigonale Prismen 262f., 285, 287
Verbundmaterial 349
Vermiculit 268
Verzerrung von Polyedern 100ff., 115ff., 243f
VF_3-Typ 250f., 293
Volumen und Stabilität 51, 54
Voronoi-Polyeder 14
VSEPR-Theorie 98ff.

Wachstum von Kristallflächen 350
Wachstumszwillinge 326
Wade-Cluster 213ff.

Wade-Mingos-Regeln 217
Wade-Regeln 214, 216
Wasser, Phasendiagramm 58
Wasserstoff 153; metallisch 140, 143, 153
WC-Typ 285
WCl_6-Typ 319f.
Weiss-Bezirke 341
Weiss-Konstante 338f.
Wellenfunktion 64, 128ff.
Wellenvektor 148
Wigner-Seitz-Zelle 14
Wirkungsbereich 14
Wolfram-Typ 227
Wolframbronzen 252, 295
Wollastonit 264f.
Würfel 15, 35, 38, 208
Wurtzit-Typ 72, 82, **176ff.**, 302
Wyckoff-Lage 41
Wyckoff-Symbol 42

YIG 345

Ždanov-Symbol 223f.
Zelle, primitive 20
  zentrierte 20
  Ursprung 20
Zelleninhalt, Abzählung 21f.
Zentrierung 20, 27, 38
Zeolithe 271ff.
Zinkblende-Typ (Sphalerit) 72, **82ff.**, **176ff.**, 237, 300ff., **314f.**
Zinn 175, 178f.
Zintl-Klemm-Busmann-Konzept 192
Zintl-Linie 190
Zintl-Phasen 199ff., 236f.
Zirconium-Cluster 213, 218, 221
α-$ZnCl_2$-Typ 300ff.
ZrI_3-Typ ($RuBr_3$) 256, 293, 319f., 326
Zustandsdichte (DOS) 138f.
Zwei-Elektronen-drei-Zentren-Bindung 206, 212f.
Zwei-Elektronen-zwei-Zentren-Bindung 132, 206
Zweidimensionale Fehlordnung 49
Zweierkette 264
Zwillingskristalle 323ff.

Aus dem Programm Chemie

Krüger, Anke

Neue Kohlenstoffmaterialien

Eine Einführung
2007. XIII, 469 S. mit 254 Abb. Br. EUR 39,90
ISBN 978-3-519-00510-0

Kohlenstoff, ein Element mit vielen Gesichtern - Fullerene - Ein- und
mehrwandige Kohlenstoff-Nanoröhren - Kohlenstoffzwiebeln und
verwandte Materialien - Nanodiamant - Diamantfilme - Anhang mit
weiterführender Literatur

Kohlenstoffmaterialien, ihre Eigenschaften, ihre Reaktivität und ihre
Anwendungsmöglichkeiten sind Gegenstand dieses Lehrbuches.
Besonderer Wert wird auf die Darstellung der Untersuchungsmethoden
gelegt. Nach einer Einführung zu traditionellen Kohlenstoffmaterialien
(Graphit, Diamant, Ruß, etc.) werden schwerpunktmäßig die aktuell
erforschten Materialien wie Nanotubes, Fullerene, CVD-Diamant und
Nanodiamant behandelt.

VIEWEG+
TEUBNER

Abraham-Lincoln-Straße 46
65189 Wiesbaden
Fax 0611.7878-400
www.viewegteubner.de

Stand Januar 2008.
Änderungen vorbehalten.
Erhältlich im Buchhandel oder im Verlag.

Aus dem Programm Chemie

Vögtle, Fritz / Richardt, Gabriele / Werner, Nicole
Dendritische Moleküle
Konzepte, Synthesen, Eigenschaften, Anwendungen
2007. 393 S. mit 259 Abb. Br. EUR 49,90
ISBN 978-3-8351-0116-6

Historie, Perfektheit, Definitionen, Nomenklatur - Synthesemethoden
für dendritische Moleküle - Funktionale Dendrimere - Dendrimer-
Typen und -Synthesen - Photophysikalische Eigenschaften dendritischer Moleküle - (Spezielle) Chemische Reaktionen dendritischer
Moleküle - Charakterisierung und Analytik - Spezielle Eigenschaften
und Anwendungspotenziale

Dieses Buch - als erstes in deutscher Sprache - gibt eine Gesamtüber-
sicht über dendritische Moleküle. Ausgehend von der Definition und
Nomenklatur über Struktur, Synthese, Analytik und Funktion wird der
fachübergreifende Charakter (Organische, Anorganische, Analytische,
Supramolekulare, Physikalische, Polymer-, Photo- und Biochemie, Physik,
Biologie, Pharmazie, Medizin, Technik) dieser noch jungen Verbindungsklasse deutlich gemacht. Anwendungen in den Lebenswissenschaften
(u. a. medizinische Diagnostik, Gentransfektion) und den Materialwissen-
schaften (z. B. Nanopartikel, Lacke, Hybridmaterialien, Oberflächen)
werden beschrieben.

VIEWEG+
TEUBNER

Abraham-Lincoln-Straße 46
65189 Wiesbaden
Fax 0611.7878-400
www.viewegteubner.de

Stand Januar 2008.
Änderungen vorbehalten.
Erhältlich im Buchhandel oder im Verlag.